科學技術叢書

普通化學

王澄霞・陳朝棟・洪志明 著

國立中央圖書館出版品預行編目資料

普通化學／王澄霞 陳朝棟 洪志明著.
--初版.--臺北市：三民，民85
面；　公分
ISBN 957-14-2479-X（平裝）

1.普通化學

340

ⓒ 普通化學

著作人　王澄霞　陳朝棟　洪志明
發行人　劉振強
著作財　三民書局股份有限公司
產權人
發行所　三民書局股份有限公司
　　　　地址／臺北市復興北路三八六號
　　　　郵撥／〇〇〇九九九八一五號
印刷所　三民書局股份有限公司
門市部　復北店／臺北市復興北路三八六號
　　　　重南店／臺北市重慶南路一段六十一號
初版　　中華民國八十五年八月
網際網路位址 http://sanmin.com.tw
編　號　S 34071
基本定價　拾元陸角
行政院新聞局登記證局版臺業字第〇二〇〇號

ISBN 957-14-2479-X（平裝）

自　　序

　　化學是一門影響人類生活極爲深遠也是非常實際的科學，化學家在實驗室中埋首研究，發現新物質並探討其特性，並研究如何實際應用此等新的性質於人們的生活中，以增進人類的福祉。例如幾年前新發現的碳簇，它包含一種擁有 60 個碳原子、構成球形的碳之同素異形體。這種新的發現，使得在各種研究機構中化學家、物理學家以及材料科學家開始研究此等物質可能用在催化反應及超導體的獨特物理與化學性質，這種充滿刺激與挑戰的研究工作，以及發現時的喜悅、滿足和成就感，也就是使化學家終其一生著迷於化學研究的原因。

　　「普通化學」的目的之一是讓學習者了解化學，喜歡化學，並選擇與化學有關的工作爲其職業。學習化學對將來從事各種行業是很重要的，很多行業都需要應用到化學，諸如電腦和通訊系統中的電子和光學技術、生物 科技、醫藥、材料、分子生物、環境科學……等等。所以培養將來從事與科技有關職業人員的化學背景知識也是「普通化學」的目的之一。「普通化學」的另一目的是培養學習者成爲社會上具有化學素養，並能負責任的公民，能解決與科技有關的社會問題。

　　「普通化學」是一切化學的基礎。作者希望藉著本書，能給學習者對於化學的幾個領域：分析化學、有機化學、生物化學和核化學有所認識，以期作爲將來進一步學習較高深化學從事各種相關職業的基礎，並能應用於解決其生活上所遭遇到的問題。如果有發現本書有疏漏或不妥之處，敬請不吝指正，作者感激之至。

洪　志　明
中華民國八十五年四月
於國立臺灣師範大學化學系

普通化學

目　次

自　序

第一章　定性分析

第二章　定量分析

附 錄

附　錄

第一章

定性分析

　　分析化學基本上像偵探工作，分析化學家就像化學偵探，探索物質由那些成分組成？含有什麼元素？那些陽離子？那些陰離子？它們的含量有多少？

　　定性分析是利用各種離子的特性，用各種化學方法將各種離子分離開來，並且加以確認。在定性分析化學裡，要學習分離及確認的技巧，也要瞭解它們所依據的化學原理。要達成這些目標，要先探討定性分析的基本原理，然後介紹陽離子與陰離子的系統分析。

1-1　基本原理

一、化學動力學和化學平衡

　　物質相反應生成新的產物時，有的反應進行很快，有的反應卻相當慢。如鹽酸與大理石反應產生二氧化碳氣體就很快，而鐵在乾燥空氣中生鏽卻很慢。反應的發生可以用碰撞理論來說明，簡單地說，物質要發生反應，它們必須要碰在一起。研究化學反應的反應速率及反應機構（反應的進行過程）的叫化學動力學（chemical kinetics）。

1.化學動力學

　　反應速率（rate of reaction）是指在反應中單位時間的反應量，此反應量可以是反應物的減少量，也可以是生成物的增加量：

$$反應速率 = \frac{反應物減少的量}{反應時間} = \frac{生成物增加的量}{反應時間}$$

　　依據碰撞理論，一化學反應的發生，各反應物必須互相接近並發

生碰撞。例如過錳酸根離子和亞鐵離子在酸性溶液中的反應：

$$5Fe^{2+}_{(aq)} + MnO^-_{4(aq)} + 8H^+_{(aq)} \longrightarrow 5Fe^{3+}_{(aq)} + Mn^{2+}_{(aq)} + 4H_2O_{(\ell)}$$

似乎 5 個 Fe^{2+}，1 個 MnO_4^- 及 8 個 H^+ 必須同時碰在一起才能發生反應，但這麼多粒子要同時碰在一起的機會實在是太少了，果真如此，此反應的速率一定很慢。但事實上此反應的速率相當快。很顯然這個反應不是經一個步驟就完成，而是分成兩個以上的步驟來進行，並且每一步驟大都是由兩個粒子相碰撞發生，很少有三個粒子相碰撞的步驟。像這種表示一個化學反應進行的詳細每一步驟，叫做化學反應機構（mechanism of chemical reaction）。這些步驟中，每一步驟的反應速率並不相同。事實上，整個反應的反應速率乃是決定於最慢的一個反應步驟，此步驟叫速率決定步驟（rate determinating step）。

影響反應速率的因素很多，主要的有反應物的本性、反應物的濃度、溫度、催化劑、壓力及接觸表面積等。

(1)反應物的本性

反應的條件相同，反應的類型也相同，但反應物不同，反應速率往往不同。例如氫氣和鹵素生成鹵化氫的反應，氟和氫反應，在常溫常壓時是極快的爆炸反應，而碘和氫在相同反應條件下，反應卻很慢。

化學反應本質上就是鍵的破壞與鍵的生成，因此反應速率主要決定於化學鍵的特性，一般而言，離子化合物的反應比分子化合物來得快。化學鍵的特性因物質的本性而異，故化學反應速率受到反應物本性的影響。

(2)反應物的濃度

依據碰撞理論，化學反應速率必隨碰撞機會的增多而加快。當反應物濃度增加時，反應物之間碰撞的機會增多，因此反應速率也就加快了。

(3)溫度

　　一般而言，溫度升高時，反應速率都會增加。研究結果顯示，多數化學反應在室溫附近，溫度每升高 10℃，其反應速率約增加一倍，爲何溫度升高會使反應速率增加呢？

　　物質要發生反應，必須先碰撞，但是碰撞不一定就會發生反應。這是因爲分子的能量必須達到某一定值，碰撞時才會有反應發生。這種發生化學反應所需要的最低能量，叫做活化能（activation energy）。當溫度升高時，分子的動能增加，分子碰撞的機會增加，而且達到活化能的分子數目也增多，故反應速率也增快了。

　　(4)催化劑

　　化學反應的活化能愈高，其反應速率愈慢。對於反應速率很慢的化學反應，有時加入一些反應物以外的其他物質，使得反應的活化能降低而速率加快。像這種可以改變化學反應的速率，而本身最後並沒有改變的物質，叫做催化劑（catalyst）。催化劑在工業上的應用甚廣，很多的化學工業都需用到催化劑，以促進化學反應速率、降低成本，提高經濟效益。例如工業上以哈柏法（Haber process）製氨，常用特製的鐵粉做催化劑。

　　(5)壓力

　　壓力改變，對於反應物是固相或液相者的反應速率並不影響，但對於氣相的反應，則影響頗大。因爲在溫度維持一定時，一定量的氣體，如果壓力增爲兩倍，則其體積縮爲原來的一半，其結果是相當於濃度增爲原來兩倍。因此如前所述，反應速率也隨之增加。

　　(6)接觸表面積

　　木屑比木塊易燃；一張張分開的紙張要比整疊的紙張燃燒得快；顆粒小的大理石與鹽酸的反應速率比顆粒大者快。以一定量的反應物而言，其顆粒愈小，其總表面積愈大，反應物之間互相接觸碰撞的機會也增大。因此我們可以說，化學反應速率隨著反應物接觸表面積的增加而增加。

2.化學平衡

　　如果一個化學反應正逆兩方向都可進行，叫做可逆反應（reversible reaction），也就是說反應物會互相作用變成生成物，而生成物也會互相作用，再變回反應物。如果正逆兩方向的反應速率相等，則表面上反應看起來已經停止，但事實上反應仍持續在進行著，因為在反應中，物質的消耗速率與生成的速率相等，所以其濃度不再發生改變。而使得外表看起來反應已經停止。這種現象，叫做化學平衡（chemical equilibrium）。

　　例如，在高溫高壓時，氫和氮在鐵粉催化下可直接化合生成氨，而同時氨也可以分解變回氫和氮，這是一個可逆反應。當氨的生成速率和分解速率相等時，反應混合物中，氫、氮和氨的量就不再發生改變，就是達到化學平衡：

$$3H_{2(g)} + N_{2(g)} \rightleftharpoons 2NH_{3(g)}$$

(1)平衡常數

設一可逆反應：

$$A + B \underset{k_2}{\overset{k_1}{\rightleftharpoons}} C + D$$

則

　　　　正向反應速率 $= k_1 [A][B]$

　　　　逆向反應速率 $= k_2 [C][D]$

式中〔A〕、〔B〕、〔C〕、〔D〕分別表示該物質的莫耳濃度，k_1、k_2分別表示正、逆反應之反應速率常數。當達成平衡時，正逆反應之速率相等，即

$$k_1 [A][B] = k_2 [C][D]$$

亦即

$$\frac{[C][D]}{[A][B]} = \frac{k_1}{k_2} = K$$

上述中的 K 值，叫做平衡常數(equilibrium constant)。當溫度一定時，K 值為一常數，但溫度改變時，K 值會隨之改變。一個化學反應的 K 值大小，可以看出反應的趨勢，K 值愈大，生成物的產率愈高。

對於化學平衡的一般式：

$$a\text{A} + b\text{B} \rightleftharpoons c\text{C} + d\text{D}$$

其平衡常數可表示為：

$$K = \frac{[\text{C}]^c[\text{D}]^d}{[\text{A}]^a[\text{B}]^b}$$

【例 1-1】

將一定量的碘化氫（HI）封入玻璃管中，加熱至 423℃ 並達成平衡狀態。經分析結果，管內 HI 的濃度為 0.05M，H_2 的濃度為 6.78×10^{-3} M 。求在此溫度時，此反應之平衡常數。

【解】

碘化氫分解時，產生等量的氫和碘：

$$2\text{HI}_{(g)} \rightleftharpoons \text{H}_{2(g)} + \text{I}_{2(g)}$$

故知在平衡時，

$$[\text{H}_2] = [\text{I}_2] = 6.78 \times 10^{-3}\text{M}$$

而

$$[\text{HI}] = 0.05\text{M}$$

平衡常數

$$K = \frac{[\text{H}_2][\text{I}_2]}{[\text{HI}]^2} = \frac{(6.78 \times 10^{-3})(6.78 \times 10^{-3})}{(0.05)^2} = 1.84 \times 10^{-2}$$

(2)影響化學平衡的因素

當一化學反應達成平衡時，在反應混合物中各物質的相對量維持一定，此時如果我們改變一些反應條件（如溫度、濃度、壓力等），使得正逆兩方向的反應速率不相等，則平衡狀態將會破壞，但經一段

時間後，又會重新建立新的平衡狀態。這種現象，叫做平衡的移動 (shift of equilibrium)。

a. 濃度的改變

在一化學平衡系統中，如果其中物質的濃度發生改變，則平衡立遭破壞而造成平衡的移動。例如鉻酸根離子（CrO_4^{2-}）在酸性水溶液中，生成二鉻酸根離子（$Cr_2O_7^{2-}$）的平衡：

$$2CrO_{4(aq)}^{2-} + 2H_{(aq)}^+ \Longleftrightarrow Cr_2O_{7(aq)}^{2-} + H_2O_{(\ell)}$$

當溫度一定時，其平衡常數（K）為定值：

$$K = \frac{[Cr_2O_7^{2-}]}{[CrO_4^{2-}]^2[H^+]^2}$$

此時如果加入 CrO_4^{2-} 或 H^+ 於平衡系統中，則〔CrO_4^{2-}〕或〔H^+〕隨之增加，但因 K 值維持不變，則〔$Cr_2O_7^{2-}$〕必然相對增加，亦即上述平衡遭破壞之時，反應向右進行（向右移動）：

$$2CrO_{4(aq)}^{2-} + 2H_{(aq)}^+ \longrightarrow Cr_2O_{7(aq)}^{2-} + H_2O_{(\ell)}$$

直到〔$Cr_2O_7^{2-}$〕增到某一定值後，又建立一個新的平衡狀態。如果減少〔CrO_4^{2-}〕、〔H^+〕或增加〔$Cr_2O_7^{2-}$〕，則平衡必然向左移動：

$$2CrO_{4(aq)}^{2-} + 2H_{(aq)}^+ \longleftarrow Cr_2O_{7(aq)}^{2-} + H_2O_{(\ell)}$$

由上面例子可以看出：在平衡系統中增加反應物濃度或減少生成物濃度，則平衡向右移動；反之，減少反應物濃度或增加生成物濃度，則平衡向左移動。

b. 壓力的改變

對於包含氣體的化學平衡系統，如果反應物氣體的總莫耳數和生成物氣體的總莫耳數不相等，則壓力改變，將會使平衡產生移動。當壓力增大時，平衡向氣體莫耳總數（或體積）較小的方向移動；反之當壓力減小時，平衡則向氣體莫耳總數（或體積）較大的方向移動。例如哈柏法製氨的反應：

$$3H_{2(g)} + N_{2(g)} \Longleftrightarrow 2NH_{3(g)}$$

上式表示 3 莫耳的氫和 1 莫耳的氮反應，生成 2 莫耳的氨，因生成物的總莫耳數（體積）小於反應物的總莫耳數（體積），故當此平衡系統的壓力增加時，平衡向右移動，有利於氨的生成。

　　c. 溫度的改變

　　如前面所述，溫度會影響化學反應速率。溫度改變對化學平衡的影響取決於正、逆反應速率的改變。化學反應都有熱含量（焓）的變化，在定壓下，熱含量的變化即反應熱。升高溫度，有利於吸熱反應，平衡向吸熱的方向移動；反之，如果降低溫度，則平衡向放熱的方向移動。例如碘和氫反應，生成碘化氫是放熱反應：

$$H_{2(g)} + I_{2(g)} \Longrightarrow 2HI_{(g)} + 52.7KJ$$

溫度升高，引起額外的 HI 分解，〔HI〕也因此變小，而〔H_2〕及〔I_2〕變大，因此使得此平衡的 K 值變小。故溫度改變，不僅平衡會發生移動，平衡常數 K 值也會發生變化。

　　由上述，我們得知化學平衡可能會因平衡系統中的濃度、壓力、溫度的改變而發生移動。法國化學家勒沙特列（Le Chatelier）歸納化學平衡移動的實驗結果，提出一個通則：當化學平衡受到一個外加因素的影響而破壞時，此平衡會向抵消此外加因素的效應之方向移動。此通則叫做勒沙特列原理（Le Chatelier principle）。

二、離子方程式之平衡

1.離子方程式

　　在定性分析化學中所討論的大都是溶液中的離子反應，在寫化學反應方程式時，往往只寫出實際參與反應的離子（或分子）與生成物，省略去沒有參與反應的離子（稱做旁觀離子（spectator ion）），這種化學方程式叫做離子方程式（ionic equation）。例如，硝酸銀溶液與

氯化鈉或氯化鉀溶液作用，都生成白色的氯化銀沈澱：

$$AgNO_{3(aq)} + KCl_{(aq)} \longrightarrow AgCl_{(s)} + KNO_{3(aq)}$$

$$AgNO_{3(aq)} + NaCl_{(aq)} \longrightarrow AgCl_{(s)} + NaCl_{(aq)}$$

事實上 KNO_3，$NaNO_3$，$AgNO_3$，KCl，$NaCl$ 等物質在水溶液中都是以自由游動的離子存在，故上述二個方程式可寫爲：

$$Ag^+_{(aq)} + NO^-_{3(aq)} + K^+_{(aq)} + Cl^-_{(aq)} \longrightarrow AgCl_{(s)} + K^+_{(aq)} + NO^-_{3(aq)}$$

$$Ag^+_{(aq)} + NO^-_{3(aq)} + Na^+_{(aq)} + Cl^-_{(aq)} \longrightarrow AgCl_{(s)} + Na^+_{(aq)} + NO^-_{3(aq)}$$

由此可知，上述二式中 $Na^+_{(aq)}$，$NO^-_{3(aq)}$，$K^+_{(aq)}$爲旁觀離子，在反應前後並無變化，因此上述二式可簡寫爲：

$$Ag^+_{(aq)} + Cl^-_{(aq)} \longrightarrow AgCl_{(s)}$$

又如酸鹼中和的反應，無論是鹽酸、硝酸與氫氧化鉀或氫氧化鈉反應，事實上都是氫離子(H^+)與氫氧根離子(OH^-)化合成水的反應：

$$H^+_{(aq)} + Cl^-_{(aq)} + Na^+_{(aq)} + OH^-_{(aq)} \longrightarrow H_2O_{(\ell)} + Na^+_{(aq)} + Cl^-_{(aq)}$$

$$H^+_{(aq)} + Cl^-_{(aq)} + K^+_{(aq)} + OH^-_{(aq)} \longrightarrow H_2O_{(\ell)} + K^+_{(aq)} + Cl^-_{(aq)}$$

$$H^+_{(aq)} + NO^-_{3(aq)} + Na^+_{(aq)} + OH^-_{(aq)} \longrightarrow H_2O_{(\ell)} + Na^+_{(aq)} + NO^-_{3(aq)}$$

$$H^+_{(aq)} + NO^-_{3(aq)} + K^+_{(aq)} + OH^-_{(aq)} \longrightarrow H_2O_{(\ell)} + K^+_{(aq)} + NO^-_{3(aq)}$$

上述的酸鹼中和反應可用下式表示：

$$H^+_{(aq)} + OH^-_{(aq)} \longrightarrow H_2O_{(\ell)}$$

2.離子方程式的平衡

平衡化學方程式要使方程式左右兩邊的元素種類及其原子數目相等，但對於離子方程式的平衡，還需要使方程式左右兩邊電荷的代數和相等。如果反應式中的成分包括有氧化還原反應時，則需要用下列方法：

a. 半反應法

例如，金屬鋰在鹽酸溶液中溶解產生氫氣的反應，可用其半反應式來平衡。鋰與氫的半反應式各為：

$$Li^+_{(aq)} + e^- \longrightarrow Li_{(s)}$$

$$2H^+_{(aq)} + 2e^- \longrightarrow H_{2(g)}$$

兩反應都是獲得電子的反應，因此，我們可知其中必有一反應為放出電子的。從氫氣泡產生的實驗觀察可知第二式應以正方向進行而第一式必以相反方向進行。把第一式以相反方向表示並乘 2 ，使兩個半反應轉移的電子數相等，並將兩式相加可得淨反應的平衡方程式。

$$2Li_{(s)} \longrightarrow 2Li^+_{(aq)} + 2e^-$$

$$\frac{2H^+_{(aq)} + 2e^- \longrightarrow H_{2(aq)}}{2Li_{(s)} + 2H^+_{(aq)} \longrightarrow 2Li^+_{(aq)} + H_{2(g)}}$$

b. 氧化數法

現在以下列方程式的平衡為例，說明用氧化數平衡方程式的方法。

$$MnO_4^- + SO_3^{2-} + H^+ \longrightarrow Mn^{2+} + SO_4^{2-} + H_2O$$

第 1 步　註明方程式中各元素的氧化數：

$$\overset{+7\ -2}{MnO_4^-} + \overset{+4-2}{SO_3^{2-}} + \overset{+1}{H^+} \longrightarrow \overset{+2}{Mn^{2+}} + \overset{+6-2}{SO_4^{2-}} + \overset{+1-2}{H_2O}$$

第 2 步　選擇方程式中氧化數改變的元素。看看那一元素進行氧化，那一元素進行還原。並決定各氧化數改變的數目。

$$\overset{+7}{MnO_4^-} \longrightarrow \overset{+2}{Mn^{2+}} \qquad \text{Mn 的氧化數減少 5(還原)}$$

$$\overset{+4}{SO_3^{2-}} \longrightarrow \overset{+6}{SO_4^{2-}} \qquad \text{S 的氧化數增加 2(氧化)}$$

第 3 步　使用第 2 步所決定的數目求供給等量 MnO_4^- 與 SO_3^{2-} 所需 MnO_4^- 與 SO_3^{2-} 最簡單莫耳比。

$$2(\overset{+7}{Mn} \longrightarrow \overset{+2}{Mn} \qquad \text{每莫耳 5 克當量)}$$

$$5(\overset{+4}{S} \longrightarrow \overset{+2}{S} \qquad \text{每莫耳 2 克當量)}$$

這表示，2 莫耳的 MnO_4^- 與 5 莫耳的 SO_3^{2-} 都含 10 克當量。前者為氧化劑，後者為還原劑而這 10 克當量為兩者互相完全反應所需的量。

第4步　把 2 莫耳 MnO_4^- 與 5 莫耳 SO_3^{2-} 寫在方程式左邊，並註明由 2 莫耳 MnO_4^- 與 5 莫耳 SO_3^{2-} 反應結果所成生成物的莫耳數。

$$2MnO_4^- + 5SO_3^{2-} + ?H^+ \longrightarrow 2Mn^{2+} + 5SO_4^{2-} + ?H_2O$$

第5步　平衡兩邊的電荷數，以 H^+ 來使兩邊的電荷數相等。

左邊：$2(-) + 5(2-) = 12-$

右邊：$2(2+) + 5(2-) = 6-$

故左邊要加 $6H^+$ 以使兩邊電荷數相等，即

$$2MnO_4^- + 5SO_3^{2-} + 6H^+ \longrightarrow 2Mn^{2+} + 5SO_4^{2-} + ?H_2O$$

第6步　平衡兩邊的氫原子數，左邊有 6 個氫原子，所以右邊水的係數要乘 3，即

$$2MnO_4^- + 5SO_3^{2-} + 6H^+ \longrightarrow 2Mn^{2+} + 5SO_4^{2-} + 3H_2O$$

第7步　最後檢查兩邊的氧原子數，如果兩邊的氧原子數相等，方程式的平衡就完成了。上式中兩邊的氧原子數都是 23 個，故完成平衡。

三、水溶液中的化學平衡

水溶液中的離子有兩種來源：

(1)離子晶體溶解在水中。例如氯化鈉為離子晶體，在固體存在時以 Na^+ 與 Cl^- 方式存在，溶解在水中不過是在固體的 Na^+ 與 Cl^- 各水合離開而能自由游動，圖 1-1 表示氯化鈉晶體結構與水合的情況。

(2)另一離子的來源為共價化合物，這些共價化合物的分子與水反應而生成離子。例如氯化氫與醋酸都是分子化合物，但兩者都可以與水反應而生成離子：

$$HCl + H_2O \longrightarrow H_3O^+ + Cl^-$$

$$HC_2H_3O_2 + H_2O \Longrightarrow H_3O^+ + C_2H_3O_2^-$$

如此，共價分子化合物與水作用而生成離子的反應叫做解離（ioniza-
tion），化合物與水反應而生成離子的程度以解離度（degree of ioniza-
tion）表示。解離度爲已解離的分子數與溶質總分子數之比而以百分
率表示。

圖 1–1　氯化鈉的溶解（Na⁺ 及 Cl⁻ 的水合）

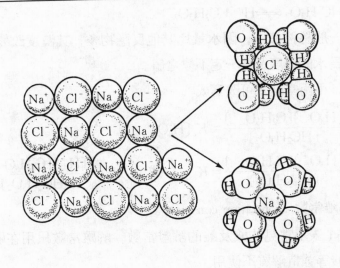

　　如氯化氫、硝酸、硫酸等在水溶液中能夠完全解離成離子，因此
叫做強電解質（strong electrolytes）；又如醋酸，氨等在水溶液中以離
子方式存在的較少而大部分仍以分子存在的，叫做弱電解質（weak
electrolytes）。因爲強電解質在水溶液中完全解離，對於水溶液中的平
衡來講意義較少，因此，我們所要討論的重點在於水溶液中弱電解質
的平衡狀態。

1. 弱電解質的解離

　　以醋酸在水溶液中的解離爲例來說明解離平衡。

$$HC_2H_3O_2 + H_2O \Longrightarrow H_3O^+ + C_2H_3O_2^-$$

平衡常數

$$K_c = \frac{[H_3O^+][C_2H_3O_2^-]}{[HC_2H_3O_2][H_2O]}$$

此平衡常數表示方法，通常：

(1)為了方便，鉺離子(H_3O^+)以 H^+ 表示。

(2)在解離方程式中，通常把水省略而不寫出，因此解離式可寫成：

$$HC_2H_3O_2 \Longleftrightarrow H^+ + C_2H_3O_2^-$$

(3)在一般稀溶液中，因水量比其他反應物多，其濃度改變極微，故通常認爲水的濃度保持一定不變之值。

如此，平衡常數式可改寫成

$$\frac{[H_3O^+][C_2H_3O_2^-]}{[HC_2H_3O_2]} = K_c[H_2O]$$

$$\frac{[H_3O^+][C_2H_3O_2^-]}{[HC_2H_3O_2]} = K_i \quad \text{或} \quad K_i = \frac{[H^+][C_2H_3O_2^-]}{[HC_2H_3O_2]}$$

K_i 叫做解離常數 （ionization constant）。

表 1-1 表示常見的酸及鹼的解離常數。解離常數只用在弱電解質，如鹽酸等強電解質不使用。

表 1-1 常溫時常見弱電解質的解離常數

酸	平　　　衡　　　式	K_i
醋　　酸	$HC_2H_3O_2 \Longleftrightarrow H^+ + C_2H_3O_2^-$	1.8×10^{-5}
砷　　酸	$H_3AsO_4 \Longleftrightarrow H^+ + H_2AsO_4^-$	4.5×10^{-3}
硼　　酸	$H_3BO_3 \Longleftrightarrow H^+ + H_2BO_3^-$	6.4×10^{-10}
氫　氰　酸	$HCN \Longleftrightarrow H^+ + CN^-$	2.1×10^{-9}
氫　氟　酸	$HF \Longleftrightarrow H^+ + F^-$	6.9×10^{-4}
氫　硫　酸	$H_2S \Longleftrightarrow H^+ + HS^-$	1.0×10^{-7}
	$HS^- \Longleftrightarrow H^+ + S^{2-}$	1.3×10^{-13}

亞 硝 酸	$HNO_2 \rightleftharpoons H^+ + NO_2^-$	4.6×10^{-4}
亞 硫 酸	$H_2SO_3 \rightleftharpoons H^+ + HSO_3^-$	1.7×10^{-2}
	$HSO_3^- \rightleftharpoons H^+ + SO_3^{2-}$	5.0×10^{-6}
碳 酸	$H_2CO_3 \rightleftharpoons H^+ + HCO_3^-$	4.4×10^{-7}
	$HCO_3^- \rightleftharpoons H^+ + CO_3^{2-}$	4.7×10^{-11}
鹼		
氨 水	$NH_3 + H_2O \rightleftharpoons NH_4^+ + OH^-$	1.8×10^{-5}
甲 胺	$CH_3NH_2 + H_2O \rightleftharpoons CH_3NH_3^+ + OH^-$	5.0×10^{-4}

2.解離常數的應用

(1)解離常數數值表示弱酸或弱鹼的強度。K_i 數值較大的，在水溶液中的解離度較大，因此，是一種較強的酸。K_i 數較小的爲較弱的酸。

(2)利用解離常數可解釋共同離子效應（common ion effect）。弱電解質的解離反應，往往因溶液中含有共同離子的存在而降低，這現象叫做共同離子效應。例如氨在水溶液的解離反應爲：

$$NH_3 + H_2O \rightleftharpoons NH_4^+ + OH^-$$

$$K_i = 1.8 \times 10^{-5} = \frac{[NH_4^+][OH^-]}{[NH_3]}$$

在氨水溶液中加入氯化銨（NH_4Cl）時，溶液中 NH_4^+ 濃度增加，爲了保持一定的 K_i 值，平衡向左移動 $NH_4^+ + OH^- \longrightarrow NH_3 + H_2O$，因此生成更多的 NH_3 與 H_2O，原來 NH_3 的解離度降低。

四、非水溶液中的化學平衡

一般分析操作均在水溶液中進行，因爲水是極良好的溶劑而且可得極純的水。但因水是極性分子，因此對非極性分子的溶解就受到限

制。這種特性，在定性分析化學中可用於萃取（extraction）的過程。

實驗結果表示，當一溶質與兩種互不相溶的溶劑一起搖盪時，在各溶劑中溶質分布之比等於這溶質在各溶劑的溶解度比。因此，在平衡時，溶質在各溶劑中的濃度比，爲一定的常數，叫做分配率（distribution ratio）或叫做分配係數（distribution coefficient）。例如，在20℃ 時杜鵑花酸（azelaic acid，COOH(CH$_2$)$_7$COOH，學名壬二酸）在 100mL 水中只能溶解 0.24 克，可是 100mL 乙醚卻能溶解 2.70 克。因此把杜鵑花酸與等體積的水和乙醚搖盪在一起時，杜鵑花酸則分配在水與乙醚之間，平衡時，杜鵑花酸在乙醚中的濃度爲水中濃度的十一倍多。

以 K_d 代表分配率，C_e，C_w 各代表杜鵑花酸在乙醚與水中的濃度，搖盪後靜置，使其建立平衡，即

$$C_c \rightleftharpoons C_w$$

則

$$K_d = \frac{C_e}{C_w} = \frac{2.7\text{g}/100\text{mL}}{0.24\text{g}/100\text{mL}} = \frac{2.7}{0.24} = 11.25$$

如分配率爲已知時，可計算一定體積有機溶劑能夠萃取的物質重量與留在水溶液中的溶質之重量。

例如，在 100mL 水中溶解 0.12 克杜鵑花酸後，以 100mL 乙醚萃取，乙醚能夠萃取的杜鵑花酸重量（W 克）可用下列方式計算：

$$K_d = \frac{C_e}{C_w} = \frac{\dfrac{W}{100}}{\dfrac{(0.12 - W)}{100}} = 11.25$$

解上式得 $W = 0.1102$ 克

原來水中溶解 0.12 克杜鵑花酸，現在被乙醚萃取出 0.1102 克，因此萃取率爲

$$\frac{0.1102}{0.12} \times 100\% = 92\%$$

　　關於非水溶液中的化學平衡，對於定性分析化學，以萃取時的平衡較爲重要。萃取法是根據一種物質在兩種互不相溶溶劑中的平衡分配原理，以分離物質而精製的方法。如有一物質在兩種比重不同且互不相溶的溶劑中具有不同的溶解度時，可由溶解度較小的溶劑中被溶解度較大的溶劑萃取。例如，碘不易溶在水中，但易溶於四氯化碳中，四氯化碳的比重較水大而且兩者互不相溶，因此在分液漏斗內的碘之飽和水溶液，可加少量的四氯化碳後混合搖盪，碘就被四氯化碳萃取而移至四氯化碳中，靜置使兩液層分開後，在下層四氯化碳因溶解有碘而呈棕色。

　　如果不用 100mL 乙醚做一次的萃取，改用 50mL 乙醚做兩次的萃取時，被萃取的杜鵑花酸重量及萃取率可計算如下：
第一次以 50mL 乙醚萃取所得杜鵑花酸重量爲 W'，

$$K_d = \frac{C_e}{C_w} = \frac{\dfrac{W'}{50}}{\dfrac{0.12 - W'}{100}} = 11.25$$

求得　　　$W' = 0.102$ 克

即有　　　$\dfrac{0.102}{0.12} \times 100\% = 83\%$ 被萃取，

第二次以 50mL 乙醚萃取所得杜鵑花酸重量爲 W''

$$K_d = \frac{C_e}{C_w} = \frac{\dfrac{W''}{50}}{\dfrac{0.12 - 0.102 - W''}{100}} = 11.25$$

解之得　　$W'' = 0.0153$ 克

萃取率　$\dfrac{0.0153}{0.12} \times 100\% = 12.8\%$

兩次萃取率之和

　　　　　$83\% + 12.8\% = 95.8\%$

　　從上例可知，100mL 水中溶有 0.12 克杜鵑花酸而以 100mL 乙醚

萃取一次時，可萃取其中 92％的杜鵑花酸；可是把 100mL 乙醚分一半，每次以 50mL 來萃取時，可萃取出 95.8％。因此在分析化學裡，可使用較少量的有機溶劑做多次的萃取，可更有效的從水溶液萃取出物質，而使分離較完全。

五、溶度積常數

當微溶性固體的飽和溶液中有未溶解（過量）的固體存在時，則溶液中被溶解的離子與固體的離子間建立一種動的平衡狀態。例如氯化銀，其溶解平衡關係可用下列方式表示：

$$AgCl_{(s)} \rightleftharpoons Ag^+_{(aq)} + Cl^-_{(aq)}$$
（固體）　　　　　（在溶液中的離子）

其平衡常數可用一般方式，則

$$K_c = \frac{[Ag^+][Cl^-]}{[AgCl]}$$

在一定溫度時，固體氯化銀的濃度（密度）爲一定，因此無論在飽和溶液中尚有多少氯化銀固體存在，其濃度（密度）不變，即

$$[AgCl] = k$$

$$K_c = \frac{[Ag^+][Cl^-]}{k}$$

$$K_c \times k = [Ag^+][Cl^-]$$

$$K_{sp} = [Ag^+][Cl^-]$$

這常數 K_{sp} 叫做溶度積常數（solubility product constant），K_{sp} 也就是微溶性強電解質在飽和溶液中的離子濃度（莫耳/升）之乘積。

1.溶度積的表示法

設有一微溶性電解質，其通式爲 $A_m B_n$，在水中溶解成飽和溶液時，可成立下列平衡：

$$A_m\,B_{n\,(s)} \Longrightarrow m\,A^{Z+} + n\,B^{Z-}$$

(固體)　　　　　(溶液中的離子)

式中 A^{Z+} 代表陽離子，B^{Z-} 代表陰離子。$Z+$ 與 $Z-$ 爲兩離子的電荷數。

則溶度積常數爲：

$$K_{sp} = [A^{Z+}]^m [B^{Z-}]^n$$

下面舉幾個例子：

(1) $PbI_2(s) \Longrightarrow Pb^{2+} + 2I^-$

$$K_{sp} = [Pb^{2+}][I^-][I^-] = [Pb^{2+}][I^-]^2$$

(2) $Ca_3(PO_4)_2 \Longrightarrow 3Ca^{2+} + 2PO_4^{3-}$

$$K_{sp} = [Ca^{2+}]^3 [PO_4^{3-}]^2$$

(3) $Al(OH)_3 \Longrightarrow Al^{3+} + 3OH^-$

$$K_{sp} = [Al^{3+}][OH^-]^3$$

當然，在這些微溶性離子固體來講，稀溶液中的它是完全電離的。溶液中所存在的離子之莫耳數，可由被溶解的固體之莫耳數來推定。例如：

x 莫耳 AgCl 溶解時，可得 x 莫耳的 Ag^+ 與 x 莫耳的 Cl^-。

x 莫耳的 PbI_2 溶解時，可得 x 莫耳的 Pb^{2+} 與 $2x$ 莫耳的 I^-。

x 莫耳的 $Ca_3(PO_4)_2$ 溶解時，可得 $3x$ 莫耳的 Ca^{2+} 與 $2x$ 莫耳的 PO_4^{3-}。

x 莫耳的 $Al(OH)_3$ 溶解時，可得 x 莫耳的 Al^{3+} 與 $3x$ 莫耳的 OH^-。

2.溶度積常數的計算

(1)由溶解度求溶度積常數

在 25℃ 時氯化銀的溶解度爲 0.0014 克/升。氯化銀的克式量爲 143.32 克。因此其溶解度以莫耳/升表示則爲 0.0014 克/升 ÷ 143.32

克/莫耳 $= 0.000010 = 1.0 \times 10^{-5}$ 莫耳/升，故 Ag^+ 離子濃度與 Cl^- 離子濃度都是 1.0×10^{-5} 莫耳/升。

$$K_{sp} = [Ag^+][Cl^-]$$
$$= 1.0 \times 10^{-5} \times 1.0 \times 10^{-5} = 1.0 \times 10^{-10}$$

由上例，我們可將從溶解度求溶度積常數的方法歸納成下列步驟：

　　①改變溶解度的表示法，把溶解度（克/升）改爲溶解度（莫耳/升）。

　　②寫出離子固體溶解平衡之方程式。

　　③由溶解度決定溶液中每一離子的濃度。

　　④寫出 K_{sp} 表示式。

　　⑤把每一離子濃度代入 K_{sp} 表示式中並計算。

按這些的步驟計算例子如下：

【例 1－2】

在常溫時氟化鍶 SrF_2 的溶解度爲 1.22×10^{-2} 克/100 公撮。試計算 SrF_2 的 K_{sp}。

【解】

①$1.22 \times 10^{-2}$g/100mL $= 1.22 \times 10^{-1}$g/L

$$= \frac{1.22 \times 10^{-1} \text{g/L}}{125.6 \text{g/mole}} = 9.7 \times 10^{-4} \text{mole/L}$$

②$SrF_2 \rightleftharpoons Sr^{2+} + 2F^-$

③$[Sr^{2+}] = 9.7 \times 10^{-4}$mole/L

　$[F^-] = 2 \times 9.7 \times 10^{-4}$mole/L $= 1.94 \times 10^{-3}$mole/L

④$K_{sp} = [Sr^{2+}][F^-]^2$

⑤$K_{sp} = (9.7 \times 10^{-4})(1.94 \times 10^{-3})^2 = 3.64 \times 10^{-9}$

　　(2)**由溶度積常數求溶解度**

由 K_{sp} 數值可求出該離子固體的溶解度，其步驟為：

①寫出離子固體溶解的平衡方程式。

②設這離子固體的溶解度為 x 莫耳/升，求各離子的濃度。

③寫出 K_{sp} 表示式。

④以各離子濃度（x 表示）代入式中，解 x 值。

⑤溶解度（莫耳/升）改為克/升或克/100 公撮。

【例 1−3】

查表得碳酸鋇，$BaCO_3$ 的 K_{sp} 在室溫時為 8.1×10^{-9}。試求碳酸鋇的溶解度。

【解】

①$BaCO_3 \rightleftharpoons Ba^{2+} + CO_3^{2-}$

②$BaCO_3$ 溶解度為 x 莫耳/升，則 $[Ba^{2+}] = [CO_3^{2-}] = x$ 莫耳/升

③$K_{sp} = [Ba^{2+}][CO_3^{2-}]$

④$K_{sp} = x \cdot x = 8.1 \times 10^{-9}$

$x^2 = 8.1 \times 10^{-9}$

$x = 9 \times 10^{-5}$ 莫耳/升

⑤$BaCO_3$ 的溶解度

$= 9 \times 10^{-5}$ 莫耳/升 $\times 197.34$ 克/莫耳

$= 0.1775$ 克/升 $= 1.775 \times 10^{-2}$ 克/100 公撮

【例 1−4】

在 25℃ 時，氫氧化鎂 $Mg(OH)_2$ 的 $K_{sp} = 1.2 \times 10^{-11}$，試計算氫氧化鎂的溶解度。

【解】

①$Mg(OH)_2 \rightleftharpoons Mg^{2+} + 2OH^-$

②設 $Mg(OH)_2$ 溶解度為 x 莫耳/升,則 $[Mg^{2+}] = x$ 莫耳/升, $[OH^-]$ $= 2x$ 莫耳/升

③ $K_{sp} = [Mg^{2+}][OH^-]^2$

④ $K_{sp} = x \cdot (2x)^2 = 1.2 \times 10^{-11}$

$\quad = 4x^3 = 1.2 \times 10^{-11}$

$\quad x^3 = \dfrac{1.2 \times 10^{-11}}{4} = 3 \times 10^{-12}$

$\quad x = 1.4 \times 10^{-4} 莫耳/升$

⑤ $Mg(OH)_2$ 的溶解度

$\quad = 1.4 \times 10^{-4} 莫耳/升 \times 58.3 克/莫耳$

$\quad = 8.2 \times 10^{-3} 克/升 = 8.2 \times 10^{-4} 克/100 公撮$

一旦知道溶度積常數和溶液中的離子濃度時, 可瞭解這溶液的性質:

①溶液中各離子的濃度積大於 K_{sp} 時, 這溶液為過飽和溶液, 將析出沈澱到離子的濃度積等於 K_{sp} 為止。

②溶液中各離子的濃度積等於 K_{sp} 時, 這溶液為飽和溶液。

③溶液中各離子的濃度積小於 $CaSO_4$ 的 K_{sp} 時, 這溶液為未飽和溶液, 可繼續溶解這離子固體。

【例 1−5】

混合等量的 0.02M $CaCl_2$ 與 0.0004M Na_2SO_4, 已知常溫時 $CaSO_4$ 的 $K_{sp} = 2.4 \times 10^{-5}$, 試問是否有 $CaSO_4$ 沈澱生成?

【解】

$$CaSO_4 \rightleftharpoons Ca^{2+} + SO_4^{2-}$$

$$K_{sp} = [Ca^{2+}][SO_4^{2-}] = 2.4 \times 10^{-5}$$

混合後溶液中的

$$[Ca^{2+}] = \frac{0.02M}{2} = 0.01M = 1 \times 10^{-2}M$$

$$[SO_4^{2-}] = \frac{0.0004M}{2} = 0.0002M = 2 \times 10^{-4}M$$

溶液中離子的濃度積

$$= [Ca^{2+}][SO_4^{2-}]$$

$$= 1 \times 10^{-2} \times 2 \times 10^{-4} = 2 \times 10^{-6} < K_{sp}$$

因為溶液中離子的濃度積小於 $CaSO_4$ 的 K_{sp}，這溶液為未飽和溶液，故不能產生沈澱。

【例 1-6】

如混合等量的 0.08M $CaCl_2$ 與 0.02M Na_2SO_4 時，是否有沈澱生成？

【解】

混合後溶液中

$$[Ca^{2+}] = \frac{0.08M}{2} = 0.04M = 4 \times 10^{-2}M$$

$$[SO_4^{2-}] = \frac{0.02M}{2} = 0.01M = 1 \times 10^{-2}M$$

混合溶液中離子濃度的乘積

$$= [Ca^{2+}][SO_4^{2-}]$$

$$= (4 \times 10^{-2})(1 \times 10^{-2}) = 4 \times 10^{-4} > 2.4 \times 10^{-5}$$

因為混合溶液中的離子濃度積大於 K_{sp}，因此有沈澱生成，直到溶液中的離子濃度積等於 K_{sp} 為止。

(3)**沈澱反應中的共同離子效應**

以上所討論的都是離子固體溶解在純水中有關溶度積的問題。可是，通常在這離子固體之溶液中含有另一共同離子時，其溶解度會改變，例如在氫氧化鎂 $Mg(OH)_2$ 飽和溶液中，加 NaOH，KOH，或 Ca$(OH)_2$ 等時，因為有共同的 OH^- 離子存在，$[OH^-]$ 濃度增加，為了

要保持 K_{sp} 值一定，〔Mg^{2+}〕濃度將減低，即共同離子存在下 Mg
$(OH)_2$ 的溶解度較在純水中的溶解度減少。

【例 1-7】
氯化銀的溶度積為 1.56×10^{-10}，求此氯化銀(a)在純水中；(b)在 0.1M
HCl 溶液中的溶解度。

【解】

$$AgCl_{(s)} \rightleftharpoons Ag^+ + Cl^-$$

$$K_{sp} = [Ag^+][Cl^-] = 1.56 \times 10^{-10}$$

設氯化銀在純水中溶解度為 x

$$x \cdot x = x^2 = 1.56 \times 10^{-10}$$

$$x = 1.25 \times 10^{-5} 莫耳/升(純水中的溶解度)$$

設 AgCl 在 0.1M HCl 溶液中的溶解度為 y

$$AgCl_{(s)} \rightleftharpoons Ag^+ + Cl^-$$
$$\phantom{AgCl_{(s)} \rightleftharpoons} y \qquad y \quad\;\; y$$

$$HCl \longrightarrow H^+ + Cl^-$$
$$0.1 \qquad 0.1 \quad 0.1$$

故溶液中的〔Ag^+〕$= y$

$$[Cl^-] = 0.1 + y \approx 0.1 \qquad (因 0.1 \gg y)$$

$$[Ag^+][Cl^-] = y \times 0.1 = 1.56 \times 10^{-10}$$

$$y = 1.56 \times 10^{-9} 莫耳/升 \qquad (在 0.1MHCl 中的溶解度)$$

在純水中 AgCl 的溶解度為 1.25×10^{-5} 莫耳/升，可是在 0.1M
HCl 溶液中，因有共同的 Cl^- 離子存在，AgCl 的溶解度減少為 1.56×10^{-9} 莫耳/升，約為純水的溶解度之 1/10000。

很明顯的，依溶度積原理，依溶液中加入另一離子使其生成不溶
性鹽的沈澱方式，把某一離子完全除去是不可能的。可是，由於加入
大量的第二離子，使目的離子沈澱而在溶液中只保留痕跡程度是可行

的。例如要使 $CaCO_3$ 溶液中的 CO_3^{2-} 離子沈澱而除去時，可加氯化鈣，$CaCl_2$ 使〔Ca^{2+}〕離子濃度增加而減低〔CO_3^{2-}〕離子濃度。

在分析化學裡，常使用共同離子的效應使一種離子固體的溶解度減少。可是共同離子效應尚有一些限制。在濃鹽酸溶液中，氯化銀生成可溶性錯離子，反而使沈澱溶解。

$$AgCl_{(s)} + Cl_{(aq)}^- \longrightarrow AgCl_{2(aq)}^-$$
　　（沈澱）　（過量）　　　　錯離子（可溶）

因此，如前述，溶度積概念只能應用於稀溶液而不適用於濃溶液的。

六、錯離子

錯離子（complex ion）是一金屬離子（特別是過渡金屬離子）與帶有未共用電子對（孤對電子）的分子或陰離子以配位共價結合所成的原子團。金屬離子是中心離子，帶有未共用電子對的分子或陰離子叫做配基（ligand）。中心離子與配基的結合相當於是路易士酸（Lewis acid）與路易士鹼（Lewis base）的作用。

1.錯離子的生成

銀離子（Ag^+）的水溶液遇到氨（NH_3）會形成錯離子，達成下列平衡：

$$Ag_{(aq)}^+ + 2NH_{3(aq)} \rightleftharpoons Ag(NH_3)_{2(aq)}^+$$

當水溶液中的金屬離子與配基作用生成錯離子而達平衡時，其化學平衡常數稱為錯離子的生成常數（formation constant）或穩定常數（stability constant）。例如 $Ag(NH_3)_2^+$ 錯離子的生成常數 K_f 為：

$$K_f = \frac{[Ag(NH_3)_2^+]}{[Ag^+][NH_3]^2}$$

$Ag(NH_3)_2^+$ 的 K_f 值為 1.7×10^7。K_f 值愈大，表示該錯離子愈穩定。

錯離子的解離常數（dissociation constant）或不穩定常數（insta-bility constant）是其生成常數的倒數。$Ag(NH_3)_2^+$ 解離的方程式為：

$$Ag(NH_3)_{2(aq)}^+ \rightleftharpoons Ag_{(aq)}^+ + 2NH_{3(aq)}$$

其解離常數（平衡常數）K_d 為：

$$K_d = \frac{1}{K_f} = \frac{[Ag^+][NH_3]^2}{[Ag(NH_3)_2^+]}$$

不同的錯離子具有不同的解離常數，其在水中的解離度也不同。表 1-2 列出一些錯離子的解離常數。

表 1-2　錯離子解離常數

平　　衡　　反　　應	解　　離　　常　　數
$Ag(NH_3)_2^+ \rightleftharpoons Ag^+ + 2NH_3$	6.8×10^{-8}
$Cd(NH_3)_4^{2+} \rightleftharpoons Cd^{2+} + 4NH_3$	1×10^{-7}
$Cu(NH_3)_4^{2+} \rightleftharpoons Cu^{2+} + 4NH_3$	5×10^{-14}
$Zn(NH_3)_4^{2+} \rightleftharpoons Zn^{2+} + 4NH_3$	2.6×10^{-10}
$Co(NH_3)_6^{2+} \rightleftharpoons Co^{2+} + 6NH_3$	1×10^{-5}
$Ni(NH_3)_6^{2+} \rightleftharpoons Ni^{2+} + 6NH_3$	5×10^{-8}
$Cd(CN)_4^{2-} \rightleftharpoons Cd^{2+} + 4CN^-$	1.4×10^{-17}
$Cu(CN)_3^{2-} \rightleftharpoons Cu^+ + 3CN^-$	5.0×10^{-28}
$Ag(CN)_2^- \rightleftharpoons Ag^+ + 2CN^-$	8×10^{-23}
$Hg(CN)_4^{2-} \rightleftharpoons Hg^{2+} + 4CN^-$	4×10^{-42}
$HgCl_3^- \rightleftharpoons Hg^{2+} + 3Cl^-$	6×10^{-17}

2.配位數

在錯離子中，一個中心原子或離子的周圍之離子，原子或分子（即配基）的數目叫做這錯離子中心原子之配位數（coordination number）。例如在 $Ag(NH_3)_2^+$，$Cu(NH_3)_4^{2+}$，與 $Fe(CN)_6^{3-}$ 離子中，

Ag^+，Cu^{2+} 與 Fe^{3+} 的配位數各為 2，4 與 6。

決定中心離子配位數有兩種因素：

(1)中心原子與外圍離子（原子或分子）的電子組態。

(2)中心原子與配基的相對大小。

一般來講，第(2)因素較為重要，因為可決定有多少一定大小的配基能夠排列在一定大小的中心原子之周圍。

3.錯離子生成與固體溶解度

舉前面已提過 AgCl 溶於氨水可以生成 $Ag(NH_3)_2^+$ 錯離子為例，現以 AgCl 的 K_{sp} 及 $Ag(NH_3)_2^+$ 的解離兩方面來討論。$Ag(NH_3)_2^+$ 錯離子在水溶液中與其成分建立下列平衡狀態：

$$Ag(NH_3)_2^+ \rightleftharpoons Ag^+ + 2NH_3$$

如果有一溶液含有 Ag^+，Cl^- 與 NH_3，其平衡可用下列圖解表示：

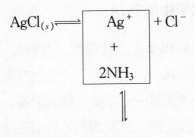

$$Ag(NH_3)_2^+ \qquad 只稍微解離$$

當溶液中 $[Ag^+][Cl^-]$ 比 AgCl 的 K_{sp} 值小時，AgCl 將會溶解。加入 NH_3 分子時可生成 $Ag(NH_3)_2^+$ 錯離子。當溶液中自由游動的 Ag^+ 與 NH_3 結合成錯離子時，有更多的固體 AgCl 將溶解於溶液中以重新建立平衡。如果有足夠量的氨水，這過程將會繼續進行到 AgCl 完全溶解為止。

再來討論逆反應的過程。為什麼溶液中加 HNO_3 時 AgCl 會重新

沈澱？原因乃是 H^+ 與 NH_3 優先反應成 NH_4^+ 而減少〔NH_3〕，並使 $Ag(NH_3)_2^+$ 解離而放出 Ag^+ 於溶液中。當放出 Ag^+ 足夠到〔Ag^+〕〔Cl^-〕超過 K_{sp} 時，AgCl 重新沈澱。

　　不同錯離子解離度的不同，可由下列一連串有關能夠與 Ag^+ 生成沈澱並可生成可溶性錯離子的實驗來得到定性方面的證據。

　　在燒杯中倒入一些硝酸銀溶液，加氯化鈉於此溶液即可生成AgCl的沈澱。在這燒杯中加入氨水時可見 AgCl 溶解並生成$Ag(NH_3)_2^+$。再加入 NaBr 時即有 AgBr 沈澱生成。如加入 $Na_2S_2O_3$ 於其中 AgBr 沈澱將溶解而生成$Ag(S_2O_3)_2^{3-}$ 錯離子。如果再加入 NaI 時即有 AgI 沈澱生成，如加入 KCN 溶液，AgI 沈澱將溶解而生成$Ag(CN)_2^-$ 錯離子。在這溶液中加入硫化鈉溶液即可產生 Ag_2S 沈澱。

　　從這些一連串的實驗，我們可結論銀的錯離子中最難解離的是 $Ag(CN)_2^-$，同時 Ag_2S 的溶解度最低。

4.錯離子在分析化學中的應用

　　錯離子的生成在分析化學上非常重要。金屬離子若形成錯離子，則溶液中金屬離子的濃度減少，因而不致沈澱出來或參加反應。相反的，如果加入足量能與金屬離子產生錯合物的配基，則不溶於水的沈澱也會因錯離子的生成而溶解。下面的例子說明錯離子在分析化學上的應用。

【例 1-8】

(a)已知 $Ag(NH_3)_2^+$ 的 $K_f = 1.1 \times 10^7$，當 0.010M 的 $AgNO_3$溶液中有 1.0M 的 NH_3 時，計算 Ag^+ 和 $Ag(NH_3)_2^+$ 之濃度。

(b)若使此溶液的 Cl^- 離子為 0.10M，AgCl 是否會沈澱出來？（AgCl 的 K_{sp} 為 1.8×10^{-10}。）

【解】

(a)因為溶液含有過量的錯合劑(NH_3)，我們假設只有 $Ag(NH_3)_2{}^+$ 存在。

令 x = 每升中與氨反應形成 $Ag(NH_3)_2{}^+$ 的 Ag^+ 莫耳數，則 x = 每升中 $Ag(NH_3)_2{}^+$ 離子的莫耳數，且

$$0.010 - x = 每升中留下來錯合的 Ag^+ 莫耳數$$

綜合之

$$Ag^+ + 2NH_3 \rightleftharpoons Ag(NH_3)_2{}^+$$

最初的莫耳數/升	0.010	1.0	0
平衡的莫耳數/升	$0.010 - x$	$1.0 - 2x$	x

$$\frac{[Ag(NH_3)_2{}^+]}{[Ag^+][NH_3]^2} = 1.1 \times 10^7$$

$$\frac{x}{(0.010 - x)(1.0 - 2x)^2} = 1.1 \times 10^7$$

因為 K_f 值很大，我們可說 x 約為 0.010，即大多數銀是形成錯離子形式，如此計算較簡單。因此 $[Ag(NH_3)_2{}^+] \simeq 0.010M$，而

$$\frac{0.010}{(0.010 - x)(0.98)^2} = 1.1 \times 10^7$$

$$0.010 - x = [Ag^+] = \frac{0.010}{(0.98)^2(1.1 \times 10^7)}$$

$$[Ag^+] = 9.5 \times 10^{-10}M$$

(b)代入 $AgCl$ 的 K_{sp} 式中濃度得到

$$[Ag^+][Cl^-] = (9.5 \times 10^{-10})(0.10) = 9.5 \times 10^{-11}$$

因為此乘積小於 K_{sp} 即 1.8×10^{-10}，故氯化銀不會沈澱出來。

【例 1-9】

比較完全溶解 0.010 莫耳 $AgCl$ 和 0.010 莫耳 $AgBr$ 所需 NH_3 的莫耳數濃度。($AgBr$ 的 K_{sp} 為 5.0×10^{-13})

【解】

溶解 AgCl 有關的平衡和平衡常數爲

$$AgCl \Longrightarrow Ag^+ + Cl^-$$

$$K_{sp} = [Ag^+][Cl^-] = 1.8 \times 10^{-10}$$

$$Ag^+ + Cl^- + 2NH_3 \Longrightarrow Ag(NH_3)_2^+ + Cl^-$$

$$K_f = \frac{[Ag(NH_3)_2^+]}{[Ag^+][NH_3]^2} = 1.1 \times 10^7$$

因爲我們假設所有 AgCl 都溶解，Cl^- 濃度即等於 AgCl 的濃度，0.10M。而且因爲 $Ag(NH_3)_2^+$ 的 K_f 很大，$Ag(NH_3)_2^+$ 的濃度必然比 Ag^+ 濃度大得多，即 $Ag(NH_3)_2^+ \simeq 0.010M$。然後 $[Ag^+]$ 由 AgCl 的 K_{sp} 計算：

$$[Ag^+](0.010) = 1.8 \times 10^{-10}$$

$$[Ag^+] = 1.8 \times 10^{-10}/0.010 = 1.8 \times 10^{-8}M$$

則溶解 AgCl 所需的 NH_3 濃度即將 $[Ag^+]$ 和 $[Ag(NH_3)_2^+]$ 值代入 K_f 式即得：

$$\frac{0.010}{(1.8 \times 10^{-8})[NH_3]^2} = 1.1 \times 10^7$$

$$[NH_3]^2 = \frac{0.010}{(1.8 \times 10^{-8})(1.1 \times 10^7)}$$

$$[NH_3]^2 = 5.1 \times 10^{-2}$$

$$[NH_3] = \sqrt{5.1 \times 10^{-2}} = 2.3 \times 10^{-1}M$$

溶解 AgBr 時，$[Ag^+]$ 由 AgBr 的 K_{sp} 計算：

$$K_{sp} = [Ag^+][Br^-] = 5.0 \times 10^{-13}$$

$$[Ag^+](0.010) = 5.0 \times 10^{-13}$$

$$[Ag^+] = 5.0 \times 10^{-13}/0.010 = 5.0 \times 10^{-11}M$$

溶解 AgBr 所需的 NH_3 濃度由 K_f 式得到：

$$\frac{0.010}{(5.0 \times 10^{-11})[NH_3]^2} = 1.1 \times 10^7$$

$$[NH_3]^2 = \frac{0.010}{(5.0 \times 10^{-11})(1.1 \times 10^7)} = 18$$

$$[NH_3] = \sqrt{18} = 4.2M$$

因此，溶解 AgBr 所需的 NH_3 濃度爲 $4.2/(2.3 \times 10^{-1}) = 18$ 倍於溶解 AgCl 所需濃度。

在定性分析中常使用錯離子的生成，以分離與辨認某特定離子。下列是其中的幾個例子：

(1)在第一屬陽離子（見第 35 頁，第 1 – 3 節）裡，氯化銀與氨反應成 $Ag(NH_3)_2^+$ 錯離子而與氯化亞汞沈澱分離。在大量 Cl^- 存在下，AgCl，$PbCl_2$ 與 Hg_2Cl_2 都能夠生成 $AgCl_2^-$，$PbCl_3^-$ 與 $Hg_2Cl_3^-$ 錯離子而溶於溶液中，因此需控制溶液中的 Cl^- 濃度。這也是沈澱第一屬陽離子時，只能使用稍微過量的 Cl^- 之原因。

(2)在第二屬陽離子裡

①砷副屬，通常以生成錯離子方式與銅副屬分離。例如用 $(NH_4)_2S$ 作爲錯化劑而生成 AsS_4^{3-}，SbS_4^{3-}，與 SnS_3^{3-} 等錯離子；或以 NaOH 爲錯化劑而生成 AsO_4^{3-}，SbO_4^{3-} 與 SnO_3^{2-} 等錯離子與銅副屬沈澱分離。

②銅、鎘離子與鉍離子分離時，使用氨水使Cu^{2+}，Cd^{2+} 生成 $Cu(NH_3)_4^{2+}$ 與 $Cd(NH_3)_4^{2+}$ 錯離子並使鉍離子生成 $Bi(OH)_3$ 沈澱。進一步，$Cu(NH_3)_4^{2+}$ 深藍色可供作確認 Cu^{2+} 存在之用。

③HgS 能夠溶於王水仍是因爲 $HgCl_2$ 能夠生成 $HgCl_3^-$ 錯離子之故。

(3)在第三屬陽離子

①Co^{2+}，Ni^{2+} 與 Zn^{2+} 通常以生成 NH_3 的錯離子方式與其他離子分離。

②Co^{2+} 能夠與 NO_2^- 反應而生成$Co(NO_2)_6^{3-}$ 錯離子，這反應也常用以確認 Co^{2+} 之用。有時以 Co^{2+} 與 NH_4SCN 反應而生成 Co

$(SCN)_4{}^{2-}$ 錯離子，此錯離子在丙酮中呈藍色，故亦可做確認 Co^{2+} 之用。

③Ni^{2+} 能夠與二甲基乙二醛二肟（dimethylglyoxime）生成紅色二甲基乙二醛二肟鎳錯離子，為確認鎳離子的反應。

七、兩性物質

有些元素的氧化物或氫氧化物具有酸性與鹼性性質，雖然它們的溶解度不大，可是能夠溶解在強酸與強鹼水溶液中，這些化合物叫做兩性化合物（amphoteric compound）。例如，$Pb(OH)_2$，$Sn(OH)_2$，$Al(OH)_3$，$Cr(OH)_3$，$Zn(OH)_2$ 與 $Sb(OH)_3$ 等都是兩性氫氧化物。

現以 $Al(OH)_3$ 為例，表示其兩性作用：

$$Al(OH)_3 \rightleftharpoons H_3O^+ + AlO_2{}^-$$

$$NaOH \longrightarrow OH^- + Na^+$$

$$\downarrow$$

$$2H_2O$$

$$\therefore \quad Al(OH)_3 + NaOH \rightleftharpoons 2H_2O + Na^+ + AlO_2{}^-$$

這時 $Al(OH)_3$ 呈酸性反應

$$Al(OH)_3 \rightleftharpoons Al^{3+} + 3OH^-$$

$$3HCl + 3H_2O \longrightarrow 3Cl^- + 3H_3O^+$$

$$\downarrow$$

$$6H_2O$$

$$\therefore \quad Al(OH)_3 + 3HCl + 3H_2O \rightleftharpoons Al^{3+} + 3Cl^- + 6H_2O$$

則 $\quad Al(OH)_3 + 3HCl \rightleftharpoons Al^{3+} + 3Cl^- + 3H_2O$

這時 $Al(OH)_3$ 呈鹼性反應。

定性分析中陽離子的分離與確認有幾個步驟是根據一些金屬氫氧化物的兩性性質的。例如在第三屬陽離子的分析過程裡，氫氧化錳與

氫氧化鐵不易溶於氫氧化鈉溶液，可是兩性氫氧化物的氫氧化鋅、氫氧化鋁與氫氧化鉻等可溶於氫氧化鈉溶液。

　　除了兩性氧化物，兩性氫氧化物之外，有一些金屬硫化物也具有兩性性質，也可溶解於酸或鹼之中。在定性分析裡常見的兩性硫化物有砷、銻與錫等的硫化物，其典型的反應如下：

$$As_2S_3 + 6OH^- \rightleftharpoons 2AsO_3^{2-} + 3H_2S$$
（鹼）

$$SnS_2 + S^{2-} \rightleftharpoons SnS_3^{2-}$$
（H_2S，酸）

$$As_2S_5 + 6HS^- \rightleftharpoons 2AsS_4^{3-} + 3H_2S$$
（酸）

$$Sb_2S_3 + 3S^{2-} \rightleftharpoons 2SbS_3^{3-}$$

　　As_2S_3，As_2S_5，SnS，SnS_2，Sb_2S_3，Sb_2S_5 等都能夠溶解於過量的 $NaOH$ 或 Na_2S 溶液中。除了 SnS 以外均能溶於$(NH_4)_2S$ 溶液。

1-2　分析概論

　　物質的組成可由分析來測定。定性分析用來測定存在於物質內的成分種類；定量分析用來決定物質內成分的含量。定性分析的過程包括許多不同的步驟，最常用的步驟是溶解與沈澱，大部分是在水溶液中進行。也有不在水溶液中進行的分析法，叫乾法（dry way）。

　　定性分析所要處理的對象包括離子、原子和分子，但是大部分的定性分析是針對離子，只有少許情況是針對原子或分子。這是因大部分的元素和化合物，在溶液中都是以離子狀態存在之故。

　　離子依其所帶的電荷，分為帶正電荷的陽離子(cations)與帶負電荷的陰離子(anions)。所以定性分析也分為陽離子的分析與陰離子的分析兩大部分。離子有其獨特的性質，如同原子和分子一般。有的離子

與其他離子形成不溶的化合物；有些離子在本生燈的火焰中呈現出特別的顏色；有些離子的溶液有顏色；而有的離子生成有顏色的沈澱。

在做離子的定性系統分析時，理想的情況是必須使某一離子單獨存在或與大量的其他離子共存時，能對該離子作清楚的試驗，但因無此種理想的方法，故必須把具有共同性質的某些離子歸類在一起，而將離子分成幾個屬(group)。例如將氯化物不溶於水的陽離子，歸為一屬；不溶於酸的硫化物也歸為一屬；或溶於酸的硫化物，歸為另一屬。

同一屬的離子可以再依其性質而分成幾個副屬（subgroup），然後再將每一副屬中的離子加以分離，依其特性而個別加以分析、試驗和確認，例如其化合物在酸、鹼或水中的溶解度、溶液的顏色、沈澱物的顏色、焰色或與其他試劑的反應等等。

離子的分離與確認，其所利用的原理如本章第一節中所述，其中較重要的是解離與平衡原理。

圖1-2 定性分析所包含的元素

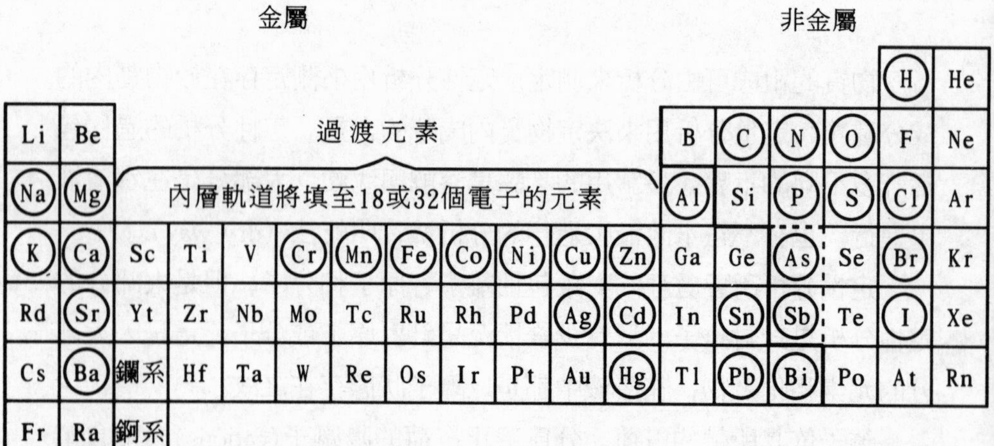

在本書我們所用的分析法是濕法（wet method），也就是用水或其他溶劑溶解物質，然後分析其所成的溶液。我們分析的對象主要為無機化合物，這類化合物在溶液中大都以離子狀態存在。定性分析的系統分析，傳統上只包括一些較常見的元素。如圖 1-2 中所圈起來的元素。

近年來由於分析儀器的發展，使得定性分析的工作變得很簡單便捷，如原子吸收光譜、離子交換法、層析法等等，儀器分析的使用日益普遍，傳統的離子系統分析已較少使用。

1-3　**陽離子的系統化學分析**

一、陽離子的分屬

陽離子的定性分析，通常是從其混合溶液，以各種沈澱劑有系統的分離各離子並加予確認。陽離子通常分為五屬。

第一屬　又叫做氯化氫屬。在陽離子溶液中加稀鹽酸可生成沈澱者。這一屬有 Ag^+，Hg_2^{2+} 與 Pb^{2+} 等三種離子。

第二屬　將第一屬沈澱分離後的濾液，調整硝酸的濃度約在 0.3M 後通入硫化氫（或加硫代乙醯胺，CH_3CSNH_2）到飽和而能夠產生沈澱者。第二屬又叫做硫化氫屬，共有八種離子即 As^{3+}，Sb^{3+}，Sn^{4+}，Hg^{2+}，Pb^{2+}，Bi^{3+}，Cu^{2+} 與 Cd^{2+}。

第三屬　除去第二屬硫化物沈澱後的濾液中加氯化銨與氨水即有 Al^{3+}，Fe^{3+}，Cr^{3+} 成氫氧化物沈澱。過濾後的濾液中再加硫化銨溶液則 Co^{2+}，Ni^{2+}，Mn^{2+}，Zn^{2+} 等離子以硫化物方式沈澱。這七種陽離子為第三屬陽離子，又叫做硫化銨屬。

第四屬　分離第三屬陽離子沈澱後的濾液中加碳酸銨，Ba^{2+}、Sr^{2+} 及 Ca^{2+} 以碳酸鹽方式沈澱。這三種陽離子為第四屬陽離子，又叫做碳酸銨屬。

第五屬　分離第四屬陽離子後的溶液，通常只剩下 K^+，Mg^{2+} 與 NH_4^+。這些離子均存在於溶液中而不易沈澱，因此又叫做可溶性屬。

　　這些一般陽離子分屬的步驟如下。要分析的溶液可能含有下列各離子的全部或一部分：Pb^{2+}，Ag^+，Hg_2^{2+}，AsO_3^{3-}*，AsO_4^{3-}*，Sb^{3+}，$Sb(OH)_6^-$*，Sn^{2+}，Sn^{4+}，Hg^{2+}，Bi^{3+}，Cu^{2+}，Cd^{2+}，Co^{2+}，Ni^{2+}，Mn^{2+}，Fe^{3+}，Cr^{3+}，Al^{3+}，Zn^{2+}，Ba^{2+}，Sr^{2+}，Ca^{2+}，Mg^{2+}，K^+，Na^+，NH_4^+。

　　整個陽離子分屬分析的系統圖如圖 1－3。

圖1－3　陽離子的分屬系統

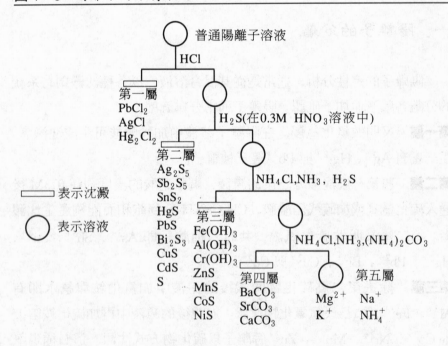

* As^{3+}，As^{5+} 與 Sb^{5+} 在水溶液中不存在而以上記方式存在。

二、第一屬陽離子的分離及確認法

1.第一屬陽離子的分析原理

銀離子(Ag^+)、亞汞離子(Hg_2^{2+})與鉛離子(Pb^{2+})等的氯化物在水中的溶解度甚低，因此能夠用氯離子將此三種離子與普通陽離子分離。表 1－3 表示這三種氯化物在水中的溶解度。

表 1－3 Hg_2^{2+}，Ag^+ 與 Pb^{2+} 氯化物在水中的溶解度(25 ℃)與溶度積

氯化物	溶解度		溶度積 K_{sp}
	克/升	莫耳/升	
Hg_2Cl_2	0.00038	0.00000081	1.50×10^{-8}
$AgCl$	0.00179	0.0000125	1.56×10^{-10}
$PbCl_2$	11.0	0.0395	1.0×10^{-4}

由表 1－3 中可知氯化亞汞最不易溶於水。氯化鉛是微溶性物質，在第一屬中不能完全沈澱出來而尚留一部分在濾液中，因此第二屬陽離子裡仍包含有鉛離子的存在。

沈澱劑通常使用鹽酸（HCl），因此第一屬陽離子又叫做氯化氫屬。因為共同離子效應之故，通常使用稍微過量的鹽酸使沈澱更完全。

可是，氯離子不能過量太多，因為太過量的氯離子存在時，能夠生成可溶性的錯離子而使沈澱重新溶於水中。

$$Ag_{(aq)}^+ + Cl_{(aq)}^- \Longleftrightarrow AgCl_{(s)}$$

$$AgCl_{(s)} + Cl^-_{(aq)} \rightleftharpoons AgCl_2^-_{(aq)}$$
過量　　　　可溶於水

$$PbCl_{2(s)} + Cl^-_{(aq)} \rightleftharpoons PbCl_{3(aq)}{}^-$$

$$PbCl_{2(s)} + 2Cl^-_{(aq)} \rightleftharpoons PbCl_4^{2-}_{(aq)}$$

氯化鉛($PbCl_2$)沈澱在水中的溶解度，隨溫度之升高而增大，而氯化銀($AgCl$)與氯化亞汞(Hg_2Cl_2)則影響甚微，所以可利用熱水將 $PbCl_2$ 從第一屬陽離子的沈澱物中溶解出來，而與 $AgCl$ 和 Hg_2Cl_2 分開來。

$AgCl$ 沈澱可和氨水作用產生銀氨錯離子($Ag(NH_3)_2{}^+$)而溶解：

$$AgCl_{(s)} + 2NH_{3(aq)} \rightleftharpoons Ag(NH_3)_2{}^+_{(aq)} + Cl^-_{(aq)}$$

但 Hg_2Cl_2 與氨水作用，發生自身氧化還原反應，生成白色的氯化胺汞($Hg(NH_2)Cl$)和黑色的汞(Hg)，此二化合物均不溶於水，互相混合而呈灰白色。故可利用氨水將 $AgCl$ 和 Hg_2Cl_2 分離。

$$Hg_2Cl_{2(s)} + 2NH_{3(aq)} \rightleftharpoons Hg(NH_2)Cl_{(s)} + Hg_{(s)} + NH_4^+_{(aq)} + Cl^-_{(aq)}$$
　　　　　　　　　　　　　　　(白色)　　　　　(黑色)

$$Hg_2Cl_{2(s)} + 2NH_{3(aq)} + H_2O \rightleftharpoons Hg_2O_{(s)} + 2NH_4^+_{(aq)} + 2Cl^-_{(aq)}$$
　　　　　　　　　　　　　　　　　　(黑色)

2.第一屬陽離子的確認反應

(1)Pb^{2+} 之確認

在氯化鉛之熱水溶液中，滴入二鉻酸鉀溶液，產生黃色的鉻酸鉛($PbCrO_4$)沈澱而確認 Pb^{2+} 的存在：

$$Pb^{2+}_{(aq)} + CrO_4^{2-}_{(aq)} \rightleftharpoons PbCrO_{4(s)}$$

(2)$Hg_2{}^{2+}$ 之確認

在第一屬陽離子沈澱物中除去 Pb^{2+} 之後，加入氨水，如有灰白色之 Hg, Hg_2O, $Hg(NH_2)Cl$ 混合物沈澱產生，即可確認 $Hg_2{}^{2+}$ 之存在。

(3)Ag$^+$之確認

在第一屬陽離子沈澱物以氨水處理後之上澄液，加入硝酸酸化，如有白色之 AgCl 重新生成，則可確認 Ag$^+$ 之存在。

$$Ag(NH_3)_{2(aq)}^+ + Cl_{(aq)}^- + H_{(aq)}^+ \Longrightarrow AgCl_{(s)} + 2NH_{4(aq)}^+$$

3.第一屬陽離子的系統分析

第一屬陽離子的分析流程圖如圖 1－4 所示。

圖 1－4　第一屬陽離子分離及分析系統圖

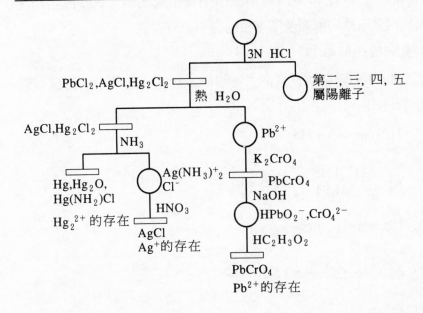

三、第二屬陽離子的分離及確認法

1.第二屬陽離子的分析原理

試樣溶液中以氯化物沈澱分離出第一屬陽離子以後，使溶液呈酸

性（0.3M H^+）後通硫化氫飽和之，即可得第二屬陽離子硫化物沈澱。第一屬陽離子在稀酸溶液中也能夠與硫化氫反應而產生沈澱。因此必須先把 Ag^+，Hg_2^{2+} 離子完全除去。

在第一屬陽離子沈澱中 Pb^{2+} 無法完全沈澱出來，這是因爲$PbCl_2$較易溶於水中，在第二屬沈澱時則能夠以 PbS 完全沈澱。

第二屬陽離子含有砷、銻、錫、汞、鉛、鉍、銅與鎘等八種離子，通常分爲銅副屬與砷副屬等兩副屬來進行分析。

第三屬陽離子也能夠與 H_2S 反應而生成硫化物，但它們均能夠溶於稀酸溶液中，故在 0.3M H^+ 溶液中不會生成沈澱。關於硫化物沈澱，我們由氫硫酸的解離及溶度積兩方面來研討。

(1)氫硫酸的解離

氫硫酸(H_2S)爲弱酸，且爲二質子酸，故在水溶液中的解離以兩步驟進行：

$$H_2S \rightleftharpoons H^+ + HS^-$$

$$k_1 = \frac{[H^+][HS^-]}{[H_2S]} = 1.3 \times 10^{-7}$$

$$HS^- \rightleftharpoons H^+ + S^{2-}$$

$$k_2 = \frac{[H^+][S^{2-}]}{[HS^-]} = 1 \times 10^{-13}$$

全反應

$$H_2S \rightleftharpoons 2H^+ + S^{2-}$$

$$K_a = \frac{[H^+]^2[S^{2-}]}{[H_2S]} = \frac{[H^+][HS^-]}{[H_2S]} \times \frac{[H^+][S^{2-}]}{[HS^-]}$$

$$= k_1 \times k_2 = 1.3 \times 10^{-7} \times 1 \times 10^{-13} = 1.3 \times 10^{-20}$$

在 25℃ 時，H_2S 飽和溶液濃度爲 0.1M，

$\therefore \qquad \dfrac{[H^+]^2[S^{2-}]}{0.1} = 1.3 \times 10^{-20}$

$\qquad [H^+]^2[S^{2-}] = 1.3 \times 10^{-21}$

$\qquad [S^{2-}] = \dfrac{1.3 \times 10^{-21}}{[H^+]^2}$

由此可知在 25°C 時 H_2S 飽和溶液中的 $[S^{2-}]$ 受到 $[H^+]$ 的影響。溶液中 $[H^+]$ 愈大時 $[S^{2-}]$ 愈小，而溶液中 $[H^+]$ 愈低即 $[S^{2-}]$ 愈大。

【例 1－10】

試求通 H_2S 於 0.3M H^+ 溶液中達到飽和時，溶液中的硫離子濃度。

【解】

$$[S^{2-}] = \dfrac{1.3 \times 10^{-21}}{[H^+]^2} = \dfrac{1.3 \times 10^{-21}}{(0.3)^2}$$

$$= 1.4 \times 10^{-20}(莫耳/升)$$

(2)金屬硫化物的溶度積

表 1－4 列出第一、第二及第三屬陽離子硫化物溶度積常數。

在半微量定性分析裡，通常金屬離子的濃度為低於 0.001 莫耳/升，而 0.3M H^+ 溶液以 H_2S 飽和時其 $[S^{2-}]$ 為 1.4×10^{-20} 莫耳/升。因此可計算是否能夠沈澱。

表 1－4　一些金屬硫化物的溶度積常數

屬	硫　　化　　物	K_{sp}
I	Ag_2S	1.6×10^{-49}
II	HgS	9×10^{-52}
	CuS	3.5×10^{-38}
	CdS	1.0×10^{-28}
	PbS	7×10^{-30}

	NiS	3×10^{-21}
	CoS	5×10^{-22}
III	ZnS	1.2×10^{-23}
	FeS	1.5×10^{-19}
	MnS	1.4×10^{-15}

【例 1－11】

設 0.3M HCl 溶液中有 Cu^{2+} 與 Mn^{2+} 各為 0.001 莫耳/升，如以 H_2S 飽和時是否能夠沈澱？

【解】

已知 0.3M HCl 溶液以 H_2S 飽和時的

$$[S^{2-}] = 1.4 \times 10^{-20} 莫耳/升$$

各離子濃度為

$$[Cu^{2+}] = [Mn^{2+}] = 1 \times 10^{-3} 莫耳/升$$

對於 Cu^{2+} 求離子積與溶度積常數比較

$$[Cu^{2+}][S^{2-}] = 1 \times 10^{-3} \times 1.4 \times 10^{-20}$$
$$= 1.4 \times 10^{-23} \gg CuS 的 K_{sp}(3.5 \times 10^{-38})$$

故 CuS 能夠沈澱。

對於 Mn^{2+} 求離子積與溶度積常數比較

$$[Mn^{2+}][S^{2-}] = 1 \times 10^{-3} \times 1.4 \times 10^{-20}$$
$$= 1.4 \times 10^{-23} \ll MnS 的 K_{sp}(1.4 \times 10^{-15})$$

故 MnS 不能產生沈澱。

　　由溶度積常數表可知第一屬，第二屬陽離子硫化物的 K_{sp} 通常很小，因此在 0.3M H^+ 溶液中能夠沈澱，第三屬陽離子的硫化物 K_{sp} 較大，因此不能在 0.3M H^+ 溶液中產生沈澱，必須使溶液呈中性或鹼性而使〔H^+〕減少，增加〔S^{2-}〕才能夠沈澱。

(3)使用硫代乙醯胺為沈澱劑

　　硫化氫固然是一種很好的沈澱劑，可是從硫化亞鐵與鹽酸反應所

產生的硫化氫氣體，往往很難控制所需要的量，以致實驗室中往往充滿了硫化氫氣體臭味而影響健康。近年來硫化氫的來源通常以硫代乙醯胺（thioacetamide，簡寫為 TAA）溶液所取代。

TAA 結構與醋酸相似，也就是醋酸分子中的氧原子以硫原子所取代，羥基以胺基所取代：

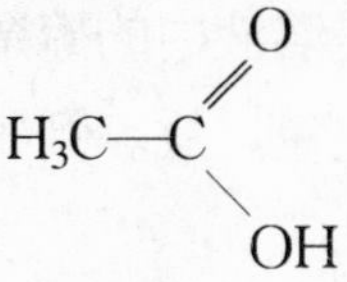

醋酸

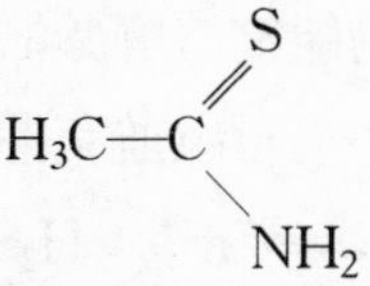

硫代乙醯胺(TAA)

在酸性溶液中 TAA 與水反應生成 H_2S：

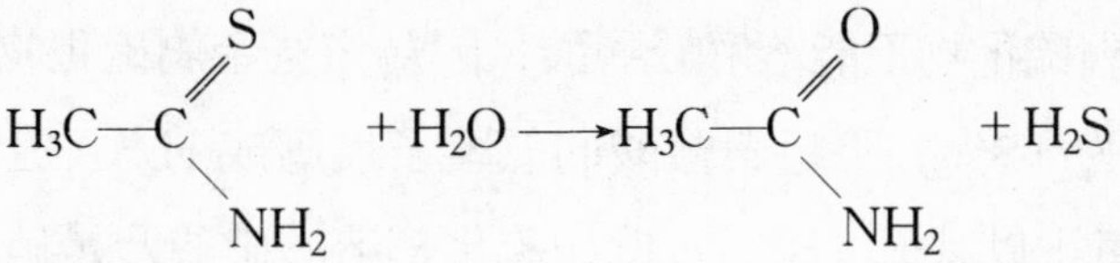

在鹼性溶液中即可放出 S^{2-}：

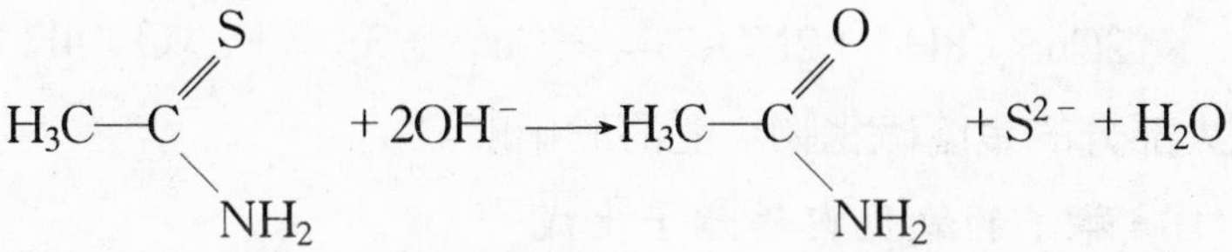

2. 金屬硫化物的溶解

如果使溶液中的金屬離子濃度，硫離子濃度或兩者的濃度降低到溶液中的離子濃度乘積小於其 K_{sp} 時，金屬硫化物將會溶解。降低離子濃度的方法有：

(1)生成錯離子

第二屬陽離子中砷、銻及錫的硫化物能夠與溶液中的鹼性陰離子如 OH^-，S^{2-} 或 S_2^{2-} 等反應而生成錯離子，利用此性質可將第二屬陽離子分為銅副屬與砷副屬。例如：

$$As_2S_3 + 6OH^- \rightleftharpoons AsS_3^{3-} + AsO_3^{3-} + 3H_2O$$

$$As_2S_3 + 3S_2^{2-} \rightleftharpoons 2AsS_4^{3-} + S$$

$$4As_2S_5 + 24OH^- \rightleftharpoons 3AsO_4^{3-} + 5AsS_4^{3-} + 12H_2O$$

$$Sb_2S_3 + 6OH^- \rightleftharpoons SbS_3^{3-} + SbO_3^{3-} + 3H_2O$$

$$3SnS_2 + 6OH^- \rightleftharpoons SnO_3^{2-} + 2SnS_3^{2-} + 3H_2O$$

(2)生成不易解離而有揮發性的硫化氫

許多金屬硫化物能夠溶解於酸中，此乃是溶液中的硫離子與酸的氫離子反應而生成不易解離並有揮發性的硫化氫之故。例如：

$$ZnS + 2H^+ \rightleftharpoons Zn^{2+} + H_2S$$

這是第三屬陽離子硫化物能夠溶解於鹽酸的原因。

(3)硫離子的氧化

有的金屬硫化物不能溶解於鹽酸，因為這些金屬硫化物的 K_{sp} 極小，溶液中的 $[S^{2-}]$ 不足與鹽酸的氫離子反應成 H_2S。這時可將溶液中的 S^{2-} 氧化以減低 $[S^{2-}]$。例如硫化銅溶於硝酸乃是硝酸氧化其 S^{2-} 生成硫之故。

$$3CuS + 8H^+ + 2NO_3^- \rightleftharpoons 3Cu^{2+} + 3S\downarrow + 2NO + 4H_2O$$

因此大部分的金屬硫化物均能溶於硝酸。

(4)硫離子的氧化與錯離子生成

HgS 溶度積常數極小，不能溶於硝酸。因為用硝酸氧化時仍有足夠量的 S^{2-} 留在溶液中超過 K_{sp} 值。這時使用王水即可溶解 HgS。王水不但能夠氧化硫離子以減少 $[S^{2-}]$，而且能夠使溶液中的 Hg^{2+} 生成 $HgCl_3^-$ 錯離子以降低溶液中的 $[Hg^{2+}]$，因此可溶 HgS。

$$3HgS + 8H^+ + 2NO_3^- + 9Cl^- \longrightarrow 3HgCl_3^- + 3S + 2NO + 8H_2O$$

3.砷副屬陽離子的分離與確認

在第二屬陽離子的硫化物沈澱，加入 NaOH 溶液，則如前述，砷、銻和錫的硫化物因產生錯離子而溶解，其餘的硫化物則不溶。故可分成砷副屬和銅副屬。此時溶液中所含的是砷副屬，沈澱物則為銅副屬。

(1)砷離子的分離及確認

將含砷副屬離子的溶液加入鹽酸酸化，則砷、銻、錫的硫化物再沈澱出來。將沈澱分離並加入濃鹽酸，則沈澱中 Sb_2S_5 和 SnS_2 溶解而 As_2S_5 不溶。分離出 As_2S_5 沈澱，加入濃硝酸並蒸乾後，加入醋酸鈉 ($NaC_2H_3O_2$) 和硝酸銀溶液，如有紅棕色的 Ag_3AsO_4 沈澱生成，表示有砷的存在。

$$As_2S_5 + 10NO_3^- + 10H^+ \Longleftrightarrow 2H_3AsO_4 + 10NO_2 + 2H_2O + 5S$$

$$H_3AsO_4 + 3C_2H_3O_2^- \Longleftrightarrow 3HC_2H_3O_2 + AsO_4^{3-}$$

$$3Ag^+ + AsO_4^{3-} \Longleftrightarrow Ag_3AsO_4$$
$$\text{(紅棕色沈澱)}$$

(2)錫離子的分離及確認

將除去 As_2S_5 的溶液分成兩部分。取一部分加入鐵線加熱數分鐘，將 Sn^{4+} 還原成 Sn^{2+}，然後將溶液倒入含 $HgCl_2$ 溶液的試管中，如有白到黑的沈澱生成，表示有錫的存在。

$$SnCl_4 + Fe \Longleftrightarrow Fe^{2+} + 4Cl^- + Sn^{2+}$$

$$Sn^{2+} + 2Cl^- + 2HgCl_2 \Longleftrightarrow SnCl_4 + Hg_2Cl_2\text{(白色沈澱)}$$

$$Sn^{2+} + Hg_2Cl_2 + 2Cl^- \Longleftrightarrow SnCl_4 + Hg\text{(黑色沈澱)}$$

(3)銻離子的分離及確認

在銀片上放一小片錫，將上面的另一半溶液滴在銀與錫的接觸之

處，如果在錫的表面有黑色物沈積，表示有銻的存在。

$$2SbCl_3 + 3Sn \Longrightarrow 3Sn^{2+} + 6Cl^- + 2Sb$$

(在銀片上之黑色沈積物)

4. 銅副屬陽離子的分離與確認

(1)汞離子的分離及確認

將銅副屬的硫化物沈澱加入硝酸加熱，除 HgS 不溶外，其餘的硫化物會溶解在硝酸溶液中。再將 HgS 分離出來以王水溶解後，加入 $SnCl_2$ 溶液，如有白色 Hg_2Cl_2 沈澱或灰白色的 Hg_2Cl_2 與 Hg 混合物沈澱生成，表示有汞的存在。

$$3HgS + 8H^+ + 2NO_3^- + 7Cl^- \Longrightarrow 3HgCl_3^- + 3S + 2NO + 4H_2O$$

$$2HgCl_2 + Sn^{2+} + 2Cl^- \Longrightarrow SnCl_4 + Hg_2Cl_2 (白色沈澱)$$

$$Hg_2Cl_2 + Sn^{2+} + 2Cl^- \Longrightarrow SnCl_4 + 2Hg (黑色沈澱)$$

(2)鉛離子的分離及確認

在上述除去 HgS 後的溶液中，加入 $(NH_4)_2SO_4$ 固體，則 Pb^{2+} 會生成白色的 $PbSO_4$ 沈澱。將 $PbSO_4$ 分離出來洗淨，加入醋酸銨 $(NH_4C_2H_3O_2)$ 溶液溶解之，再加入醋酸和二鉻酸鉀 $(K_2Cr_2O_7)$ 溶液，如有黃色的 $PbCrO_4$ 沈澱產生，表示有鉛的存在。

$$PbSO_4 + C_2H_3O_2^- \Longrightarrow Pb(C_2H_3O_2)^- + SO_4^{2-}$$

$$2Pb(C_2H_3O_2)^+ + Cr_2O_7^{2-} + H_2O \Longrightarrow 2HC_2H_3O + 2PbCrO_4$$

(黃色沈澱)

(3)鉍離子的分離及確認

將上述除去 Pb^{2+} 的溶液加入濃氨水至呈強鹼性，此時 Bi^{3+} 會產生白色的 $Bi(OH)_3$ 沈澱。將 $Bi(OH)_3$ 分離出來，加入新配製的亞錫酸鈉溶液，如有黑色的鉍產生，表示有鉍的存在。

$$Bi^{3+} + 3NH_3 + 3H_2O \rightleftharpoons Bi(OH)_3 + 3NH_4^+$$

$$2Bi(OH)_3 + 3HSnO_2^- + 3OH^- \rightleftharpoons 3SnO_3^{2-} + 6H_2O + 2Bi$$

(黑色沈澱)

(4)銅離子的分離及確認

上述除去 Bi^{3+} 的溶液中含有 $Cu(NH_3)_4^{2+}$ 和 $Cd(NH_3)_4^{2+}$。將溶液分爲兩部分，第一部分加入醋酸酸化後，加入 $K_4Fe(CN)_6$ 溶液，如有 $Cu_2Fe(CN)_6$ 之紅棕色沈澱產生，表示有銅的存在。

$$Cu(NH_3)_4^{2+} + 4H^+ \rightleftharpoons + NH_4^+ + Cu^{2+}$$

$$2Cu^{2+} + Fe(CN)_6^{4-} \rightleftharpoons Cu_2Fe(CN)_6 (紅棕色沈澱)$$

如果沒有銅存在而有鎘存在時，則生成白色的 $Cd_2Fe(CN)_6$ 沈澱。

$$Cd(NH_3)_4^{2+} + 4H^+ \rightleftharpoons 4NH_4^+ + Cd^{2+}$$

$$2Cd^{2+} + Fe(CN)_6^{4-} \rightleftharpoons Cd_2Fe(CN)_6 (白色沈澱)$$

(5)鎘離子的分離及確認

如有 Cu^{2+} 存在時，將上述之另一半溶液加熱沸騰後，加入 $Na_2S_2O_4$ 固體，將 Cu^{2+} 還原成 Cu 除去之。把上澄液加入 TAA 溶液，加熱後如有黃色之 CdS 沈澱產生，表示有鎘存在。如果溶液中沒有 Cu^{2+} 存在時，則直接加入 TAA 溶液，有黃色 CdS 產生即表示有鎘存在。

5. 第二屬陽離子的系統分析

第二屬陽離子的沈澱及砷副屬系統分析的流程圖如圖 1-5 所示；銅副屬的系統分析流程圖如圖 1-6 所示。

圖1-5 第二屬陽離子的沈澱及砷副屬的分析

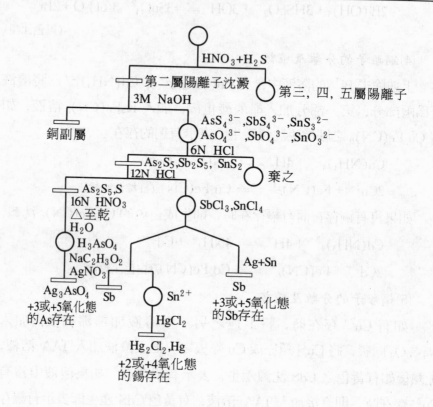

圖 1-6　銅副屬的分析

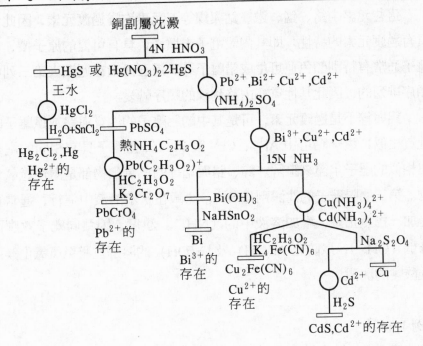

四、第三屬陽離子的分離及確認法

1.第三屬陽離子的分析原理

第三屬陽離子含有鎳、鈷、鐵、錳、鉻、鋁與鋅等七種陽離子。從試樣溶液中除去第一、第二屬陽離子後的溶液以 NH_4Cl-NH_3，及 $(NH_4)_2S$ 處理，Ni^{2+}、Co^{2+}、Mn^{2+} 與 Zn^{2+} 以硫化物方式沈澱；Fe^{3+}、Cr^{3+} 與 Al^{3+} 則以氫氧化物方式沈澱。第一屬及第二屬大部分的陽離子也能夠在氨的鹼性溶液中與硫離子產生沈澱，因此在第三屬陽離子沈澱以前必須除去。如果鉻及錳以 CrO_4^{2-} 及 MnO_4^- 的陰離子方式存在於溶液中時，可被 S^{2-} 離子還原成較低氧化態而以$Cr(OH)_3$及 MnS 方

式沈澱。

　　這些元素中鉻、錳、鐵、鈷與鎳等五元素均為過渡元素，因此都具有過渡元素的特性：即其內殼電子未填滿，具有可變的原子價，其離子通常有特別顏色並可生成錯離子等。這五元素在週期表第三列中順序排列的，因此其性質亦由鉻到鎳的順序轉變。

　　鋁與鋅不是過渡元素，可是其中的鋁離子的性質與鉻或鐵離子的性質相似；這一點可由 Al^{3+}，Cr^{3+} 與 Fe^{3+} 三種離子具有相同的電荷與相似的離子半徑來瞭解。鋅、鉻與鋁等的氫氧化物都是兩性氫氧化物。第三屬陽離子的沈澱劑是 S^{2-}，沈澱在氨水溶液中進行，通常預先加一些氯化銨，增加溶液中的〔NH_4^+〕濃度，因共同離子效應而降低〔OH^-〕，以防止 $Al(OH)_3$ 及 $Cr(OH)_3$ 的溶解並避免氫氧化鎂或碳酸鹽的沈澱。

【例 1–12】

試計算 0.1M 氨水溶液的〔OH^-〕及氨水中加 0.1 莫耳氯化銨時的〔OH^-〕。

【解】

$$K_b = 1.8 \times 10^{-5}$$

$$NH_3 + H_2O \Longleftrightarrow NH_4^+ + OH^-$$

平衡時：$0.1 - x \qquad x \qquad x$

$$K_b = \frac{[NH_4^+][OH^-]}{[NH_3]} = \frac{x^2}{0.1-x} = 1.8 \times 10^{-5}$$

∵ 　　$0.1 \gg x$ 　　故 $0.1 - x \doteqdot 0.1$

$$x^2 = 1.8 \times 10^{-6}$$

$$x = [OH^-] = 1.4 \times 10^3 \text{ 莫耳/升}$$

設加 0.1 莫耳 NH_4Cl 在 1 升 0.1M 氨水中時，〔OH^-〕為 y，即平衡時，

$$NH_3 + H_2O \rightleftharpoons NH_4^+ + OH^-$$
$$0.1 - y \qquad\qquad y \qquad\qquad y$$

$$NH_4Cl \rightleftharpoons NH_4^+ + Cl^-$$
$$0.1 \qquad\qquad 0.1 \qquad 0.1$$

在平衡時 $[NH_4^+] = 0.1 + y$

$$[OH^-] = y$$

$\therefore \qquad K_b = \dfrac{[NH_4^+][OH^-]}{[NH_3]} = \dfrac{(0.1 + y)y}{0.1 - y} = 1.8 \times 10^{-5}$

$\because \qquad 0.1 \gg y \qquad \therefore 0.1 + y \doteqdot 0.1, \ 0.1 - y \doteqdot 0.1$

$$\dfrac{0.1y}{0.1} = 1.8 \times 10^{-5}$$

$$y = [OH^-] = 1.8 \times 10^{-5} 莫耳/升$$

因此共同離子效應結果 $[OH^-]$ 由 1.4×10^{-3} 莫耳/升減至 1.8×10^{-5}
莫耳/升。

　　表 1-5 列出一些氫氧化物的 K_{sp}。

表 1-5　氫氧化物的 K_{sp}

氫　氧　化　物	K_{sp}
$Mg(OH)_2$	1.5×10^{-11}
$Al(OH)_3$	5×10^{-33}
$Fe(OH)_3$	1.5×10^{-36}
$Cr(OH)_3$	6.7×10^{-31}

【例 1-13】

設試樣中 Al^{3+}，Mg^{2+} 各為 $10^{-3}M$，試計算在 $0.1M$ 氨水溶液中它們
能不能沈澱出來？又在 $0.1M$ 氨水溶液中加入氯化銨使其濃度也是
$0.1M$ 時，這兩離子是不是可沈澱出來？

【解】

如上題在 0.1M 氨水中〔OH^-〕爲 1.4×10^{-3}M，

故 $Mg(OH)_2$ 離子積 ＝〔Mg^{2+}〕〔OH^-〕$^2 = (10^{-3})(1.4 \times 10^{-3})^2$

$$= 1.96 \times 10^{-9} \gg K_{sp} \qquad 故可沈澱$$

$Al(OH)_3$ 離子積 ＝〔Al^{3+}〕〔OH^-〕$^3 = (10^{-3})(1.4 \times 10^{-3})^3$

$$= 2.74 \times 10^{-12} \gg K_{sp} \qquad 故可沈澱$$

因此在 0.1M 氨水中兩者均可生成沈澱。在共同離子 NH_4^+ 存在時，〔OH^-〕降低至 1.8×10^{-5}莫耳/升，$Mg(OH)_2$：

$$〔Mg^{2+}〕〔OH^-〕^2 = (10^{-3})(1.4 \times 10^{-5})^2$$

$$= 3.24 \times 10^{-13} < K_{sp} \qquad Mg^{2+}不能沈澱$$

$Al(OH)_3$：

$$〔Al^{3+}〕〔OH^-〕^3 = (10^{-3})(1.8 \times 10^{-5})^3$$

$$= 5.83 \times 10^{-18} \gg K_{sp} \qquad Al^{3+}可沈澱$$

故在共同離子存在時，$Al(OH)_3$ 可產生沈澱，但 Mg^{2+} 仍留在溶液中。

2. 第三屬陽離子的沈澱與副屬之分離

將分離第二屬陽離子後的溶液蒸乾，加入鹽酸及過氧化氫(H_2O_2)溶液後再蒸乾。以稀鹽酸溶解後，加入 NH_4Cl 溶液和足量的氨水，使溶液呈鹼性，則有 $Al(OH)_3$(白色)、$Cr(OH)_3$(灰色)和 $Fe(OH)_3$(棕色)沈澱產生，這些沈澱是爲鋁副屬。分離出鋁副屬後的上澄液，加入硫化銨(($NH_4)_2S$)溶液，加熱後，產生 NiS（黑色）、CoS（黑色）、MnS（粉紅色）、ZnS（白色）沈澱。這些沈澱洗淨後，加入稀鹽酸，溶解的部分（溶液）爲鋅副屬，含 Mn^{2+} 及 Zn^{2+}；不溶的部分（沈澱）爲鎳副屬，含 NiS 及 CoS。

3. 鋁副屬陽離子的分離及確認

(1)鋁離子的分離及確認

在鋁副屬的氫氧化物中，加入氫氧化鈉溶液並加熱沸騰，此時 $Al(OH)_3$ 會生成 $Al(OH)_4^-$ 而溶解，$Cr(OH)_3$ 雖也會生成$Cr(OH)_4^-$，但因其不安定，加熱後重新生成 $Cr(OH)_3$ 而又沈澱出來。故上澄液含 $Al(OH)_4^-$。將上澄液分離，加入硝酸酸化後，加入 NH_4I 固體，並加入氨水使溶液呈明顯的鹼性。此時加 NH_4^+—NH_3 緩衝液的目的有二：一是因 NH_4^+ 的共同離子效應，減低〔OH^-〕而避免 $Al(OH)_4^-$ 錯離子的生成，以便得到 $Al(OH)_3$ 沈澱。二為緩衝液中的 I^- 可將溶液中可能存在的 Fe^{3+} 還原成 Fe^{2+}，防止 $Fe(OH)_3$ 的生成。

將上述沈澱分離出來，加醋酸溶解後，加入醋酸銨溶液及鋁試劑 (aluminon)，攪拌並立即加入氨水至呈鹼性，如有紅色沈澱表示有鋁的存在。此紅色沈澱為 $Al(OH)_3$ 吸附紅色染料的鋁試劑而成的。鋁試劑的結構式為：

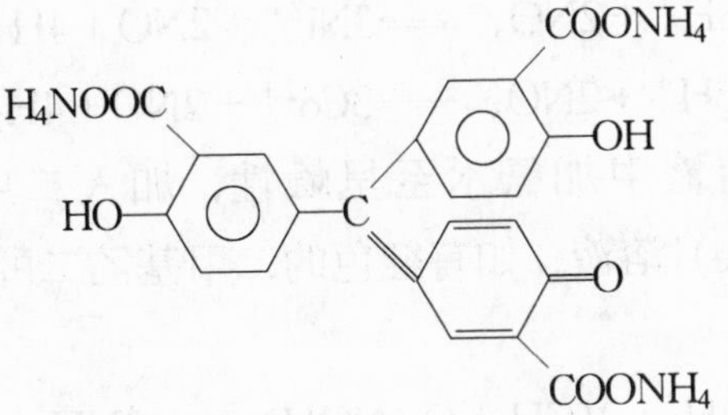

(2)鐵離子的分離及確認

在上述分離出鋁離子後的沈澱中，加入氫氧化鈉與過氧化氫溶液，將 $Cr(OH)_3$ 氧化成 CrO_4^{2-}，而 $Fe(OH)_3$ 不會被氧化：

$$2Cr(OH)_3 + 3H_2O_2 + 4OH^- \Longrightarrow 8H_2O + CrO_4^{2-}$$
$$\text{(黃色)}$$

加熱沸騰後分離出上澄液。把沈澱洗淨後，加入鹽酸及硫氰化銨溶液 (NH_4SCN)將沈澱溶解，如果溶液呈現紅色，即表示有鐵的存在。

$$Fe(OH)_3 + 3H^+ \Longrightarrow Fe^{3+} + 3H_2O$$

$$Fe^{3+} + SCN^- \Longrightarrow Fe(SCN)^{2+}$$
$$\text{(血紅色)}$$

(3)鉻離子的分離及確認

將上述的上澄液蒸發至剩約 0.5mL，加入硝酸酸化後立刻倒入含 H_2O_2 及乙醚的試管中，如在乙醚層有藍色出現但不久後即消失，表示有鉻的存在。這是因為在酸中，CrO_4^{2-} 轉變為 $Cr_2O_7^{2-}$，再被 H_2O_2 氧化成 H_2CrO_5，此化合物在水中不安定，但在乙醚中稍安定些。

$$2CrO_4^{2-} + 2H^+ \rightleftharpoons Cr_2O_7^{2-} + H_2O$$

$$Cr_2O_7^{2-} + 2H^+ + 2H_2O_2 \rightleftharpoons H_2O + 2H_2CrO_5$$

（在乙醚中呈藍色）

4.鎳副屬的分離及確認

在鎳副屬的硫化物沈澱中加入濃硝酸及鹽酸，加熱溶解後將沈澱出的硫去除。把溶液加熱蒸乾，冷卻後加鹽酸及水溶解，並將溶液分為兩等分。

$$3NiS + 8H^+ + 2NO_3^- \rightleftharpoons 3Ni^{2+} + 2NO + 4H_2O + 3S$$

$$3CoS + 8H^+ + 2NO_3^- \rightleftharpoons 3Co^{2+} + 2NO + 4H_2O + 3S$$

在第一份溶液中加氨水至呈鹼性，加入二甲基乙二醛二肟 (dimethylglyoxime) 溶液，如有紅色的二甲基乙二醛二肟鎳沈澱，即表示有鎳存在。

$$Ni^{2+} + 2NH_3 + 2(CH_3)_2C_2(NOH)_2 \rightleftharpoons 2NH_4^+ + Ni(C_4H_7N_2O_2)_2$$

（紅色）

二甲基乙二醛二肟鎳的結構式為：

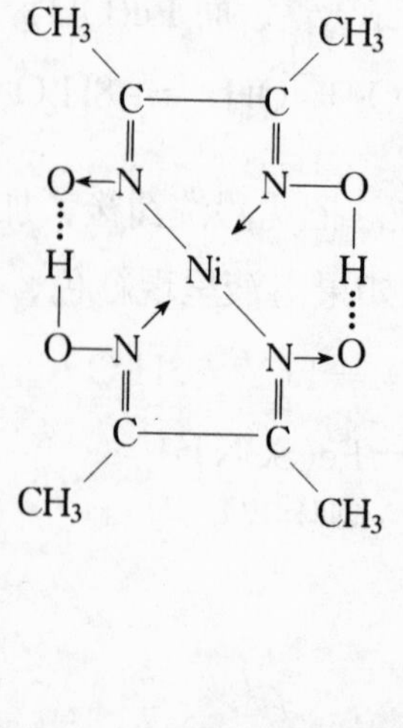

在第二份溶液中加入 NH_4SCN 溶液和丙酮，如有藍色的 $Co(SCN)_4^{2-}$ 溶液生成，表示有鈷的存在。

$$Co^{2+} + 4SCN^- \Longrightarrow Co(SCN)_4^{2-}$$
（在丙酮中呈藍色）

5. 鋅副屬的分離及確認

(1)錳離子的分離及確認

將含鋅副屬(Mn^{2+} 和 Zn^{2+})的溶液蒸乾，加入鹽酸和水溶解之，並加入氫氧化鈉溶液，分離出沈澱及上澄液。此時沈澱為$Mn(OH)_2$，上澄液含 $Zn(OH)_4^{2-}$。

$$Mn^{2+} + OH^- \Longrightarrow Mn(OH)_2$$
$$Zn^{2+} + 4OH^- \Longrightarrow Zn(OH)_4^{2-}$$

將 $Mn(OH)_2$ 沈澱以硫酸溶解，加水稀釋後，加入 KIO_4 並加熱沸騰，將 Mn^{2+} 氧化成紫色的 MnO_4^-。故此時如有紫色出現，即證明有錳的存在。

$$Mn(OH)_2 + 2H^+ \Longrightarrow Mn^{2+} + 2H_2O$$
$$2Mn^{2+} + 5IO_4^- + 3H_2O \Longrightarrow 5IO_3^- + 6H^+ + MnO_4^-$$
（紫色）

(2)鋅離子的分離及確認

將上述含 $Zn(OH)_4^{2-}$ 的上澄液加鹽酸酸化，加入醋酸銨和 TAA 溶液（或通入 H_2S），加熱後如有白色的 ZnS 沈澱生成，即表示有鋅的存在。

$$Zn(OH)_4^{2-} + 4H^+ \Longrightarrow Zn^{2+} + 4H_2O$$
$$Zn^{2+} + H_2S \Longrightarrow 2H^+ + ZnS$$
（白色）

6. 第三屬陽離子的系統分析

第三屬陽離子的沈澱及鋁副屬的分析流程圖如圖 1－7 所示。鎳

副屬和鋅副屬的分析流程圖如圖 1−8 所示。

圖1−7　第三屬陽離子的沈澱及鋁副屬的分析

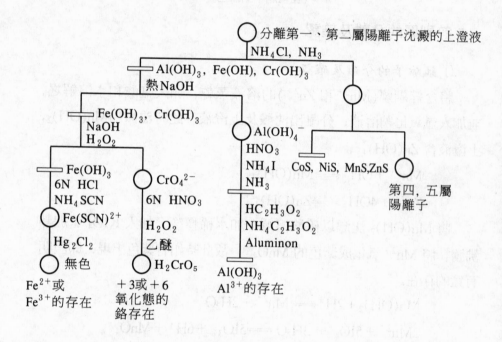

圖 1-8　鎳副屬及鋅副屬的分析

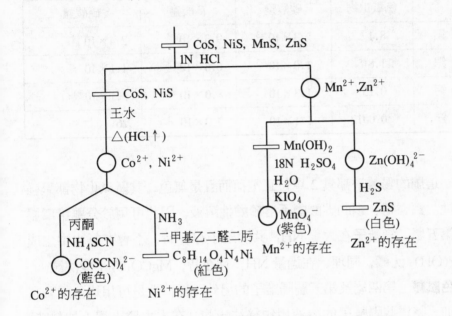

五、第四屬陽離子的分離及確認法

1. 第四屬陽離子的分析原理

　　第四屬陽離子含鋇、鍶與鈣離子。這三元素屬於週期表的鹼土金族，具有相似的電子組態，因此性質也很相似。雖然鎂也是鹼土金族元素，可是其氫氧化物鹼性較弱而碳酸鹽較易溶於水，因此在本書放在第五屬陽離子中，但有些分析書仍放在第四屬討論。鎂的許多化合物與這屬化合物性質相似，表 1-6 表示 Mg^{2+}, Ca^{2+}, Sr^{2+} 與 Ba^{2+} 各種化合物的溶解度。很巧的，每一離子對某一特定陰離子具有最低溶解度。

表 1-6　鹼土金族化合物的溶解度（克/100 克水）

	氫氧化物	碳酸鹽	草酸鹽	硫酸鹽
鋇	8.1	2.3×10^{-3}	9.3×10^{-3}	2.4×10^{-4}
鍶	1.8	1.0×10^{-3}	6.6×10^{-3}	1.1×10^{-2}
鈣	0.15	1.3×10^{-3}	8.0×10^{-4}	2.1×10^{-1}
鎂	0.0012	1.1×10^{-2}	7.0×10^{-2}	26

　　這屬的陽離子都具 2 單位正電荷而且是無色，其氫氧化物都呈強鹼性。鈣、鍶、鋇的碳酸鹽不溶於鹼性溶液，因此可用於分離第四屬及第五屬。鎂離子在大量 NH_4^+ 共同離子存在時，不會在氨水中生成 $Mg(OH)_2$ 沈澱，同理，在過量 NH_4^+ 存在時，$MgCO_3$ 亦不能沈澱。

焰色試驗　第四屬及第五屬陽離子的另外一種特性是可用焰色試驗來辨別。將這些陽離子的溶液用鉑絲沾一些，在本生燈火焰上加熱時，隨離子之不同而呈特性焰色。這現象乃是核外電子吸收火焰的能量而激發到能階較高的電子軌域，當電子由能階較高的電子軌域回到原來軌域時放出電磁輻射線，此一電磁輻射線的波長恰好在可見光譜波長範圍內，因此呈特定焰色。表 1-7 列有一些元素的焰色光譜。

表 1-7　一些元素的焰色光譜

元素	可能所放射的	可見光波長 (Å 單位)	放射光 的顏色	外觀，繼續 或暫時性
鈉	鈉原子	5890, 5896	黃色	黃色，繼續性
鉀	鉀原子	4044 6940	紫色 紅色	紫色—暫時的

鈣	鈣原子 CaOH 與 CaO	4227 5540 6060 最大 6220	紫色 綠色 橙紅色 紅色	不顯明的 紅磚色 一不繼續	
鍶	鍶原子 SrOH 與 SrO	4607 6060 6500 6620，6680 最大 6830	藍色 橙紅色 　 　紅色 	深紅色 一暫時的	
鋇	鋇原子 BaOH 與 BaO	5536 4870 5150 最大 5270	綠色 藍綠色 綠色 綠色	綠色 一連續性	

2. 第四屬陽離子的沈澱

在分離第三屬陽離子後的試樣溶液以鹽酸酸化並將其蒸乾。以鹽酸和水溶解之並丟棄任何不溶物。在溶液中加入氯化銨溶液並加氨水使其變爲鹼性，加熱沸騰，並加入碳酸銨溶液，產生的沈澱是第三屬陽離子的碳酸鹽，溶液則含第五屬陽離子。

$$Ba^{2+} + CO_3^{2-} \rightleftharpoons BaCO_3$$
$$Sr^{2+} + CO_3^{2-} \rightleftharpoons SrCO_3$$
$$Ca^{2+} + CO_3^{2-} \rightleftharpoons CaCO_3$$

此時溶液中的 NH_4^+ 與 NH_3 濃度之比值可控制 CO_3^{2-} 離子之濃度，因：

$$NH_4^+ + CO_3^{2-} \rightleftharpoons HCO_3^- + NH_3$$

如 $[NH_4^+]$ 高出 $[NH_3]$ 太多，則 $[CO_3^{2-}]$ 降低而使得第四屬陽離子沈澱不完全；反之，如 $[NH_3]$ 高出 $[NH_4^+]$ 太多，則 $[CO_3^{2-}]$

增高而使得 $MgCO_3$ 與第四屬陽離子一起沈澱出來。

3.第四屬陽離子的分離及確認

(1)鋇離子的分離及確認

將第四屬陽離子的碳酸鹽沈澱以醋酸溶液溶解，加入碳酸銨和二鉻酸鉀溶液，會有黃色的 $BaCrO_4$ 沈澱生成，而在 $HC_2H_3O_2$ 和 $NH_4C_2H_3O_2$ 存在時，$SrCrO_4$ 和 $CaCrO_4$ 為可溶，不會沈澱出來。

$$Cr_2O_7^{2-} + H_2O \Longrightarrow 2CrO_4^{2-} + 2H^+$$

$$2Ba^{2+} + Cr_2O_7^{2-} + H_2O \Longrightarrow 2H^+ + 2BaCrO_4$$
$$\text{(黃色沈澱)}$$

把 $BaCrO_4$ 沈澱洗淨後，用濃鹽酸溶解，用焰色試驗法試驗，如有黃綠色火焰產生，表示有鋇的存在。

(2)鍶離子的分離及確認

將上述的上澄液加入硫酸銨溶液並加熱沸騰，產生白色的 $SrSO_4$ 沈澱，上澄液則含有 Ca^{2+}。

$$Sr^{2+} + SO_4^{2-} \Longrightarrow SrSO_4$$
$$\text{(白色沈澱)}$$

把 $SrSO_4$ 洗淨後用濃鹽酸溶解，並用焰色試驗法試驗，如有深紅色至輝紅色火焰產生，表示有鍶的存在。

(3)鈣離子的分離及確認

將上述含 Ca^{2+} 的上澄液加氨水使成鹼性，加入草酸銨 $((NH_4)_2C_2O_4)$ 溶液，如有白色的草酸鈣 (CaC_2O_4) 生成，表示有鈣的存在。

$$Ca^{2+} + C_2O_4^{2-} \Longrightarrow CaC_2O_4$$
$$\text{(白色沈澱)}$$

將 CaC_2O_4 沈澱以濃鹽酸溶解，並進行焰色試驗，如有磚紅色火焰產生，可進一步確認鈣的存在。

4.第四屬陽離子的系統分析

第四屬陽離子的沈澱及分析流程圖如圖 1-9 所示。

圖 1-9　第四屬陽離子的分析

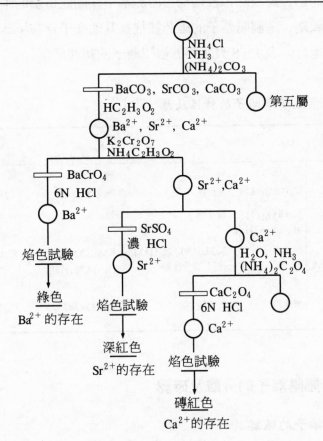

六、第五屬陽離子的分離及確認法

1.第五屬陽離子的分析原理

第五屬陽離子含有鎂、鈉、鉀及銨等離子，這些離子在第一、二、三、四屬陽離子的沈澱劑存在時，均不會產生沈澱，因此又叫做可溶性陽離子屬。但如果沒有 NH_4Cl 存在時，在第三及第四屬陽離子沈澱中鎂會以 $Mg(OH)_2$ 方式沈澱。

一般的鈉、鉀及銨化合物均可溶於水中，因此這屬的陽離子沒有共同的沈澱劑，這屬陽離子的確認往往在其他離子存在下，以特性反應方式來進行。表 1-8 表示第五屬陽離子的特性反應。

表 1-8 第五屬陽離子的特性反應

試驗法 ＼ 離子	Mg^{2+}	Na^+	K^+	NH_4^+
焰色試驗	無 色	黃 色	紫 色	無 色
NaOH	$Mg(OH)_2$ 沈澱	無反應	無反應	生成 NH_3
Na_2HPO_4	$MgHPO_4$(白) 可溶於 $HC_2H_3O_2$	無反應	無反應	無反應
鈉試劑 $Mg(UO_2)_3(C_2H_3O_2)_8$	無沈澱	$NaMg(UO_2)_3(C_2H_3O_2)_9$ 球狀，黃色沈澱	$KMg(UO_2)_3(C_2H_3O_2)_9$ 〔K^+〕大時，針狀	無沈澱
$Na_3Co(NO_2)_6$	無沈澱	無沈澱	$K_2NaCo(NO_2)_6$ 黃	$(NH_4)_2NaCo(NO_2)_6$ 黃

2.第五屬陽離子的分離及確認

(1)銨離子的確認

試驗 NH_4^+ 時應由原試樣溶液來試驗。因為在第三屬、第四屬陽離子沈澱時曾加入 NH_4^+，因此如果從分離第四屬陽離子沈澱後的上澄液來試驗 NH_4^+ 時，則必有 NH_4^+ 存在，而分不出是否在原試樣中存在的 NH_4^+。

在蒸發皿中加入 NaOH 溶液，加熱至沸騰。將火焰移開後滴加

原試樣溶液於此 NaOH 熱溶液中，並用預先內層黏有濕紅色石蕊試紙的錶玻璃蓋這蒸發皿。如石蕊試紙變爲藍色即表示 NH_4^+ 之存在，這是因爲產生 NH_3 而使紅色石蕊試紙變藍。

$$NH_4^+ + OH^- \rightleftharpoons NH_3 + H_2O$$

⑵**鎂離子的確認**

在完全除去第四屬陽離子後的上澄液中，加入硝酸並蒸至將乾，用水稀釋後取一小部分，加入對－硝基苯偶氮間二酚（p－nitrobenzeneazoresorcinol）及 NaOH 溶液，如有藍色沈澱，即表示有鎂存在。

$$Mg^{2+} + 2OH^- \longrightarrow Mg(OH)_2$$

對－硝基苯偶氮間二酚是一種有機色素，又叫鎂試劑（magneson），其被 $Mg(OH)_2$ 吸附而呈藍色，結構式爲：

⑶**鈉和鉀離子的確認**

將上述剩下的溶液分成三等分。第一部分加入濃鹽酸並進行焰色試驗，如有持續性的黃色火焰產生，表示有鈉存在。如透過鈷玻璃觀看，如有紫紅色火焰，表示有鉀的存在。

第二部分溶液加入 $Mg(UO_2)_3(C_2H_3O_2)_8$ 溶液，靜置後如有細而清晰的黃色結晶生成，進一步表示有鈉離子的存在。

$$Na^+ + C_2H_3O_2^- + Mg(UO_2)_3(C_2H_3O_2)_8 \rightleftharpoons NaMg(UO_2)_3(C_2H_3O_2)_9$$
$$\text{（黃色沈澱）}$$

第三部分溶液加入 $Na_3Co(NO_2)_6$ 溶液，靜置後如有黃色沈澱產生，進一步表示有鉀離子存在。但是 NH_4^+ 離子也有相似的沈澱產生，因此需與焰色試驗相印證。

$$2K^+ + Na^+ + Co(NO_2)_6^{3-} \rightleftharpoons K_2NaCo(NO_2)_6$$
$$\text{（黃色）}$$

$$2NH_4^+ + Na^+ + Co(NO_2)_6^{3-} \rightleftharpoons (NH_4)_2NaCo(NO_2)_6$$
$$(\text{黃色})$$

3.第五屬陽離子的系統分析

第五屬陽離子分析的流程圖如圖 1－10 所示。

圖 1－10　第五屬陽離子的分析

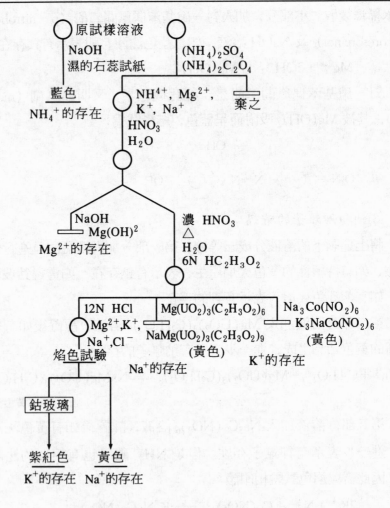

1-4 陰離子的系統化學分析

陰離子均由酸或鹽類解離而來，陰離子在結構上與陽離子不同，陽離子大多為單一元素，而陰離子除 F^-、Cl^-、Br^-、I^-、S^{2-} 等為單一元素外，其餘為二種或二種以上的原子結合而成。氧化性的陰離子會與還原性的陰離子作用，而失去其原來的性質，是一種氧化還原反應，例如硫離子可將氯酸根離子還原生成硫酸根離子和氯離子。故分析時需避免此種氧化還原反應的發生。

金屬元素以化合物方式存在時，通常與非金屬元素結合在一起，因此，如果在陽離子分析的結果瞭解那些陽離子存在，下一個步驟就是分析其所含的陰離子了。例如在某一試樣中發現 Ba^{2+} 存在時，繼續檢驗其中所含的陰離子以決定這試樣中所含的是 $BaCl_2$，BaS，$Ba(NO_3)_2$，BaO 或 $Ba(OH)_2$。

陰離子的分析通常不像陽離子分析一般，經過好幾道的系統分析。因為處理陽離子所用的 HCl，H_2S，HNO_3，H_2SO_4 等只在陽離子溶液中加 H^+ 而已，但如果這些酸加入在陰離子的分析溶液中時即可增加 Cl^-，S^{2-}，NO_3^-，SO_4^{2-}，而不能分辨這些陰離子是原來試樣中所含的或是由試劑而來的。

陽離子分析的結果可供給我們很多陰離子分析的資料。我們從分析物質的來源，性質，在各種溶劑中的溶解度可推測那些陰離子存在或不存在。例如，要分析的試樣可溶於水並且陽離子分析結果有銀離子存在時，可推測共同存在的陰離子可能是 $C_2H_3O_2^-$，F^-，NO_3^- 或 SO_4^{2-}。如果原含有銀離子的試樣不易溶於水而可溶於硝酸時，共同存在的陰離子可能為 AsO_3^{3-}，BO_3^{3-}，CO_3^{2-}，CrO_4^{2-}，$C_2O_4^{2-}$，O^{2-}，S^{2-}，與 SO_3^{2-} 等。

一般常見的陰離子可按照性質的不同，分爲五屬：

第一屬陰離子 在弱鹼性中能與 $Ca(C_2H_3O_2)_2$ 產生鈣鹽沈澱，而與其他離子分離。第一屬陰離子包含 CO_3^{2-}、SO_3^{2-}、AsO_2^-、AsO_4^{3-}、PO_4^{3-}、$C_2O_4^{2-}$ 及 F^- 等。

第二屬陰離子 在弱鹼性中能與 $Ba(C_2H_3O_2)_2$ 產生鋇鹽沈澱，而與其他離子分離。第二屬陰離子包含 CrO_4^{2-} 及 SO_4^{2-}。

第三屬陰離子 在弱鹼性中能與 $Cd(C_2H_3O_2)_2$ 產生鎘鹽沈澱，而與其他離子分離。第三屬陰離子包含 S^{2-}、$Fe(CN)_6^{3-}$ 及 $Fe(CN)_6^{4-}$ 等。

第四屬陰離子 在酸性中能與 $AgC_2H_3O_2$ 產生銀鹽沈澱，而與其他離子分離。第四屬陰離子包含 $S_2O_3^{2-}$、Cl^-、CNS^-、I^-、Br^- 等。

第五屬陰離子 本屬包含 NO_2^-、NO_3^-、ClO_3^- 及 BO_2^- 等，在前面四屬的沈澱劑中均不產生沈澱，稱爲可溶屬。

陰離子分屬所用的沈澱劑由上述可知均爲醋酸鹽，因鈣、鋇、鎘、銀等之醋酸鹽易於水解而呈弱鹼性，可保持一適當的 pH 值，有利於陰離子之分析。故分析前調整溶液之酸度而呈適當之 pH 值。

陽離子中除了 K^+、Na^+ 及 NH_4^+ 等離子不妨礙陰離子分析外，其他陽離子都需除去。其方法是加入碳酸鈉溶液，則除了 Na^+、K^+ 及 NH_4^+ 等離子以外，其他的重金屬離子都形成碳酸鹽或氫氧化物沈澱，而使溶液產生陰離子之鈉鹽及過量的碳酸根離子。此法除去陽離子的優點是產生的過量碳酸根可保持溶液呈弱鹼性，而可防止發生氧化還原反應。但其缺點爲過量之碳酸根存在溶液中，則不論是否有第一屬陰離子存在，均將產生白色沈澱。

陰離子分屬的流程圖如圖 1-11：

圖 1-11 **陰離子分屬流程圖**

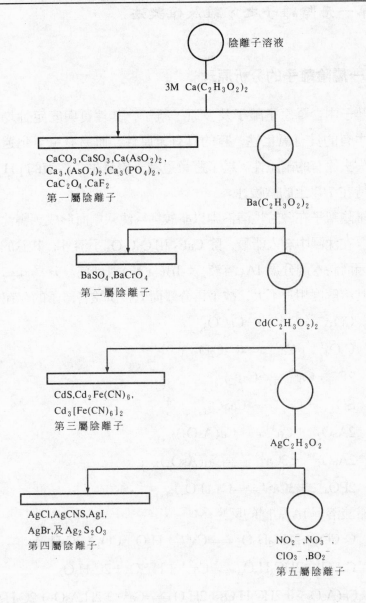

一、第一屬陰離子之分離及確認法

1.第一屬陰離子的分析原理

　　陰離子中含單原子離子及多原子離子，其性質與安定性均不相同，其中有的具有氧化性，有的具有還原性，而易發生氧化還原作用，而失去原有的確證性。為了避免這種干擾發生，溶液的 pH 值通常要保持在 7 以上的微鹼性。

　　本屬陰離子在微鹼性溶液中以醋酸鈣為沈澱劑而形成鈣鹽沈澱分離出來。在沈澱中加入醋酸，除 CaF_2 和 CaC_2O_4 不溶外，其餘的鈣鹽可溶，因而將本屬分為 IA(溶液) 及 IB(沈澱) 兩副屬。分為此二副屬後，因其溶解度相差不大，故不再分離而直接試驗各離子的存在。

$$CO_3^{2-} + Ca^{2+} \rightleftharpoons CaCO_{3(s)}$$

$$C_2O_4^{2-} + Ca^{2+} \rightleftharpoons CaC_2O_{4(s)}$$

$$2F^- + Ca^{2+} \rightleftharpoons CaF_{2(s)}$$

$$SO_3^{2-} + Ca^{2+} \rightleftharpoons CaSO_{3(s)}$$

$$2AsO_2^- + Ca^{2+} \rightleftharpoons Ca(AsO_2)_{2(s)}$$

$$2AsO_4^{3-} + 3Ca^{2+} \rightleftharpoons Ca_3(AsO_4)_{2(s)}$$

$$2PO_4^{3-} + 3Ca^{2+} \rightleftharpoons Ca_3(PO_4)_{2(s)}$$

以醋酸溶解 IA 副屬的反應為：

$$CaCO_3 + 2HC_2H_3O_2 \rightleftharpoons Ca^{2+} + H_2O + CO_2 + 2C_2H_3O_2^-$$

$$CaSO_3 + 2HC_2H_3O_2 \rightleftharpoons Ca^{2+} + H_2SO_3 + 2C_2H_3O_2^-$$

$$Ca(AsO_2)_2 + 2HC_2H_3O_2 + 2H_2O \rightleftharpoons Ca^{2+} + 2H_3AsO_3 + 2C_2H_3O_2^-$$

$$Ca_3(AsO_4)_2 + 4HC_2H_3O_2 \rightleftharpoons 3Ca^{2+} + 2H_2AsO_4^- + 4C_2H_3O_2^-$$

$$Ca_3(PO_4)_2 + 4HC_2H_3O_2 \rightleftharpoons 3Ca^{2+} + 2H_2PO_4^- + 4C_2H_3O_2^-$$

2. 第一屬陰離子的分離及確認

(1)碳酸鹽的確認

碳酸鹽的確認要取用原陰離子分析的試樣溶液來試驗。

使用圖 1-12 的裝置，在左邊 A 試管中放入試樣溶液，右邊 B 試管中放澄清的石灰水。在左邊試管中加入 6N $HC_2H_3O_2$ 並溫和加熱。如在右試管中有白色沈澱，表示 CO_3^{2-} 的存在。

$$CO_3^{2-} + 2H^+ \rightleftharpoons H_2CO_3 \rightleftharpoons H_2O + CO_2$$

$$CO_2 + Ca^{2+} + 2OH^- \rightleftharpoons CaCO_{3(s)} + H_2O$$

圖 1-12　氣體發生裝置及接受器

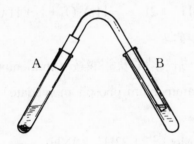

(2)亞硫酸鹽的確認

如圖 1-12 的裝置，在左邊 A 試管中放 IA 試樣溶液，右邊 B 試管中放 $Ba(OH)_2$ 溶液後，在左邊試管中加 6N HCl 並溫火加熱，如在左邊試管中有白色沈澱生成，這白色沈澱可溶於鹽酸但其溶液中加溴水時重新有白色沈澱出現，表示有 SO_3^{2-} 的存在。

$$SO_3^{2-} + 2H^+ \longrightarrow H_2O + SO_2 \uparrow$$

$$Ba^{2+} + 2OH^- + SO_2 \rightleftharpoons BaSO_{3(s)} + H_2O$$

$$BaSO_{3(s)} + 2H^+ \longrightarrow Ba^{2+} + H_2SO_3$$

$$Br_2 + SO_3^{2-} + H_2O \rightleftharpoons SO_4^{2-} + 2H^+ + 2Br^-$$

$$Ba^{2+} + SO_4^{2-} \Longrightarrow BaSO_4$$

(3)亞砷酸根離子的確認

以 H_2S 氣體通入 IA 之試樣溶液，如有亞砷酸根離子存在，會產生黃色的 As_2S_3 沈澱：

$$2H_3AsO_3 + 3H_2S \Longrightarrow As_2S_3 + 6H_2O$$

要注意，在相同情形下，砷酸根離子也會產生黃色的 As_2S_5 沈澱，但沈澱產生較慢：

$$2H_2AsO_4^- + 5H_2S + 2H^+ \Longrightarrow As_2S_5 + 8H_2O$$

(4)砷酸根離子的確認

在 IA 試樣溶液中加入鹽酸酸化後，加入 KI 一小粒，如有砷酸根離子存在，則 I^- 被氧化成 I_2 析出，此 I_2 溶在 CCl_4 中呈現紫色：

$$H_2AsO_4^- + 3H^+ + 2I^- \Longrightarrow H_3AsO_3 + I_2 + H_2O$$

(5)磷酸根離子之確認

在 IA 試樣溶液中加入硝酸及鉬酸銨（ammonium molybdate），如有黃色的磷鉬酸銨（ammonium phosphomolybdate）沈澱產生，表示有磷酸根離子的存在。

$$H_2PO_4^- + 12MoO_4^{2-} + 22H^+ + 3NH_4^+ \Longrightarrow$$
$$(NH_4)_2PO_4(MoO_3)_{12} + 12H_2O$$

(6)草酸根離子的確認

將 IB 之沈澱以硫酸溶解後，加入 $KMnO_4$ 溶液，如果過錳酸鉀的紫紅色消失，表示有 $C_2O_4^{2-}$ 的存在。

$$CaC_2O_4 + 2H^+ \Longrightarrow Ca^{2+} + H_2C_2O_4$$

$$5H_2C_2O_4 + 2MnO_4^- + 6H^+ \Longrightarrow 2Mn^{2+} + 10CO_2 + 8H_2O$$

(7)氟離子的確認

將 IB 沈澱放在潔淨的錶玻璃上，在水浴上加熱至乾，加入濃硫酸並加熱 15 分鐘後，洗淨錶玻璃，如果錶玻璃上有毛玻璃狀之白色

不透明的腐蝕現象產生，表示有 F^- 之存在。

$$CaF_2 + 2H^+ \Longrightarrow Ca^{2+} + 2HF\text{(能腐蝕玻璃)}$$

$$SiO_2 + 4HF \Longrightarrow SiF_4 + 2H_2O$$

3. 第一屬陰離子的系統分析

第一屬陰離子的分析流程圖如圖 1－13 所示。

二、第二屬陰離子的分離及確認法

1. 第二屬陰離子的分析原理

本屬只含 $CrO_4{}^{2-}$ 及 $SO_4{}^{2-}$ 兩種離子。陰離子試樣溶液在除去第一屬陰離子後，在弱鹼性溶液內加入醋酸鋇溶液，產生沈澱：

$$CrO_4{}^{2-} + Ba^{2+} \Longrightarrow BaCrO_4$$
$$\text{(黃色沈澱)}$$

$$SO_4{}^{2-} + Ba^{2+} \Longrightarrow BaSO_4$$
$$\text{(白色沈澱)}$$

如果第一屬的 $CO_3{}^{2-}$ 未完全除去，則在此時會形成白色的$BaCO_3$沈澱，但它可溶在鹽酸中，不會干擾 $BaSO_4$。

2. 第二屬陰離子的分離及確認

(1)鉻酸根離子的分離及確認

將第二屬陰離子的鋇鹽沈澱，加稀鹽酸溶解，其中 $BaCrO_4$ 可溶而 $BaSO_4$ 不溶。將沈澱與溶液分開後，溶液中加入醋酸鈉，使 $[H^+]$ 降低，則 Ba^{2+} 與 $CrO_4{}^{2-}$ 重新結合產生黃色的 $BaCrO_4$ 沈澱，而確認 $CrO_4{}^{2-}$ 的存在。

$$Ba^{2+} + HCrO_4{}^- + C_2H_3O_2{}^- \Longrightarrow HC_2H_3O_2 + BaCrO_4$$

圖 1-13 第一屬陰離子分析流程圖

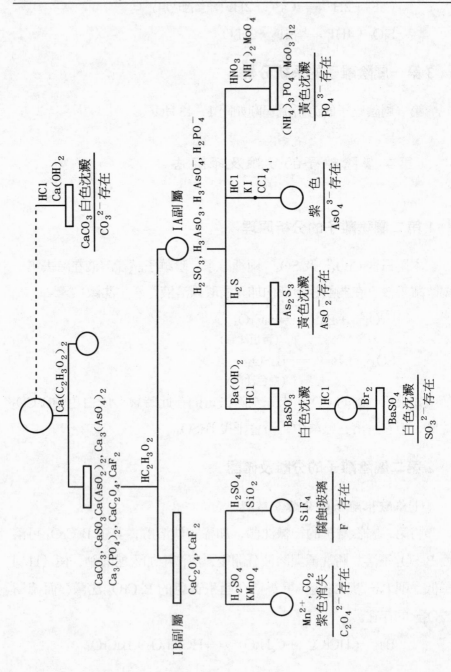

如同陽離子分析法中所述，也可以用 H_2O_2 氧化 CrO_4^{2-}，使其產生 CrO_5 藍色液，來鑑定 CrO_4^{2-}，但此藍色很快就消褪。

$$HCrO_4^- + 2H_2O_2 + H^+ \rightleftharpoons CrO_5 + 3H_2O$$

(2)硫酸根離子的分離及確認

如上述，第二屬陰離子的鋇鹽沈澱，加入稀鹽酸後，如有不溶的白色沈澱殘留，表示有 SO_4^{2-} 存在。

3.第二屬陰離子的系統分析

第二屬陰離子分析的流程圖如圖 1－14 所示。

圖 1－14　第二屬陰離子分析的流程圖

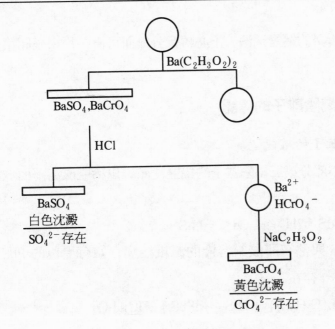

三、第三屬陰離子的分離及確認法

1.第三屬陰離子的分析原理

本屬含 S^{2-}、$Fe(CN)_6^{3-}$、$Fe(CN)_6^{4-}$ 等離子，這些離子在中性或微鹼性溶液中與 $Cd(C_2H_3O_2)_2$ 作用，產生鎘鹽沈澱：

$$S^{2-} + Cd^{2+} \rightleftharpoons CdS$$
$$\text{（鮮黃色）}$$

$$Fe(CN)_6^{4-} + 2Cd^{2+} \rightleftharpoons Cd_2Fe(CN)_6$$
$$\text{（淡黃色）}$$

$$2Fe(CN)_6^{3-} + 3Cd^{2+} \rightleftharpoons Cd_3[Fe(CN)_6]_2$$
$$\text{（橙黃色）}$$

因 S^{2-} 具有還原性，可將 $Fe(CN)_6^{3-}$ 還原爲 $Fe(CN)_6^{4-}$，同時 S^{2-} 則被氧化爲 S，故二者不能共存在同一溶液中，亦即二者只能確認其一。

上述所得的鎘鹽沈澱，不必再行分離而可直接用來確認第三屬陰離子。

2.第三屬陰離子的確認

(1)硫離子的確認

取一小部分第三屬陰離子的鎘鹽沈澱，以稀鹽酸溶解而放出 H_2S 氣體：

$$CdS + 2H^+ \rightleftharpoons Cd^{2+} + H_2S$$

放出的 H_2S 與沾有醋酸鉛溶液的濾紙接觸，如有黑色的 PbS 出現，則確認有 S^{2-} 存在。

$$Pb(C_2H_3O_2)_2 + H_2S \rightleftharpoons PbS + 2HC_2H_3O_2$$
$$\text{（黑色）}$$

(2)亞鐵氰離子的確認

取一小部分本屬鎘鹽沈澱溶解在稀鹽酸中，加入氯化鐵($FeCl_3$)溶液，如有深藍色的沈澱產生，證明有 $Fe(CN)_6^{4-}$ 存在。此

$$Cd_2Fe(CN)_6 + 2H^+ \rightleftharpoons H_2Fe(CN)_6^{2-} + 2Cd^{2+}$$

$$3H_2Fe(CN)_6^{2-} + 4Fe^{3+} \rightleftharpoons Fe_4[Fe(CN)_6]_3 + 6H^+$$

（深藍色沈澱）

藍色沈澱叫<u>普魯士藍</u>（Prussian blue）。

3. 鐵氰離子的確認

　　取一小部分的鎘鹽沈澱溶在稀鹽酸中，加入硫酸亞鐵固體，如產生深藍色沈澱（俗稱<u>藤氏藍</u>（Turnbull's blue）），則確認有$Fe(CN)_6^{3-}$存在。

$$Cd_3[Fe(CN)_6]_2 + 2H^+ \rightleftharpoons 2HFe(CN)_6^{2-} + 3Cd^{2+}$$

$$2HFe(CN)_6^{2-} + 3Fe^{2+} \rightleftharpoons Fe_3[Fe(CN)_6]_2 + 2H^+$$

（深藍色沈澱）

4. 第三屬陰離子的系統分析

　　第三屬陰離子分析的流程圖如圖 1-15 所示。

圖 1-15　第三屬陰離子分析的流程圖

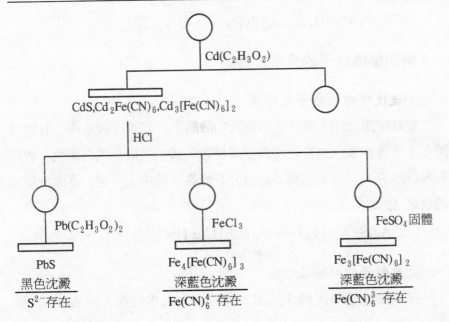

四、第四屬陰離子的分離及確認法

1. 第四屬陰離子的分析原理

本屬陰離子含 $S_2O_3^{2-}$、Cl^-、CNS^-、I^- 及 Br^- 等五種，它們在酸性溶液中，可與醋酸銀作用，生成銀鹽沈澱。

$$S_2O_3^{2-} + 2Ag^+ \Longrightarrow Ag_2S_2O_3$$

$$Cl^- + Ag^+ \Longrightarrow AgCl$$

$$CNS^- + Ag^+ \Longrightarrow AgCNS$$

$$I^- + Ag^+ \Longrightarrow AgI$$

$$Br^- + Ag^+ \Longrightarrow AgBr$$

本屬的銀鹽沈澱受光照射時，在短時間內會變黑，故要立即分析。這些銀鹽中，AgCl 易溶於氨水形成 $Ag(NH_3)_2^+$ 錯離子，而與其他銀鹽分離。

$$AgCl + 2NH_3 \Longrightarrow Ag(NH_3)_2^+ + Cl^-$$

2. 第四屬陰離子的分離及確認

⑴硫代硫酸根離子之確認

取試樣溶液加入醋酸銀溶液及硝酸酸化，如有沈澱產生，且此沈澱在 2 分鐘內顏色由白色逐漸變成棕色、黃色，最後成為黑色，表示有 $S_2O_3^{2-}$ 存在。這是因為 $Ag_2S_2O_3$ 在酸性溶液中不安定，逐漸分解成黑色之 Ag_2S：

$$Ag_2S_2O_3 + H_2O \Longrightarrow Ag_2S + H^+ + HSO_4^-$$
$$\text{(黑色)}$$

⑵氯離子的分離及確認

在本屬的銀鹽沈澱中，加入硝酸銀之氨水溶液，將 AgCl 溶解，

而其餘的銀鹽不溶。把沈澱和上澄液分離，於上澄液中加入過量的硝酸，使呈強酸性，在水浴中加熱後，如有白色雲狀物產生，表示有 Cl^- 存在。

$$Cl^- + Ag(NH_3)_2^+ + 2H^+ \longrightarrow AgCl + 2NH_4^+$$
$$\text{(白色沈澱)}$$

(3)硫氰根離子的確認

取一小部分分離出 Cl^- 後的銀鹽沈澱，加入稀鹽酸及 $FeCl_3$ 溶液，如有紅棕色的溶液產生，表示有 CNS^- 存在。

$$AgCNS + Cl^- \longrightarrow AgCl + CNS^-$$

$$Fe^{3+} + 6CNS^- \longrightarrow Fe(CNS)_6^{3-}$$
$$\text{(紅棕色)}$$

(4)溴離子及碘離子之確認

將除去 Cl^- 的銀鹽沈澱，放在坩堝中加熱乾燥，然後強熱約 1 分鐘，以破壞其中的 AgCNS。如果沈澱不帶黑色，表示 CNS^- 已完全破壞。冷卻後加入硫化銨溶液，加熱沸騰並劇烈攪拌，分離出上澄液。在上澄液中加入硝酸鋅溶液，除去 S^{2-}（以 ZnS 沈澱出來），分離沈澱與溶液，在溶液中加入 CCl_4 和氯水，搖盪後如 CCl_4 層有紫色出現，表示有 I^- 的存在。繼續加入過量的氯水，搖動後如果紫色消褪而呈現紅棕色，表示有 Br^- 存在，這是因為過量的氯水將 I_2 氧化成無色的 IO_3^-，而 Br_2 仍存在。

$$S^{2-} + Zn^{2+} \longrightarrow ZnS$$

$$Cl_2 + 2I^- \Longrightarrow I_2 + 2Cl^-$$
$$\text{(在 CCl}_4\text{ 呈紫色)}$$

$$Cl_2 + 2Br^- \Longrightarrow Br_2 + 2Cl^-$$
$$\text{(在 CCl}_4\text{ 中呈紅棕色)}$$

$$I_2 + 5Cl_2\text{(過量)} + 6H_2O \Longrightarrow 2IO_3^- + 10Cl^- + 12H^+$$
$$\text{(無色)}$$

3.第四屬陰離子的系統分析

第四屬陰離子系統分析的流程圖如圖 1－16 所示。

圖 1－16　第四屬陰離子分析的流程圖

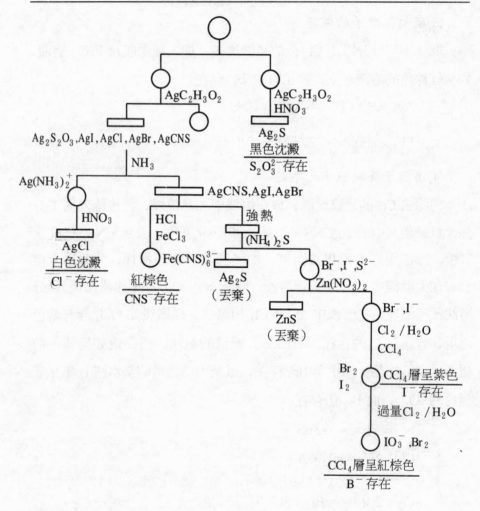

五、第五屬陰離子的分離及確認法

1. 第五屬陰離子的分析原理

本屬陰離子包括 NO_2^-，NO_3^-，ClO_3^- 及 BO_2^- 等四種，均不與前四屬陰離子的沈澱劑產生沈澱。其中 ClO_3^- 和 NO_2^- 不可能同時共存在同一溶液中，因二者會發生氧化還原反應：

$$ClO_3^- + 3NO_2^- \Longrightarrow Cl^- + 3NO_3^-$$

其中 Cl^- 可與 Ag^+ 作用產生 $AgCl$ 而檢驗出來。NO_2^- 可藉與另一種氧化劑（如尿素）產生 N_2 及 CO_2 氣泡而確認。

2. 第五屬陰離子的確認

(1) 氯酸根離子的確認

將含第五屬陰離子的溶液分為四等分。取一份加入濃硝酸及硝酸銀，離心後丟棄任何沈澱，以除去溶液中之 Cl^-。在上澄液中加入 $NaNO_2$ 固體攪拌之，如有白色之 $AgCl$ 沈澱生成，表示有 ClO_3^- 之存在。

$$ClO_3^- + 3HNO_2 \Longrightarrow Cl^- + 3NO_3^- + 3H^+$$

$$Cl^- + Ag^+ \Longrightarrow AgCl$$

(2) 硼酸根離子的確認

將第二份溶液放入瓷蒸發皿中，加入濃硫酸並蒸乾，冷卻後加胭脂蟲酸（carminic acid）溶液並加熱，如果溶液由紅色變為紫藍色（寶石藍），即表示有 BO_2^- 存在。

(3) 亞硝酸根離子的確認

在第三份溶液加入等體積的尿素鹽酸溶液，此時如有氣泡產生，表示有 NO_2^- 存在。

$$CO(NH_2)_2 + 2NO_2^- + 2H^+ \Longrightarrow CO_2 + 2N_2 + 3H_2O$$

(4) 硝酸鹽的確認

NO_2^- 會干擾 NO_3^- 的檢驗，故需先去除。一般在溶液中加入硫酸銨，NO_2^- 與 NH_4^+ 反應產生 N_2 而去除之：

$$NO_2^- + NH_4^+ \Longleftrightarrow N_2 + 2H_2O$$

在無 NO_2^- 存在下，把少許 $FeSO_4$ 固體放在玻璃片上，滴加一滴溶液及一滴濃硫酸，此時如在固體四周有棕色環生成，表示有 NO_3^- 存在。這是 NO_3^- 被 $FeSO_4$ 還原成 NO，此 NO 與過量的 Fe^{2+} 形成 $[Fe(H_2O)_5NO]^{2+}$ 錯離子之棕色環。

$$3[Fe(H_2O)_6]^{2+} + NO_3^- + 4H^+ \Longleftrightarrow 3[Fe(H_2O)_6]^{3+} + NO + 2H_2O$$
$$[Fe(H_2O)_6]^{2+} + NO \Longleftrightarrow [Fe(H_2O)_6NO]^{2+} + H_2O$$

3. 第五屬陰離子的系統分析

第五屬陰離子分析的流程圖如圖 1-17 所示。

圖 1-17　第五屬陰離子分析的流程圖

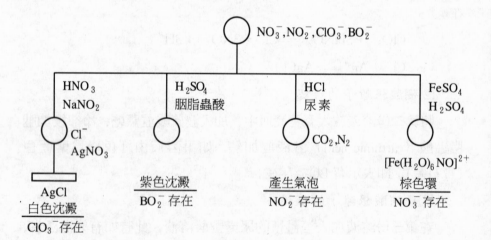

1-5 總分析

一、未知試樣的預備試驗及分析

未知試樣在進行系統分析之前，應先對試樣的物理性質加以探討，如試樣的顏色、溶解度、結晶形狀、光譜等，也可對一些簡單的化學性質加以測試。這些資料，對於正式的系統分析有很大的幫助。

1.未知溶液的分析

(1)物理性質

a.溶液的顏色

有的離子具有特殊的顏色，如果溶液中含有此等離子，就會顯現出其顏色，所以我們可以從溶液的顏色，可以初步判斷可能有那些離子存在，那些不存在。要注意的是，溶液所呈的顏色隨所含離子的濃度不同而會有所改變，而且很多有色的離子會相互遮蔽。下面是一些離子的顏色。

Cu^{2+}：藍色或藍綠色。

Ni^{2+}：綠色或藍綠色（比 Cu^{2+} 顏色淺且較綠色）。

Mn^{2+}：粉紅色，稀溶液時幾近無色。

Co^{2+}：粉紅色，比 Mn^{2+} 者較深紅些，加入濃 HCl 時變成藍色 $CoCl_4^{2-}$。

Fe^{3+}：黃色或棕色，隨濃度而異。

Cr^{3+}：深藍或墨綠色，隨其所成錯離子之帶水或陰離子種類及多寡而異。

CrO_4^{2-}：黃色，在酸性液變成 $Cr_2O_7^{2-}$ 呈橙色。

$Fe(CN)_6^{3-}$：黃色，比 CrO_4^{2-} 淺黃，但比 $Fe(CN)_6^{4-}$ 深，$Fe(CN)_6^{4-}$ 淺黃些。

b. 焰色試驗

很多離子溶液在無色火焰中灼燒時，會產生其特殊的焰色。例如

鈉：黃色。

鉀：透過鈷玻璃檢視時，呈紫色。

鈣：紅色。

鍶：深紅色。

鋇：黃綠色。

銅：翠綠色。

(2)化學性質

a. 溶液的酸鹼性

以石蕊試紙檢驗，如呈中性表示其中的離子不會發生水解反應，如 NaCl 等。如呈酸性，可能是酸式鹽的溶液，或是某些物質溶在酸性溶液中，如氯化錫溶在稀鹽酸中。如呈鹼性，可能是氫氧化物或碳酸鹽溶液。

b. 陰離子的檢驗

試樣溶液按本章第四節所述陰離子的系統化學分析，進行化學檢驗是否含有各屬之陰離子。

c. 陽離子的檢驗

如溶液中有干擾物，則應先去除，然後按照本章第三節所述的陽離子系統化學分析，進行化學檢驗是否存有各屬之陽離子。

2. 未知非金屬固體試樣之分析

(1)物理性質

a. 結晶形狀

　　各種非金屬固體有其特有的晶形，仔細觀察分析其晶形，可作爲鑑定此固體的一項佐證。

　　b.顏色

　　有的非金屬固體有其特有的顏色，而固體的色澤有時又和固體所含結晶水之多少有關。下面是一些固體的顏色。

黑色：Ag_2S，PbS，Hg_2S，HgS，Cu_2S，CuS，CuO，Sb_2S_3，
　　　　NiS，CoS，MnO_2，Fe_3O_4，FeO，FeS。

藍色：帶結晶水之銅(Cu^{2+})鹽(如 $CuSO_4 \cdot 5H_2O$)，或不含結晶水
　　　　之鈷(Co^{2+})鹽。

棕褐色：PbO_2，$CuCrO_4$，CdO，Bi_2O_3，Bi_2S_3 及 $Fe_2O_3 \cdot nH_2O$。

綠色：含結晶水亞鐵鹽(Fe^{2+})，鎳(Ni^{2+})鹽，部分鉻(Cr^{3+})鹽，
　　　　及銅(Cu^{2+})鹽。

橙色：Sb_2S_5，重鉻酸鹽($Cr_2O_7^{2-}$)，鐵氰化物〔$Fe(CN)_6^{3-}$〕。

粉紅色：錳鹽類(Mn^{2+})，含水亞鈷(Co^{2+})鹽類。

紅色：Pb_3O_4，Cu_2O，HgO，HgS，Fe_2O_3，Sb_2S_3，HgI_2，一些碘
　　　　化物，鉻酸鹽，重鉻酸鹽。

紅棕色：$HgCO_3$

黃色：PbO，HgO，CdS，As_2S_3，As_2S_5，SnS_2 及一些碘化物及
　　　　亞鐵氰化物。

(2)溶解度

　　a.溶於水的化合物

　　其水溶液，可用石蕊試紙法或焰色法，分析其離子種類或性質。

　　b.溶於酸的化合物

　　①酸溶性化合物之性質：鹼性鹽及能獲得 H^+ 之化合物，皆可溶於酸，如 $CaCO_3$，不溶於水，可溶於鹽酸，因碳酸鹽爲鹼性鹽，可獲得 H^+，形成 HCO_3^- 離子，其他如硫化物、亞硫酸鹽、磷酸鹽、砷酸鹽、硼酸鹽、鉻酸鹽、亞砷酸鹽及亞硝酸鹽，皆可溶於酸。

②酸的選擇：HCl，HNO_3 及 H_2SO_4 爲普通常用來溶解固體的酸，但其中以 H_2SO_4 溶解度最低，很多硫酸鹽爲不溶或部分可溶於酸或水中。大部分試樣能溶於 HCl 或 HNO_3 中或 HCl 與 HNO_3 之混合液中；簡言之，用作溶劑的酸通常是單質子酸。

(3)化學性質

將非金屬固體溶解後所得的溶液，按照陰、陽離子的系統化學分析進行檢驗。

3.金屬或合金的分析

(1)物理性質

大部分金屬爲銀灰色，但純銅爲紅棕色，黃銅爲黃色。金屬密度的測定，也可提供一些鑑定資料，如鎂、鋁很輕而鉛則很重。

(2)溶解度

a.HCl 溶解性

還原電位比氫低之金屬可直接溶於 HCl 中，產生氫氣。

b.HNO_3 溶解性

硝酸能溶解大部分金屬，Al 及 Cr 之溶解很慢，Sn 及 Sb 則分別被氧化爲難溶性白色氧化物 SnO_2 及 Sb_2O_3。

c. 王水

能溶解各種金屬，HCl 或 HNO_3 單獨不溶解時始用王水溶解之。

(3)化學性質

如前述，將金屬或合金溶解後，進行陽離子之系統化學分析。

二、乾式試驗法

不使用溶液而只以固體的試樣來做分析的叫做乾式試驗法（dry process）。乾式試驗法很方便而省時，但每一試驗法通常對於某些特

定元素或物質有效，因此不是普遍性的分析法，而且干擾物質存在時往往會不易辨認，可是對一些特殊物質或單純物質的辨認往往會發揮很大的功效。

1.吹管試驗

如圖1-18所示，把固體試樣放在木炭上的凹處，用吹管直接加熱試樣並觀察所產生的變化，例如，是否有金屬游離？在試樣表面是否產生礦物狀外套？後處理的結果為何？等來辨認物質。表1-9表示吹管試驗的結果及其成分元素。

圖1-18 吹管試驗裝置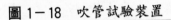

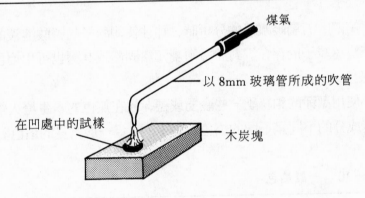

煤氣

以8mm玻璃管所成的吹管

在凹處中的試樣

木炭塊

表1-9 吹管試驗（在木炭上灼熱）

金屬是否游離				礦物狀外套	其他的特性	元　素
游離	顏色	形狀	展性			
是	白	塊	有	不產生	易溶於稀硝酸	Ag
是	黃	塊	有	不產生	不溶於濃硝酸	Au
是	紅	塊		不產生	易溶於稀硝酸	Cu

是	灰	粉		不產生	無磁性,熔球試驗辨認	Fe,Ni,Co
是	灰	粉	有	不產生	無磁性,不溶於濃 HNO_3	Pt
是	白	粒	脆	產生(白)	不溶於濃 HNO_3(白濁)	Sb
是	白	粒	脆	產生(黃褐)	溶於濃 HNO_3,加水變白濁	Bi
否			有	產生(白)	加 Co $(NO_3)_2$ 再灼熱變綠色	Zn
否				產生(白)	加 Co $(NO_3)_2$ 再灼熱變淡紅色	Mg
否					白塊 + Co$(NO_3)_2$ 再灼熱變紫藍色	Al
難熔化					+ Co$(NO_3)_2$ 灼熱時變灰色並被木炭	鹼土屬
熔　化					吸收	鹼金屬

2.焰色試驗

　　第四、五屬陽離子的分析時，往往使用離子的鹽酸溶液的焰色試驗來辨認離子的存在。對於這兩屬元素固體或其鹽也可用焰色試驗來辨認。

　　使用潔淨的鉑絲醮一些金屬或鹽，放在無色的本生燈火焰中，則隨其成分的不同呈不同的焰色。表 1－10 為一般常見的焰色。

表 1－10　一般焰色

元　　　　　　　　素	顏　　　　　　　　　　　　　色
Na	強而持久性黃色
K	淡的紫色，通過藍色鈷玻璃看時呈紅色。
Ca	淡的橙紅色
Sr	暫時性的深紅色
Ba	黃綠色
Cu	綠色
As	藍白色
Pb	蒼藍色

3.硼砂珠試驗

把鉑絲一端捲成小環，在鹽酸溶液中洗乾淨，灼燒後醮取少許硼砂(borax, $Na_2B_4O_7$)，在本生燈氧化焰中加熱，使熔化成玻璃狀的小球，在小球上醮取小量試樣，在本生燈火焰上加熱，即隨試樣的不同，在氧化焰或還原焰呈不同的焰色，用於辨認試樣所含成分元素的叫做硼砂珠試驗(borax bead test)。

反應為：

$$Na_2B_4O_7 \xrightarrow{\triangle} 2NaBO_2 + B_2O_3$$

$$Fe_2O_3 + 3B_2O_3 \xrightarrow{\triangle} 2Fe(BO_2)_3 \text{(黃褐色)}$$

表 1-11 為常見硼砂熔球所呈的顏色。

表 1-11　硼砂熔球所呈的顏色

物　　　　　　　　質	氧　　　化　　　焰	還　　　原　　　焰
鋁	無色，晦暗	無色，晦暗的
銻	黃或黃棕色	灰色
鎘	無色	灰色
鈰	紅色	無色
鉻	綠色	綠色
鈷	藍色	藍色
銅	綠色	無色
鐵	黃褐色	綠色
錳	紫色	無色
鉬	無色	黃或棕色
鎢	無色	棕色
鈾	黃色或褐色	綠色
釩	無色	綠色

4. 玻璃管灼熱試驗

在硬玻璃管內取少量固體試樣，將這玻璃管密封灼熱由觀察管內試樣的變化來辨認試樣的叫做封管試驗，不密封而灼熱的叫做開管試驗。表 1-12 爲玻璃管灼熱試驗的檢測及其內容。

表 1-12 灼熱試驗 (在硬玻璃管中)

物　　　　　　質	存 在 的 化 合 物	檢　　測　　法
氣體 { 無色… { O_2 / CO_2 / NH_3 / $(CN)_2$ } 棕色……NO_2 紫色……I_2	硝酸鹽,氯酸鹽,氧化物 碳酸鹽,草酸鹽,有機物 銨鹽,含氮有機物 氰化物,有機物 亞硝酸鹽,硝酸鹽 碘化物	用有餘燼的火柴 $Ba(OH)_{(aq)} \longrightarrow$ 白色混濁 臭味,濃 $HCl \longrightarrow$ 白煙 刺激臭,極毒 刺激臭,有毒 刺激臭,管壁結晶
水分…無色　　H_2O	結晶水,有機物	管壁附著水滴
昇華物 { 無色 { $NH_4{}^+$ / As_2O_3 / Sb_2O_3 / Hg 鹽 } 黃色 { Hg 鹽 / As_2S_3 / As_2S_5 } 黑灰色 { Hg, As / I_2 }	NH_4Cl, NH_4NO_3, $(NH_4)_2CO_3$ 亞砷酸 三氧化銻 汞鹽(Hg_2Cl_2, $HgCl_2$) 汞鹽(Hg_2I_2, HgI_2) 三硫化二砷 五硫化二砷 汞,砷 碘	上管壁冷處附有昇華物

習　題

基本原理

1. 試寫出下列可逆反應的平衡常數式。

(1)$SO_{2(g)} + H_2O_{(g)} \rightleftharpoons H_2SO_{3(g)}$

(2)$2PH_{3(g)} + 3Cl_{2(g)} \rightleftharpoons 2PCl_{3(g)} + 6HCl_{(g)}$

(3)$Hg_2^{2+} + 2Fe^{3+} \rightleftharpoons 2Hg^{2+} + 2Fe^{2+}$

(4)$CO_{2(g)} + H_{2(g)} \rightleftharpoons CO_{(g)} + H_2O_{(g)}$

2. 設有一平衡系 $A + B \rightleftharpoons C + D$ 在建立平衡時的 $[A] = 0.5$ 莫耳/升，$[B] = 0.3$ 莫耳/升，$[C] = 0.1$ 莫耳/升及 $[D] = 0.6$ 莫耳/升，試求其平衡常數 K_c。

設在同一溫度時把一莫耳 A 及二莫耳的 B 放入一升的容器中，則平衡時，A, B, C, 及 D 的濃度各為多少？

3. 完成及平衡下列各方程式。

(1)$Sn^{4+} + Fe \rightleftharpoons Sn^{2+} + Fe^{2+}$

(2)$Br^- + Cl_2 \rightleftharpoons Cl^- + Br_2$

(3)$Sn^{2+} + Hg^{2+} \rightleftharpoons Sn^{4+} + Hg_2^{2+}$

(4)$Mn^{4+} + Cl^- \rightleftharpoons Mn^{2+} + Cl_2$

(5)$MnO_4^- + Sn^{2+} \rightleftharpoons Sn^{4+} + Mn^{2+}$　　　（在 H^+ 溶液中）

(6)$Cr_2O_7^{2-} + Fe^{2+} \rightleftharpoons Cr^{3+} + Fe^{3+}$　　　（在 H^+ 溶液中）

(7)$Cu + NO_3^- \rightleftharpoons Cu^{2+} + NO$　　　（在 H^+ 溶液中）

(8)$MnO_4^- + H_2C_2O_4 \rightleftharpoons Mn^{2+} + CO_2$　　　（在 H^+ 溶液中）

$(9)CrO_4^{2-} + HSnO_2^- \Longrightarrow HSnO_3^- + CrO_2^-$ （在 OH^- 溶液中）

$(10)ClO^- + CrO_2^- \Longrightarrow Cl^- + CrO_4^{2-}$ （在 OH^- 溶液中）

4. 在 $25°C$ 時求得 $0.01M$ 醋酸溶液有 4.2% 解離，試計算其解離常數。

5. $0.1M$ 氨水溶液有 1.33% 解離，試計算在這溫度時氨的解離常數。

6. 從表 $1-1$ 解離常數表的數據，計算下列各溶液的氫離子濃度及氫氧根離子濃度？

   $(1)0.04M\ HC_2H_3O_2$

   $(2)0.05M\ HCN$

   $(3)0.03M\ H_2SO_3$

   $(4)0.05M\ CH_3NH_2$

7. 試計算下列各緩衝溶液的 $[H^+]$ 及 pH。

   $(1)0.1M\ HC_2H_3O_2 - 0.2M\ NaC_2H_3O_2$

   $(2)0.05M\ HNO_2 - 0.02M\ Ca(NO_2)_2$

   $(3)0.1M\ H_2CO_3 - 0.2M\ NaHCO_3$

   $(4)0.1M\ NH_4OH - 0.3M\ NH_4Cl$

8. 試計算下列各鹽的溶解度。

   $(1)Hg_2Cl_2$ 　　　　$K_{sp} = 1.5 \times 10^{-18}$

   $(2)Cu(IO_3)_2$ 　　　$K_{sp} = 1.4 \times 10^{-7}$

   $(3)Ag_2S$ 　　　　　$K_{sp} = 4 \times 10^{-52}$

9. 試計算在 $250\ mL$ 的 $0.2M\ KIO_3$ 溶液中可溶解多少克的 $Cu(IO_3)_2$。

10. 在一升 $0.25M\ KCl$ 溶液中可溶多少莫耳的 Hg_2Cl_2？

11. 試寫出下列各錯離子中心原子的配位數及氧化數。

   $(1)PtCl_6^{2-}$

(2)$Co(NH_3)_6^{2+}$

(3)$Ag(S_2O_3)_2^{3-}$

(4)BF_4^-

(5)$SbCl_6^-$

(6)$Co(NH_3)_5Cl^{2+}$

陽離子系統化學分析

第一屬陽離子

12.爲什麼沈澱第一屬陽離子需用冷的鹽酸而不能用熱的鹽酸？
是不是可用氯化鈉溶液來沈澱第一屬陽離子？

13.氨水與 AgCl 的反應和氨水與 Hg_2Cl_2 的反應有什麼不同？

14.爲何要加稍微過量的沈澱劑？加太多的 HCl 做沈澱劑是不是
很好？

第二屬陽離子

15.爲什麼第二屬陽離子在酸性溶液中沈澱？爲什麼使用 HNO_3
較使用 HCl，H_2SO_4 或 $HC_2H_3O_2$ 爲好？

16.怎樣使第二屬陽離子分爲副屬？以方程式表示砷、銻及錫等
的硫化物溶解於 NaOH 溶液的反應。

17.辨認銻存在時爲何使用銀幣與錫片？能不能用銅片或鋅片來
代替錫片？

18.寫反應方程式表示過量的 NH_3 加入於 $BiCl_3$，$CuCl_2$ 及 $CdCl_2$
溶液時所起的反應，在這些反應中可觀察怎樣的顏色變化？

19.無色溶液加 HCl 沒有沈澱生成，其 0.3M HNO_3 溶液中通
H_2S 可生成黃色沈澱，這沈澱不溶於 NaOH，這陽離子是什
麼？

第三屬陽離子

20.爲什麼從第二屬陽離子分離來的濾液必須預先趕出 H_2S 後

才加 NH_4Cl 及 NH_3?

21.爲什麼需用 NH_4Cl 爲第三屬陽離子沈澱劑之一? 試以溶度積原理及共同離子效應說明 NH_4Cl 怎樣防止 $Mg(OH)_2$ 的沈澱。

22.應用 Al^{3+}，Cr^{3+} 及 Zn^{2+} 的什麼性質能夠與 Fe^{3+} 及 Mn^{2+} 分離?

23.爲什麼 $Al(OH)_3$ 易溶於過量的 $NaOH$，可是不溶於過量的氨水?

第四屬陽離子

24.爲什麼這屬碳酸鹽沈澱溶在醋酸而不使用鹽酸或硝酸來溶解?

25.怎樣區別 $PbCrO_4$ 與 $BaCrO_4$?

26.爲什麼使用濃鹽酸來溶解 $BaCrO_4$?

第五屬陽離子

27.寫出第五屬陽離子的名稱。爲什麼 Mg^{2+} 不在第三、四屬沈澱? 如果第四屬裡有鎂離子存在時，你將怎樣分析?

28.爲什麼必須使用原試樣溶液來檢驗 NH_3 的存在?

29.NH_4^+ 的存在對 K^+ 的辨認有什麼干擾?

30.兩種白色粉末，不必使用任何試劑，你能夠辨認那一種爲 KCl，那一種爲 NH_4Cl 嗎?

陰離子系統化學分析

31.試說明一般陰離子分屬的依據，爲什麼陰離子的分析不像陽離子的分析一樣有一完善的分析系統?

32.下列各組離子共同存在時，怎樣辨別各離子?

(1)SO_4^{2-} 與 PO_4^{3-}

(2)SO_4^{2-} 與 CrO_4^{2-}

(3)PO_4^{3-} 與 CrO_4^{2-}

(4)I^- 與 CNS^-

(5)Br^- 與 $C_2O_4^{2-}$

(6)CO_3^{2-} 與 SO_3^{2-}

(7)NO_3^{2-} 與 CO_3^{2-}

(8)AsO_3^{3-} 與 SO_4^{2-}

(9)I^- 與 Br^-

(10)S^{2-} 與 ClO_3^-

第二章

定量分析

　　分析化學的主要目的，就是探求物質組合成分的種類及其含量的多少。前者是定性分析，後者為定量分析。通常分析一個未知物質，須先作定性分析，得知其中組合成分的種類後，再作定量分析，以測定物質內所含各種組合成分含量的百分比。因此在定量分析中所用的試樣，其成分都是已知的。

　　一般物質分為無機物及有機物兩種，它們的分析方法大不相同。在有機物分析中，其反應機構複雜，往往需要比較特殊的處理程序及儀器，分析方法也另有專書分別討論。故本書的內容僅以介紹無機物定量分析的原理及方法為主。

　　定量分析方法可分為三大類：容量分析（volumetric analysis）、重量分析（gravimetric analysis），及儀器分析（instrumental analysis）。

　　容量分析是用已知濃度的標準溶液來滴定體積已知而濃度未知之試液，由所消耗標準溶液的體積求出該未知試液之濃度。分析步驟包含：⑴取定量之試樣配製成溶液，⑵加入適當的指示劑，⑶用已知濃度的標準溶液滴定至終點，⑷由所記錄之有關數據求出試樣中某成分之含量。

　　重量分析法是利用天平稱量沈澱物、蒸發殘餘物或電解沈積物的重量，而求出試樣中某成分之含量百分比。重量分析法之分析步驟包含：⑴取定量之試樣配製成溶液，⑵於溶液中加入適當的試劑或沈澱劑，使與試樣溶液中某成分產生沈澱，⑶將沈澱物過濾、洗滌、烘乾、灼熱，及稱重，⑷由所記錄之有關數據求出試樣中某成分之含量百分比。重量分析法較容量分析法之操作繁雜費時費事，除非某試樣不適合使用容量分析法，一般均使用容量分析法較為簡便。

　　儀器分析法需要利用特定的儀器，作特定的分析。此分析法迅速而準確，但常需價格較高之適當儀器來測定，儀器性能之維護費用高及有一定之使用壽命，為其缺點。本書僅討論一部分儀器分析法，其

他儀器分析法可參考有關儀器分析的書籍。

2-1 基本原理

一、定量分析實驗誤差

如同其他科學測量一樣，定量分析的測量結果，一定含有一些誤差。甚至在同一條件下測定某一量多次，通常其測定值仍有一些差異。

分析結果的誤差有兩種型式，一種是可決定的誤差（determinate error）；另一種是不可決定的誤差（indeterminate error）或所謂的隨機誤差（random error）。

1.可決定的誤差

可決定的誤差通常由使用一定的方法而發生的誤差，此一誤差從一種測定至另一測定均保持一定並可決定其大小，因此其效應可避免或可設法減少到最低程度的。可決定的誤差包括：

⑴個人誤差（personal error）

由實驗者的不瞭解、不小心及身體缺陷等所引起的誤差。例如使用與一般不同的轉移物質的方法，忽略測定器具的溫度校正，不能分辨顏色等。如作實驗時能小心、細心，往往這誤差能夠減少到最低程度。

⑵儀器誤差（instrumental error）

此為分析工作所用器具的不完備所引起的誤差。如砝碼的不當使用，量筒、滴定管及吸管的刻度的不準確而引起的誤差，均可由小心

的校正工作來除去。

(3)**方法誤差**（method error）

例如洗滌沈澱時，洗滌不夠澈底，沈澱上仍附有污染物而增加重量，產生誤差，但是如果洗滌太過，則因溶解度損失（solubility loss）也產生誤差。

這些可決定的誤差，可由細心的操作及校正的方式減少到最低的範圍。

2. 不可決定的誤差

任何量的測量結果通常包括一些估計值，例如在定量分析裡，由儀器性能之變異，判斷量筒及滴定管的液面、測量長度時尺與線的固定位置等的估計。此外，任何測定均受不能控制的因素的影響，例如溫度的改變、濕度及光線的變化等。設計實驗時，要盡量減少這些因素，可是，這些誤差是不能完全避免的，而且是必須接受的，因此任何測量均含有一些不準確度存在。

3. 精密度與準確度

實驗結果的再現性（reproducibility）通常用精密度（precision）表示。精密度是對於某一量作多次測量，所得結果的一致程度。一實測值的精密度也就是這測定值與實驗最佳值的比較。測量值與真實值（true value）的比較通常以準確度（accuracy）來表示，準確度也就是一個測定值與其可接受值的偏差。

對某一定的量，做一系列各獨立的測量並除去或校正可決定的誤差後，所得各數值的平均值（average），可認為這系列測量的最可能數值。各測定值的精密度乃是與此平均值的比較，這點可認為與未知真實值比較的準確度相差有限，可做為實驗結果可靠性（reliability）之量度。

例如，對某一量做一系列的獨立測量而得到下列的九個數值：

31.62	31.76	31.60
31.47	31.71	31.60
31.64	31.53	31.71

$$平均值 = \frac{各數值之和}{測量次數} \qquad \bar{x} = \frac{\Sigma a_n}{n} = 31.627$$

任一測量值與 $\bar{x}$（即 31.627）之差爲這測量值從平均值的偏差（x_i），上例各數值的偏差（不考慮符號）各爲：

0.007	0.133	0.027
0.157	0.083	0.027
0.013	0.097	0.083

單獨測量的平均偏差（average deviation，以 d 表示）爲所有各測量偏差平均值，設以 Σx_i 表示所有各測量偏差之和時，

$$d = \frac{\Sigma x_i}{n} \qquad 在上例中\ d = 0.070$$

量度精密度時常使用標準偏差（standard deviation），如以 S 表示單獨測量的標準偏差時

$$S = \sqrt{\frac{\Sigma(x_i)^2}{n-1}}$$

在上例中 $S = \sqrt{\dfrac{(0.007)^2 + (0.157)^2 + \cdots}{8}} = 0.091$

【例 2-1】

某項測量結果得 46.19，46.11，46.47 及 45.94 等數值，試以千分之幾方式表示此測量的精密度。

【解】

測　量	偏　差
46.19	0.01
46.11	0.07

	46.47	0.29
	<u>45.94</u>	<u>0.24</u>
平均	46.18	0.15

$$精密度 = \frac{0.15 \times 1000}{46.18} = 3 \quad 即千分之三的精密度$$

【例 2－2】

試計算 31.18，31.45，31.53 及 31.58 等數值的標準偏差。

【解】

$$S = \sqrt{\frac{\Sigma(x_i)^2}{n-1}}$$

數　值	x_i	$(x_i)^2$
31.18	0.26	0.0676
31.45	0.01	0.0001
31.53	0.09	0.0081
<u>31.58</u>	0.14	<u>0.0196</u>
平均　31.44		$\Sigma(x_i)^2 = 0.0954$

$$S = \sqrt{\frac{0.0954}{4-1}} = \sqrt{0.0318} = \pm 0.18$$

二、分析天平

　　分析天平（analytical balance）的構造精細，可偵測至其最大稱量質量之百萬分之一的質量差。例如，一種在實驗室上常使用的分析天平，可負載最大容許質量爲 160 克，其測量標準偏差爲 $\pm 0.1mg$（$\pm 10^{-4}g$）。

　　定量分析裡常常需用分析天平稱量，無論是配製標準溶液、測量沈澱及未知試樣等分析化學與天平有密切的關係。因此學分析化學，必須瞭解天平原理，熟練天平的操作並能保養天平。

1.分析天平的原理

分析天平的構造是根據槓桿原理，其支點位於兩個作用力之間。分析天平通常是等臂天平，其示意圖如圖 2-1 所示。其雙臂等長 ($l_1 = l_2$)，雙盤掛在 A、C 兩刀口之上，要稱的物體放在左盤，其質量爲 m_1；砝碼放在右盤，其質量爲 m_2。其所受的重力 F_1、F_2 各爲：

$$F_1 = m_1 g$$
$$F_2 = m_2 g$$

g 爲重力加速度。當天平達平衡時，

$$F_1 l_1 = F_2 l_2$$

圖2-1 等臂天平示意圖

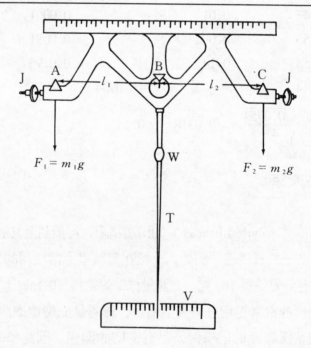

因 $l_1 = l_2$，故

$$F_1 = F_2$$

即

$$m_1 g = m_2 g$$

$$m_1 = m_2$$

所以此時物體之質量等於砝碼之質量，而砝碼的質量是已知的。

2.分析天平的構造

等臂分析天平的構造如圖2−2所示。

圖2−2　等臂分析天平

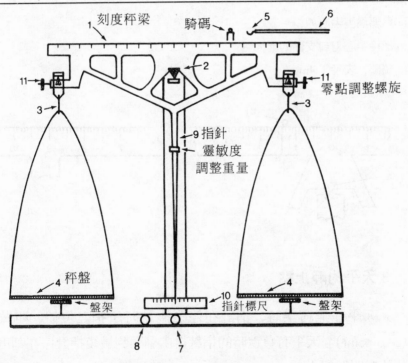

1.有刻度的樑　　　2.中心刀支點　　　3.支持盤的鈎
4.盤　　　　　　　5.騎碼鈎　　　　　6.騎碼桿
7.升降鈕　　　　　8.固定盤用鈕　　　9.指針
10.刻度板　　　　　11.調整平衡用螺帽

　　有刻度的樑(1)的中間有瑪瑙製的中心刀口支點(2)接在同樣瑪瑙製盤上，圖 2－3 表示這部分的放大圖。樑的兩端有支端盤的鈎(3)，吊盤(4)，每樑左右均有 10 等分刻度，每一大刻度又分成 10 小刻度，當騎碼放在樑上時，每 1 小刻度代表 0.1mg。騎碼通常用鋁絲製成，以騎碼桿(6)操縱。升降鈕(7)可控制兩盤在停止位置或放鬆而可稱量的位置。按下固定盤用鈕(8)即可固定兩盤。稱量時，指針(9)在刻度板(10)上擺動，此一刻度板通常有 20 刻度，在中心線左右各 10 刻度。盤上無物體而調整正確的天平，指針將在中心線左右同一距離擺動，否則需調整平衡用螺帽(11)使其擺正（這操作必須在教師指導下進行）。

圖 2－3　天平之樑中心部分

(a)為瑪瑙製中心刀口

(b)為接中心刀口支點的瑪瑙盤

(c)騎碼，表示 1.4mg。

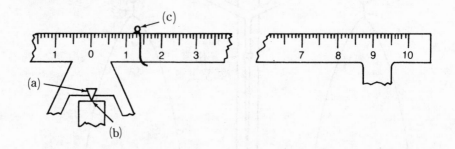

3. 天平的靜止點

　　天平在無荷重時，指針在停止擺動時所指之位置，叫做零點(zero point)。天平有負重時的指針自由擺動到最後指針停在刻度板上的位置叫做靜止點（rest point）。靜止點最好在中心線上，可是只要離開中心線不遠就可以的。稱量時，要等候指針達到靜止點是相當費

時的，因此通常由幾次的觀察指針在刻度板上的擺動來求靜止點。其
方法爲：

　　放開升降鈕使指針能自由擺動，如圖 2-4 在刻度板上讀出指針
擺動的位置，通常放開升降鈕後的最初兩次擺動不讀，而要讀出總共
爲單數的讀數。各取左右的平均讀數後，左邊平均讀數與右邊平均讀
數和之一半爲靜止點。

圖 2-4　指針與刻度板右邊讀數

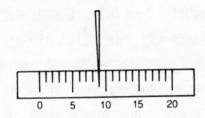

　　　例如：

	左邊讀數		右邊讀數
	4.3		14.0
	4.7		13.7
	5.0		――
和	14.0	和	27.7
平均	4.7	平均	13.9

$$靜止點 = \frac{4.7 + 13.9}{2} = 9.3$$

4.天平的靈敏度

　　在樑上 1mg 刻度上放騎碼後，其靜止點必與原來（空的）所求
的靜止點不同，這兩靜止點的差叫做這天平的靈敏度（sensitivity）。

例如：

空天平的靜止點 　　　　　　　　　　 9.3

在 1mg 位置上放騎碼時的靜止點 　　　 6.3

靜止點的移動 　　　　　　　　　 3.0 刻度/mg

天平的靈敏度往往隨其稱的量而改變，例如在每盤上放有 10 克物體時所求得靈敏度即較空盤時為少。

5. 單盤分析天平

單盤天平的示意圖如圖 2-5 所示。稱盤及一組無磁性的不銹鋼砝碼（M_S），放在支點的一側；一固定砝碼也可用作空氣減震器的活塞，位於支點的另一側。將物體放在稱盤上後，利用旋轉鈕移去與物體質量相等的砝碼（M_S），使樑恢復到原來的位置。在實際操作上，移去足夠量的砝碼使系統剩餘的不平衡在 100mg 內。光學的裝置將樑的傾斜轉換成質量單位，而顯示出來。

圖 2-5 單盤分析天平示意圖

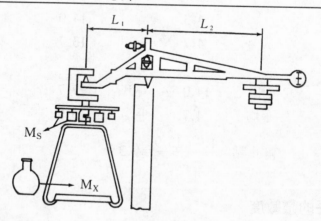

6. 電動天平

現代實驗室內所用的天平大部分為電動操作或部分電動操作。我們前面所敍述的等臂天平、單盤天平，已比較少用於實驗室中，而逐漸被電動天平所取代。

電動天平通常具有零點偵測器的設備，它是當樑不在零點或平衡位置的偵測裝置。這些裝置有一部分是光學的，由一翼與樑連結，小燈、光偵測器所組成。翼的移動而使抵達偵測器的輻射光增加或減少，結果改變電流，可由電流計上測出。也可使用感應零點偵測器。此時，一軟鐵稱錘與樑連接，而懸掛在轉送器二個副線圈之翼內。移動稱錘則改變在二副線圈的電流比；它可用適當的電流計測出。

電動天平通常使用電磁恢復力將樑帶到零點。在有些儀器中，粗天平像一般的機械單盤天平一樣。加入砝碼而達到零點（平衡點）。細調則使用電磁力。有些天平是完全用電磁力。不管是那一種所需要的電流與稱盤上的重量成正比。這些電流很容易轉換成以克的數字表示。

較便宜的電動天平是用手操作的，旋轉一系列的鍵鈕直到偵測器指示出零點為止。可由數字或鍵鈕的位置讀出測定結果。大部分複雜的儀器可以自行平衡。此時，操作者將物體放在稱盤上，打開開/關控制，由顯示出的數字讀出重量。

這些新式的天平中，有些可提供十分準確的資料，包含粗稱或精稱。

7. 分析天平的使用

分析天平能否一直維持其優良的性能，此與使用者在使用天平時，能否嚴格遵守使用規則有密切關係。只有按照天平的使用方法，小心地注意稱重操作的細節，才能得到可靠的數據。

分析天平使用時應注意的事項如下：

(1)天平要調在水平位置。

(2)稱樑的升降要能自如。

(3)每當放置物品於天平上或天平不用時，必須使用制動器將樑固定住。

(4)物體儘量放在稱盤的中央。

(5)天平要避免腐蝕。只有玻璃物質及不反應的金屬或塑膠物品才可直接放在稱盤上。

(6)稱量揮發性物質時必須特別小心。

(7)未經教師許可，不可擅自調整天平。

(8)天平和其箱子必須保持清潔。可用駱駝毛的刷子刷去灑出的物質或灰塵。

(9)先小心鬆開樑的支柱，再制動稱盤。當要固定樑時則循相反順序，當指針經過偏轉刻度的中央時，轉動盤制動器。

(10)等臂天平的砝碼要用特殊夾子輕輕夾取。砝碼絕不可用手抓取，因為手的濕氣會腐蝕砝碼。當不用時要將砝碼保存在盒內。

(11)盡可能避免將等臂天平的砝碼攜進實驗室。

(12)物品的溫度未回復至室溫前不能稱重。

(13)不可用手接觸乾燥的物品；使用夾子或用紙墊住手指以免物品沾上手的濕氣。

2-2　容量分析

用一已知正確濃度的溶液（叫做標準溶液（standard solution）），與一已知重量或體積的未知試樣反應，由二者完全反應時所消耗的標準溶液的體積，來測量未知試樣中某成分之含量的方法，叫做容量分

析法（volumetric analysis）。這種分析法通常是用滴定（titration）的過程來完成。

在本書所討論的滴定法有四大類。⑴酸鹼中和滴定，⑵氧化還原滴定，⑶沈澱滴定，及⑷錯離子生成滴定。

1.容量分析原理

⑴容量分析法所需反應之條件

適合於容量分析的化學反應之條件為：

①反應速率快，滴定時是把滴定液一滴一滴的加入，如果反應速率很慢，每加一滴需要長時間來等候反應的完成，如此就不適宜做滴定。

②反應進行完全，K_c 愈大而不是可逆的反應愈適合用於滴定。

③能夠用平衡的化學方程式所表示的反應，否則不能計算其含量。同時此一反應沒有其他的副反應（side reaction）才可以。

④可找到適當的指示劑以顯示滴定的終點。

⑵容量分析所用術語

標準溶液（standard solution）：已知確實的濃度，可做滴定液的。

初級標準物質（primary standard）：組成一定的純物質可用於標定標準溶液的濃度。

標定（standarization）：使用初級標準物質以決定標準溶液濃度的步驟。

當量點（equivalence point）：滴定液的毫克當量數（number of milliequivalence weight）等於被滴定液的毫克當量數時叫做滴定的當量點。

$$溶液的毫克當量數 = N \times V, \quad N 為當量濃度$$
$$V 為體積(mL 單位)$$

$$固體物質的毫克當量數 = \frac{固體物質之重}{這物質之毫克當量}$$

終點（end point）：滴定時指示劑（indicator）改變顏色而終止滴定之點叫做滴定的終點。

2.酸鹼滴定（acid-base titration）

酸鹼滴定又叫做中和滴定，為酸溶液的氫離子與鹼溶液的氫氧根離子結合成不易解離的水之反應。這反應幾乎完全進行而且易找到適當的指示劑，因此應用的範圍很廣。

(1)氫離子濃度

鹽酸與氫氧化鈉反應生成氯化鈉及水，硝酸與氫氧化鉀反應生成硝酸鉀與水，這兩反應均為典型的酸鹼中和反應，其方程式為：

$$H^+ + Cl^- + Na^+ + OH^- \longrightarrow Na^+ + Cl^- + H_2O$$

$$H^+ + NO_3^- + K^+ + OH^- \longrightarrow K^+ + NO_3^- + H_2O$$

事實上 Na^+，K^+，Cl^-，NO_3^- 等離子在水溶液中均以游離狀態存在，且為旁觀離子，因此酸鹼中和反應的離子方程式為：

$$H^+ + OH^- \longrightarrow H_2O$$

這酸鹼中和的逆反應為水的解離：

$$H_2O \Longrightarrow H^+ + OH^-$$

以化學平衡式表示此反應的平衡常數 $K = \dfrac{[H^+][OH^-]}{[H_2O]}$，但在一定溫度時 $[H_2O]$ 為常數

故　　　$K_w = K[H_2O] = [H^+][OH^-]$

K_w 叫做水的離子積常數（ion product constant of water），其值在 0°C 為 0.12×10^{-14}，在 100°C 為 58.2×10^{-14}，其隨溫度而改變，在常溫（25°C）為 1.0×10^{-14}。

在純水中 $[H^+] = [OH^-] = \sqrt{K_w} = \sqrt{10^{-14}} = 10^{-7}$ 莫耳/升。在酸

溶液中，因酸可供應 H^+ 而使水的解離平衡產生移動，可是 K_w 值維持 1.0×10^{-14}，因此 $[H^+]$ 增加而使 $[OH^-]$ 減少；在鹼溶液中則 $[OH^-]$ 增加而 $[H^+]$ 減少。

【例 2-3】

試求 0.1M 鹽酸溶液的氫氧根離子濃度。

【解】

鹽酸是強電解質，因此 0.1M HCl 中的 $[H^+] = 0.1$ 莫耳/升。

$$K_w = [H^+][OH^-] = (0.1)[OH^-] = 10^{-14}$$

$$[OH^-] = 10^{-13} 莫耳/升$$

在化學上，通常以 pH（酕標）代表氫離子濃度。pH 為氫離子濃度倒數的對數值。

$$p\text{H} = \log \frac{1}{[H^+]} = -\log[H^+]$$

同樣以 pOH 代表氫氧根離子濃度

$$p\text{OH} = \log \frac{1}{[OH^-]} = -\log[OH^-]$$

因 $\quad K_w = [H^+][OH^-] = 1.0 \times 10^{-14}$

∴ $\quad pK_w = p\text{H} + p\text{OH} = 14$

【例 2-4】

某一溶液的 $[H^+] = 5 \times 10^{-4}$ 莫耳/升。求此溶液的 pH。

【解】

$$p\text{H} = -\log 5 \times 10^{-4} = 4 - \log 5 = 3.30$$

【例 2-5】

試計算 pH = 2.4 溶液中的 $[OH^-]$。

【解】

$$2.4 = \log \frac{1}{[\text{H}^+]}$$

$$[\text{H}^+] = \frac{1}{2.51 \times 10^2} = 3.98 \times 10^{-3} 莫耳/升$$

$$[\text{OH}^-] = \frac{1.0 \times 10^{-14}}{3.98 \times 10^{-3}} = 2.51 \times 10^{-12} 莫耳/升$$

⑵酸鹼滴定的指示劑

測定溶液 $p\text{H}$ 值的方法有兩種：⑴使用電位計測定及⑵使用酸鹼指示劑。在此我們只討論酸鹼指示劑。一般所用的酸鹼指示劑是具有弱酸或弱鹼性的有機化合物，當氫離子濃度改變時其顏色可隨之改變。通常以 HIn 表示指示劑的酸性狀態或叫做酸式。

$$\text{HIn} \rightleftharpoons \text{H}^+ + \text{In}^-$$

　　　　　(酸式)　　　　　(鹼式)
　　(一種顏色或無色)　　(無色或另一種顏色)

例如，酸式的石蕊為紅色，鹼式的石蕊為藍色，當溶液中氫離子濃度增加時，平衡向左移動而增加紅色的酸式石蕊，如果加鹼時氫離子濃度減少，平衡向右移動而增加藍色的鹼式石蕊。

現以 K_a 代表指示劑的解離常數

$$K_a = \frac{[\text{H}^+][\text{In}^-]}{[\text{HIn}]}$$

故　　　$$[\text{H}^+] = K_a \frac{[\text{HIn}]}{[\text{In}^-]} = 解離常數 \times \frac{酸式濃度}{鹼式濃度}$$

取兩邊的對數並改符號

$$-\log[\text{H}^+] = -\log K_a - \log \frac{[\text{HIn}]}{[\text{In}^-]}$$

$$p\text{H} = pK_a - \log \frac{[\text{HIn}]}{[\text{In}^-]}$$

此式表示，指示劑溶液的氫離子濃度或 $p\text{H}$ 值受指示劑的電離常數及酸式濃度與鹼式濃度比之影響。

①如指示劑的酸式及鹼式濃度相等時

$$[HIn]=[In^-]$$

即　　　$[H^+]=K_a$

而　　　$pH=pK_a$

例如石蕊在酸式爲紅色而鹼式爲藍色，當酸式濃度等於鹼式濃度即呈紫色時，$[H^+]=$石蕊的 K_a 而 $pH=$石蕊的 pK_a。

②加酸於此指示劑溶液時，$[H^+]$增加，促使 $In^-+H^+\longrightarrow HIn$，即$[HIn]$增加，$[In^-]$減少，但人類眼睛由混合色中辨認一種顏色時兩者濃度比大約要 10 倍才能分辨清楚，

即　　　$\dfrac{[酸式]}{[鹼式]}>10$

∴　　　$pH=pK_a-\log\dfrac{10}{1}=pK_a-1$

③加鹼於此指示劑溶液時，$[H^+]$減少，促使 $HIn\longrightarrow H^++In^-$，即$[HIn]$減少而$[In^-]$增加，但人類眼睛從混合色中辨認一種顏色時，$[In^-]$必較$[HIn]$約大 10 倍方能分辨清楚，

即　　　$\dfrac{[酸式]}{[鹼式]}<0.1$

∴　　　$pH=pK_a-\log10^{-1}=pK_a+1$

由此可知酸鹼指示劑變色的 pH 範圍爲 $pK_a\pm1$。表 2-1 表示一些常用酸鹼指示劑的變色範圍及配製法。

表 2-1　酸鹼指示劑

指示劑	顏色			配製法
	酸式	變色範圍 (pH)	鹼式	
瑞香草酚藍 (thymol blue)	紅	1.2～2.8	黃	0.1 克溶於 20 公撮酒精後加水成 100 公撮

甲基黃 (methyl yellow)	紅	2.9～4.0	黃	0.1 克溶於 90 公撮酒精後加水成 100 公撮
溴酚藍 (bromphenol blue)	黃	3.0～4.7	紫	0.1 克溶於 20 公撮酒精後加水成 100 公撮
甲基橙 (methyl orange)	紅	2.2～4.4	黃	0.1 克溶於 100 公撮水
溴甲酚綠 (bromcresol green)	黃	3.8～5.4	藍	0.4 克溶於 20 公撮酒精後加水成 100 公撮
甲基紅 (methyl red)	紅	4.2～6.3	黃	0.2 克溶於 90 公撮酒精後加水成 100 公撮
溴瑞香草酚藍 (brom thymol blue)	黃	6.0～7.6	藍	0.1 克溶於 20 公撮酒精後加水成 100 公撮
酚紅 (phenol red)	黃	6.8～8.4	紅	0.1 克溶於 20 公撮酒精後加水成 100 公撮
酚酞 (phenolphthalein)	無色	8.3～10.0	紅	0.1 克溶於 90 公撮酒精後加水成 100 公撮
瑞香草酚酞 (thymolphthalein)	無色	9.4～10.6	藍	0.1 克溶於 90 公撮酒精後加水成 100 公撮

(3)**強酸與強鹼的滴定曲線**

酸鹼滴定時，表示加入的滴定液之體積與溶液 pH 值變化關係的曲線叫做滴定曲線（titration curve）。現以強酸與強鹼的滴定為例，說明滴定曲線的求法。

設有 0.1NHCl 25.0mL，以 0.1N 標準 NaOH 溶液滴定。

①開始時，只有 0.1N HCl，因此溶液的 $pH=1$。

②加入 5.0mL 0.1N NaOH 時，因

$$H^+ + OH^- \longrightarrow H_2O$$

溶液的 $[H^+] = \dfrac{25.0 \times 0.1 - 5.0 \times 0.1}{25.0 + 5.0}$

$$= \frac{2.0}{30.0} = 6.7 \times 10^{-2}$$

$$p\mathrm{H} = -\log(6.7 \times 10^{-2}) = 2 - \log 6.7 = 1.18$$

③加入 10.0mL 0.1N NaOH 時，

$$[\mathrm{H^+}] = \frac{25.0 \times 0.1 - 10.0 \times 0.1}{25.0 + 10.0} = \frac{1.5}{30.0} = 4.28 \times 10^{-2}$$

$$p\mathrm{H} = -\log(4.28 \times 10^{-2}) = 2 - \log 4.28 = 1.37$$

④加入 20.0mL 0.1N NaOH 時，

$$[\mathrm{H^+}] = \frac{25.0 \times 0.1 - 20.0 \times 0.1}{25.0 + 20.0} = \frac{0.5}{45.0} = 1.11 \times 10^{-2}$$

$$p\mathrm{H} = -\log 1.11 \times 10^{-2} = 2 - \log 1.11 = 1.95$$

⑤加入 24.5mL 0.1N NaOH 時，

$$[\mathrm{H^+}] = \frac{25.0 \times 0.1 - 24.5 \times 0.1}{25.0 + 24.5} = \frac{0.05}{49.5} \doteqdot 10^{-3}$$

$$p\mathrm{H} = -\log 10^{-3} = 3$$

⑥加入 24.98mL 0.1N NaOH 時，

$$[\mathrm{H^+}] = \frac{25.0 \times 0.1 - 24.98 \times 0.1}{25.0 + 24.98} = \frac{0.002}{49.98} \doteqdot 4 \times 10^{-5}$$

$$p\mathrm{H} = 5 - \log 4 = 5 - 0.6 = 4.4$$

⑦在當量點，即加 25.0mL 0.1N NaOH 時，

所有的 $\mathrm{H^+ + OH^- \longrightarrow H_2O}$

$\therefore$ $\qquad [\mathrm{H^+}] = [\mathrm{OH^-}] = \sqrt{10^{-14}} = 10^{-7}$

$$p\mathrm{H} = 7$$

⑧當量點以後加入 NaOH 於溶液中，$[\mathrm{OH^-}]$增加而$[\mathrm{H^+}]$減少。
如加 25.02mL 0.1N NaOH 時，

$$[OH^-] = \frac{25.02 \times 0.1 - 25.0 \times 0.1}{25.02 + 25.0} = \frac{0.002}{50.02} \doteqdot 4 \times 10^{-5}$$

$$pOH = -\log(4 \times 10^{-5}) = 5 - \log4 = 5 - 0.6 = 4.4$$

$$pH = 14 - 4.4 = 9.6$$

⑨加入 26.0mL 0.1N NaOH 時,

$$[OH^-] = \frac{26.0 \times 0.1 - 25.0 \times 0.1}{26.0 + 25.0} = \frac{0.1}{51.0} = 2 \times 10^{-3}$$

$$pOH = -\log(2 \times 10^{-3}) = 3 - \log2 = 3 - 0.3 = 2.7$$

$$pH = 14 - 2.7 = 11.3$$

⑩加入 30.0mL 0.1N NaOH 時,

$$[OH^-] = \frac{30.0 \times 0.1 - 25.0 \times 0.1}{30.0 + 25.0} = \frac{0.5}{55.0} \doteqdot 1 \times 10^{-2}$$

$$pOH = 2, \quad pH = 12$$

表 2−2 表示在 25mL 0.1N HCl 溶液中加 0.1N NaOH 時,滴定液體積與 pH 關係。圖 2−6 爲此滴定的滴定曲線。

表 2−2 HCl 與 NaOH 的滴定

0.1N HCl	所加 0.1N NaOH（mL)	pH
25mL	0.0	1
	5.0	1.18
	10.0	1.37
	20.0	1.95
	24.5	3.00
	24.98	4.40
	25.0	7.0
	25.02	9.6
	26.0	11.3
	30.0	12.0

圖2-6　強酸強鹼滴定曲線

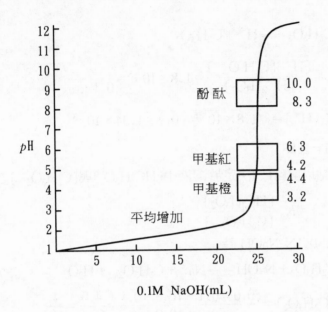

0.1M NaOH(mL)

　　從表2-2與圖2-6很顯然的可看出，如果滴定進行到加入
24.98mL NaOH 時，溶液的 $pH = 4.4$。其後再加一滴 NaOH（約
0.05mL）時，溶液的 pH 值將改變到 9.6 以上，因此在當量點附近，
加一滴滴定液可使 pH 值改變達 5.2 之多，而這一滴對整個溶液的體
積而言只有 1/1000 而已。因此，這滴定是可行的。甲基紅、酚酞等
指示劑均可用。

　(4)**弱酸與強鹼的滴定曲線**

　　弱酸與強鹼滴定時，其 pH 值與滴定液的體積關係和強酸與強鹼
滴定的稍有不同：①開始時的 pH 值較高。②稍加強鹼即 pH 改變較
快，但不久就到達雖加滴定液，但 pH 變化很小的所謂緩衝區域。③
其當量點不在中和點（即 $pH = 7$ 之點），即在當量點時，溶液不是
中性。

　　現以 0.1N NaOH 滴定 50mL 0.1N $HC_2H_3O_2$ 為例說明：

①開始時，只有 0.1N $HC_2H_3O_2$，其$[H^+]$可由 0.1N 醋酸的解離求之

$$HC_2H_3O_2 \rightleftharpoons H^+ + C_2H_3O_2^-$$

$$K_a = \frac{[H^+][C_2H_3O_2^-]}{[HC_2H_3O_2]} = 1.8 \times 10^{-5} = \frac{x^2}{0.1-x}$$

$$x \doteqdot [H^+] = \sqrt{1.8 \times 10^{-5} \times 0.1} = 1.34 \times 10^{-3}$$

$$\therefore \quad pH = 2.88$$

②當量點以前$[H^+]$決定於溶液中$[HC_2H_3O_2]$與$[C_2H_3O_2^-]$之比

即　　　$$[H^+] = K_a \frac{[HC_2H_3O_2]}{[C_2H_3O_2^-]}$$

設加入 10mL 0.1N NaOH 時，

因　　　$$HC_2H_3O_2 + NaOH \longrightarrow Na^+ + C_2H_3O_2^- + H_2O$$

溶液中　$$[HC_2H_3O_2] = \frac{50.0 \times 0.1 - 10.0 \times 0.1}{50.0 + 10.0} = \frac{4.0}{60.0} = \frac{4}{60}$$

$$[C_2H_3O_2^-] = \frac{10.0 \times 0.1}{50.0 + 10.0} = \frac{1.0}{60.0} = \frac{1}{60}$$

$$[H^+] = 1.8 \times 10^{-5} \times \frac{\frac{4}{60}}{\frac{1}{60}} = 7.2 \times 10^{-5}(莫耳/升)$$

$$pH = -\log(7.2 \times 10^{-5}) = 4.15$$

③半中和 (half-neutralization)，加入 25.0 mL0.1N NaOH 時

$$[HC_2H_3O_2] = [C_2H_3O_2^-]$$

$$\therefore \quad [H^+] = K_a \times 1 = K_a$$

$$pH = pK_a = 4.76$$

④在當量點，加入 50.0mL 0.1N NaOH 時

$$HC_2H_3O_2 + NaOH \longrightarrow Na^+ + C_2H_3O_2^- + H_2O$$

但　　　$C_2H_3O_2^-$ 能夠起加水分解而使溶液呈鹼性。

$$C_2H_3O_2^- + H_2O \longrightarrow HC_2H_3O_2 + OH^-$$

$$[OH^-] = \sqrt{\frac{K_w}{K_a}[C_2H_3O_2^-]} = \sqrt{\frac{1 \times 10^{-14}}{1.8 \times 10^{-5}} \times 0.05} = 5.36 \times 10^{-6}$$

$$pOH = 5.27, \quad pH = 8.73$$

⑤當量點以後溶液中 $[OH^-]$ 增加而 $[H^+]$ 減少。例如加入 50.1mL 0.1N NaOH 時，

$$[OH^-] = \frac{50.1 \times 0.1 - 50.0 \times 0.1}{100.1} \doteqdot 10 \times 10^{-4}$$

$$pOH = 4.0, \quad pH = 10.0$$

圖 2-7 表示 0.1N 醋酸以 0.1N 氫氧化鈉溶液滴定之滴定曲線。

圖 2-7　以 0.1N NaOH 滴定 0.1N 醋酸 50mL 的滴定曲線

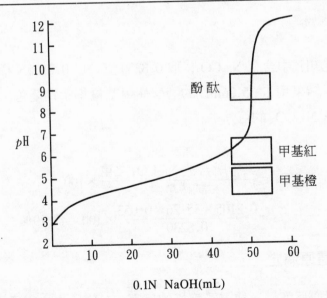

(5)酸鹼滴定的計算

①以純碳酸鈉固體標定 0.2N HCl 的濃度。

【例 2－6】

設有一鹽酸溶液的濃度約爲 0.2N，以純 Na_2CO_3 標定之。將 0.4267 克 Na_2CO_3 溶於蒸餾水並以此鹽酸溶液滴定，結果需要 38.24mL 的鹽酸使甲基橙指示劑變色。試計算此鹽酸溶液的濃度。

【解】

$$Na_2CO_3 \text{ 的毫克當量數} = \frac{0.4267}{\dfrac{106}{2000}} = HCl \text{ 的毫克當量數}$$

$$= N_{HCl} \times V_{HCl}$$

$$\frac{0.4267}{0.053} = N_{HCl} \times 38.24$$

$$\therefore \qquad N_{HCl} = 0.2105$$

此鹽酸溶液的濃度爲 0.2105N

　　②由滴定求未知試樣所含碳酸鈉的百分率。

【例 2－7】

有一試樣已知其中含有 Na_2CO_3，取 0.8230 克，以 0.2105N 標準鹽酸溶液滴定，結果用去 35.26mL 的鹽酸使甲基橙指示劑變色。試計算此試樣所含 Na_2CO_3 的百分率。

【解】

$$\% Na_2CO_3 = \frac{\text{其中所含純 } Na_2CO_3 \text{ 之重}}{\text{試樣重量}} \times 100$$

$$= \frac{0.2105 \times 35.26 \times 0.053}{0.8230} \times 100 = 47.79\%$$

3.氧化還原滴定

　　氧化還原反應是一種電子轉移的反應，一物質失去電子爲氧化；獲得電子爲還原。例如在下列反應中，

$$Zn^0 + Cu^{2+} \Longleftrightarrow Zn^{2+} + Cu^0$$

$$Zn^0 \longrightarrow Zn^{2+} + 2e^- \qquad 氧化反應$$

$$Cu^{2+} + 2e^- \longrightarrow Cu^0 \qquad 還原反應$$

Zn 氧化而使 Cu^{2+} 還原，因此 Zn 為還原劑；Cu^{2+} 還原，但可使 Zn 氧化，因此 Cu^{2+} 為氧化劑。在氧化還原反應裡，還原劑所失去的電子數等於氧化劑所獲得的電子數。

氧化還原反應應用於容量分析，叫做氧化還原滴定法。常見的氧化還原滴定法有(1)使用過錳酸鉀的滴定，(2)使用二鉻酸鉀或鈰離子為標準溶液的滴定，(3)碘滴定法等。

(1)氧化還原反應的電位

在一氧化還原反應裡，何者氧化何者還原，決定於其半反應的電位。

1889 年南司特（Nernst）由實驗導出決定氧化還原電極反應電位的方程式，叫做南司特方程式（Nernst equation）。

在　　　氧化態 $+ ne^- \Longleftrightarrow$ 還原態，　　　反應裡

$$E = E° - \frac{RT}{nF} \ln \frac{〔還原態〕}{〔氧化態〕}$$

式中，　$E°$ = 指定半反應的標準電位

　　　　E = 觀測的氧化還原半反應電位

　　　　T = 絕對溫度，通常為 25°C 即 298°K

　　　　R = 氣體常數，此地使用 8.314 焦耳/°K

　　　　n = 氧化還原反應裡轉移的電子數

　　　　F = 法拉第常數，為 96493 庫侖

　　　　〔還原態〕,〔氧化態〕表示此物質在還原態及氧化態時的莫耳濃度。

將數值代入式中

$$E = E° - \frac{2.303 \times 8.314 \times 298}{n \times 96493} \log \frac{〔還原態〕}{〔氧化態〕}$$

$$\therefore \qquad E = E° - \frac{0.059}{n} \log \frac{[還原態]}{[氧化態]}$$

【例2-8】

求 $Zn^{2+} + 2e^- \rightleftharpoons Zn°$反應中，$[Zn^{2+}]$為0.1M，1M 及 10M 時的電位。

【解】

固體的密度在一定溫度時不變，因此$[Zn]=1$，

$$E = E° - \frac{0.059}{2} \log \frac{1}{[Zn^{2+}]}$$

在 $\qquad [Zn^{2+}] = 0.1M$ 時，$E = E° - \dfrac{0.059}{2} \log \dfrac{1}{10^{-1}}$

$$= -0.76 - 0.0295 = -0.79 \text{ 伏特}$$

$[Zn^{2+}] = 1M$ 時，$E = E° - \dfrac{0.059}{2} \log \dfrac{1}{1}$

$$= E° - 0 = E° = -0.76 \text{ 伏特}$$

$[Zn^{2+}] = 10M$ 時，$E = E° - \dfrac{0.059}{2} \log 10^{-1}$

$$= -0.76 + 0.0295 = -0.73 \text{ 伏特}$$

(2)氧化還原滴定的滴定曲線

在酸鹼滴定時滴定曲線表示於溶液的 pH 值變化與滴定液的體積之關係，而氧化還原滴定的滴定曲線則表示半反應電位變化與滴定液的體積之關係。現以 Fe^{2+} 與 Ce^{4+} 的反應來說明。

設有 50mL 0.1N Fe^{2+} 以 0.1N Ce^{4+} 來滴定。其反應為：

$$Fe^{2+} + Ce^{4+} \rightleftharpoons Fe^{3+} + Ce^{3+}$$

查電位表可得

$$E°_{Fe^{3+}/Fe^{2+}} = +0.77 \text{ 伏特}$$

$$E°_{Ce^{4+}/Ce^{3+}} = +1.61 \text{ 伏特}$$

在當量點以前所加入的 Ce^{4+} 均與 Fe^{2+} 反應，故溶液中只有 Fe^{2+}，Fe^{3+} 及 Ce^{3+} 存在，其電位決定於 $\dfrac{[Fe^{2+}]}{[Fe^{3+}]}$，即只考慮 $Fe^{2+} - e^- \rightleftharpoons$

Fe^{3+} 反應。

①開始時，溶液中只有 Fe^{2+}，無 Ce^{4+}，Fe^{3+} 存在

$$E = E° - \frac{0.059}{1} \log \frac{[Fe^{2+}]}{[Fe^{3+}]}$$

$$E = 0.77 - 0.059 \log \frac{0.1}{0} = 0.77 - \infty = -\infty$$

這表示 Fe^{2+} 爲無限的強還原劑。

②加入 1.0mL 0.1N Ce^{4+}：

即　　　$[Fe^{3+}] = \dfrac{0.1 \times 1.0}{50 + 1}$ 莫耳/升

　　　　$[Fe^{2+}] = \dfrac{0.1 \times 50.0 - 0.1 \times 1.0}{50 + 1}$ 莫耳/升

$$E = 0.77 - 0.059 \log \frac{49}{1} = 0.77 - (0.059 \times 1.09)$$
$$= 0.67 \text{ 伏特}$$

③加入 5.0mL 0.1N Ce^{4+}：

　　　$[Fe^{2+}] = \dfrac{0.1 \times 5.0}{50 + 5}$ 莫耳/升

　　　$[Fe^{3+}] = \dfrac{0.1 \times 50.0 - 0.1 \times 5.0}{50 + 5}$ 莫耳/升

$$E = 0.77 + 0.059 \log \frac{45}{5} = 0.71 \text{ 伏特}$$

④加入 25.0mL 0.1N Ce^{4+}：

$$E = 0.77 - 0.059 \log \frac{\dfrac{0.1 \times 25.0}{50 + 25}}{\dfrac{0.1 \times 50 - 0.1 \times 25.0}{50 + 25}}$$

$$= 0.77 - 0.059 \log 1 = 0.77 \text{ 伏特}$$

在半滴定(即滴定到一半時) $[Fe^{3+}] = [Fe^{2+}]$

而　　　$E = E°$

⑤加入 49.0mL 0.1N Ce^{4+}：

$$E = 0.77 - 0.059 \, log \, \frac{1}{49} = 0.87 \text{ 伏特}$$

⑥加入 49.9mL 0.1N Ce^{4+}：

$$E = 0.77 - 0.059 \log \frac{1}{499} = 0.93 \text{ 伏特}$$

⑦在當量點，即加入 50mL 0.1N Ce^{4+}：

建立下列平衡狀態

$$Fe^{2+} + Ce^{4+} \Longrightarrow Fe^{3+} + Ce^{3+}$$

這時 $\frac{[Fe^{2+}]}{[Fe^{3+}]}$ 值很小而 $\frac{[Ce^{3+}]}{[Ce^{4+}]}$ 值將很大，電位決定於兩半反應

$$E_1 = E_1^\circ - 0.059 \log \frac{[Fe^{2+}]}{[Fe^{3+}]}$$

$$E_2 = E_2^\circ - 0.059 \log \frac{[Ce^{3+}]}{[Ce^{4+}]}$$

$$E_1 + E_2 = E_1^\circ + E_2^\circ - 0.059 \log \frac{[Fe^{2+}][Ce^{3+}]}{[Fe^{3+}][Ce^{4+}]}$$

因在當量點時，

$$[Fe^{3+}] = [Ce^{3+}] \text{而} [Fe^{2+}] = [Ce^{4+}]$$

因此，式中 log 項等於 0

$$E_1 + E_2 = E_1^\circ + E_2^\circ$$

設平衡時電位為 Eeq，$Eeq = E_1 = E_2$

$$\therefore \quad 2Eeq = E_1^\circ + E_2^\circ$$

$$Eeq = \frac{E_1^\circ + E_2^\circ}{2}$$

故當量點的電位 $Eeq = \frac{0.77 + 1.61}{2} = 1.19$ 伏特

⑧當量點以後，加入過的 Ce^{4+} 時，溶液中只有 Ce^{4+}，Ce^{3+} 及 Fe^{3+} 存在，其電位決定於 $\frac{[Ce^{3+}]}{[Ce^{4+}]}$。

加 51.0mL 0.1N Ce^{4+}：

$$[Ce^{4+}] = \frac{0.1 \times 1.0}{101} 莫耳/升$$

$$[Ce^{3+}] = \frac{0.1 \times 50.0}{101} 莫耳/升$$

$$E = 1.61 - 0.059 \log \frac{0.05}{0.001} = 1.61 - 0.10 = 1.51 \text{ 伏特}$$

⑨加 60.0mL 0.1N Ce^{4+}：

$$E = 1.61 - 0.059 \log \frac{\dfrac{0.1 \times 50}{110}}{\dfrac{0.1 \times 10}{110}} = 1.57 \text{ 伏特}$$

將此結果以表 2−3 及圖 2−8 表示。

表 2−3 Ce^{4+} 與 Fe^{2+} 的滴定

所加 Ce^{4+} 體積（mL）	電位（伏特）	註
0	$-\infty$	
1.0	0.67	決定於
5.0	0.71	$[Fe^{2+}]/[Fe^{3+}]$
25.0	0.77	$= E°$
49.0	0.87	
49.9	0.93	
50.0	1.19	$= \dfrac{E_1° + E_2°}{2}$
51.0	1.51	決定於
60.0	1.57	$[Ce^{3+}]/[Ce^{4+}]$

圖 2−8   0.1N FeSO₄(50mL)以 0.1N Ce(SO₄)₂ 滴定的滴定曲線

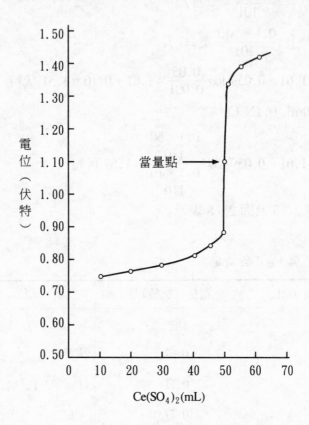

4.沈澱滴定（precipitation titration）及錯離子生成滴定（complex ion formation titration）

　　應用沈澱的生成與錯離子的生成的滴定，常受到一些限制，雖然理論上溶度積常數極小的反應均可用沈澱滴定法，可是很難找到適當的指示劑以決定滴定的終點。

　　通常實驗室裡所進行的沈澱滴定及錯離子滴定爲：氟以外的鹵素可用硝酸銀溶液滴定，生成不溶性鹵化銀。銀離子可用來滴定硫氰根離子而生成不溶的硫氰化銀，這方法可用於間接滴定能夠與銀離子生

成不溶性化合物的其他離子。

使用亞鐵氰根離子的溶液可滴定鋅離子而成不溶性的亞鐵氰化鋅。鉛離子可用鉬酸根離子溶液滴定，這兩種滴定均使用外部指示劑（external indicator）以決定當量點。

氰根離子，鎳與一些其他的離子能夠根據錯離子的生成方式來定量，所生成的錯離子為 $Ag(CN)_2^-$，$Ni(CN)_4^{2-}$ 等，在這些滴定中，沈澱反應仍參與做為決定當量點之用。

硬水中的 Ca^{2+} 及 Mg^{2+} 可用二胺乙烯四乙酸（ethylenediamine tetraacetic acid，簡稱 EDTA）來滴定。

⑴**沈澱及錯離子滴定的指示劑**

①沈澱指示劑：通常在被滴定的溶液中加入第二離子，等被滴定的離子完全沈澱後，這第二離子能夠生成特別顏色的第二沈澱以顯示滴定終點。

有時可以不加第二離子，在滴定反應完成時，可產生沈澱方式來顯示滴定終點。

前者的例子如莫荷法（Mohr method）之定量氯離子。在中性的氯離子溶液中加入鉻酸鉀為指示劑。滴加標準硝酸銀溶液時，氯化銀的溶度積先到達，因此氯化銀開始沈澱，當沈澱完全時，下一滴的硝酸銀與鉻酸鉀反應而生成紅色鉻酸銀。

$$Ag^+ + Cl^- \longrightarrow AgCl$$

$$CrO_4^{2-} + 2Ag^+ \longrightarrow Ag_2CrO_4$$
$$\text{（紅色）}$$

後者，沒有加第二離子的例子為硝酸銀與氰化物的滴定。當硝酸銀標準溶液滴入於氰化物溶液時，首先生成無色的 $Ag(CN)_2^-$ 錯離子。等到氰化物完全變為錯離子後，下一滴的硝酸銀與 $Ag(CN)_2^-$ 錯離子反應而生成不溶性 AgCN 使溶液呈混濁狀以顯示終點。

$$Ag^+ + 2CN^- \longrightarrow Ag(CN)_2^-$$

$$Ag(CN)_2^- + Ag^+ \longrightarrow 2AgCN_{(s)}$$

②著色錯離子指示劑：在滴定當量點時可生成著色可溶性化合物用以識別當量點者。

波哈度法（Volhard method）銀的定量就是應用此原理。在被滴定的銀離子溶液中加入一些鐵明礬並用硫氰化鉀標準溶液滴定。當銀離子完全與硫氰根離子反應成硫氰化銀沈澱後，下一滴的硫氰化鉀溶液與鐵離子反應成紅色 $FeCNS^{2+}$ 錯離子。

$$CNS^- + Ag^+ \longrightarrow AgCNS$$

$$Fe^{3+} + CNS^- \longrightarrow FeCNS^{2+} \text{(紅色)}$$

間接定量能夠與銀離子反應而成不溶性沈澱的離子時，先加過量硝酸銀標準溶液於此離子溶液中以產生不溶性沈澱，做離心分離除去沈澱後，在濾液中加鐵明礬並以硫氰化鉀標準溶液滴定。

③吸附指示劑：有些有機化合物，如螢光黃、曙紅等在滴定當量點或其附近可被沈澱吸附而呈特別的顏色變化，因此可用做指示劑。

例如，氯化銀的膠體粒子，在溶液中尚有過量氯離子存在時將帶負電。這帶負電的膠體粒子不吸附螢光黃於其表面。可是溶液中所有氯離子均已沈澱，而再有銀離子溶液滴入時，氯化銀的膠體粒子即帶正電，並能夠吸附螢光黃於其表面而呈顯明的粉紅色。

④外部指示劑：滴定的終點往往可使用外部指示劑來決定。在點滴板上放一些外部指示劑，在滴定過程中以攪棒或吸管移出極小量溶液於指示劑上，觀察顏色變化等以決定終點。

例如，以標準鉬酸銨溶液滴定鉛離子時，使用 0.5% 的鞣酸溶液做外部指示劑。當量點過後溶液中有稍微過量的鉬酸銨，將其少量移出在指示劑上時鞣酸溶液將呈黃色。

(2)沈澱及錯離子生成滴定的當量

沈澱反應的當量通常決定於參與沈澱的離子之當量，即以電荷數除式量。

例如：

$$\frac{Ag^+}{1}, \frac{Cl^-}{1}, \frac{Ca^{2+}}{2}, \frac{SO_4^{2-}}{2}.$$

$$\frac{Al^{3+}}{3} \text{ 與 } \frac{PO_4^{3-}}{3}$$

對於化合物的當量來講，即決定於其所含反應離子的當量數。

例如：

$$\frac{NaCl}{1}, \frac{CaCl_2}{2}, \frac{FeCl_3}{3}$$

$$\frac{MgSO_4}{2}, \frac{Ca_3(PO_4)_2}{6}$$

此時要留意，元素的當量乃決定於參與在沈澱反應中的離子。例如，按氧化數，鉻的當量應為 $\frac{Cr}{3}$，可是在鉻酸鹽沈澱時，其當量為 $\left(\frac{CrO_4^{2-}}{2}\right)$。

2-3　**重量分析**

一、重量分析原理

重量分析（gravimetric analysis）是將所要定量的成分，從一定重量的試樣或溶液中，以可準確稱量的化學形態分離出來，而求出此成分含量百分比的方法。

1.沈澱的溶解度

一沈澱的溶解度由其溶度積常數 K_{sp} 決定，其 K_{sp} 愈小者愈不易

溶於水。通常要將某一離子從溶液中沈澱出來，所加入的與它產生沈澱的另一離子往往是過量的，以使沈澱完全，但也要注意，有時過量的沈澱劑反而會將沈澱溶解。

【例 2−9】

在 200mL 0.1M 硫酸根離子溶液中加 50mL 0.1M 的 $BaCl_2$ 溶液時，求所生成硫酸鋇沈澱在此時的溶解度。

【解】

$$BaSO_4 \text{ 的 } K_{sp} = 1.1 \times 10^{-10}$$

$$BaSO_4 \Longrightarrow Ba^{2+} + SO_4^{2-}$$

$$Ba^{2-} = 0.5 \text{ 莫耳/升} \times 0.05 \text{ 升} = 0.025 \text{ 莫耳}$$

$$SO_4^{2-} = 0.1 \text{ 莫耳/升} \times 0.20 \text{ 升} = 0.02 \text{ 莫耳}$$

很顯然的 Ba^{2+} 為過量

$$[Ba^{2+}] = \frac{0.025 \text{ 莫耳} - 0.02 \text{ 莫耳}}{0.05 \text{ 升} + 0.20 \text{ 升}} = \frac{0.005 \text{ 莫耳}}{0.25 \text{ 升}}$$

$$= 0.02 \text{ 莫耳/升}$$

而　　$K_{sp} = [Ba^{2+}][SO_4^{2-}] = 1.1 \times 10^{-10}$

設過量 Ba^{2+} 存在時，$BaSO_4$ 溶解度為 x 莫耳/升，

則　　$0.02 \times x = 1.1 \times 10^{-10}$

$$x = \frac{1.1 \times 10^{-10}}{0.02} = 5.5 \times 10^{-9} \text{莫耳/升}$$

如果在純水中，即無過量 Ba^{2+} 存在時其溶解度為

$\because$　　$[Ba^{2+}] = [SO_4^{2-}], K_{sp} = [Ba^{2+}][SO_4^{2-}] = 1.1 \times 10^{-16}$

$\therefore$　　$[SO_4^{2-}] = \sqrt{1.1 \times 10^{-10}} = 1.05 \times 10^{-5} \text{莫耳/升}$

因此在 0.005 莫耳過量的 Ba^{2+} 存在時，$BaSO_4$ 的溶解度由在純水的 1.05×10^{-5} 莫耳/升減少至 5.5×10^{-9} 莫耳/升，故可使沈澱更完全。

在重量分析時，通常加稍微過量的沈澱劑使沈澱更完全，以減少因溶解度而損失的量。可是，要避免加大過量的沈澱劑，否則過量的沈澱劑必須以洗滌方式除去而引起更多的損失。同時要留意沈澱劑的離子之電荷，如高價時加太過量不但不能使溶解度減少，反而會增加溶解度。

2. pH 值對沈澱溶解度的影響

在重量分析的許多沈澱可因溶液中有酸或鹼的存在而增加其溶解度。例如，磷酸銨鎂$(MgNH_4PO_4)$可溶於酸；磷酸銨鋅$(ZnNH_4PO_4)$可溶於過量的氨與酸。弱酸與強鹼所成的鹽可溶於強酸。例如草酸鈣及鉻酸銀可溶於鹽酸。

$$CaC_2O_4 \rightleftharpoons Ca^{2+} + C_2O_4{}^{2-}$$

$$\big\Updownarrow + H^+ \ 強酸$$

$$HC_2O_4{}^-$$

因為 $C_2O_4{}^{2-}$ 與強酸的 H^+ 反應生成不易解離的 $HC_2O_4{}^-$，故破壞 CaC_2O_4 與其離子的平衡，為了維持一定 K_{sp} 值，CaC_2O_4 將溶解更多。

⑴溫度對沈澱溶解度的影響

大部分的沈澱，會因溫度的升高而溶解度增加。例如，在 20°C 時，氯化銀在 100 公撮水中可溶解 0.00015 克，在 100°C 時就增加到 0.0022 克。在 20°C 時硫酸鉛的溶解度為 0.0041 克/100 公撮水，在 100°C 時增加到 0.0082 克，草酸鈣及磷酸銨鎂亦表現同樣的情形。有這種情況的沈澱要過濾時，應在冷的時候進行。

有些沈澱溫度對其溶解度的效應不顯著，例如硫酸鋇在 20°C 時的溶解度為 0.00024 克/100 公撮水，在 100°C 時為 0.00039 克/100 公撮水，增加不多。對於硫酸鋇沈澱之過濾，在重量分析時可在熱水溶液進行，以縮短過濾的時間並減少洗滌不純物的操作。

(2)溶劑的本性對溶解度的影響

在重量分析時，有的沈澱因在水中的溶解度較大而影響定量的準確度，因此使用其他溶劑如酒精、丙酮及冰醋酸等來代替水。

例如，有酒精存在時硫酸鉛的溶解度將減少；草酸鎂較易溶解於水，但較難溶於冰錯酸。

3.沈澱的純度

(1)沈澱的熟成

氯化銀通常在水中以膠態散布方式存在。因此將此溶液放在蒸氣浴或熱盤上保持 $90 \sim 100°C$ 一段時間，這處理的方式叫做沈澱的熟成 (digestion)。在這過程，沈澱可自己進行相當程度的精製，其上所附著的不純物將離開，易溶解的雜質會溶解，並增加結晶的形態的完整，使沈澱更完全。

(2)共沈

生成沈澱時往往會把溶液中的其他物質共同沈澱出來，這現象叫做共沈 (coprecipitation)。這共沈現象乃是因沈澱將不純物吸附在其表面，或不純物的離子進入沈澱的結晶格子裡所引起，而不能以一般洗滌方法來除去，因此為重量分析誤差來源之一。

為了要使沈澱更純而減少共沈的方法為：

①盡量使不純物的濃度降低。

例如硫酸鋇沈澱時往往硝酸鹽亦共沈，因此預先加鹽酸並加熱蒸發除去 HNO_3 後才進行沈澱。

②再沈澱。

將沈澱溶解後再沈澱，則不純物往往會留在濾液中而可除去。

③加熱使沈澱熟成。

④其他減少共沈的方法，例如降低沈澱產生的速率或控制沈澱時的溫度等。

(3)後期沈澱

主沈澱生成後，有時其他的沈澱較慢產生，而附著在主沈澱表面。引起定量誤差。

例如，在鎂存在時以草酸鈣定量鈣的實驗裡，設把生成的草酸鈣放置久些，即有一些草酸鎂沈澱出來。如加過量的草酸使 Mg^{2+} 與草酸成錯離子即可減少後期沈澱的效應。

4.沈澱的洗滌

沈澱經過濾或離心後通常需加予洗滌，洗滌不一定能完全除去所有被吸附的離子，但可除去一些不純物使沈澱更純。選擇洗液應留意下列三點：

(1)盡量減少由溶解度而起的損失

用水洗滌時由於沈澱多多少少均可溶於水而引起所謂溶解度損失(solubility loss)。因此通常洗液中加一些沈澱劑離子，以共同離子效應減少沈澱在洗滌時的溶解。

(2)防止水解

用水洗滌時有的沈澱可起水解。例如，弱鹼的鹽類要與矽分離時，如以水為洗液，弱鹼鹽的起水解成為不溶性氧化物或氫氧化物，留在濾紙上而引起實驗誤差。

$$2Fe^{3+}Cl_3 + xH_2O \rightleftharpoons Fe_2O_3 \cdot xH_2O + 6HCl$$

(Fe^{3+} 外，Al^{3+},Cr^{3+} 或 Sn^{4+} 亦同)

因為上述水解結果可生成 HCl，因此在洗液中加少量 HCl 可避免水解。

沈澱含有較可溶性的弱酸或弱鹼的鹽時，用水洗滌亦起水解。例如，磷酸銨鎂 $MgNH_4PO_4$，

$$MgNH_4PO_4 \rightleftharpoons Mg^{2+} + NH_4^+ + PO_4^{3-} \rightleftharpoons Mg^{2+} + NH_3 + HPO_4^{2-}$$

$$\quad\quad\quad\quad\quad\quad\quad\quad\quad (酸)\quad\quad\quad\quad (鹼)$$

如在洗液中加氨，可使平衡向左移動而避免磷酸銨鎂的水解。

(3)防止從沈澱變成膠態

細結晶的沈澱在洗滌時很少會變成膠態，可是有的凝膠狀的在洗滌時變成膠態。例如 $Fe(OH)_3$、$Al(OH)_3$ 等應以硝酸銨溶液洗滌即可避免沈澱變膠態。

5.決定稱量時的化學形態

定量分析的成功在於上述各條件外，決定最後以何種化合物形態來稱量也是重要條件之一。選擇的因素有：

①分子量要大。

②溶解度愈小愈易得純粹的沈澱。

③分離的操作要容易。

④由於強熱或乾燥，能夠變成一定組成。

⑤安定而無潮解性、風化性或吸收二氧化碳性質。

⑥操作簡單不需特殊儀器或裝置的。

例如，定量 Ca^{2+} 時可作稱量的化學形態有：

$CaC_2O_4 \cdot H_2O$ （在 250°C 失去結晶水）

CaC_2O_4 （在 460°C 變為 $CaCO_3$）

$CaCO_3$ （在 600°C 分解，放出 CO_2）

CaO

$CaSO_4$

CaF_2

由上面幾點因素考慮以 $CaSO_4$ 最適當。

6.沈澱的乾燥

經洗滌過程後在過濾坩堝上的沈澱（如氯化銀）可直接放入乾燥箱中以 110~120°C 溫度乾燥。

但例如電解銅在 110°C 乾燥時會起氧化，用水洗滌後以少量丙酮或酒精洗，並在眞空乾燥器中抽氣乾燥。

7. 鍛燒

在濾紙上所收集的沈澱往往需加強熱鍛燒，使沈澱所含水分及揮發性成分逸出，灰化濾紙並使沈澱改變爲安定可稱量的化學形態。

二、重量分析法的種類

(1)揮發性物質測定法

是將試樣經過加熱，灼燒，或分解處理後，使某成分形成氣體逸出，然後測定實驗前後試樣在重量上的改變，以定其成分在原物質中的含量，例如，碳酸鹽中 CO_2 及物質中水分之測定。

(2)電解分析法

在金屬元素的分析中，控制一定的電壓範圍與電流強度，使欲測的金屬離子電解析出而稱量之。

(3)萃取法

是利用適當的萃取溶劑，使試樣的成分溶解，再經處理後，稱重，此法多用於有機物質的分析，例如用有機溶劑乙醚或四氯化碳，萃取試樣中之油脂成分，以測定油脂在試樣中之含量。

(4)沈澱法

用適當之沈澱劑加入已經溶解試樣的試液中，使與欲測定成分形成化學間定量的反應，組成一個成分固定而溶解度甚小，且又安定的化合物，使之由溶液中沈澱析出，然後再經過濾，洗滌，烘乾或灼熱，最後冷卻，稱重，以定其在原來試樣中的含量，此爲重量分析中最主要的分析方法。

三、重量分析的計算法

重量分析裡通常在記錄分析結果時，很少直接記錄最後稱的物質的重量。例如，分析某物而最後以硫酸鋇方式稱量，可是報告往往以此物質所含硫的百分率方式出現。因此重量分析計算，往往要把一種沈澱的重量改變爲其他化學物質的重量。這計算往往使用所謂重量因數（gravimetric factor）方式進行。

$$重量因數 = \frac{所要求物質的式量}{所測量物質的式量}$$

例如，從稱 AgCl 沈澱的重量求 Cl^- 的含量時，由 AgCl 求 Cl^- 的

$$重量因數 = \frac{Cl^-}{AgCl} = \frac{35.46}{143.3} = 0.2475，$$ 因此，任何 AgCl 的重量乘 0.2475 即可得所含 Cl^- 的重量。

設稱得 AgCl 沈澱重爲 0.8572 克，即 Cl^- 的重量爲

$$0.8572 \text{ 克} \times 0.2475 = 0.2122 \text{ 克 } Cl^-$$

從 AgCl 沈澱求 $CaCl_2$ 的重量因數爲

$$\frac{CaCl_2}{2AgCl} = \frac{110.99}{2 \times 143.32}$$

從 AgCl 沈澱求 $FeCl_3$ 的重量因數爲

$$\frac{FeCl_3}{3AgCl} = \frac{162.21}{3 \times 143.32}$$

從 Mn_3O_4 求 Mn_2O_3 的重量因數爲

$$\frac{3Mn_2O_3}{2Mn_3O_4} = \frac{3 \times 157.87}{2 \times 228.81}$$

沒有共同原子存在時，亦可求重量因數，例如，砷可轉變爲砷酸銀後再經過化學反應而變爲氯化銀而稱量。

$$As \longrightarrow Ag_3AsO_4 \longrightarrow 3AgCl$$

因此，從稱量的 AgCl 求 As 的重量因數為：

$$\frac{As}{3AgCl} = \frac{74.92}{3 \times 143.32}$$

現在介紹利用重量因數的重量分析計算法。

(1)從分析結果計算百分率

【例 2－10】

將 1.2010 克鐵礦溶解於鹽酸並過濾不溶的不純物。在濾液中加氨水使鐵以氫氧化鐵沈澱後過濾，洗滌沈澱並強熱鍛燒成 Fe_2O_3，冷卻稱其重為 0.5360 克，試計算該鐵礦含鐵之百分率。

【解】

由 Fe_2O_3 求 Fe 的重量因素為 $\left(\dfrac{2Fe}{Fe_2O_3}\right) = 0.6994$

$\therefore$ 含 Fe 百分率 $= \dfrac{0.5360 \times 0.6994}{1.2010} \times 100\%$

$$= 31.21\% = \%Fe$$

(2)要沈澱一定量的成分，計算已知濃度的試劑體積

【例 2－11】

從已知含 28.40% 氯離子的試樣 0.2200 克中完全沈澱氯化銀，試計算所需 0.1M $AgNO_3$ 溶液之體積。

【解】

從 Cl 求 $AgNO_3$ 的重量因數 $= \left(\dfrac{AgNO_3}{Cl}\right) = 4.797$

試樣中所含 Cl 的量 $= 0.2200 \times 0.2840 = 0.06248$ 克，因此所需 $AgNO_3$ 重量為

$$0.06248 \times 4.797 = 0.2997 \text{ 克 } AgNO_3$$

0.1M $AgNO_3$ 為 $0.1 \times \dfrac{169.9}{1000} = 0.01699$ 克 $AgNO_3$/公撮

$$\therefore \quad 所需 AgNO_3 體積 = \frac{0.2997 克}{0.01669 克/公撮} = 17.61 公撮$$

(3)從沈澱重量求百分率關係一定的物質重量

【例 2−12】

已知某硫酸鹽含 1% 的硫，分析結果稱得 $BaSO_4$ 沈澱重量爲 0.01 克，求此硫酸鹽重量。

【解】

由 $BaSO_4$ 的重量求硫的重量因數爲:

$$\frac{S}{BaSO_4} = \frac{32}{233.40} \fallingdotseq 0.1374$$

設 $x = $ 此硫酸鹽試樣的重量，即有下列關係成立。

$$\frac{BaSO_4 的重 \times \left(\dfrac{S}{BaSO_4}\right) \times 100}{硫酸鹽試樣重} = 含硫百分率$$

$$\frac{0.01 \times 0.1374 \times 100}{x} = 1$$

求 $\qquad x = 0.1374$ 克

(4)間接分析的計算

應用重量因數有時可不必分離方式決定兩純物質混合物中所含各物質的百分率。

【例 2−13】

氯化鈉與氯化鉀混合物重 0.4550 克，經過過量硫酸處理並加熱趕出氯化氫與剩餘的硫酸後可得硫酸鈉及硫酸鉀混合物 0.5414 克。試計算混合物中含氯化鈉及氯化鉀的百分率。

【解】

設 $\qquad x = KCl$ 的重量時，即

$(0.4550 - x)$為 NaCl 的重量

從 KCl 求 K_2SO_4 的重量因數 $= \dfrac{K_2SO_4}{2KCl}$

從 NaCl 求 Na_2SO_4 的重量因數 $= \dfrac{Na_2SO_4}{2NaCl}$

由題意可成立下列關係：

$$x\left(\frac{K_2SO_4}{2KCl}\right) + (0.4550 - x)\left(\frac{Na_2SO_4}{2NaCl}\right) = 0.5414$$

$$x\left(\frac{174.3}{149.1}\right) + (0.4550 - x)\left(\frac{142.1}{116.9}\right) = 0.5414$$

$$1.169x + (0.4550 - x)1.215 = 0.5414$$

$$x = 0.2478 \text{ 克 KCl}$$

$$0.4550 - 0.2478 = 0.2072 \text{ 克 NaCl}$$

$$\frac{0.2478}{0.4550} \times 100 = 54.46\% \text{ KCl}$$

$$\frac{0.2072}{0.4550} \times 100 = 45.54\% \text{ NaCl}$$

2-4　儀器分析

一、電位滴定法

　　由本章 2-2 節所述的氧化還原滴定，已說明電極的電位是由溶液中一個或多個物種的濃度來決定。電位滴定就是將此現象應用在該離子或分子的定量分析。電位測定所需的裝置包含一個參考電極（reference electrode）、一個指示電極（indicator electrode）及一個電位測量裝置。參考電極的電位為已知，不會改變，且對於所要分析的試

樣之成分不受其影響。參考電極必須很方便且容易裝配，在少量電流通過時，要維持一定而重現性高的電位。指示電極用來和參考電極合併應用，其電位和所要分析成分的濃度有關。

1.參考電極

(1)甘汞電極 (calomel electrode)

甘汞電極可用下式表示：

$$\| Hg_2Cl_2(飽和), KCl(x\,M)\,|\,Hg$$

其中 x 代表在溶液中氯化鉀的莫耳濃度。其電極的反應可用下列方程式表示：

$$Hg_2Cl_{2(s)} + 2e^- \rightleftharpoons 2Hg_{(l)} + 2Cl^- (x\,M)$$

此電極的電位隨氯化物濃度 x 而改變，x 量必須在所描述的電極中註明。

圖 2-9(a)　甘汞電極構造圖

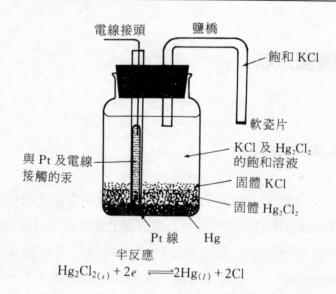

電線接頭　鹽橋

飽和 KCl

軟瓷片

與 Pt 及電線
接觸的汞

KCl 及 Hg$_2$Cl$_2$
的飽和溶液

固體 KCl

固體 Hg$_2$Cl$_2$

Pt 線　　Hg

半反應
$$Hg_2Cl_{2(s)} + 2e \rightleftharpoons 2Hg_{(l)} + 2Cl$$

　　最常用的甘汞電極是氯化鉀濃度爲飽和的飽和甘汞電極（SCE）。其構造如圖 2−9(a)所示，其構造簡單而且容易裝配。用裝滿飽和氯化鉀溶液的 U 型管作鹽橋，可作爲與浸在試樣溶液中的指示電極間的電通路。鹽橋的兩端用軟瓷片或棉花塞住，防止被溶液中的離子所污染。圖 2−9(b)爲市售的典型甘汞電極，內管中的汞/甘汞糊狀物與外管中的飽和氯化鉀溶液間，以一小開口相連。

圖 2−9(b)　商用甘汞電極

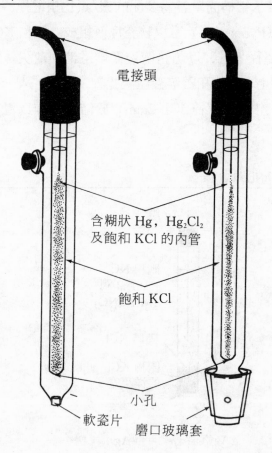

電接頭

含糊狀 Hg，Hg$_2$Cl$_2$
及飽和 KCl 的內管

飽和 KCl

小孔

軟瓷片

磨口玻璃套

(2)銀/氯化銀電極（silver/silver chloride electrode）

銀/氯化銀參考電極（圖 2-10）是銀電極浸在飽和著氯化銀的氯化鉀溶液中，其半電池可用下式表示：

$$\| AgCl(飽和), KCl(x\text{M})|Ag$$

其半反應為

$$AgCl_{(s)} + e^- \Longrightarrow Ag_{(s)} + Cl^-(x\text{M})$$

此電極通常由飽和的 KCl 溶液配製，在 25°C 時對於標準氫電極的電位為 0.197V。

圖 2-10 表示結構簡單容易裝配的銀/氯化銀電極，此電極由派來克司玻璃管（Pyrex tube）塞以軟瓷片而組成。飽和 KCl 的洋菜凝膠塞子在此軟瓷片上端，以防止溶液從半電池中流失。將一層固體 KCl，加在凝膠上，用飽和鹽溶液注滿此管，最後加入一兩滴硝酸銀水溶液，並插入銀線（直徑 1 至 2mm）於溶液中作為電導線與儀器相接。

圖 2-10　銀/氯化銀電極

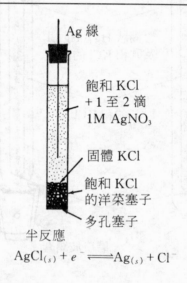

Ag 線

飽和 KCl
+1 至 2 滴
1M AgNO₃

固體 KCl

飽和 KCl
的洋菜塞子

多孔塞子

半反應

$$AgCl_{(s)} + e^- \Longrightarrow Ag_{(s)} + Cl^-$$

2.指示電極

指示電極有兩種基本型式：金屬指示電極（metallic indicator electrode）和薄膜電極（membrane electrode）。理想的指示電極必須對所要分析的離子濃度改變之反應迅速，且有再現性。雖然無完全符合此理想的電極，但上述兩型式的電極已相當接近理想情況。

⑴金屬指示電極

a.陽離子的一級電極（first-order electrodes for cations）

一級電極用來測定由電極金屬所產生陽離子的濃度。若干金屬，例如銀、銅、汞、鉛及鎘，和其離子能發生可逆半反應，而適合作一級電極。相反地，其他金屬由於其晶體結構的應變（strains）或晶體的變形，以及在表面上的氧化膜等因素的影響，使其無再現的電位而不適合作一級電極。此類的金屬包含鐵、鎢、鈷、鎳及鉻。

b.陽離子的二級電極（second-order elecerodes for cations）

一金屬電極也可間接地以其陽離子和陰離子反應而形成微溶性沈澱物，或與其陽離子形成穩定錯合物。對於前者而言，只需要使溶液飽和著此種微溶性鹽便行。因此銀電極電位可以準確地反映飽和碘化銀溶液中的碘離子濃度。此時，電極的行為可用下式描述：

$$AgI_{(s)} + e^- \rightleftharpoons Ag_{(s)} + I^- \qquad E°_{AgI} = -0.151V$$

應用南司特方程式於此半反應，可得電極電位與陰離子濃度的關係。因此，

$$E = -0.151 - 0.0591 \log[I^-]$$

$$= -0.151 + 0.0591 \, pI$$

其中 pI 為碘離子濃度的負對數值。銀電極用作定量碘化物的指示電極，是二級電極的一個例子，因為它可測量一種不直接包含在電子轉移過程中的離子濃度。

一個用來量測 EDTA 陰離子 Y^{4-} 的濃度的重要的二級電極，此

電極的半反應可寫成下式:

$$HgY^{2-} + 2e^- \rightleftharpoons Hg_{(\ell)} + Y^{4-} \qquad E° = 0.21V$$

由南司特方程式可得

$$E = 0.21 - \frac{0.0591}{2} \log \frac{[Y^{4-}]}{[HgY^{2-}]}$$

欲應用此電極系統,首先要加入小量濃度的 HgY^{2-} 於分析物溶液中。由於錯合物很穩定(對 HgY^{2-} 而言,$K_f = 6.3 \times 10^{21}$);其濃度在很廣的 Y^{4-} 濃度範圍可以保持定值,因為其解離形成 Hg^{2+} 的量很少。前面的方程式可改寫成下式,

$$E = K - \frac{0.0591}{2} \log[Y^{4-}] = K + \frac{0.0591}{2} pY$$

其中常數 K 等於

$$K = 0.21 - \frac{0.0591}{2} \log \frac{1}{[HgY^{2-}]}$$

此二級電極對 EDTA 滴定終點的確定是很有用的。

c. 氧化還原系統的指示電極 (indicator electrodes for redox systems)

由鉑、金、鈀或碳所製成的電極可用作氧化還原系統的指示電極。此電極是惰性的;其產生的電位僅和其所浸入溶液中的氧化還原系統之電位有關。例如,在含有鈰(Ⅲ)及鈰(Ⅳ)離子溶液中的鉑電極電位由下式表示:

$$E = E° - 0.0591 \log \frac{[Ce^{3+}]}{[Ce^{4+}]}$$

因此,鉑電極在以鈰(Ⅳ)作為標準試劑的滴定中,可作為指示電極。

(2)薄膜指示電極

多年以來,測定 pH 值最方便的方法是包含不同氫離子濃度的二溶液,用薄的玻璃膜隔開,而測定跨過此玻璃薄膜的電位。克雷莫 (Cremer) 證實玻璃膜對 pH 值具靈敏度及選擇性。而且,薄膜電極

現在已發展用來直接測定許多的離子，譬如K^+, Na^+, F^-, 及Ca^{2+}等。

根據薄膜的組成可將薄膜電極分成四類：(1)玻璃電極（glass electrode），(2)液膜電極（liquid-membrane electrode），(3)固態或沈澱物電極（solid-state or precipitate electrode），及(4)氣感薄膜電極（gas-sensing membrane electrodes）。

3. 電位滴定法（potentiometric titration）

選用合適的指示電極測定溶液的電位，可以得到滴定的當量點，此為電位滴定。

電位滴定終點的應用很廣泛，並可提供比使用指示劑的方法更準確的數據。對於有色或混濁溶液的滴定，以及對於溶液中未知不純物之存在的偵測，電位滴定特別有用。但比慣用的滴定法更費時。現在已可以使用自動滴定裝置來操作。

圖 2-11 所示者為進行電位滴定的典型裝置。通常，每加入試劑後的滴定包含量測及記錄一電池電位（以 mV 或 pH 為單位）。開始時滴定劑以較大的增量加入；在接近終點時（由每次加入產生較大的電位變化來指示），則以較小的增量加入。

在每加入試劑後要有充分的時間使其達到平衡。沈澱反應需要若干分鐘來達到平衡，尤其在接近當量點時。當測定的電位每分鐘的改變量只有 1 或 2 毫伏特時，則表示接近平衡。良好的攪拌可有效地加速達到平衡。

使用圖 2-11 所示的裝置，所得的典型電位滴定數據列於表2-4 中的頭兩行。接近終點的數據作圖於圖 2-12(a)中。注意此實驗的圖線與理論上導出的滴定曲線十分相似。

圖2-11 電位滴定的裝置

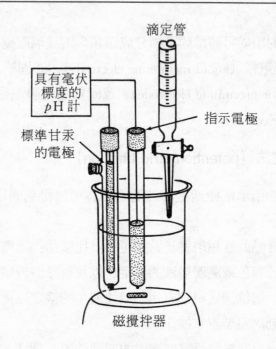

有若干方法可用來決定電位滴定的終點。最直接的方法包含將電位對試劑體積直接作圖，如圖2-12(a)所示。在曲線上陡直上升部分的中點則可由觀察估計而得，即得終點。有多種機械方法已被用來協助決定中點；然而，這些方法是否能明顯地增進準確度是值得懷疑的。

第二種方法是計算每單位試劑量的電位變化（即 $\Delta E/\Delta V$），如表2-4中第三行所示者。以此參數對平均體積作圖，在當量點時有明顯的極大值（如圖2-12(b)所示）。另一方法，在滴定期間此比值可求出而直接記錄以代替電位本身。因此，在表2-4中的第三行可以看出其最大值介於24.3及24.4mL之間；選擇24.35mL可以符合一般的要求。

在表2-4中的第4行及圖2-12(c)顯示，數據的第二導數在滴定

曲線的轉折點時，其符號改變。此符號的改變通常用於自動滴定計的分析信號。

表 2-4　用 0.1000M 硝酸銀對 2.433m mol 氯化物的電位滴定

AgNO₃ 之體積公撮	E 對 SCE,伏　特	$\Delta E/\Delta V$,伏特/公撮	$\Delta^2 E/\Delta V^2$,伏特/公撮²
5.0	0.062		
		0.002	
15.0	0.085		
		0.004	
20.0	0.107		
		0.008	
22.0	0.123		
		0.015	
23.0	0.138		
		0.016	
23.50	0.146		
		0.050	
23.80	0.161		
		0.065	
24.00	0.174		
		0.09	
24.10	0.183		
		0.11	0.28
24.20	0.194		
		0.39	0.44
24.30	0.233		
		0.83	-0.59
24.40	0.316		
		0.24	-0.13
24.50	0.340		
		0.11	-0.04
24.60	0.351		
		0.07	
24.70	0.358		
		0.050	
25.00	0.373		
		0.024	
25.5	0.385		
		0.022	
26.0	0.396		
		0.015	
28.0	0.426		

圖 2-12 電位滴定曲線

(a) 2.433M mole Cl⁻ 用 0.100N AgNO₃ 的電位滴定曲線

(b) 第一導數的曲線

(c) 第二導數的曲線

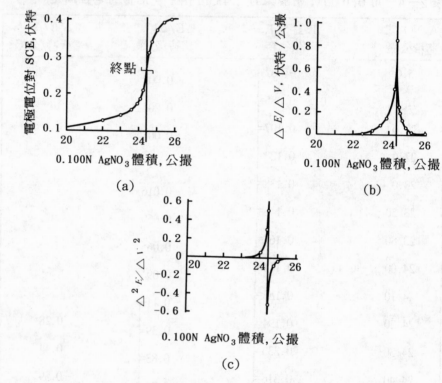

(a)

(b)

(c)

二、比色法

比色法 (colorimetry) 是指對有色溶液之吸光能力,而進行定量測定的一種分析方法。可藉視覺或電的方法,直接或間接比較通過待測溶液的光強度,及通過同物質已知濃度溶液的光強度(以相同波長),而測出待測溶液的濃度。

有色成分可分三種:(1)試樣成分本身具有顏色,可以直接使用比

色法測定；例如過錳酸根離子爲深紫色可直接測定。(2)試樣成分可與試劑作用，而形成有色化合物；例如銅離子與氨作用形成深藍色的銅氨錯離子。(3)加入特殊試劑使二有色化合物間呈平衡，而測定中間色度之成分濃度。例如加入適當指示劑，由其所呈之顏色而決定溶液之 pH 值。

比色法測定時所慣用的術語及其代表符號如下：

$I_0 =$ 入射光的強度(即進入溶液的光強度)

$I =$ 透射光的強度(即離開溶液的光強度)

$C =$ 溶液的濃度

$d =$ 溶液吸收光的厚度(深度)

$T = \dfrac{I}{I_0} =$ 溶液的透光度(transmittance)

$\% T =$ 溶液的透光百分率(percentage transmittance)

$A = \log_{10}\left(\dfrac{I_0}{I}\right) = \log_{10}\left(\dfrac{1}{T}\right)$

$\quad =$ 溶液的吸光度(absorbance)或光密度(optical density)

1.南伯特—比耳定律

南伯特定律（Lambert's law）爲吸收介質吸收光之程度是光通過介質之厚度 d 的函數，即當單色光（monochromatic light）通過吸收介質時，介質的厚度 d 增加，則其透光強度呈指數關係而降低：

$$T = \left(\frac{I}{I_0}\right) = 10^{-K'd}$$

或 $\quad \log_{10}\dfrac{1}{T} = \log_{10}\left(\dfrac{I_0}{I}\right) = K'd$

比耳定律（Beer's law）爲單色光通過介質溶液時，其吸收光之程度是溶液濃度 C 之函數：

$$T = \left(\frac{I}{I_0}\right) = 10^{-K''c}$$

或　　　$\log_{10}\left(\dfrac{1}{T}\right)=\log_{10}\left(\dfrac{I_0}{I}\right)=K''C$

　　將上述二定律合併，稱為南伯特—比耳定律（Lambert-Beer's law），表示如下：

$$T=\left(\dfrac{I}{I_0}\right)=10^{-KdC}$$

或　　　$\log_{10}\left(\dfrac{1}{T}\right)=\log_{10}\left(\dfrac{I_0}{I}\right)=KdC$

　　由南伯特—比耳定律，可推知以相同強度之光使通過二溶液（A 及 B）並調整其溶液之深度（即厚度 d），使透射之光強度相同，則表示

$$C_A d_A = C_B d_B$$

【例 2－14】

設一入射單色光有 72.0% 透過某有色溶液，試問溶液的光密度（或吸光度）為何？若溶液柱長增加 50%，則入射光被吸收百分率為何？

【解】

$\because$　　　$T=\dfrac{I}{I_0}=0.720$

$\therefore$　　　$A=\log_{10}\left(\dfrac{1}{T}\right)=\log_{10}\left(\dfrac{1}{0.720}\right)=0.143$

如溶液柱長增加 50%，則光密度變為

$$A'=0.143\times1.50=0.215$$

$\therefore$　　　$\dfrac{1}{T}=\text{colog }0.215=1.64$

故　　　$T=\dfrac{1}{1.64}=0.610=61.0\%$　　　透射

$\therefore$　　　被吸收百分率為 39.0%

2.視覺比色計

　　視覺比色計是用肉眼觀察比較溶液的顏色，來測定溶液濃度之裝

置，圖 2-13 是最簡單但也許是最古老的比色計，是一種比較通過未知濃度的有色溶液之光強度，與通過相同深度的一連串已知濃度有色標準溶液的光強度來決定未知溶液之濃度。未知溶液中溶質的濃度，由與其顏色相配合之特別標準溶液中的溶質濃度來決定。

圖 2-13　視覺比色裝置

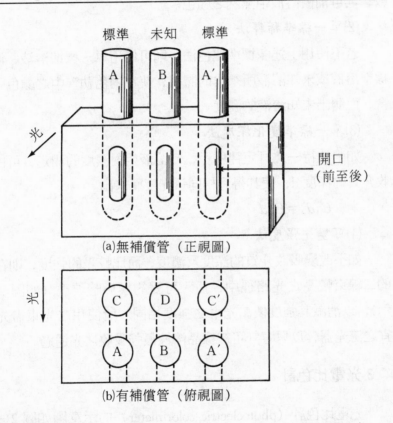

(a)無補償管（正視圖）

(b)有補償管（俯視圖）

(1)多標準比色座

　　圖 2-13 的比色裝置是將試樣溶液放在中央間格之比色管中，經判斷與其顏色強度相接近之標準溶液置於兩旁之參考管中。如此經過多次的顏色強度比較，可期望得到約 5% 精密度之結果。

　　有時，在加入顏色顯色劑之前，溶液本身可能由於外來有色物質

的存在而呈暗淡的顏色。此時可利用雙聯式比色座（圖 2 – 13(b)）來補償無關之顏色。管 A 及 A′容納含有 a 毫升試劑顯色的標準參考溶液。管 C 及 C′容納含有原來未顯色之未知溶液加入 a 毫升的水。管 B 容納含有未知溶液加入 a 毫升的顏色顯色劑。管 D 容納含有水加入 a 毫升的顏色顯色劑。通過 C＋A 及 C′＋A′的光，與通過 D＋B 的光比較，則可補償溶液中無關之顏色。

(2)**單一標準稀釋法**

若不使用上述多標準比色法，則可使用單一標準溶液，測定稀釋標準溶液或未知溶液所須水的體積，使在內色勒管中之顏色強度相配合，而測出未知溶液的濃度。

(3)**單一標準變化深度法**

如南伯特—比耳定律所示，二溶液相對濃度的測定，可由變化吸收介質的深度 d，使其得到相同透光度而求出。

$$C_1 d_1 = C_2 d_2$$

(4)**可變光強度法**

如不改變吸收介質的深度及濃度，而比較光的強度，則在可見光的二線束較亮之光路徑中，插入可變的楔形暗玻璃（如圖 2 – 14 所示），以消減其強度使二光束之強度相同。所使用之光束需先經過適宜之濾光器，以只容許可被樣品溶液最強吸收之光通過。

3.光電比色計

光電比色計（photoelectric colorimeter）的示意圖如圖 2 – 15。光由一定亮度之光源通過樣品而撞擊在光電池上，將輻射能轉變為電能而在電流計上顯示出來。

圖 2-14 可變楔形暗玻璃

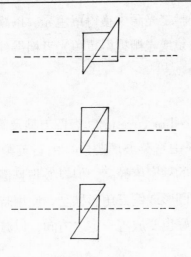

圖 2-15 光電光度計示意圖

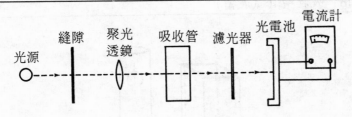

光電光度計包含五個部分：

(1)光源

依測定時所需的波長而選擇適當的光源，其種類如下：

鎢絲燈（tungsten lamp）：適用於 320mμ～3μ 波長內之光度測定。

氫氣放電管（hydrogen discharge tube）：適用於紫外線區內之光度測定。

高壓氙氣燈（xenon lamp）：適用於可見光、紫外線，及紅外線區域內之光度測度。

(2)分光器

可使用濾光器或單光器（monochrometer），如稜鏡、光柵、繞射格子等，均可從連續光譜之光源中獲得單色光。以濾光器獲得單色光者稱光電比色計，以稜鏡或光柵獲得單色光者稱爲分光光度計（spectrophotometer）。

(3)吸收槽

吸收槽即試液槽（cell or cuvette），有四方型及圓型兩種，如圖2－16所示。試液槽爲係由石英玻璃製成；由石英製成的試液槽全區的波長均可通過，測定的精密度較高，但質較脆且價格昂貴，需要小心使用。圓型試液槽有圓形或倒三角形標誌，使用時需要放置一定之方向，四方型使用時最好也要放置一定之方向，以減少各邊管壁厚薄不同而造成光程之誤差。

圖 2－16 吸收槽（試液槽）

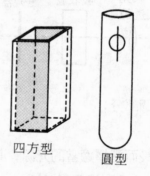

四方型　　　圓型

(4)偵測器

偵測器（receptor）係將透過吸收槽的光線轉變爲電流之裝置，通常使用光電池（photocell）或光電管（phototube）如圖 2－17 及 2－18 所示，圖 2－19 爲光電管及其附屬組件之電路圖，由輻射感應的電流導致電阻 R 兩端的電位降，此電位降經放大後由指示器量度。由光電管流出之電流甚微弱，需要利用倍增光電管（multiplier phototube 或稱 P-M tube）放大才有實用價值。

圖 2－17　光電池的構造

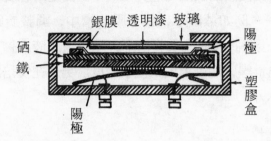

圖 2－18　光電管的構造

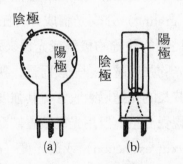

圖 2－19　光電管及附屬組件之電路圖

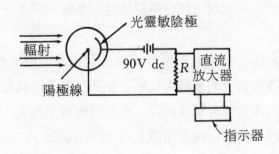

(5)指示計

指示計（indicator）為一微安培計，在微安培計上有 0 至 100% *T* 之線性刻度，可直接讀出試液之透光度 % *T*。測定時，要先用空白試驗（即用溶劑——例如蒸餾水，放入吸收槽中，調整旋鈕使透光度 *T* = 100%），然後將試液放入吸收槽中，就可讀試液之透光度，由標準試液所作之檢量線，即可求出試液之濃度。另外在安培計上亦可讀到吸光度 A 的大小。

4. 分光光度計

分光光度計（spectrophotometer）和光度計情形一樣，係量度經吸收介質傳遞光的相對數量。自光源（例如，白熱電燈）的光用稜鏡或繞射光柵（diffraction grating）分成光譜成分。任何所需區域或譜帶（band）可透過適當控制的狹縫的稜鏡或光柵來選擇。狹縫越小，光束越接近單色，但是光的強度越小。一般而言，狹縫窄度須配合準確的讀數，任何窄範圍波長的光通過吸收管，其強度的減少如前述的比色方法。而強度可憑視覺測量，但用光電裝置較為準確。可畫出表示波長及百分消光（percent extinction）或透光度（transmittancy）間的關係曲線。這樣的曲線常是所測定物質的特性並用以鑑定。有時紫外線或紅外線比可見區域曲線較具有特性。有機化合物更是如此。

分光光度測定曲線用來測定染料特性，在鑑定許多生物及其他有機物。

由定量觀點而言，分光光度分析法具有超過比色法的某些優點。例如，容易選擇最適合的波長供比較，在某些情形可測定試樣中一個以上的成分，此在當成分吸收曲線不重疊情形特別容易。分光光度方法常很靈敏，許多情形可測定至微克〔1 微克(μg) = 10^{-3}mg〕。因為一有機試劑常發現與幾乎任何所予無機離子將產生一顏色，分光光度分析法（及一般比色法）可廣泛適用。

　　分光光度計有多種製品，每種製品的透鏡，狹縫，稜鏡或光柵有其特殊布置。圖 2-20 為一種常用分光光度計及其構造圖。

圖 2-20　分光光度計之外型及結構

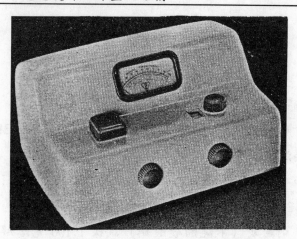

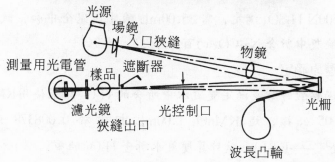

習　題

容量分析

中和滴定

1. 欲中和 0.0686N 的硫酸 13.72mL，試計算需 0.1421N 的氫氧化鈉溶液多少公撮？

2. 中和 10.00mL 稀醋酸溶液時，使用 0.1078N KOH 溶液 13.12mL，試計算此酸溶液的當量濃度。

3. 有一鈉鹼灰（不純的碳酸鈉）試樣 1.100 克溶解於水後以 0.500N H_2SO_4 滴定，需 35.00mL 酸才能完全中和，試求此鈉鹼灰中所含 Na_2CO_3 的百分率。

氧化還原滴定

4. 以過錳酸鉀溶液滴定雙氧水中所含的 H_2O_2 結果使用 $KMnO_4$ 14.05 公撮，這 $KMnO_4$ 1.00mL 相當於 0.008378 克 Fe（$Fe^{2+} \longrightarrow Fe^{3+}$）。試計算雙氧水所含 H_2O_2 的重。

5. 加過量的碘化鉀於重鉻酸鉀溶液中，所游離的碘以 0.100N 硫代硫酸鈉滴定，結果使用 48.80mL 的 $Na_2S_2O_3$。試計算原試樣溶液中所含 $K_2Cr_2O_7$ 之重。

沈澱及錯離子生成滴定

6. 一銀幣碎試樣 0.200 克經化學處理後需 39.60mL 的 KCNS 溶液以完全沈澱 $Ag^+ + CNS^- \longrightarrow AgCNS$，設這 KCNS 溶液每 100mL 含有 0.4103 克 KCNS 時，試計算銀幣含銀的百分率。

7. 試計算氰化鈉溶液中所含 NaCN 的克數。如以每升含 8.125 克 $AgNO_3$ 的硝酸銀滴定此氰化鈉溶液時，加到 26.05mL 將生成永久性的混濁。

重量分析

8. 試求下列各項的重量因數

稱量型	尋求的
U_3O_8	U
$Mg_2P_2O_7$	P
$Cu_2(SCN)_2$	HSCN
MoS_3	MoO_3
$(NH_4)_2PtCl_6$	NH_3
K_2PtCl_6	KNO_3

9. 試計算由 4.7527 克的 $Ag_2Cr_2O_7$ 可得多少克的 AgBr 沈澱。

10. 溶解 2.000 克不純的食鹽於水中，加入稍微過量的硝酸銀溶液結果得 4.6280 克的氯化銀，試計算試樣中所含氯的百分率。

11. 有一銨鹽，經處理變成 $(NH_4)_2PtCl_6$ 後灼熱到坩堝中只剩留 Pt，稱其重爲 0.1000 克，試求原銨鹽試樣中所含氮的重量。

12. 有一氯化鋇溶液一升中含有 $BaCl_2 \cdot 2H_2O$ 有 90.0 克。要 10.0 克的 $Na_2SO_4 \cdot 10H_2O$ 以 $BaSO_4$ 方式沈澱時需要氯化鋇溶液多少公撮？

13. 有一 K_2CrO_4 溶液一升中含 26.30 克 K_2CrO_4，經過適當化學處理後生成 0.6033 克的 Cr_2O_3，即使用這 K_2CrO_4 溶液多少公撮？

14. 一 CaO 及 BaO 的混合物重 0.6411 克，經化學處理可產生 1.1201 克的無水硫酸鹽混合物。試計算原混合物中所含 Ba 及 Ca 的百分率。

15. 有一 NaCl 及 NaI 的混合物重 0.400 克，經化學處理後產生 0.8981 克的 AgCl 及 AgI 的沈澱。試求原混合物中所含碘的百分率。

儀器分析

16. 一有色物質溶液在濃度 A 時有 82.0% 的透射比。在濃度 4A 透射比是 45.2%。試證明此溶液遵循比耳定律，並計算濃度 3A 時的透射百分率多少？

17. 某溶液在濃度 A 時吸收通過的光 16.67%。假設遵循比耳定律。試問其他條件相同，在濃度 2A 時將透射多少百分比的光？

第三章

有機化學

　　十八世紀時人們將物質分爲兩大類：無機化合物和有機化合物。無機化合物是指由礦物得來的物質；有機化合物是指由動、植物等有機體得來的物質。當時認爲有機化合物必須由具有「生命力」的天然有機體才能製造出來，但是到了 1828 年德國化學家未勒（Friedrich Wöhler）由加熱氰酸銨製得尿素（urea）後，這種「生命力」的觀念便漸被放棄了，因爲氰酸銨可由氰酸鉀（KOCN）和硫酸銨〔$(NH_4)_2SO_4$〕等無機物製得。

$$NH_4OCN \xrightarrow{\triangle} CO(NH_2)_2$$
　　　氰酸鉀　　　　　　尿素

　　現代依據化合物的化學組成來區分有機化合物與無機化合物。無機化合物的組成變化比較大，且包含大部分元素；而有機化合物通常只含有碳和其他有限的幾種元素，如氫、氧、氮、鹵素、硫、磷等。大部分的含碳化合物之結構較複雜，所含原子的數目也較多。現在化學家將含碳的化合物叫做有機化合物，研究碳化合物的化學叫做有機化學（organic chemistry）。但是一些含碳的化合物，如一氧化碳、二氧化碳、碳酸鹽、金屬氰化物等，仍然歸類在無機化合物。

　　有機化合物在自然界中數目甚多，含量也很豐富，與人們的生活息息相關。舉凡我們日常生活中的衣、食、住、行、育、樂，都離開不了有機化合物。生物體除了水和一些無機鹽外，絕大部分是有機化合物所構成，如蛋白質、澱粉、纖維素，它們在生命的過程中，扮演著極重要的角色。生物體的生長過程中，包含許多有機化合物的分解與合成，這些化學變化構成了生命的現象。

　　有機化合物與無機化合物的性質有顯著的不同。無機化合物的熔點通常都很高，而許多有機化合物是氣體、液體或是低熔點的固體。無機化合物通常易溶於水，形成離子，其水溶液可導電；大部分有機化合物則不易溶於水，易溶於如醚、醇、四氯化碳等有機溶劑中；有些有機化合物可溶於水形成離子，但導電度較低。

　　有機化合物的種類有數百萬種，其數目遠多於無機化合物。爲何碳氫等少數幾種元素就能構成那麼多種的化合物呢？我們首先要瞭解有機化合物中的原子是怎樣結合在一起的。對於有機化合物，我們不僅要知道分子中所含的原子種類和數目，也需要知道這些原子是如何結合成分子的，即需要瞭解分子的結構式。在本章中，我們主要學習有機化合物的命名、結構、製備法和反應。碳是一個很特別的元素，碳原子不僅可與其他元素的原子結合，它本身也能互相結合在一起成鏈狀或環狀，所以可以形成無數種的化合物。

　　有機化學的研究成果大大地改善了人類的生活。例如，合成纖維的進步使人們衣著無憂，同時也影響許多國家的農業大勢。醫藥之發明，尤其是抗生素之研究成果，對於人類壽命之延長有卓著的貢獻。其他塑膠、染料、炸藥……等等都是有機化學的研究成果。生物體本身是由很多有機化合物所構成，生物體內的生理作用亦爲有機化學的反應。

3-1　總論

一、碳原子之間的共價鍵

　　在週期表中，碳是唯一的元素能形成如此多數化合物。碳原子能互相結合而擴大，形成數以千計的碳原子長鏈結合，或各種大小之環型結合，所成的長鏈亦可有支鏈存在。這些鏈及環之碳原子又可以和其他原子結合，如氫、氧、氮、硫、氟、氯、溴、碘等。原子的不同排列形成不同化合物。

　　有機化合物中的鍵結幾乎都是共價鍵。有機化合物大部分是分子

化合物。碳是構成有機化合物的主要元素，碳原子除了與其他原子相結合外，碳原子本身也可互相結合，所以碳可以構成無數的化合物。本節將探討碳原子之間產生的共價鍵。

碳原子的電子組態爲 $1s^2 2s^2 2Px^1 2Py^1 2Pz^0$。因爲共價鍵的形成是由半塡滿的原子軌域互相重疊而成，由碳原子的電子組態，可推測碳原子只能以其兩個半塡滿的 2p 軌域形成兩個共價鍵，形成如 CH_2 的化合物。但碳與氫形成的最簡單之穩定化合物是 CH_4（甲烷），其中碳是形成四個共價鍵。此外，碳也可與兩個或三個原子形成共價結合，這是爲什麼呢？這個問題可用混成軌域（hybrid orbital）的觀念來說明。

天然氣的主要成分是甲烷（methane），其分子的形狀是四面體，以碳原子爲中心，其四個 C—H 共價鍵（σ 鍵）指向正四面體的四個頂點，鍵角都是 109°28′，每一個鍵長都相同（1.09Å），鍵能也相同。因此這四個共價鍵必是相等的。依混成軌域的理論，碳原子在形成甲烷分子時，其中的一個 2s 軌域和三個 2p 軌域經過混成作用（hybridization），生成四個新的電子軌域，叫作 sp^3 軌域，每一個 sp^3 軌域都相同，各含一個電子，此四個 sp^3 軌域指向正四面體的四個頂點，任何兩軌域間的角度都是 109°28′，此四個半滿的 sp^3 軌域分別與一個氫原子的半滿 1s 軌域重疊，形成 σ 鍵，故甲烷的四個共價鍵之鍵長與鍵能均相同。

又如在乙烯（ethane）分子中，兩個碳原子以 sp^2 的混成軌域形成雙鍵結合；而在乙炔分子中，碳原子則以 sp 混成軌域形成參鍵結合。

二、有機化合物的實驗式及其求法

用元素符號來表示化合物組成的式子，通稱爲化學式（chemical

formula)。實驗式（empirical formula）是代表化合物最簡單組成的化學式，它用元素符號表示化合物中的組成元素，以整數表示其最簡單的原子數比。例如氯化鈉晶體是一個大分子，其中含鈉和氯兩種元素，其原子數比是 1:1，故其實驗式為 NaCl。有機化合物的實驗式，通常是用定性分析（qualitative analysis）和定量分析（quantitative analysis）求得。

定性分析是用來決定一化合物中含有那些元素。有機化合物中所含的元素種類並不多，主要是碳、氫、氧、鹵素、氮、硫、磷等。將試樣（sample）與氧化銅（CuO）共熱，試樣中的碳形成二氧化碳，可用澄清的石灰水檢驗；氫則生成水，可用氯化亞鈷試紙檢驗。氮、鹵素、硫等通常用鈉熔融法（sodium fusion）分析，將試樣與金屬鈉共熱，試樣中的氮生成氰化鈉（NaCN），硫生成硫化鈉（Na_2S），鹵素生成鹵化鈉，如 NaCl、NaBr、NaI。分析這些無機化合物，可以決定試樣中是否含有這些元素。

圖 3－1　有機化合物的碳、氫之分析

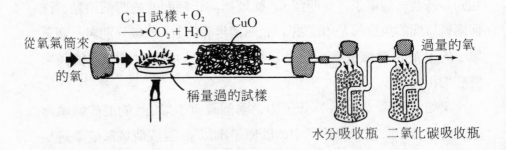

定量分析是用來決定一化合物中各元素的含量，即決定化合物的百分組成。一般常用燃燒法來定量化合物的碳和氫（圖 3－1）。碳的含量可用氫氧化鈉吸收瓶吸收試樣燃燒所產生的二氧化碳量決定出來。氫的含量可用無水過氯酸鎂[$Mg(ClO_4)_2$]吸收瓶吸收所產生的水

分來決定。這些吸收瓶在試樣燃燒前、後都經過精密的稱量，其所增加的重量即其所吸收的氣體重。氮可用杜馬氏（Dumas）法或克魯達（Kjeldahl）法來定量；杜馬氏法是將試樣與二氧化碳和氧化銅共熱，產生的氮氣以氫氧化鉀（KOH）溶液吸收定量之；鹵素以其產生的鹵化銀沈澱定量；硫則以生成的硫酸鋇沈澱定量。

已知有機化合物的成分元素之百分組成後，便可求出其實驗式。例如某有機化合物為一可溶於水的白色晶體，經分析後得知它只含碳、氫、氧三種元素。取其試樣 0.180 克，用燃燒法分析後，二氧化碳吸收瓶的重量增加 0.264 克，水吸收瓶的重量增加 0.108 克。因為一莫耳二氧化碳中碳占 12 克，而一莫耳水中氫占 2 克，因此試樣中碳、氫、氧的百分組成為：

$$\% \text{碳} = \frac{0.264 \times 12/44}{0.1800} \times 100 = 40$$

$$\% \text{氫} = \frac{0.108 \times 2/18}{0.1800} \times 100 = 6.6$$

$$\% \text{氧} = 100 - (40 + 6.6) = 53.4$$

最簡單的克原子比從各成分的百分率以克原子量除的方式求得：

$$C_{\frac{40}{12}} H_{\frac{6.6}{1}} O_{\frac{53.4}{16}}$$

這個比可改寫成 $C_{3.3} H_{6.6} O_{3.3}$

將此一比值以最簡單的整數表示即 $C_1 H_2 O_1$ 或 CH_2O，即是該未知有機物質的實驗式。

具有此簡單比的分子結構的唯一物質為甲醛，在常溫為氣體物質，但我們所使用的試樣為固體，顯然不是甲醛，因此需測定分子量才能決定其分子式（molecular formula）。

三、有機化合物的分子式及其求法

分子式表示一分子內所含原子的種類和數目；也就是表示化合物

的組成和其分子量的化學式。上節之例的試樣的實驗式爲 CH_2O，甲醛的分子式也是 CH_2O，但很顯然的可以看出，此試樣絕不是甲醛，因爲甲醛是氣體，而上節之試樣爲固體。分子式是實驗式的整數倍，故分子量亦爲實驗式式量的整數倍，要知道試樣的分子式，必須要先求得此試樣的分子量。常用的分子量測定法有下列兩種。

1.蒸氣密度法（vapor density method）

對於可揮發成氣體的化合物，可將精密測量過的液體轉變爲蒸氣，測定其體積，再利用氣體定律可求得其分子量。這種方法使用的儀器裝置如圖 3-2。此法以下例說明。

圖 3-2　測定揮發性液體分子量之裝置

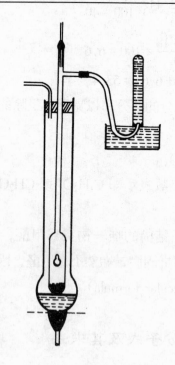

【例 3-1】

有一液體的碳氫化合物含有碳 92.4% 與 7.6% 的氫。將其 0.139 克加熱成蒸氣即在 100℃ 及 740 公釐水銀柱壓力時測得其體積為 56 公撮，試求此碳氫化合物的分子式。

【解】

第1步　將蒸氣的體積改為 STP 狀況時的體積：

$$體積 \quad (STP) = \frac{56mL \times 740 \times 273}{760 \times 373} = 40mL$$

第2步　求分子量：

$$\frac{0.139}{40}(g/mL) \times 22400(mL/mole) = 78g/mole$$

第3步　求最簡單的克-原子比：

$$C_{\frac{92.4}{12}}H_{\frac{7.6}{1}} = C_{7.7}H_{7.6} = C_1H_1 = CH$$

$$CH = 13, (CH)_n = 78, n = 6$$

因此正確的分子式為 C_6H_6，相當於芳香族碳氫化合物的苯。

2.沸點上升或凝固點下降法

溶劑內溶有非揮發性的非電解質溶質時，會使得溶劑的蒸氣壓降低，導致其沸點上升或凝固點下降。其上升或下降的度數與溶質的重量莫耳濃度（molality）成正比。

$$\Delta t_b = k_b \times m = k_b \times \frac{所溶解的試樣克數}{試樣的分子量} \times \frac{1000}{溶劑克數}$$

$$\Delta t_f = k_f \times m = k_f \times \frac{所溶解的試樣克數}{試樣的分子量} \times \frac{1000}{溶劑克數}$$

式中 Δt_b 和 Δt_f 分別代表沸點上升和凝固點下降的度數；k_b 和 k_f 分別代表溶劑的沸點上升或凝固點下降常數；m 代表溶質的重量莫耳濃度。表 3-1 列出一些溶劑的沸點上升或凝固點下降常數。

表 3−1 一些溶劑的沸點上升或凝固點下降常數

溶　　劑	凝固點 (°C)	k_f (°C/莫耳)	沸點 (°C)	k_b(°C/ 莫耳)
乙酸(醋酸)	16.6	3.59	118.5	3.08
苯	5.455	5.065	80.2	2.61
樟腦	179.5	40	−	−
二硫化碳	−	−	46.3	2.40
環己烷	6.55	20.0	80.74	2.79
乙醇	−	−	78.3	1.07
水	0.000	1.858	100.000	0.512

　　如將上述實驗式爲 CH_2O 的固體 6 克溶於 50 克的水，測得其凝固點爲 −1.24°C。由上式求得此物質的分子量。

$$分子量 = \frac{1.86 \times 6 \times 1000}{1.24 \times 50} = 180$$

$$CH_2O \text{ 式量} = 30$$

$$(CH_2O)_n = 180 \qquad \therefore n = 6$$

此一固體的分子式爲 $C_6H_{12}O_6$。

　　用凝固點下降法求有機溶質的分子量，常選用 k_f 值較大的有機溶劑，因爲 k_f 值大，只用少量溶質就有大的凝固點下降，且可降低誤差，又有機溶劑能溶解較多種的有機化合物。

四、有機化合物的構造式及同分異構現象

　　構造式（structural formula）表示分子內所含的原子種類、原子個數及其結合狀況。有機化合物的結構和其物理性質及化學性質有直接的關係。所以對有機化合物而言，知道其分子式尚不夠，還需確實知道分子式中每個原子在空間的排列，即要知道其構造式。

　　化學家提出構造理論（structural theory）來說明有機化合物分子

中的原子之間結合情形。此理論的要點有二：(1)有機化合物中各元素
的原子能夠形成一定數目的化學鍵。這種鍵結能力叫做價（valence）。
碳是四價，意思是碳能形成四個化學鍵；氧是二價，能形成兩個鍵；
氮是三價，能形成三個鍵；而氫和鹵素是一價，只能形成一個鍵。(2)
碳原子能夠和其他的碳原子以單鍵或多鍵相結合。

　　我們以下面的例子來說明構造式的重要。分子式 C_2H_6O 依照構
造理論可以畫出兩種構造式，而事實上此兩種構造式代表兩種不同的
分子。這兩種分子的分子式相同而構造式不同，它們的性質也截然不
同。像這種情形叫做同分異構現象（isomerism），此二化合物叫做同
分異構物（isomers）。這兩種化合物，一種叫做二甲醚（簡稱甲醚）
（dimethyl ether），在室溫時為氣體，與金屬鈉不發生反應；另一種叫
做乙醇（ethanol），在室溫時為液體，會與金屬鈉作用產生氫氣。它
們的性質列於表 3-2，構造式如圖 3-3 所示。仔細檢視它們的構造
式，可看出二者原子間結合方式不同之處。在二甲醚分子中，所有的
氫原子都與碳相連，和碳相結合的氫原子通常不與鈉反應；而乙醇則
有氫原子與氧相連，乙醇與鈉作用，和氧連結的氫原子便被置換出
去，產生氫氣，和水與鈉的作用相似。在二甲醚中有 C—O—C 的鍵
結，而在乙醇中的鍵結則為 C—C—O。

表 3-2　二甲醚和乙醇的性質

	二　甲　醚	乙　　醇
沸點（℃）	-24.9	78.5
熔點（℃）	-138	-117.3
與鈉反應	不反應	放出氫氣

圖 3-3　乙醇和二甲醚的構造式

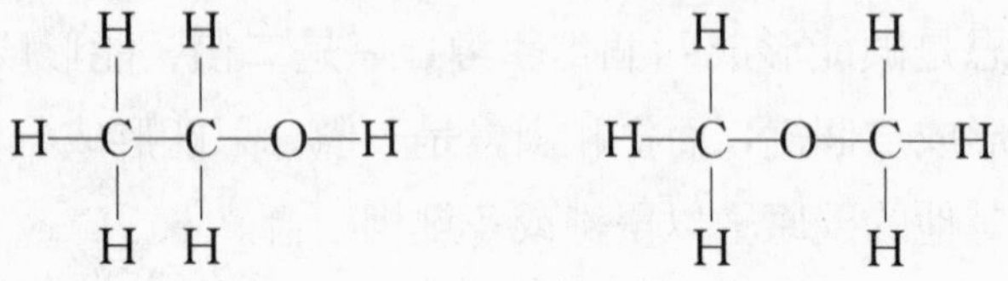

$$
\begin{array}{c}
\text{H}\quad\text{H}\qquad\qquad\quad\text{H}\qquad\text{H} \\
|\quad\ |\qquad\qquad\qquad|\qquad\ | \\
\text{H}-\text{C}-\text{C}-\text{O}-\text{H}\qquad\text{H}-\text{C}-\text{O}-\text{C}-\text{H} \\
|\quad\ |\qquad\qquad\qquad|\qquad\ | \\
\text{H}\quad\text{H}\qquad\qquad\quad\text{H}\qquad\text{H}
\end{array}
$$

　　　　乙　醇　　　　　　　　二甲醚

　　由構造理論可知，碳原子不但能與氫原子或其他原子共價結合，也能與碳原子直接結合。碳原子可與碳原子相連結成直鏈狀，或成分枝鏈狀，還能連成環狀。碳的這種特性是它能形成極多化合物的原因。分子中所含的碳原子數越多，其同分異構物也越多。如戊烷（C_5H_{12}）含五個碳原子，有三個同分異構物；癸烷（$C_{10}H_{22}$）含十個碳原子，其同分異構物有 75 種；而四十烷（$C_{40}H_{82}$），其可能的同分異構物有 62,491,178,805,831 種之多。當然已知的四十烷之異構物只有其中的極少數而已。

　　以往要決定一有機化合物的構造式並不太容易，可是近年來由於許多精密儀器的發展，使得化學家能夠很方便地定出有機化合物的構造式，我們將在本章最後一節加以介紹。

五、有機化合物的分類和官能基

　　有機化合物雖然為數眾多，但是我們可以依據它們的特殊構造來加以分類，以方便研究。一般有機化合物的分類方法有兩種，一種是根據分子內原子的連結方式分類，即以分子的骨架之不同來分類；另一種是按照分子內所含的某一特殊的原子團來分類，此原子團決定該化合物主要的化學性質，往往是該化合物進行反應的所在，叫做官能基（functional group）。

依據分子的骨架可將有機化合物分成兩大類：

1.開鏈化合物

這類化合物的分子中，碳原子與其他碳原子連接成直鏈狀或帶有支鏈（分枝）狀，這類化合物又可分成飽和（saturated）（碳原子與其他四個原子以單鍵連結）和不飽和（unsaturated）（某些碳原子以雙鍵或參鍵連結）化合物。

2.環狀化合物

顧名思義，此類化合物分子的骨架成環狀。如果構成的只有碳原子，則叫做碳環化合物（carbocyclic compounds），碳原子以單鍵或多鍵與其他碳原子連結。如果構成環的原子除了碳原子以外，尚有其他種原子，則叫做雜環化合物（heterocyclic compounds），這些原子通常是氮、氧和硫。碳環化合物又可分為脂環族化合物（alicyclic compounds）和芳香族化合物（aromatic compounds）。

圖 3-4　有機化合物依分子的骨架分類

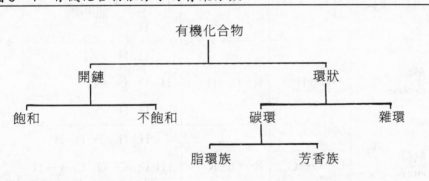

按官能基分類的方法是將含有相同官能基的化合物歸為一類，因為含有相同的官能基，一般而言其化學性質相似。官能基不但可代表分子的特性，而且可用它來辨認同系物（homolog）。同系物是在組成上相差 CH_2 的一系列化合物。例如甲醇和乙醇含有相同的官能基：O—H 基，叫做羥基（hydroxyl group），它們的組成相差 CH_2，是同

系物。羥基是醇類化合物的官能基。有機化合物中，具有相同官能基者，其所能進行的化學反應相類似；分子中官能基以外的其他部分，對於化學性質的影響並不大，也就是改變分子中其他部分的大小、幾何形狀，不會改變官能基的反應特性。表 3－3 列出有機化合物按官能基的分類及其官能基。下面表示甲醇和乙醇含有相同的官能基。

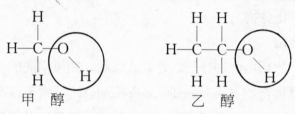

表 3－3　有機化合物的分類及其官能基

種類名稱	官能基	通　式	常見的例
鹵烷 alkyl halides	—X (F, Cl, Br, I)	R—X	H | H—C—Cl　氯甲烷 | H
醇類 alcohols	—O—H	R—O—H	H H | | H—C—C—OH　乙　醇 | | H H
醚類 ethers	C—O—C	R—O—R	H H 　 H H | | 　 | | H—C—C—O—C—C—H | | 　 | |　乙　醚 H H 　 H H
醛類 aldehydes	O ‖ —C | H	O ‖ R—C | H	H 　 O | 　 ‖ H—C—C | 　 | H 　 H 　乙　醛

酮類 ketones	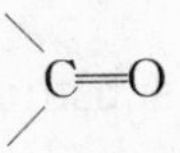 C=O	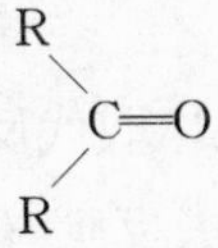 R–C=O–R	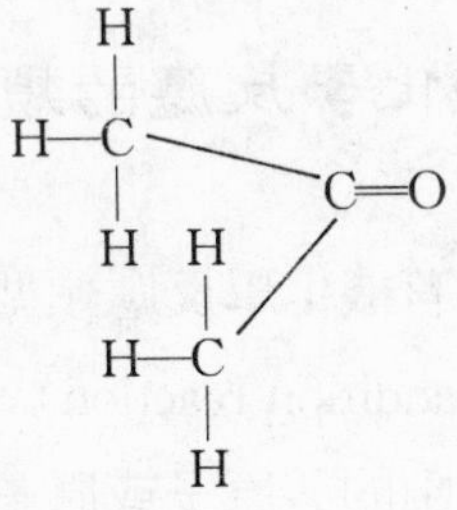 丙 酮
羧酸類 carboxylic acids	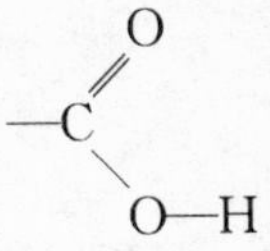 –C(=O)–O–H	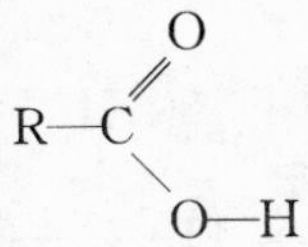 R–C(=O)–O–H	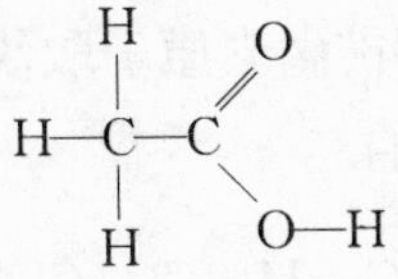 乙 酸
胺類 amines	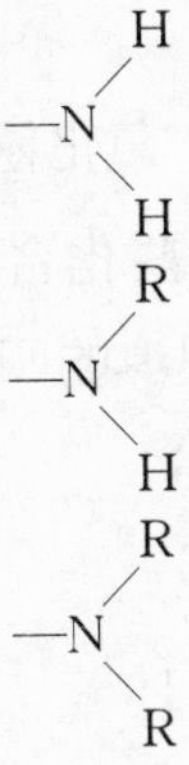 –N(H)(H)　或　–N(H)(R)　–N(R)(R)	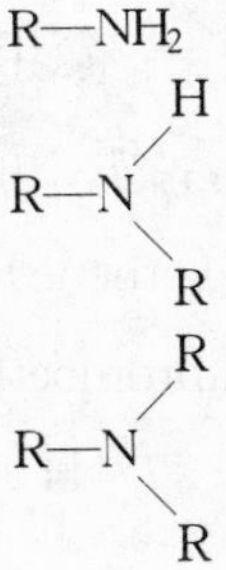 R–NH$_2$　R–N(H)(R)　R–N(R)(R)	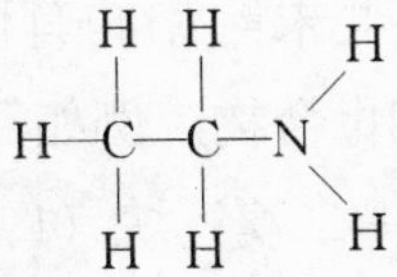 乙 胺
酯類 esters	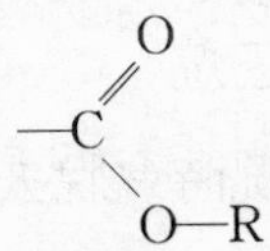 –C(=O)–O–R	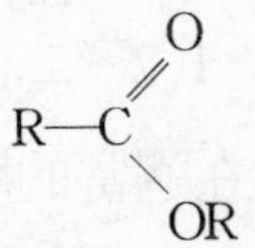 R–C(=O)–OR	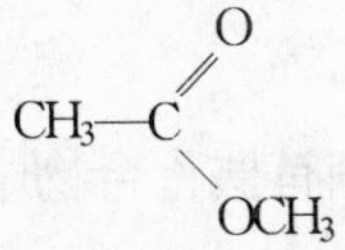 CH$_3$–C(=O)–OCH$_3$　乙酸甲酯

註： R 係代表分子中和官能基相連之其他部分，R ＝ C$_n$H$_{2n+1}$ –，叫做烷基。
　　如甲基，CH$_3$ –；乙基，CH$_3$ – CH$_2$ –。

六、有機化學反應的類型

　　主要的有機化學反應類型有三：取代反應（substitution reaction）、加成反應（addition reaction）和消去反應（elimination reaction）。取代反應是分子中的某原子或原子團（官能基）被外來的原子或原子團所取代。例如飽和碳氫化合物中的甲烷，其分子中與碳連結的氫，在適當的條件時可被鹵素原子取代：

$$
\begin{array}{ccc}
& H & & & H \\
& | & & & | \\
H-C-H & +Cl-Cl & \longrightarrow & H-C-Cl & +HCl \\
& | & & & | \\
& H & & & H \\
\text{甲烷} & \text{氯} & & \text{氯甲烷} & \text{氯化氫}
\end{array}
$$

加成反應是某些未飽和的有機化合物，可讓一些化合物加入其分子中，成為飽和化合物。例如乙烯（ethene）可與溴的四氯化碳溶液作用，產生 1,2 - 二溴乙烷（1,2 - dibromoethane）：

$$
\begin{array}{ccc}
H \quad\quad H & & H\ H \\
\diagdown\quad\quad\diagup & & |\ \ | \\
C=C \quad +Br_2 & \xrightarrow{CCl_4} & H-C-C-H \\
\diagup\quad\quad\diagdown & & |\ \ | \\
H \quad\quad H & & Br\ Br \\
\text{乙烯}\quad\quad\text{溴} & & \text{1,2 - 二溴乙烷}
\end{array}
$$

消去反應是一個有機化合物中，在適當的狀況時會脫去一個小分子成為未飽和化合物。例如乙醇在硫酸存在下會脫水生成乙烯：

$$
\begin{array}{ccc}
H\ H & & H \quad\quad H \\
|\ \ | & & \diagdown\quad\quad\diagup \\
H-C-C-O-H & \xrightarrow[\triangle]{H_2SO_4} & C=C \quad +H_2O \\
|\ \ | & & \diagup\quad\quad\diagdown \\
H\ H & & H \quad\quad H \\
\text{乙醇} & & \text{乙烯}
\end{array}
$$

　　在有機化學反應中，我們不僅要知道一個化學反應的結果，也要

瞭解反應如何發生，也就是要瞭解反應的過程。一個化學反應過程中所產生的過渡狀態（tracnsition states）和反應中間體（reation inter-mediates）的詳細描述，就是反應機構（reaction mechanism）。在以後的遇到的有機化學反應中，除了探討反應的結果外，也會討論其反應機構。有機化學反應的中間體有很多種，但其中最重要者有三種：碳陽離子（carbocation）、碳陰離子（carbanion）、自由基（free radical）。這些中間體都非常活潑，存在時間很短暫，很難將它們單離出來。如甲基陽離子是一種碳陽離子，它是缺少電子的，其結構為平面三角形，帶正電荷的碳原子位於三角形的中心，碳原子是 sp^2 混成軌域的狀態，有一空的 $2p$ 軌域與此平面垂直。甲基自由基是自由基的一種，它的碳原子之混成狀態也被認為是 sp^2，其結構與甲基陽離子相近，不過在其 $2p$ 軌域上有一單獨的電子，它也是缺少電子的。甲基陰離子是碳陰離子之一，其碳原子的混成軌域被認為是 sp^3，為三角錐體的形狀，有一對未共用電子對在空的 sp^3 軌域上。圖 $3-5$ 為此三種反應中間體的形狀。

圖 $3-5$ 常見的有機反應中間體

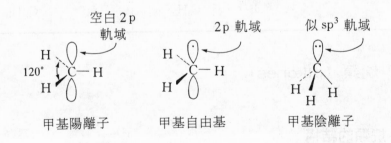

空白 $2p$ 軌域　　　　　$2p$ 軌域　　　　似 sp^3 軌域

$120°$

甲基陽離子　　　　　甲基自由基　　　　甲基陰離子

$3-2$ 烷、烯、炔、芳香族及其衍生物

只含有碳和氫兩種元素的化合物，叫做碳氫化合物（hydrocarbons）簡稱烴（ㄊㄧㄥ）。按其分子結構，烴可分成兩大類。分子內的碳原子以開鏈方式連結的烴類，叫做鏈狀烴；以環狀結構連結的烴類，叫做環狀烴。鏈狀烴可再分成飽和烴和不飽和烴兩類。烴分子中碳原子間均以單鍵相鍵結的，叫飽和烴；碳原子間有雙鍵或參鍵相鍵結的，叫不飽和烴。環狀烴也可分為脂環烴與芳香烴兩類。烴的分類系統、通式及其例列於表 3-4。

表 3-4　烴的分類

分類系統			通式	實例	
				化合物	化學式
烴	鏈狀烴	飽和烴——烷	C_nH_{2n+2}	甲烷	CH_4
		不飽和烴〈烯	C_nH_{2n}	乙烯	C_2H_4
		炔	C_nH_{2n-2}	乙炔	C_2H_2
	環狀烴	脂環烴〈環烷	C_nH_{2n}	環戊烷	C_5H_{10}
		環烯	C_nH_{2n-2}	環己烯	C_6H_{10}
		芳香烴〈苯系烴	C_nH_{2n-6}	苯	C_6H_6
		萘系烴	C_nH_{2n-12}	萘	$C_{10}H_8$
		蒽系烴	C_nH_{2n-18}	蒽	$C_{14}H_{10}$

一、烷類（alkanes）

1.烷類的結構

烷類因其鍵結量已達飽和，故此類化合物的性質很安定，不易與其他物質發生化學反應，所以從前叫做石蠟族（paraffins）。

烷類分子中的每一個碳原子，都將其 2s 軌域的電子提升至 2p 軌

域，以一個 2s 與三個 2p 軌域形成四個 sp^3 混成軌域，指向正四面體的四個頂點，碳原子位於此正四面體的中心。碳原子以 sp^3 混成軌域與其他原子的軌域重疊形成單鍵。例如甲烷分子中，碳原子以四個 sp^3 混成軌域分別與四個氫原子的 1s 軌域重疊，形成 σ 鍵。所以甲烷分子是正四面體的形狀，碳位於四面體的中心，而四個氫原子位於其四個頂點。在乙烷分子中的兩個碳原子，各以一個 sp^3 軌域互相重疊形成 σ 鍵，每個碳原子的其餘三個 sp^3 軌域分別與氫原子的 1s 軌域重疊，形成 σ 鍵。甲烷和乙烷的分子結構如圖 3－6 所示。

圖 3－6　甲烷與乙烷的結構

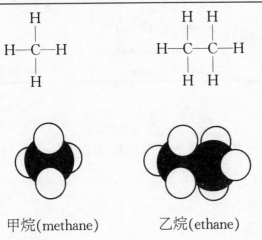

甲烷(methane)　　乙烷(ethane)

2. 烷的同系物

乙烷比甲烷多一個碳原子和兩個氫原子，二者的分子式相差一個亞甲基 (methylene group)，－CH_2－。烷類分子式的通式為 C_nH_{2n+2}，n 為正整數。n＝1 時為甲烷；n＝2 時為乙烷，餘類推。如此凡分子式以—CH_2—為差的一系列化合物，叫做同系物。烷類的同系物甚多，表 3－5 列出一些常見的烷類。

表 3-5   烷類的名稱及化學式

n	分　子　式	名　　　稱	沸　　　點
1	CH_4	甲烷 (methane)	-164°
2	C_2H_6	乙烷 (ethane)	-93°
3	C_3H_8	丙烷 (propane)	-45°
4	C_4H_{10}	丁烷 (butane)	1°
5	C_5H_{12}	戊烷 (pentane)	38°
6	C_6H_{14}	己烷 (hexane)	71°
7	C_7H_{16}	庚烷 (heptane)	98°
8	C_8H_{18}	辛烷 (octane)	124°
9	C_9H_{20}	壬烷 (nonane)	150°
10	$C_{10}H_{22}$	癸烷 (decane)	173°
11	$C_{11}H_{24}$	十一烷 (undecane)	195°
12	$C_{12}H_{26}$	十二烷 (dodecane)	214°
20	$C_{20}H_{42}$	二十烷 (eicosane)	——融點 37°

3. 烷基

烷系烴分子中少一個氫原子的稱為烷基 (alkyl group)，其通式為 C_nH_{2n+1}，常見的烷基有

CH_3—   甲基

C_2H_5—   乙基

C_3H_7—   丙基

C_4H_9—   丁基

C_5H_{11}—   戊基

這些烷基通常以 R 代表。有異構物時其基亦可分為「正」或「異」基。例如丁基可分為：

正丁基(n - butyl group) $CH_3CH_2CH_2CH_2$—

$$CH_3$$

異丁基(iso – butyl group)　　　　CH—CH_2—

$$CH_3$$

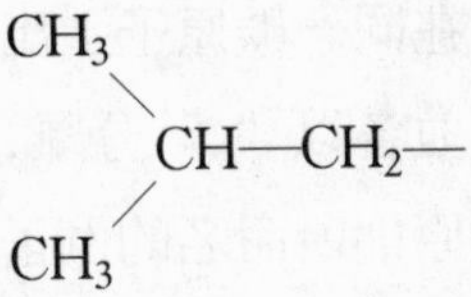

4.烷類的命名

　　有機化合物的命名法通常有普通命名（俗名）法，商業名及國際命名法。本書的化合物名稱通常使用國際命名法爲原則。對於烷類則以天干數字代表分子內所含碳原子的數目其後加「烷」(-ane)，碳原子數目較多者即以數字代表。

　　烷類的碳原子數在四個以上的有異構物的存在。無旁鍵的異構物冠以「正」（$normal$ – ）字，有旁鍵的異構物即加「異」（iso-）字。例如戊烷有三個異構物，即

CH_3—CH_2—CH_2—CH_2—CH_3

正戊烷

（n – pentane）

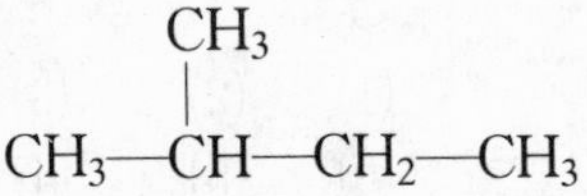

$$CH_3$$

CH_3—CH—CH_2—CH_3

異戊烷

（iso – pentane）

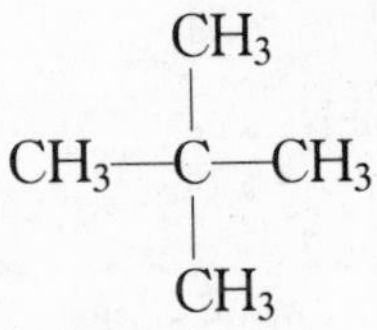

$$CH_3$$

CH_3—C—CH_3

$$CH_3$$

新戊烷

（neo – pentane）

對於較複雜的烷類則使用國際命名法，其原則爲：

(1)以化合物中最長的連續碳鍵爲命名的基準。

(2)有取代基存在時標出其位置的碳原子數，以最小的數目爲原則。

(3)在取代基名前寫出表示其位置的碳號碼並以 "–" 相連。

(4)同樣的取代基出現一次以上時，每次均需註明其所連結的碳原

子號碼，如在同一碳原子上出現相同的取代基一個以上時，碳號亦出現相同數目並各以 "," 分離，其後加取代基數字。

以上述原則所命名的例子如下：

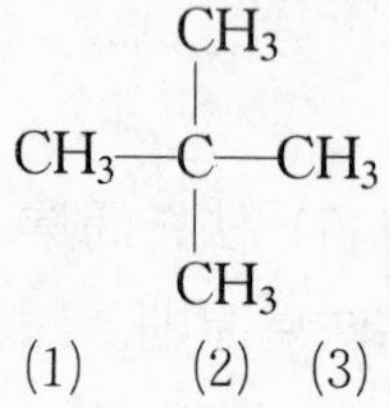

$$CH_3-\underset{\underset{CH_3}{|}}{\overset{\overset{CH_3}{|}}{C}}-CH_3$$

(1)　(2)　(3)

2,2－二甲基丙烷

$$CH_3-\underset{\underset{CH_3}{|}}{CH}-CH_2-CH_3$$

(4)　(3)　(2)　(1)
(1)　(2)　(3)　(4)

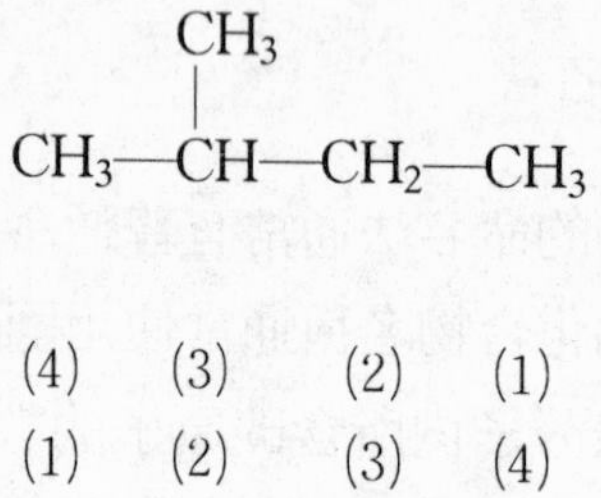

2－甲基丁烷(不是 3－甲基丁烷)

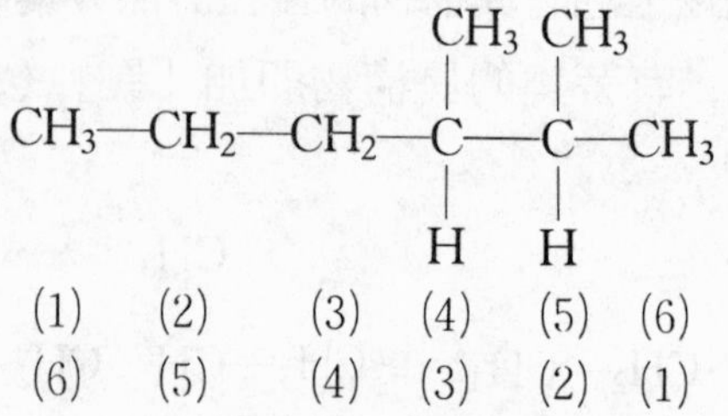

$$CH_3-CH_2-CH_2-\underset{\underset{H}{|}}{\overset{\overset{CH_3}{|}}{C}}-\underset{\underset{H}{|}}{\overset{\overset{CH_3}{|}}{C}}-CH_3$$

(1)　(2)　(3)　(4)　(5)　(6)
(6)　(5)　(4)　(3)　(2)　(1)

2,3－二甲基己烷

$$CH_3-CH_2-\underset{\underset{CH_3}{|}}{\overset{\overset{CH_3}{|}}{C}}-CH_2-\underset{\underset{\underset{\underset{CH_3}{|}}{CH_2}}{|}}{CH}-CH_2-CH_3$$

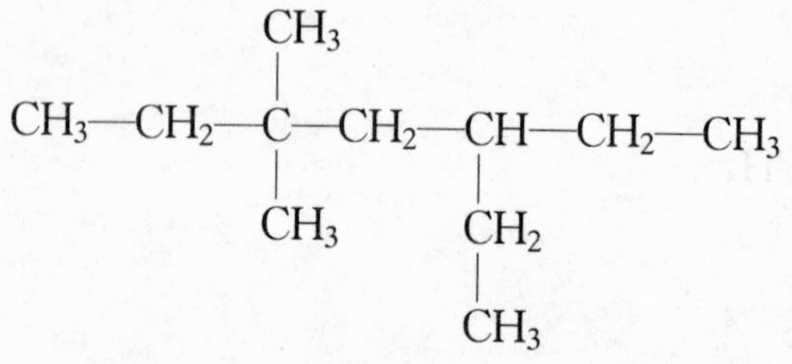

3,3－二甲基－5－乙基庚烷

5. 烷類的性質

烷類分子的化學鍵都是共價鍵。這些鍵，假如是由兩個相同的原子形成的，則無極性，假如由兩個不同的電負度之不同原子所構成時則呈極性。一般而言，這些鍵是相當對稱的，因此極性相抵消。因此烷類分子是一種非極性分子。非極性分子間的吸引力很小。沸點及熔

點時，分子的能量必須超過液體及固體分子間引力。分子大的分子間的引力亦大，因此其沸點及溶點亦增高。烷類的前四個化合物，因分子小，沸點低，在常溫爲氣體。烷類的沸點如表 3 - 5。碳原子數從 5 到 17 爲液體，超過 18 個碳的烷類爲固體。烷類均不溶於水，但易溶於如乙醚、酒精、氯仿等有機溶劑。純的烷類均無色、無臭與無味，天然煤氣或液化石油氣的臭味並不是其主要成分的甲烷或丙烷的臭味，而是爲了萬一漏氣時容易檢出的目的，而加入有臭物質的臭味。

6.烷類的來源及製法

除了沼氣外，天然氣中亦含有大量的甲烷。石油爲各種烷類的混合物，如以分餾方式煉油即可得所需要的烷類化合物。實驗室製造烷的方法爲：

⑴鹵烷的還原

在 1901 年法人格任亞（Victor Grignard）發現一種極有用的化學試劑。他將新切的鎂片加入於碘甲烷的無水乙醚溶液中而製得有機金屬化合物的碘化甲基鎂（methylmagnesium iodide），叫做格任亞試劑（Grignard reagent）。

$$R\text{—}X + Mg \xrightarrow{\text{乙醚}} RMgX$$

如

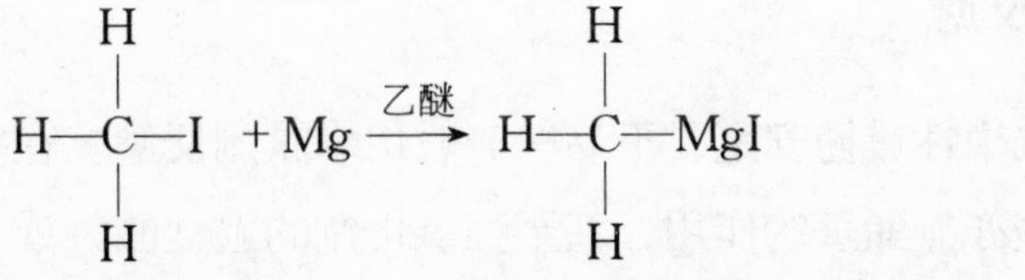

$$\underset{\text{碘甲烷}}{H\text{—}\overset{\displaystyle H}{\underset{\displaystyle H}{C}}\text{—}I} + Mg \xrightarrow{\text{乙醚}} \underset{\text{碘化甲基鎂(格任亞試劑)}}{H\text{—}\overset{\displaystyle H}{\underset{\displaystyle H}{C}}\text{—}MgI}$$

格任亞試劑性質極爲活潑，容易與水反應而成烷類。
例如：

$$2RMgX + 2HOH \longrightarrow 2RH + Mg(OH)_2 + MgX_2$$

$$2CH_3MgI + 2H_2O \longrightarrow CH_4 + Mg(OH)_2 + MgI_2$$

$$2C_2H_5MgBr + 2H_2O \longrightarrow C_2H_6 + Mg(OH)_2 + MgBr_2$$

(2)鹵烷的偶合 (coupling)

如同格任亞試劑，有機鋰化物可由鹵烷與鋰作用製得：

$$R—X + 2Li \xrightarrow{\text{乙醚}} R—Li + LiX$$

如

$$CH_3CH_2CH_2CH_2Br + 2Li \xrightarrow{\text{乙醚}} CH_3CH_2CH_2CH_2Li + LiBr$$

1—溴丁烷 　　　　　　　　 正丁基鋰

有機鋰化物與碘化亞銅 (CuI) 反應生成鋰二烷基銅化合物 (lithium dialkyl copper compounds)，

如
$$2R—Li + CuI \longrightarrow LiR_2Cu + LiI$$

$$2CH_3Li + CuI \longrightarrow Li(CH_3)_2Cu + LiI$$

此新的有機金屬化合物再與鹵烷作用，生成烷類。生成的烷分子之碳原子數為鹵烷之碳原子數與有機金屬化合物中烷基之碳原子數的和。

$$R'—Br + LiR_2Cu \longrightarrow R—R' + RCu + LiBr$$

如

$$CH_3CH_2CH_2CH_2Br + Li(CH_3)_2Cu \longrightarrow$$

$$CH_3CH_2CH_2CH_2CH_3 + CH_3Cu + LiBr$$

7. 烷類的反應

烷類的化學性質極安定，不易與一般化學試劑反應。在室溫與濃硫酸與濃硝酸亦無顯著的作用，甚至強氧化劑的過錳酸鉀或二鉻酸鉀仍不會氧化烷類。可是在某些狀況下烷類可與氧或鹵素反應。在沒有空氣存在下，烷類加熱到高溫時其碳—碳及碳—氫鍵斷裂，生成幾種碎片，這反應稱為熱裂法 (cracking process)，如此可將長鏈的烷類（柴油等）在催化劑存在下分裂成短鏈的烷（如汽油）為石油工業上

極重要的反應。烷類與鹵素的反應為取代反應，連在碳的氫原子被鹵素所取代。

(1)**氧化反應（燃燒）**

烷類在過量氧氣存在下，可燃燒氧化而成二氧化碳與水蒸氣，並放出大量的熱，因此為極良好的燃料。

$$CH_4 + 2O_2 \longrightarrow CO_2 + 2H_2O + 211 \text{ Kcal}$$

$$C_2H_6 + 3\frac{1}{2}O_2 \longrightarrow 2CO_2 + 3H_2O + 368 \text{ Kcal}$$

$$C_3H_8 + 5O_2 \longrightarrow 3CO_2 + 4H_2O + 526 \text{ Kcal}$$

如此生成的二氧化碳可設法收集壓入鋼筒或用以製造乾冰等供工業上的用途。燃燒時所產生的熱，可利用於鍋爐生產水蒸汽推動蒸汽機為工廠的動力或發電之用。

烷類在缺乏氧氣存在下不完全燃燒的結果，可產生很危險的一氧化碳與碳，因此冬天燃燒煤油取暖時需特別留意室內空氣的流通以免一氧化碳中毒。

$$2CH_4 + 3O_2 \longrightarrow 2CO + 4H_2O$$

$$CH_4 + O_2 \longrightarrow C + 2H_2O$$

後者仍生成碳黑（carbon black）的反應。碳黑除了可做墨、墨汁、油墨等外，在輪胎及橡膠工業極為重要。

(2)**取代反應**

①鹵化反應

在常溫沒有光線存在下烷類不與氯反應，但在高溫或陽光，紫外光存在下烷類分子中的氫原子可被一個或更多的氯原子所取代。氯取代烷類的氫的反應可用自由基（free radical）連鎖反應機構說明。氯分子受陽光照射吸收能量而分開為極活潑的氯原子（為一種自由基）。生成的氯原子立刻與烷類起自由基反應而生成氯甲烷。

$$Cl:Cl \xrightarrow{\text{陽光}} 2Cl\cdot$$

氯分子　　　氯原子(自由基之一)

$$H-\underset{\underset{H}{|}}{\overset{\overset{H}{|}}{C}}-H + Cl\cdot \longrightarrow H-\underset{\underset{H}{|}}{\overset{\overset{H}{|}}{C}}\cdot + HCl$$

甲　烷　　　　　　　甲基自由基(methyl radical)

$$H-\underset{\underset{H}{|}}{\overset{\overset{H}{|}}{C}}\cdot + Cl_2 \longrightarrow H-\underset{\underset{H}{|}}{\overset{\overset{H}{|}}{C}}-Cl + Cl\cdot$$

氯甲烷(chloromethane)

　　取代反應的生成物不是只有氯甲烷，通常繼續進行到所有甲烷分子的四個氫原子均被氯原子所取代，因此烷類的氯化的生成物通常是幾種產物的混合物。

$$H-\underset{\underset{H}{|}}{\overset{\overset{H}{|}}{C}}-Cl + Cl_2 \longrightarrow H-\underset{\underset{H}{|}}{\overset{\overset{Cl}{|}}{C}}-Cl + HCl$$

二氯甲烷(dichloromethane)

$$H-\underset{\underset{H}{|}}{\overset{\overset{Cl}{|}}{C}}-Cl + Cl_2 \longrightarrow H-\underset{\underset{Cl}{|}}{\overset{\overset{Cl}{|}}{C}}-Cl + HCl$$

三氯甲烷(trichloromethane)

又稱氯仿(chloroform)

$$\underset{\underset{\text{Cl}}{|}}{\overset{\overset{\text{Cl}}{|}}{\text{H}-\text{C}-\text{Cl}}} + \text{Cl}_2 \longrightarrow \underset{\underset{\text{Cl}}{|}}{\overset{\overset{\text{Cl}}{|}}{\text{Cl}-\text{C}-\text{Cl}}} + \text{HCl}$$

四氯化碳(carbon tetrachloride)

　　當烷類的碳原子有兩個以上時，反應更複雜。如乙烷的最初取代物爲氯乙烷。

$$\underset{\underset{\text{H}\;\;\text{H}}{|\;\;\;|}}{\overset{\overset{\text{H}\;\;\text{H}}{|\;\;\;|}}{\text{H}-\text{C}-\text{C}-\text{H}}} + \text{Cl}_2 \xrightarrow[\text{熱}]{\text{陽光}} \underset{\underset{\text{H}\;\;\text{H}}{|\;\;\;|}}{\overset{\overset{\text{H}\;\;\text{H}}{|\;\;\;|}}{\text{H}-\text{C}-\text{C}-\text{Cl}}} + \text{HCl}$$

氯乙烷(chloroethane)

　　第二個氫原子被取代時，有兩個反應將進行並可得兩生成物的混合物：

　　又如丙烷的氯化反應，其單取代的產物就有兩種：

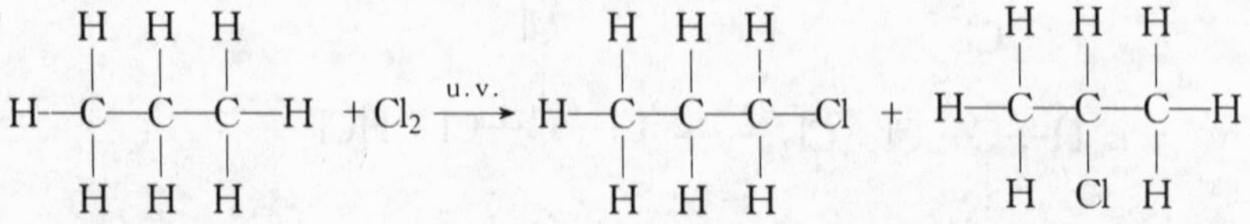

$$\text{H-C-C-C-H} + Cl_2 \xrightarrow{\text{u.v.}} \text{H-C-C-C-Cl} + \text{H-C-C-C-H}$$

丙烷　　　　　　　1－氯丙烷　　　2－氯丙烷

45%　　　　　55%

　　如果使用較高頻率的輻射線時，溴亦可與烷類起取代反應，但其反應速率較氯的反應為慢。碘以這方法不能與烷類起取代反應，但氟因太活潑可與烷類起爆炸性反應。

　　因為烷類的鹵化所生成的通常是幾種化合物的混合體，故在實驗室並不是常用做鹵烷的製備法。惟工業上不需要純粹的產物時，這反應是極有用的方法。生成的混合物通常可用於乾洗衣服，減水劑或做合成其他有用的有機物之原料。

　　②硝化反應

　　另一種取代反應為烷類與硝酸蒸氣的反應。以這方法所製得的硝基烷可做溶劑或合成藥品或其他有機化合物的出發物質。

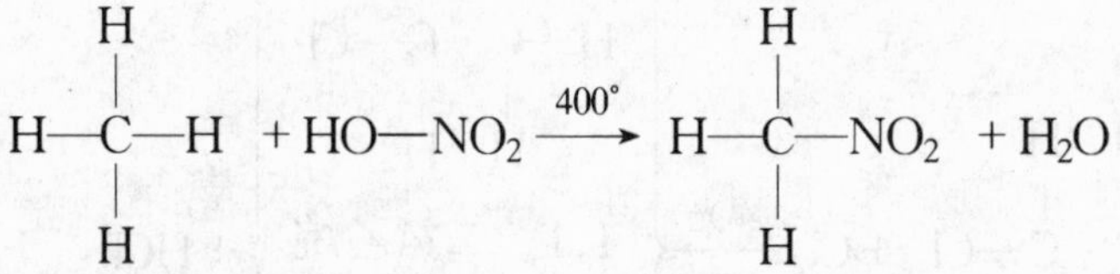

$$\text{H-C-H} + HO-NO_2 \xrightarrow{400°} \text{H-C-}NO_2 + H_2O$$

硝基甲烷(nitromethane)

二、烯類 (alkenes)

1.烯類的結構

　　含有一個以上的碳—碳雙鍵的碳氫化合物稱為烯類，是一種不飽和烴。當分子中只有一個雙鍵存在時的通式為 C_nH_{2n}。

　　碳—碳雙鍵（ C=C）是兩個碳原子共用兩對（四個）電子，形成兩個共價鍵。在此兩個碳原子所用的鍵結軌域是 sp^2 混成軌域。碳原子以其最外層的一個 2s 軌域與兩個 2p 軌域混成三個 sp^2 混成軌域，而留下一個 2p 軌域。三個 sp^2 軌域都在同一平面上互相以 120°角相交，兩個碳原子各以一個 sp^2 混成軌域相重疊而形成 σ 鍵，並以另兩個 sp^2 軌域與氫原子或其他碳原子形成共價鍵。此二碳原子各有一個未參與混成作用而與分子平面垂直的 2p 軌域，它們互相以側面重疊而形成 π 鍵。故碳—碳雙鍵其中一個鍵是 σ 鍵，另一個是 π 鍵，兩個共價鍵是不同的。乙烯的雙鍵結構如圖 3－7 所示：

圖 3－7　乙烯的雙鍵結構

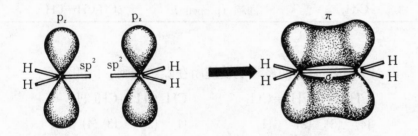

　　雙鍵具有三種效應。第一種為雙鍵比單鍵的鍵長短。單鍵的鍵長為 1.54Å，而雙鍵為 1.34Å。第二種為碳—碳雙鍵不能自由旋轉（free rotation），因此烯類有順式（cis）及反式（trans）幾何異構物（geometrical isomers）存在。如 2－丁烯有順－2－丁烯及反－2－丁烯兩種異構物。

順－2－丁烯　　　　反－2－丁烯

第三種效應為 π 鍵電子的移動性較大，故較 σ 鍵為弱，故此 π 電子易

受親電子試劑（electrophilic reagent）攻擊而發生反應，故烯類的化性比烷類活潑得多。

2.烯類的命名

烯類的命名法與烷類相似，以天干數字代表分子內碳原子數，其後加「烯」字。英文名則語尾改變爲 "ene"。但命名時選擇的主鍵必須包含有 C═C 鍵。

表 3-6　烯類的化學式

n	分　子　式	名　　稱	示　性　式
2	C_2H_4	乙烯（ethene）	CH_2═CH_2
3	C_3H_6	丙烯（propene）	CH_3CH═CH_2

n＝4 以上的命名則需註明雙鍵所在碳之號碼，例如

$CH_3\ CH_2\ CH$ ═CH_2　　　　$CH_3\ CH$ ═$CHCH_3$

(4)　(3)　(2)　　(1)　　　　(1)　(2)　　(3)(4)

1-丁烯（1-butene）　　　　2-丁烯（2-butene）

如有取代基則其所在的碳之號碼也要寫出：

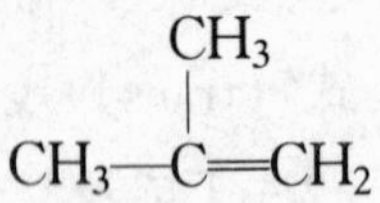

$$CH_3$$
$$|$$
$$CH_3-C═CH_2$$

2-甲基丙烯

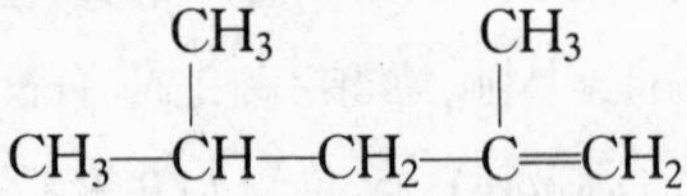

$$CH_3\qquad\qquad CH_3$$
$$|\qquad\qquad\quad |$$
$$CH_3-CH-CH_2-C═CH_2$$

2,4-二甲基-1-戊烯

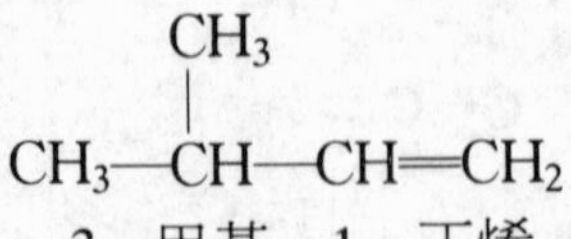

$$CH_3$$
$$|$$
$$CH_3-CH-CH═CH_2$$

3-甲基-1-丁烯

$$CH_3-CH═C-CH_2-CH_2-CH_3$$
$$|$$
$$CH_2-CH_3$$

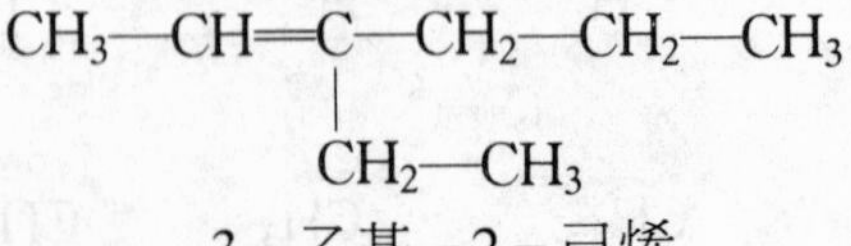

3-乙基-2-己烯

3.烯類的性質

烯類雖具有雙鍵，通常是無極性或呈微弱極性，因此烯類的物理性質與同級烷類的相似。如乙烯的沸點為 $-104°C$；乙烷為 $-88°C$；丙烯為 $-47°C$ 而丙烷則為 $-45°C$；因此雖然分子中相差了兩個氫原子但對物理性質的影響很小。表 $3-7$ 為一些烯類的物理常數。碳數目比較小的烯類皆為無色氣體，較多者為液體，甚多的則為固體。不溶於水，但均能燃燒。

表 $3-7$ 烯類的物理常數

名　稱	構　造	熔點°C	沸點°C	比　重
乙烯	$CH_2{=}CH_2$	-169.4	-102.4	0.610
丙烯	$CH_3CH{=}CH_2$	-185	-47.7	0.610
$1-$丁烯	$CH_2{=}CHCH_2CH_3$	-130	-6.5	0.626
$2-$丁烯	$CH_3CH{=}CHCH_3$	-127	2.5	0.643
$1-$戊烯	$CH_2{=}CHCH_2CH_2CH_3$	-138	30.1	0.643
$1-$己烯	$CH_2{=}CHCH_2CH_2CH_2CH_3$	-138	63.5	0.675
環己烯	$H_2C\begin{smallmatrix}CH_2-CH_2\\ \quad \\ CH=CH\end{smallmatrix}CH_2$	-103.7	83.1	0.810

4.烯類的製備

工業上，小分子的烯類是由石油及天然氣中的烷類，經過裂煉（cracking）製得。實驗室中可從飽和的化合物中，從兩個相鄰的碳原

子上的某原子或基，以適當的方法脫去（elimination）一穩定的小分子，如水、鹵化氫等，而生成雙鍵，其一般式爲：

$$\underset{A\ B}{-C-C-} \longrightarrow C=C + AB$$

(1)醇的脫水

從醇類兩相鄰的碳原子脫離一分子水時可生成烯類。在實驗室這反應可在酒精中加入大量的濃硫爲催化劑加熱到 160～170℃，即有乙烯氣體產生；在工業上則以酒精蒸汽通過紅熱的氧化鋁來製得。

$$H-\underset{\underset{H}{|}}{\overset{\overset{H}{|}}{C}}-\underset{\underset{OH}{|}}{\overset{\overset{H}{|}}{C}}-H \xrightarrow[350\sim360℃]{Al_2O_3} H-\overset{\overset{H}{|}}{C}=\overset{\overset{H}{|}}{C}-H + H_2O$$

乙醇（酒精）　　　　　　　　　乙烯

$$H-\underset{\underset{H}{|}}{\overset{\overset{H}{|}}{C}}-\underset{\underset{OH}{|}}{\overset{\overset{H}{|}}{C}}-H \xrightarrow[170℃]{濃硫酸} H-\overset{\overset{H}{|}}{C}=\overset{\overset{H}{|}}{C}-H + H_2O$$

$$H-\overset{\overset{H}{|}}{\underset{\underset{H}{|}}{C}}-\overset{\overset{H}{|}}{\underset{\underset{H}{|}}{C}}-\overset{\overset{H}{|}}{\underset{\underset{OH}{|}}{C}}-\overset{\overset{H}{|}}{\underset{\underset{H}{|}}{C}}-H \xrightarrow[加熱]{濃硫酸} H-\overset{\overset{H}{|}}{\underset{\underset{H}{|}}{C}}-\overset{\overset{H}{|}}{C}=\overset{\overset{H}{|}}{C}-\overset{\overset{H}{|}}{\underset{\underset{H}{|}}{C}}-H$$

2－丁醇　　　　　　　　　　　　2－丁烯

(2)鹵烷的脫鹵化氫

從兩相鄰的碳原子除去鹵化氫的反應稱爲脫鹵化氫反應（dehydrohalogenation）。這反應可用於製備烯類。因爲鹵烷不溶於水，因此這反應通常在氫氧化鉀的酒精水溶液中進行。

$$\underset{\substack{|\\H}}{\overset{\substack{H\ \ \ \ H\\|\ \ \ \ \ |}}{H-C-C-H}} + KOH \xrightarrow{\text{酒精溶液}} \underset{\substack{H-C=C-H}}{\overset{\substack{H\ \ \ H\\|\ \ \ |}}{}} + KBr + H_2O$$

溴乙烷　　　　　　　　　　　　乙烯

當鹵素原子所在的碳原子，其左右相鄰的碳原子都帶有氫原子時，則可能有雙鍵位置不同的產物，但以較穩定的烯類產量較多。如：

$$\underset{\substack{|\\Br}}{CH_3CH_2CHCH_3} + KOH \xrightarrow{\text{酒精溶液}} CH_3CH=CHCH_3 + CH_3CH_2CH=CH_2$$

　　　　　　　　　　　　　　　2－丁烯81%　　　　1－丁烯19%

$$\underset{\substack{|\\Br}}{CH_3CH_2-\underset{\substack{|\\}}{\overset{\substack{CH_3\\|}}{C}}-CH_3} + KOH \xrightarrow{\text{酒精溶液}} CH_3CH=\underset{\substack{}}{\overset{\substack{CH_3\\|}}{C}}-CH_3 + CH_3CH_2\underset{}{\overset{\substack{CH_3\\|}}{C}}=CH_2$$

　　　　　　　　　　　　　　2－甲基－2－丁烯　2－甲基－1－丁烯
　　　　　　　　　　　　　　　　71%　　　　　　29%

(3)**威第許反應**（Wittig reaction）

醛或酮與某種碳磷化合物作用，可產生烯類：

$$\underset{\diagup}{\overset{\diagdown}{C}}=O + Ph_3P=CRR' \longrightarrow -\underset{|}{C}=\overset{\substack{R\\|}}{\underset{|}{C}}-R' + Ph_3P=O$$

（Ph＝苯基，C_6H_5-）

如：

$$C_6H_5-\underset{\substack{|\\}}{\overset{\substack{C_6H_5\\|}}{C}}=O + Ph_3P=CH_2 \longrightarrow (C_6H_5)_2C=CH_2$$

二苯酮(benzophenone)　　　　　　1,1－二苯乙烯
　　　　　　　　　　　　　　　　（1,1－diphenylethene）

5.烯類的反應

(1)加成反應

如前述烯類因分子中有 π 鍵，其化學性質甚活潑。烯類之典型反應為在雙鍵上之加成反應。

$$-\overset{|}{C}=\overset{|}{C}- + AB \longrightarrow -\overset{|}{\underset{A}{C}}-\overset{|}{\underset{B}{C}}-$$

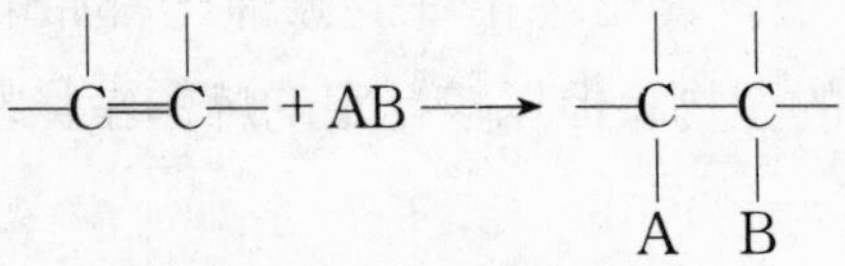

這些反應中常用的是氫、鹵素（Cl_2，Br_2，I_2）、氫鹵酸（HCl，HBr）、次鹵酸（HOCl，HOBr）、硫酸與水。所有加成反應的結果均生成飽和化合物。在這些反應中 π 鍵做為電子對的供給者。主要的加成反應為：

(1)氫化反應（hydrogenation）

在高壓及催化劑的存在下，烯類與氫反應而生成飽和碳氫化合物。烯類加氫的反應主要為順式加成（cis addition），即兩個氫原子以相同方向由烯類分子平面的同一側加入。

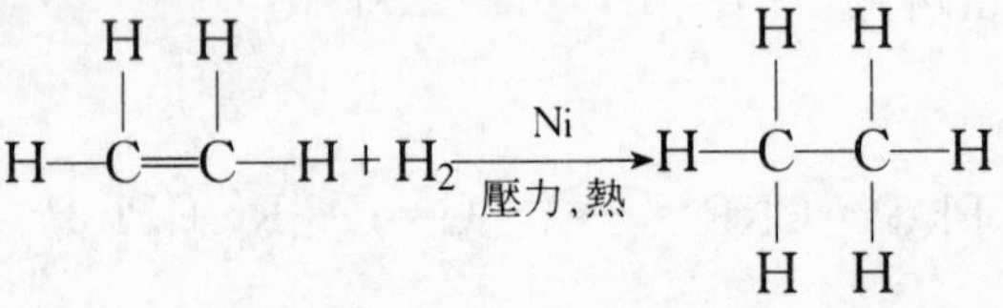

乙烯　　　　　　　　　　乙烷

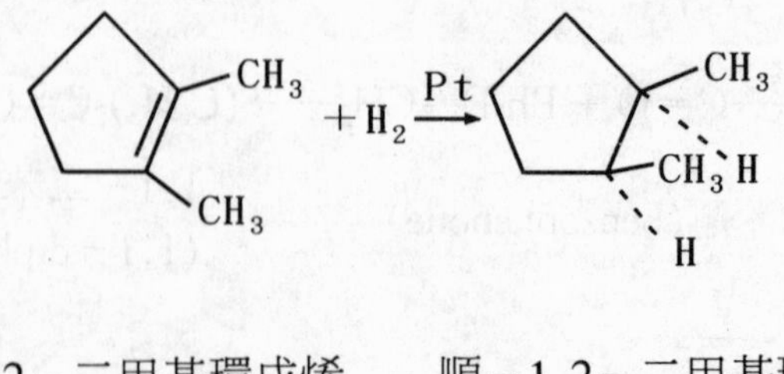

1,2－二甲基環戊烯　　　順－1,2－二甲基環戊烷

　　不飽和碳氫化合物氫化反應的最佳催化劑爲鈀與鉑。鎳雖然需要在較高溫度下方能起有效的催化作用，但因價廉之故工業上常使用。不飽和化合物的氫化反應在食品工業上極爲重要。這氫化反應的一個應用爲不飽和性液體植物油的硬化變成固態的人造奶油（margarine）。

②溴化反應（bromination）

　　烯類與鹵素易起反應，鹵素原子則加入於雙鍵兩端的碳原子上。其通式爲：$RCH{=}CH_2 + X_2 \longrightarrow RCHX{-}CH_2X$。例如溴的四氯化碳溶液中通乙烯時，紅棕色的顏色退而生成無色的二溴乙烯。這反應亦可應用於未知物質是否含有雙鍵之檢驗。

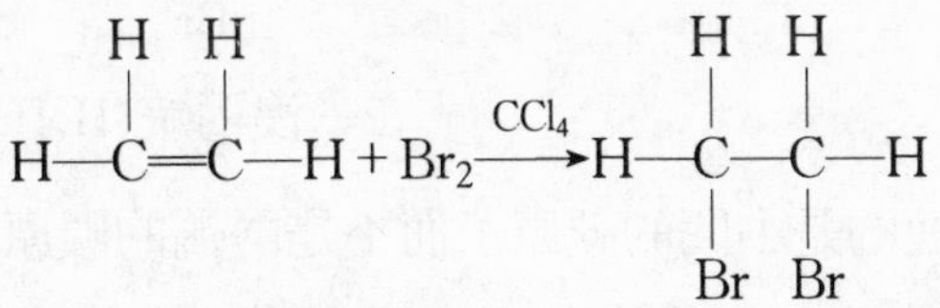

$$\underset{\text{H}}{\overset{\text{H}}{|}}\overset{\text{H}}{\underset{\text{H}}{|}} \qquad \text{(見圖)}$$

（反應式圖）

1,2－二溴乙烷

　　要注意的是溴的加成是反式加成（trans addition），即兩個溴原子以相反方向分由烯類分子平面的不同側加入。例如：

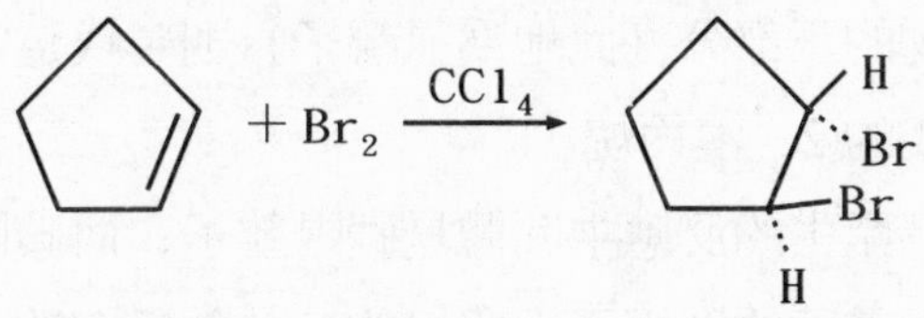

（反應式圖）

環戊烯　　　　　　　　　反－1,2－二甲基環戊烷

③添加鹵化氫的反應

　　鹵化氫很容易加入於烯類而生成鹵烷（R—X）。例如溴化氫加於乙烯即生成溴乙烷：

$$\underset{H}{\overset{H}{\underset{|}{C}}}=\underset{H}{\overset{H}{\underset{|}{C}}}-H + HBr \longrightarrow H-\overset{\overset{H}{|}}{\underset{\underset{H}{|}}{C}}-\overset{\overset{H}{|}}{\underset{\underset{H}{|}}{C}}-Br$$

上述的例爲鹵化氫加入於對稱的烯類，鹵素能夠加入構成雙鍵的任何一個碳，因此只能得到一種生成物。如果加入於不對稱的烯類時則狀況不同。例如：

$$CH_3-\underset{H}{\overset{H}{\underset{|}{C}}}=\underset{H}{\overset{H}{\underset{|}{C}}}-H + H-\overset{..}{\underset{..}{Br}}: \longrightarrow CH_3-\overset{\overset{H}{|}}{\underset{\underset{Br}{|}}{C}}-CH_3$$

丙烯　　　　　　　　　　　　　　　　　　2－溴丙烷(B.P.59.4°)

這反應裡溴離子連的是中間的碳原子而不是兩端的碳原子。對於不對稱烯的加成反應在 1871 年俄國化學家馬可尼克夫(Markovnikov)提出一個規則：加酸於不對稱烯類時，酸中的帶負電部分則加到連氫原子較少的碳上。烷基（特別是甲烷基）具有排斥電子的性質，因此，在丙烯雙鍵上的 π 電子將移動到離開烷基更遠的位置即末端的碳原子上，加成物的正部分（此地爲氫離子）則尋找這電子密度較高的末端碳原子而成的 2－溴丙烷。

因爲這種反應產生的反應中間體是碳陽離子，而碳陽離子的穩定性與此離子中帶正電荷的碳原子上所接的烷基數目有關。因烷基具有排斥電子的性質，會將電子推向帶正電荷的碳原子，而降低其正電性，使其穩定性增加，故帶正電荷的碳原子所連接的烷基數目愈多，則愈穩定。所以碳陽離子的相對穩定度次序爲：

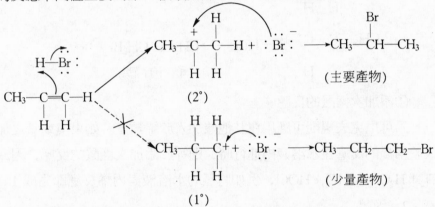

$$R-\overset{\overset{\displaystyle R}{|}}{\underset{\underset{\displaystyle R}{|}}{C^+}} > R-\overset{\overset{\displaystyle R}{|}}{\underset{\underset{\displaystyle H}{|}}{C^+}} > R-\overset{\overset{\displaystyle H}{|}}{\underset{\underset{\displaystyle H}{|}}{C^+}} > H-\overset{\overset{\displaystyle H}{|}}{\underset{\underset{\displaystyle H}{|}}{C^+}}$$

第三級碳陽離子　　第二級碳陽離子　　第一級碳陽離子　　甲基陽離子
　　(3°)　　　　　　　(2°)　　　　　　　(1°)

愈穩定的碳陽離子，愈容易生成，故上述丙烯加溴化氫的反應，產生的反應中間體主要為第二級碳陽離子而不是第一級的：

（主要產物）

（少量產物）

故反應的主產物為 2－溴丙烷而不是 1－溴丙烷。

　　此反應如果在照光或有過氧化物存在之下進行，則加成的結果將是反馬可尼克夫規則（anti-Markovnikov's rule），這是因為在此情況下，反應所經由的中間體是自由基而不是碳陽離子，而自由基的穩定度為第三級自由基＞第二級自由基＞第一級自由基＞甲基自由基。

$$R-O:O-R \longrightarrow 2R-O\cdot$$
　　過氧化物
$$R-O\cdot + HBr \longrightarrow R-OH + Br\cdot$$

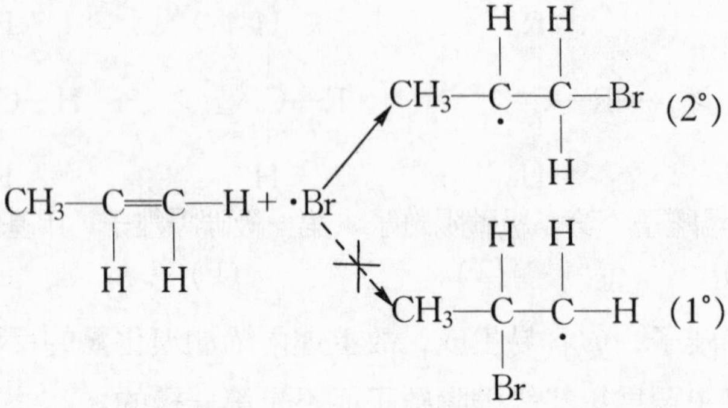

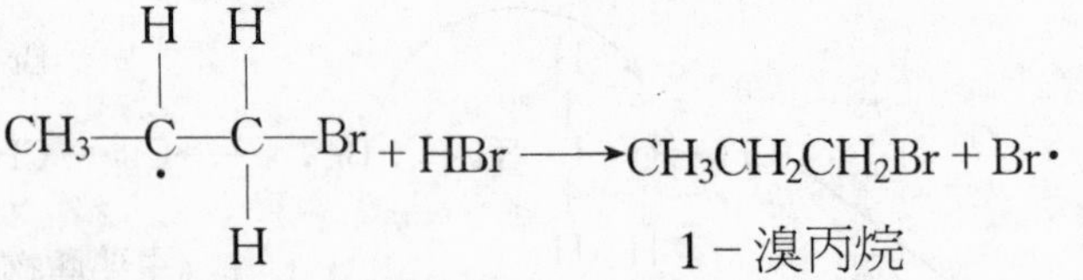

$$CH_3-C=C-H + \cdot Br$$

（反應生成）

$$CH_3-C-C-Br \quad (2°)$$

$$CH_3-C-C-H \quad (1°)$$

$$CH_3-C-C-Br + HBr \longrightarrow CH_3CH_2CH_2Br + Br\cdot$$

1－溴丙烷

④添加次鹵酸的反應

馬可尼克夫規則可應用在其他酸加入於烯類上。如果溴或氯之加入於烯類的反應在水溶液內進行時，則等於添加次鹵酸的反應，因為 $Cl_2 + H_2O \longrightarrow HCl + HOCl$，例如將氯的水溶液與丙烯反應即生成 1－氯－2－丙醇。

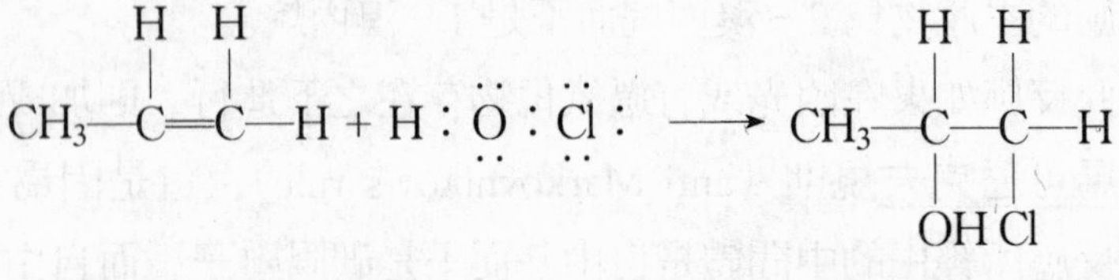

$$CH_3-C=C-H + H:\overset{..}{O}:\overset{..}{Cl}: \longrightarrow CH_3-C-C-H$$

丙　　烯　　　　　　　　　　　　　1－氯－2－丙醇

⑤添加硫酸的反應

烯類與硫酸反應生成硫酸氫烷（alkyl hydrogen sulfate），經過加水分解可得醇類。這步驟為工業上從石油生成物製造酒精的方法。

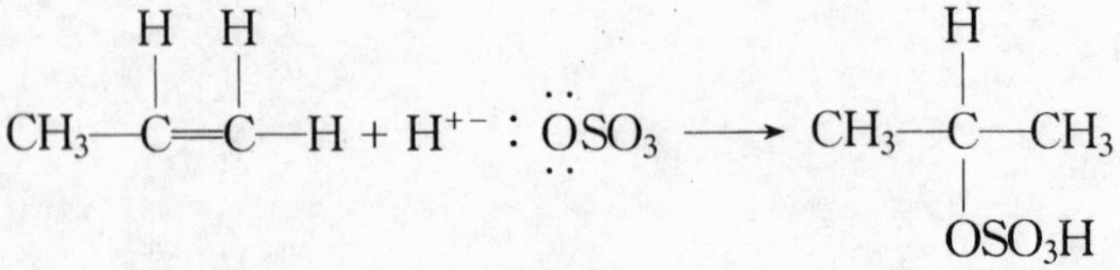

$$CH_3-C=C-H + H^{+-}:\overset{..}{O}SO_3 \longrightarrow CH_3-C-CH_3$$

$$OSO_3H$$

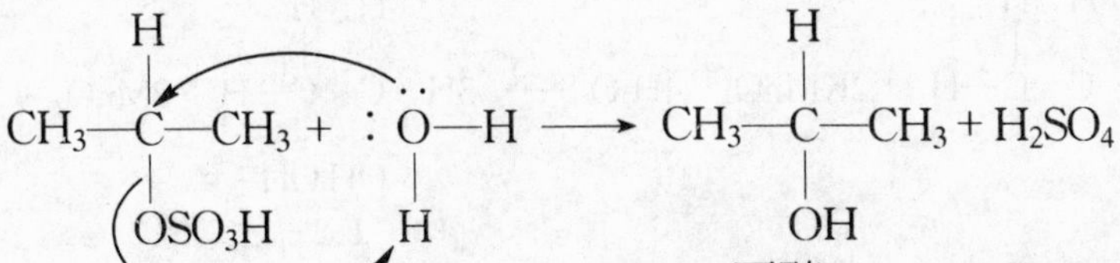

$$2-丙醇$$

此反應亦是遵循馬可尼克夫規則進行的。

⑥氫硼化反應（hydroboration）

烯類可和乙硼烷（diborane）作用產生加成物，此加成物再與過氧化氫的鹼性溶液作用而生成醇類。此反應的最終結果是相當於烯類的加水反應，惟加成的結果是反馬可尼克夫規則。例如：

$$3CH_3CH\!=\!CH_2 \xrightarrow{BH_3} (CH_3CH_2CH_2)_3B$$
$$三正丙基硼烷$$

$$(CH_3CH_2CH_2)_3B + 3H_2O_2 \xrightarrow{NaOH} 3CH_3CH_2CH_2OH + B(OH)_3$$
$$1-丙醇$$

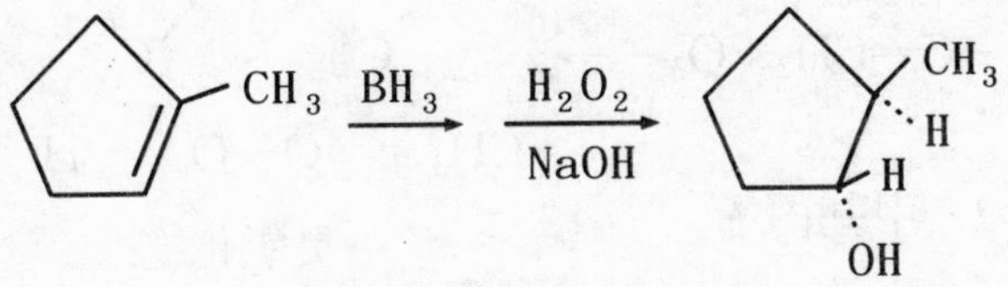

(2)氧化反應

①拜耳試驗

當烯類被冷的稀過錳酸鉀溶液氧化時可生成二元醇（glycol）。在沒有其他易被氧化物質共同存在時這反應可用於檢驗烯類。這反應又稱為拜耳試驗（Baeyer test），用於檢驗不飽和物質的存在。在這檢驗裡過錳酸鉀的紫色被烯類等不飽和物質還原為無色。

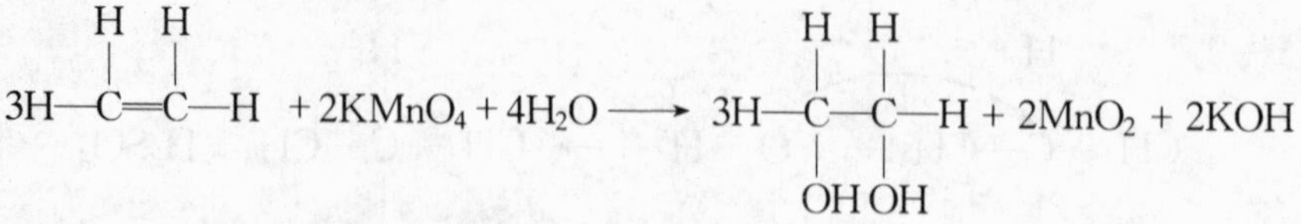

$$3H-\overset{\overset{\displaystyle H}{|}}{C}=\overset{\overset{\displaystyle H}{|}}{C}-H + 2KMnO_4 + 4H_2O \longrightarrow 3H-\overset{\overset{\displaystyle H}{|}}{\underset{\underset{\displaystyle OH}{|}}{C}}-\overset{\overset{\displaystyle H}{|}}{\underset{\underset{\displaystyle OH}{|}}{C}}-H + 2MnO_2 + 2KOH$$

1,2－乙二醇

②燃燒

烯類與烷類一樣在過量的氧氣存在下可燃燒氧化而生成二氧化碳與水並放出大量的熱。

$$C_2H_4 + 3O_2 \longrightarrow 2CO_2 + 2H_2O$$

$$C_3H_6 + 4\tfrac{1}{2}O_2 \longrightarrow 3CO_2 + 3H_2O$$

③臭氧分解（ozonolysis）

幾乎所有的烯類與臭氧反應而生成環狀過氧化物的中間體稱臭氧化物（ozonides）。這些臭氧化物為爆炸性化合物，因此通常不單離而直接使其與水及鋅反應而分解成酮類與醛類。

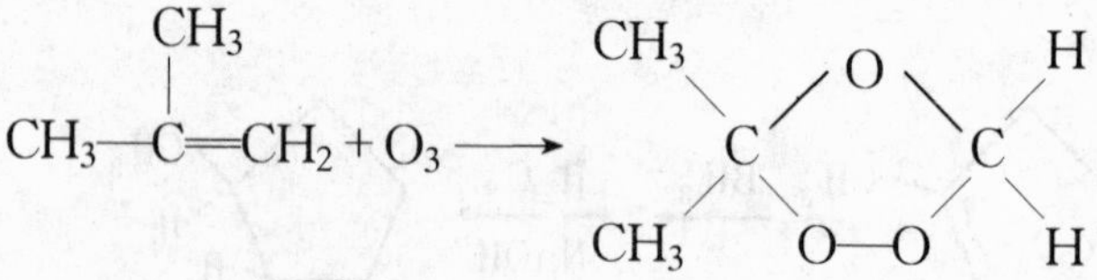

2－甲基丙烯　　　　　　　　　臭氧化物

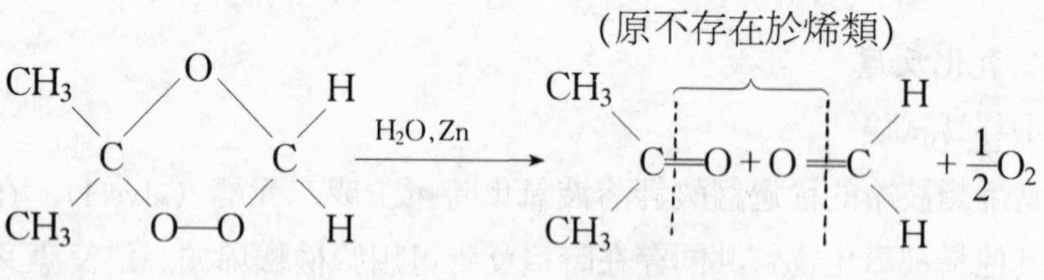

（原不存在於烯類）

丙　酮　　　　甲　醛

④聚合反應

許多烯類物質能夠自己相連而生成含有許多基本單位的巨大分

子。如此高分子量物質稱爲聚合物（polymer），生成聚合物的反應稱爲聚合反應（polymerization）。這聚合反應通常由自由基引發，自由基可從過氧化物供給。典型的聚合反應分三個分驟。

鏈鎖引發步驟：從引發劑生成自由基。

$$R\!-\!O\!:\!O\!-\!R \longrightarrow 2R\!-\!O\cdot$$

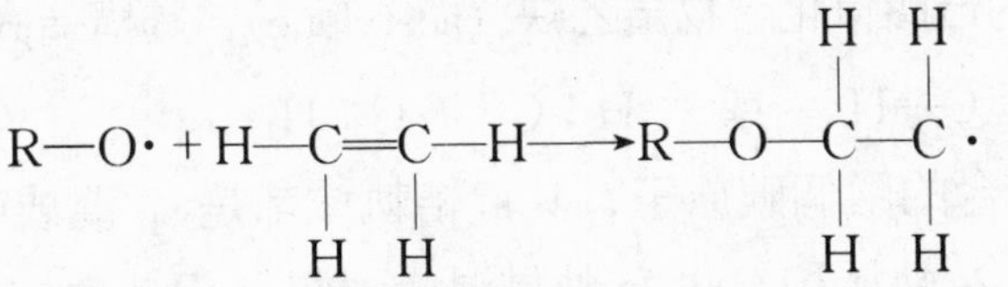

乙　烯

鏈鎖展開步驟：烯類的繼續相加而生成較大的自由基。

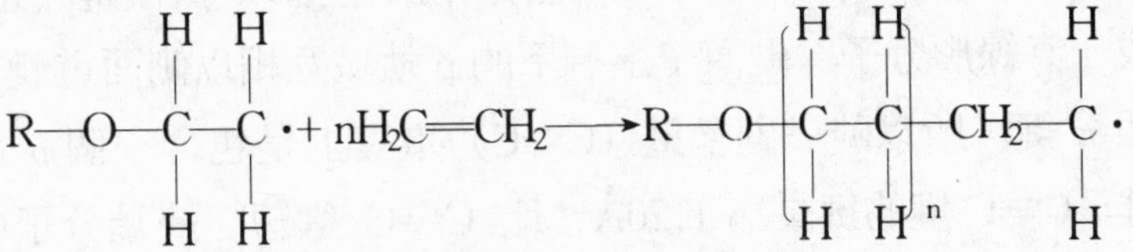

終止步驟：最後兩自由基結合在一起。

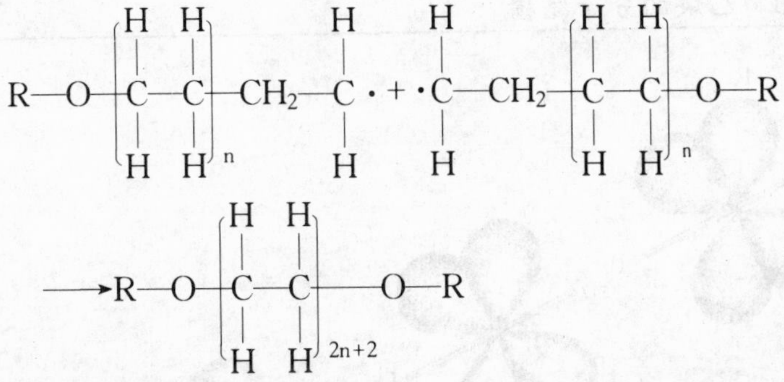

聚乙烯(polyethylene)

以類似的方法亦可製得聚丙烯（polypropylene）、鐵夫龍（teflon）、奧龍（orlon），與合成橡膠等聚合物。許多聚合物堅硬並具可塑性，不傳熱，不導電，不溶於一般溶劑，不受一般化學藥品的作用，因此廣用於電絕緣體、器具及衣料等用途。

3.炔類（alkynes）

⑴炔類的結構

分子構造式中含有一個以上的參鍵即共用三對電子的碳氫化合物稱爲炔類，也是一種不飽和烴。如只有一個參鍵在分子內時其通式爲 C_nH_{2n-2}。這類的最簡單化合物爲乙炔（acetylene），其構造式可寫成

$$H—C≡C—H   或   H:C::C:H$$

以參鍵相結合的兩個碳原子，其鍵結軌域都是 sp 混成軌域，每個碳原子以一個 2s 軌域和一個 2p 軌域混成兩個 sp 混成軌域，各留下兩個 2P 軌域未參與混成。兩個碳原子各以一個 sp 混成軌域相重疊，形成 σ 鍵，另一 sp 軌域則與其他碳原子或氫形成共價鍵（也是 σ 鍵）而成一直線形分子。碳原子上剩下的 p 軌域互相以側面重疊，而形成兩個 π 鍵。所以碳—碳參鍵（C≡C）事實上是包含一個 σ 鍵與兩個 π 鍵。C≡C 鍵的鍵長爲 1.20Å，比 C=C 鍵短。炔類分子中因含有

圖 3-8   乙炔的分子結構

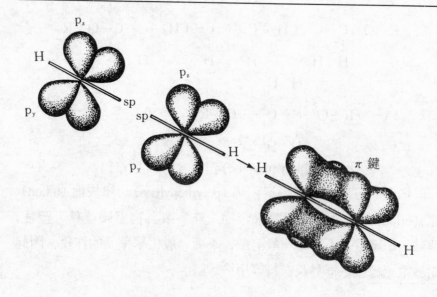

電子移動性高的兩個 π 鍵，其化學性質相當活潑。

(2)**炔類的命名**

炔類的命名法與烯類相似，以天干數字代表分子內所含碳原子之數，其後加「炔」。英文名則語尾改變為 "yne"。如

$$CH_3—C\equiv CH$$
丙　炔(propyne)

$$CH_3—C\equiv C—CH_3$$
2－丁炔(2－butyne)

(1)　(2)　(3)　(4)　(5)
$$CH_3—C\equiv C—CH_2—CH_3$$

(5)　(4)　(3)　(2)　(1)
$$CH_3—CH_2—CH—C\equiv CH$$
$$\qquad\qquad\quad |$$
$$\qquad\qquad\quad CH_3$$

2－戊炔
(2－pentyne)

3－甲基－1－戊炔
(3－methyl－1－pentyne)

(3)**炔類的性質**

炔類的物理性質和烯類及烷類十分類似，都不溶於水，但溶於低極性的有機溶劑，如苯、四氯化碳、醚等。沸點隨著碳數增加而上升，與同碳數又同樣碳骨架的烷、烯類的沸點高些。碳數目 4 以下的烯類在常溫為氣體，較多的即以液體存在。

(4)**炔類的製備**

①乙炔的製備

乙炔為一種極重要的有機工業之原料。其本身為良好之燃料外，可作合成許多有機產品的出發物質。乙炔可由碳化鈣與水的反應製備。這碳化鈣由在密閉電爐中加熱焦碳與灰石來製造：

$$CaCO_3 \xrightarrow{\text{熱}} CaO + CO_2$$

$$3C + CaO \xrightarrow{2000°C} CaC_2 + CO$$
$$\qquad\qquad\qquad 碳化鈣(calcium\ carbide)$$

$$CaC_2 + 2H_2O \longrightarrow H—C\equiv C—H + Ca(OH)_2$$
$$\qquad\qquad\qquad\quad 乙炔 \qquad\qquad 氫氧化鈣$$

②其他較高級的炔類的製備方法

a. 從相鄰二鹵化物脫離鹵化氫的反應

例如：

$$CH_3\!-\!\overset{\overset{\displaystyle H}{|}}{\underset{\underset{\displaystyle \boxed{Br\quad H}}{}}{C}}\!-\!\overset{\overset{\displaystyle Br}{|}}{C}\!-\!H + KOH \xrightarrow{\text{酒精溶液}} CH_3\!-\!\overset{\overset{\displaystyle H}{|}}{C}\!=\!\overset{\overset{\displaystyle Br}{|}}{C}\!-\!H + KBr + H_2O$$

1,2－二溴丙烷　　　　　　　　　　　　　1－溴－1－丙烯

　　脫離第一個 HBr 的結果所生成的 1－溴－1－丙烯為較不活潑的化合物，因此消除第二個 HBr 需用較強的鹼。

$$CH_3\!-\!\overset{\overset{\displaystyle \boxed{H}}{|}}{C}\!=\!\overset{\overset{\displaystyle Br}{|}}{C}\!-\!H + NaNH_2 \longrightarrow CH_3\!-\!C\!\equiv\!C\!-\!H + NaBr + NH_3$$
丙　炔

b. 碳原子上的炔氫被烷基取代的反應

　　連結於具參鍵之碳原子上的氫具有酸性性質，稱為炔氫（acetylenic hydrogen）。炔氫可被金屬取代成鹽類。這製備法的第一個步驟為從炔類與鈉製造炔化鈉。生成的炔化鈉與鹵烷反應即得較高級的炔類。

$$2H\!-\!C\!\equiv\!C\!-\!H + 2Na \xrightarrow{\text{液氨}} 2H\!-\!C\!\equiv\!C:^-Na^+ + H_2$$

乙炔化鈉(sodium acetylide)

$$H\!-\!C\!\equiv\!C:^-Na^+ + C_2H_5I \longrightarrow H\!-\!C\!\equiv\!C\!-\!CH_2CH_3 + Na^+I^-$$
碘乙烷　　　　　　　1－丁炔

⑸炔類的反應

①加成反應

　　如同烯類一般，炔類大部分的反應為加成反應，但 1 莫耳炔分子需要加 2 莫耳試劑才會變成飽和化合物。當鹵化氫加入於不對稱的炔

類時亦遵循著馬可尼克夫原則。

　a. 添加 Br_2，HBr 及 H_2 於炔類的反應

$$CH_3-C\equiv C-H + 2Br_2 \longrightarrow CH_3-\overset{\overset{\displaystyle Br}{|}}{\underset{\underset{\displaystyle Br}{|}}{C}}-\overset{\overset{\displaystyle Br}{|}}{\underset{\underset{\displaystyle Br}{|}}{C}}-H$$

　　丙　炔　　　　　　　　　1,1,2,2-四溴丙烷

$$CH_3-C\equiv C-H + 2HBr \longrightarrow CH_3-\overset{\overset{\displaystyle Br}{|}}{\underset{\underset{\displaystyle Br}{|}}{C}}-\overset{\overset{\displaystyle H}{|}}{\underset{\underset{\displaystyle H}{|}}{C}}-H$$

　　　　　　　　　　　　　2,2-二溴丙烷

$$CH_3-C\equiv C-H + 2H_2 \xrightarrow{催化劑} CH_3CH_2CH_3$$
　　　　　　　　　　　　　　　丙烷

　b. 烯類沒有的炔類之加成反應

　催化劑存在下，炔類可與氰化氫反應而生成化學工業上很重要的氰乙烯，爲合成奧龍纖維的原料。

$$H-C\equiv C-H + H^+ : CN^- \xrightarrow[NH_4Cl-HCl]{CuCl} H-\overset{\overset{\displaystyle H}{|}}{C}-\overset{\overset{\displaystyle H}{|}}{C}-CN$$

　　　　　　　　　　　　　　　　　　　　　氰乙烯

　在催化劑存在下，炔類亦可添加水或醋酸。

$$H-C\equiv C-H + H_2O \xrightarrow[H_2SO_4]{HgSO_4} \left[H-\overset{\overset{\displaystyle H}{|}}{C}-\overset{\overset{\displaystyle H}{|}}{C}-O\textcircled{H} \right] \longrightarrow CH_3-\overset{\overset{\displaystyle H}{|}}{C}=O$$

　　　　　　　　　　　　　　　　　　　　　　　　　　　　　　乙　醛

$$H-C\equiv C-H + CH_3-\overset{\overset{\displaystyle O}{||}}{C}-OH \xrightarrow[75℃]{Hg^{2+}} CH_2=CH-O-\overset{\overset{\displaystyle O}{||}}{C}-CH_3$$

　　　　　　　　　　　　醋酸乙烯(vinyl acetate)

②炔氫被金屬的取代反應

如前述，炔類與烯類的化學性質最重要的不同在於炔類具有酸性性質的氫。這炔氫原子可被金屬所取代而生成炔化物。當乙炔通入於氯化亞銅或硝酸銀等的氨溶液時可生成這些金屬的炔化物。

$$H—C≡C—H + 2Cu(NH_3)_2Cl \longrightarrow$$

$$Cu—C≡C—Cu + 2NH_4Cl + 2NH_3$$
炔化銅

$$H—C≡C—H + 2Ag(NH_3)_2NO_3 \longrightarrow$$

$$Ag—C≡C—Ag + 2NH_4NO_3 + 2NH_3$$
炔化銀

重金屬的炔化物如炔化銀在乾燥狀態時對衝擊極敏感而可劇烈爆炸。

③炔類的氧化反應（燃燒）

乙炔在純氧下燃燒可達到極高溫度（3000℃）。應用這反應所成的氧炔吹管在銲鐵或切斷金屬時極有用。

$$2H—C≡C—H + 5O_2 \longrightarrow 4CO_2 + 2H_2O + 619.7Kcal$$

4. 脂環烴 (cyclic hydrocarbons)

(1)脂環烴的構造及命名

脂環烴是具有環狀結構的碳氫化合物，其中碳鏈首尾相接而成環。脂環烴的名稱均加字首「環」(cyclo) 字，其餘部分則用相當之同碳原子數開鏈烴之名命之。例如：

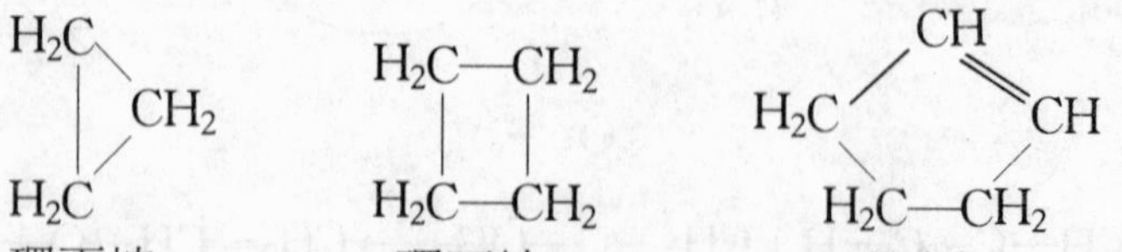

環丙烷   環丁烷   環戊烯

在環上有取代基時，用最小的數字指出其位置。環烯及環炔類時，先

用最小的數字指出雙鍵和參鍵的位置，再以可能的下一個最小數字指出取代基位置。

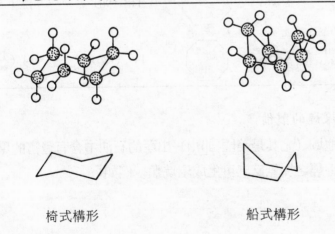

1,3－二甲基環己烷　　1,3－環己二烯　　3－乙基環戊烯

含碳原子數較多的環烷類，爲求其鍵角接近 109.5°，而呈現種種不同的摺曲（puckered）形狀。以環己烷爲例，它有兩種構形（conformations），一種是椅式構形（chair form），另一種是船式構形（boat form），如圖 3－9 所示，其鍵角都是 109.5°，但椅式構形因鍵與鍵相距較遠而較穩定。

圖 3－9　環己烷的椅式構形與船式構形

椅式構形　　　　　　　　船式構形

(2)脂環烴的性質

環烷類的沸點較相同碳數的開鏈烷類高約 10～20℃，沸點則高

36~100℃。環烷類的密度較相同碳數的正烷類約高 20%，故它們的分子間較緊密。環烷類易溶於有機溶劑，在水中的溶解度隨其分子量的增加而降低。表 3－8 為一些環烷類的物理性質。

表 3－8　環烷類之構造和物理性質

名　　稱	分子式	結　　構	b.p.℃	m.p.℃
Cyclopropane 環丙烷	C_3H_6	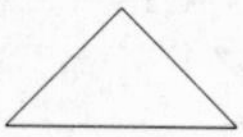	-33 $(-42)^b$	-127 $(-187)^b$
Cyclobutane 環丁烷	C_4H_8		13 (-0.5)	-80 (-135)
Cyclopentane 環戊烷	C_5H_{10}	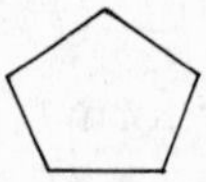	49 (36)	-94 (-130)
Cyclohexane 環己烷	C_6H_{12}	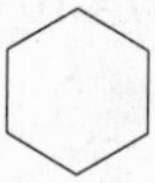	81 (69)	6 (-94)
Cycloheptane 環庚烷	C_7H_{14}	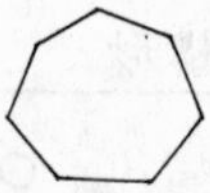	118 (98)	-12 (-91)
Cyclooctane 環辛烷	C_8H_{16}	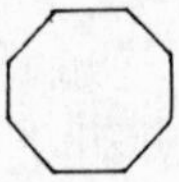	149 (126)	-14 (-57)

(3)脂環烴的製備

有些地域（尤其是美國 加州）出產的石油中含有豐富的環烷類。

①芳香烴之加氫反應可生成環烷類。例如：

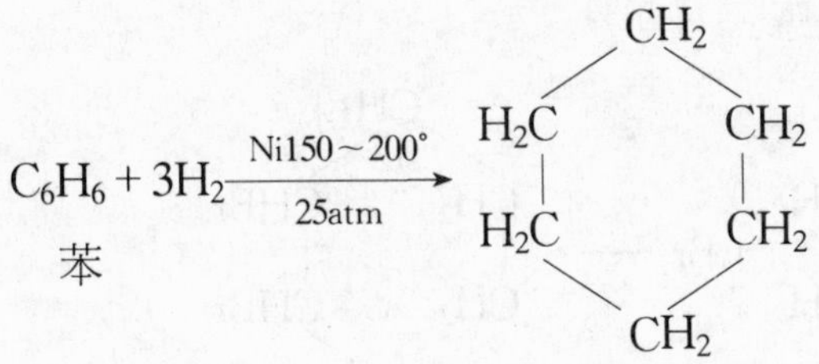

$$C_6H_6 + 3H_2 \xrightarrow[25atm]{Ni150\sim200°}$$

苯

環己烷

加氫反應

②伍次反應（Wurtz reaction）

金屬作用在二鹵化烷上，使兩個烷基之碳間形成一鍵：

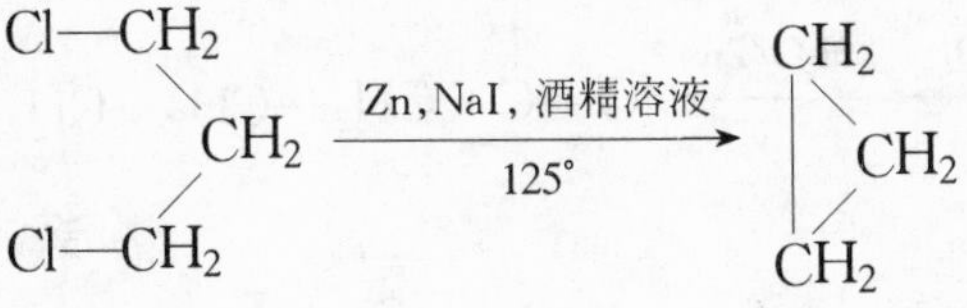

$$\xrightarrow[125°]{Zn, NaI, 酒精溶液}$$

環丙烷

環烷類脫氫可得環烯類。

(4)脂環烴的反應

環烷類的化學性質，與烷類相似。惟碳原子有三個的環丙烷及四個的環丁烷性質較為活潑，與溴、鹵化氫及氫可起加成反應。

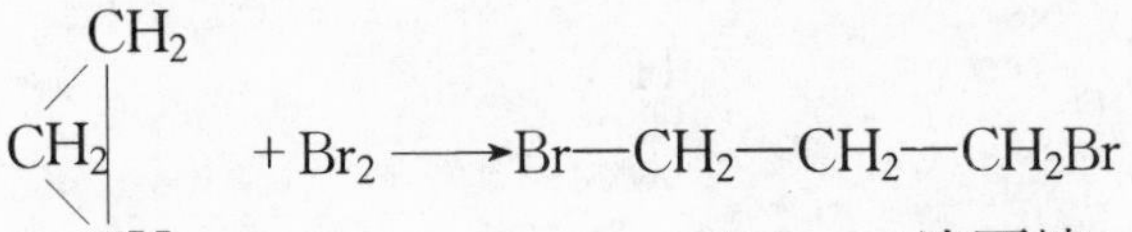

$$+ Br_2 \longrightarrow Br-CH_2-CH_2-CH_2Br$$

環丙烷

1,3-二溴丙烷

（1,3-dibromopropane）

環烷類和烷類相同，可進行自由基取代反應。

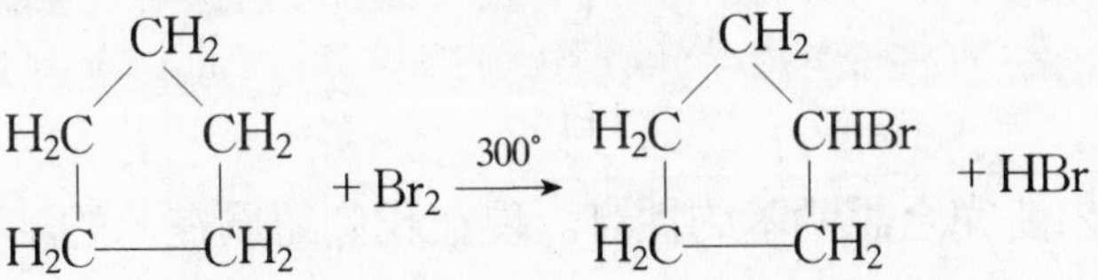

$$+ Br_2 \xrightarrow{300°} + HBr$$

環戊烷

環烯類可發生加成反應。

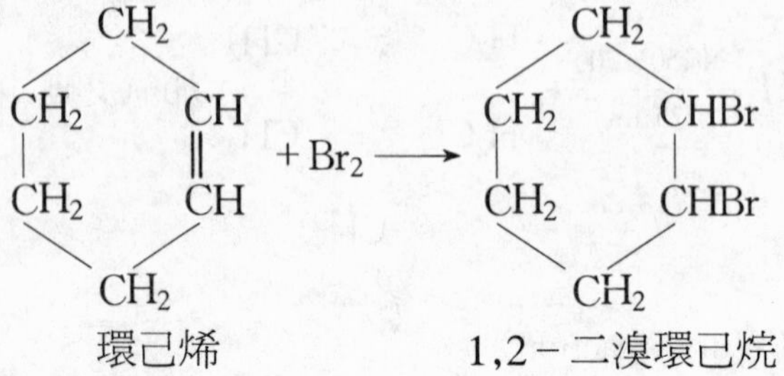

環己烯　　　　　1,2－二溴環己烷

又能起斷裂反應。

環戊烯　　　　　　　二醛類

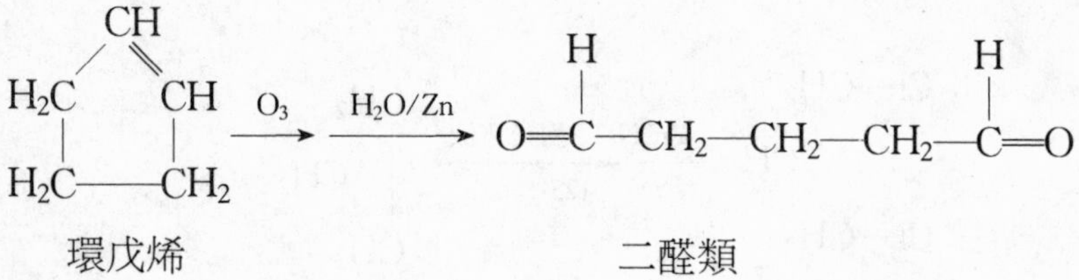

5.芳香烴

(1)芳香烴的結構

苯是芳香烴的代表性化合物，故以苯的結構爲例來說明芳香烴的構造。客克雷（Kekule）曾提出苯的結構式爲：

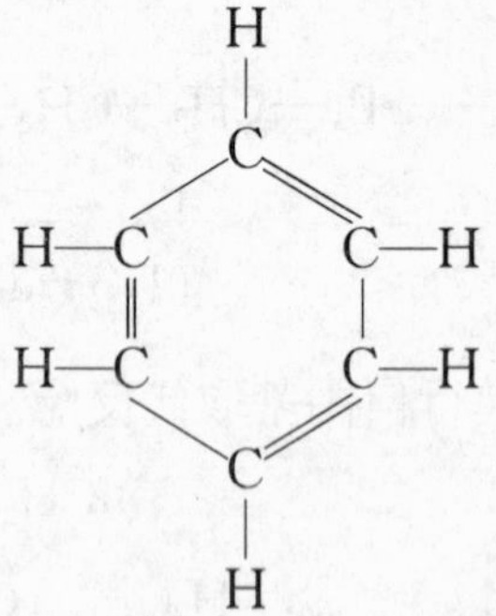

但此結構式未能完全說明苯的性質。現在我們認爲在苯的結構中，苯環上的六個碳原子均是以 sp^2 的混成軌域相鍵結，故苯爲一平面六角形的分子，六個碳原子構成六角形的環，每一碳原子又各與一個氫原

子鍵結。每一碳原子都剩下一個 2p 軌域，此六個 2p 軌域都與分子的平面垂直，它們以側面互相重疊而構成一環狀的 π 電子雲。故苯分子的鍵角為 120°，碳—碳之間的鍵長都相等，如圖 3-10 所示。

圖 3-10　苯的結構

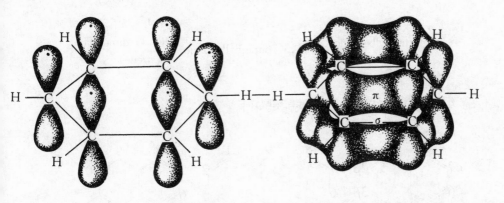

　　苯環是一相當穩定的結構，不易受到破壞。苯的結構式常簡寫

為：

但有時為了說明方便起見，仍常用客克雷的結構式。

(2)芳香烴的命名

芳香烴和脂肪族碳氫化合物一樣有普通名及國際命名法。

苯中的氫被某取代的通常稱為「某苯」。

乙　苯　　　　　　溴　苯　　　　　　硝基苯
(ethylbenzene)　　(bromobenzene)　　(nitrobenzene)

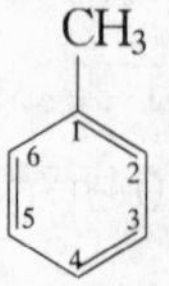

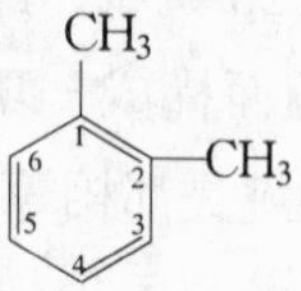

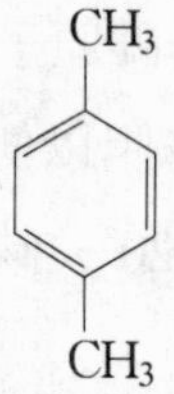

	甲苯	間－二甲苯	對－二甲苯
俗　名	甲苯 (toluene)	間－二甲苯 (m－xylene)	對－二甲苯 (p－xylene)
國際名	甲苯 (methylbenzene)	1,3－二甲苯 (1,3－dimethylbenzene)	1,4－二甲苯 (1,4－dimethyl－benzene)

多環芳香烴取代基位置的碳號碼如下：

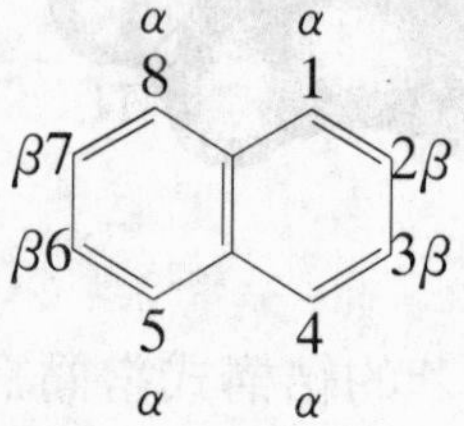

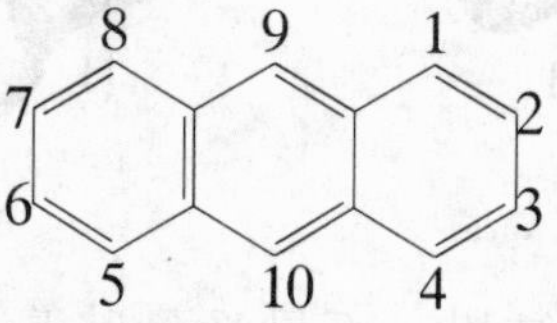

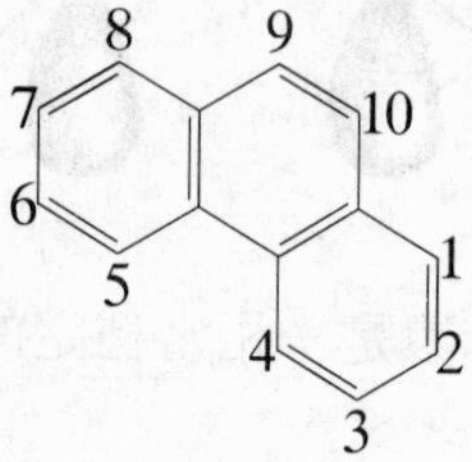

萘 (naphthalene)　　蒽 (anthracene)　　菲 (phenanthrene)

(3)芳香基

從芳香烴移出一個氫原子的稱爲芳香基（aryl group 簡寫爲 Ar），常用的芳香基如表 3－9：

表 3－9　一般芳香基

構　造	名　稱	例	名　稱
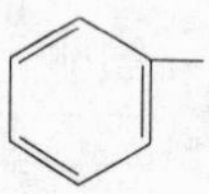	苯基	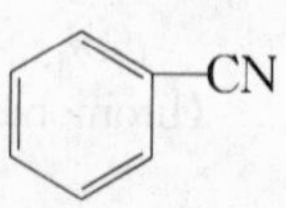	氰化苯

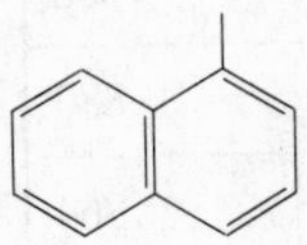	α－萘基	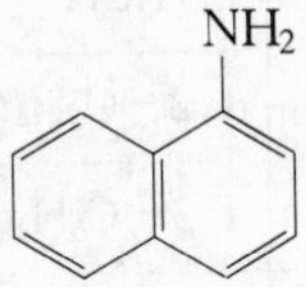	α－萘胺
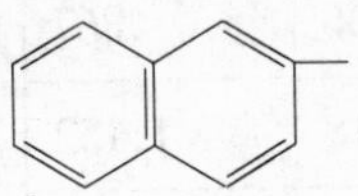	β－萘基	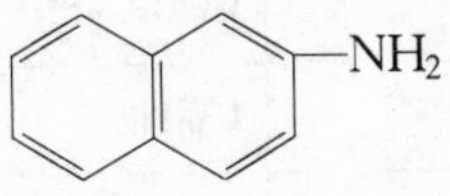	β－萘胺
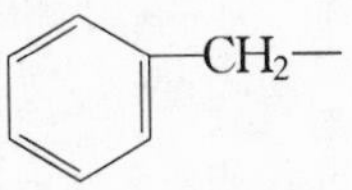	苯甲基	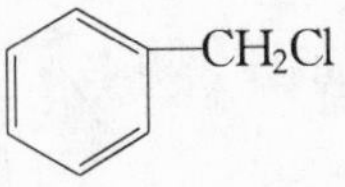	氯甲苯
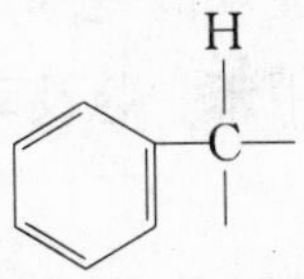	亞苄基	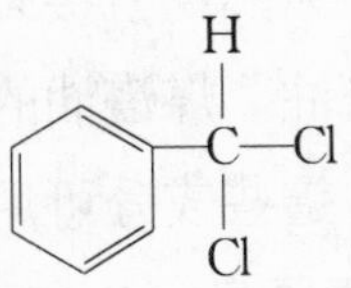	氯化亞苄

⑷芳香烴的性質

　　苯環因為有六個 π 電子在分子平面上下方以環狀電子雲圍繞，有共振現象，因此苯特別安定。芳香烴是指苯及化學性質與苯相類似的烴類，為非極性分子，其物理性質與烷類相似，都不溶於水，而溶於乙醚、四氯化碳等非極性有機溶劑，密度多數比水小，其代表性的物理常數只舉數種列於表 3－10。

表 3－10　芳香烴的物理常數

名　稱	化　學　式	熔點 °C	沸點 °C	密度(20°C)
苯 benzene	C_6H_6	5.5	80	0.879

甲苯 toluene	$C_6H_5CH_3$	-95	111	.866
鄰－二甲苯 o－xylene	$1,2-C_6H_4(CH_3)_2$	-25	144	.880
間－二甲苯 m－xylene	$1,3-C_6H_4(CH_3)_2$	-48	139	.864
對－二甲苯 p－xylene	$1,4-C_6H_4(CH_3)_2$	13	138	.861
乙苯 ethylbenzene	$C_6H_5C_2H_5$	-95	136	.867
萘 naphthalene	$C_{10}H_8$	80	218	1.152
蒽 anthracene	$C_6H_4(C_2H_2)C_6H_4$	217	340	1.250

(5)芳香烴的製備

①天然來源

許多芳香烴可從天然物直接製得。最重要的來源為從煤的乾餾得到的濃稠又黑的煤溚油。煤溚油的主要成分為苯、萘、甲苯、蒽及菲等芳香烴的混合物。這些成分可用萃取及分餾方法分離。

石油，尤其是菠羅島（Borneo）所產的，亦含有相當量的芳香烴。因此芳香烴是石油化學工業的副產物。

②一般製備法

合成芳香烴通常有兩種方法。第一種方法是從開鏈的碳氫化合物合成環狀烴，另一種方法為從天然來源的芳香烴以取代方式製造需要的化合物。

a. 芳香化反應

工業上可將己烷經過催化劑而合成苯。這方法稱為芳香化反應（aromatization）。

$$CH_3-CH_2-CH_2-CH_2-CH_2-CH_3 \xrightarrow[\text{催化劑,熱}]{Cr_2O_3} \bigcirc +4H_2$$

苯亦可從乙炔通過熱紅的鐵管來製的。

$$3CH\equiv CH \xrightarrow[\text{鐵管}]{\triangle}$$

據近年來研究的結果，以放射性元素（如鈷—60）所放出的放射線來照射乙炔氣體亦可得苯。

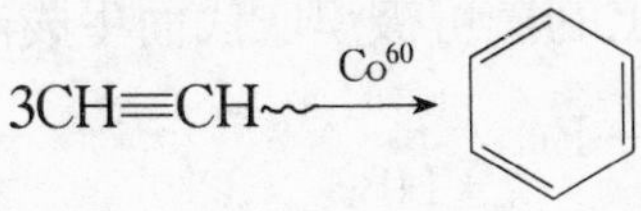

$$3CH\equiv CH\leadsto \xrightarrow{Co^{60}}$$

b. 裴加烷化反應（Friedel -Crafts alkylation reaction）

在 1878 年法國化學家裴底（Charles Friedel）與其美籍共同研究者加佛（James M. Crafts）發現極有用的方法將烷基導入於苯環內。他們使用鹵烷為烷化劑（alkylating agent），並以無水氯化鋁為催化劑，很有效的將烷基導入於苯環內，這反應簡稱為裴加反應（Friedel-Craft reaction）。例如：

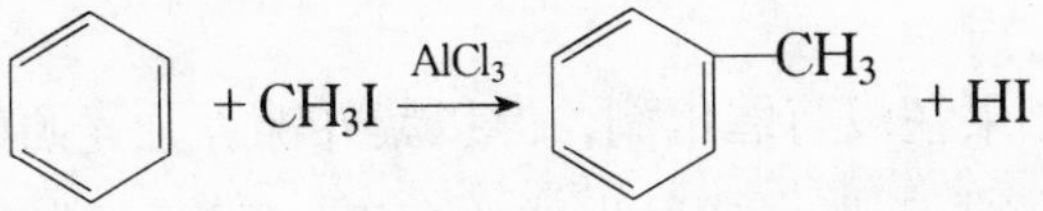

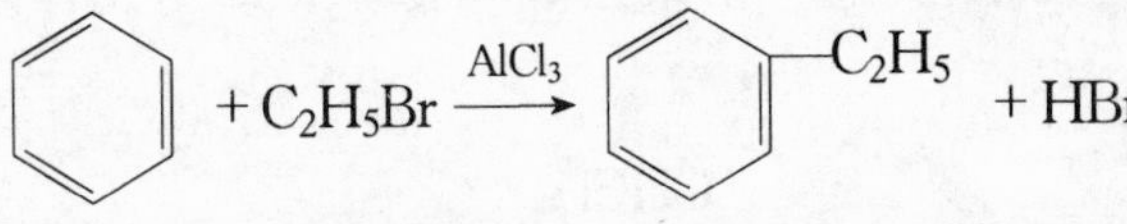

$$+ CH_3I \xrightarrow{AlCl_3} \quad CH_3 + HI$$

$$+ C_2H_5Br \xrightarrow{AlCl_3} \quad C_2H_5 + HBr$$

這取代反應有時會繼續進行一直到導入幾個烷基到苯環：

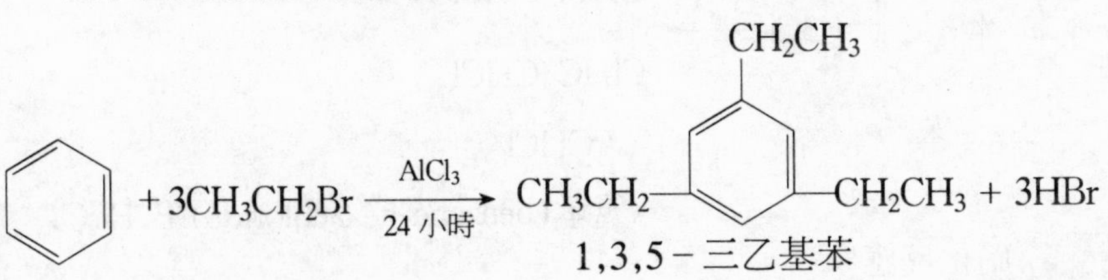

$$+ 3CH_3CH_2Br \xrightarrow[24\text{ 小時}]{AlCl_3} CH_3CH_2 \quad CH_2CH_3 + 3HBr$$

1,3,5－三乙基苯

(6)芳香烴的反應

芳香烴所含的氫原子數目雖然比相同碳原子數的烷類少，但一般條件下，不具有不飽和烴的性質，即不易發生加成反應，而易發生取代反應，是安定的化合物。

芳香烴的最主要的反應爲環上氫原子的取代反應。在苯環的取代反應通常可以控制，因此極有用。

①取代反應

a. 鹵化反應（halogenation）

在溴化鐵催化劑存在下，苯環上的氫可被溴取代而生成溴苯：

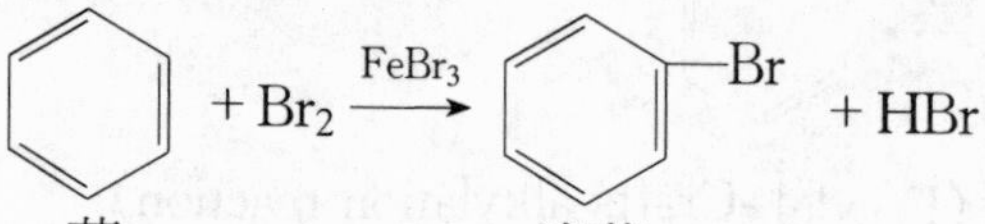

苯　　溴苯

氯化的過程與溴化相似，惟使用的催化劑通常爲無水氯化鋁或氯化鐵。

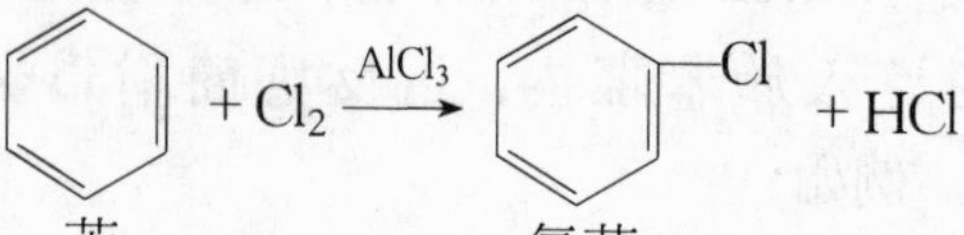

苯　　氯苯

苯的氯化反應如果在沒有催化劑，但以紫外線等強光照射下即不是取代而變爲氯的加成反應，結果生成六氯苯，即可用作殺蟲劑的B.H.C.。

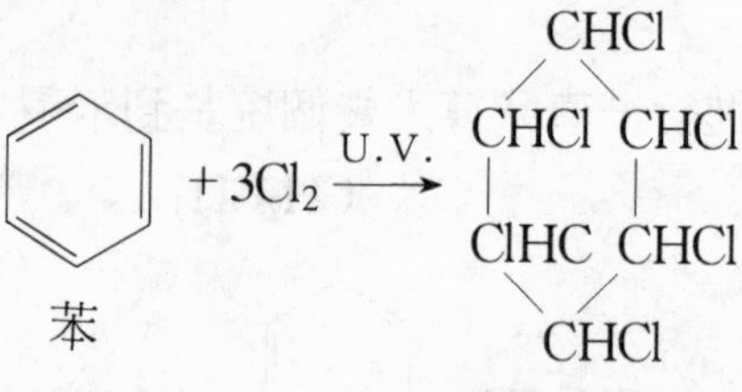

苯

六氯苯(benzene hexachloride) B.H.C.

b. 硝化反應

芳香烴的硝化是很重要的反應，應用這反應可製造使用其他方法所無法製得的極有用化合物。硝化反應通常由苯以濃硝酸及濃硫酸混合物處理的方式進行。

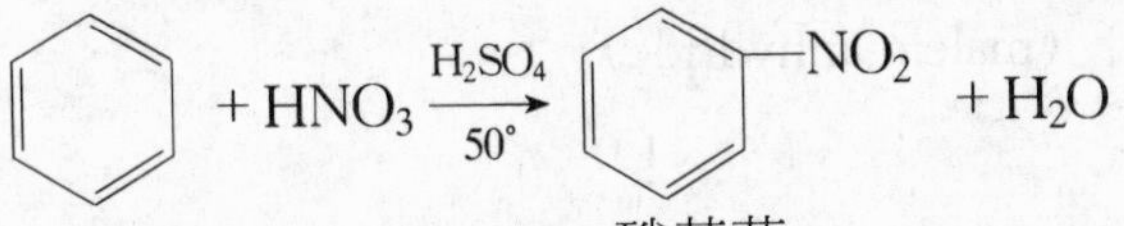

$$\text{（苯）} + HNO_3 \xrightarrow[50°]{H_2SO_4} \text{（硝基苯）}-NO_2 + H_2O$$

硝基苯

導入硝基的數目，常視混合酸的濃度及溫度的高低而不同。

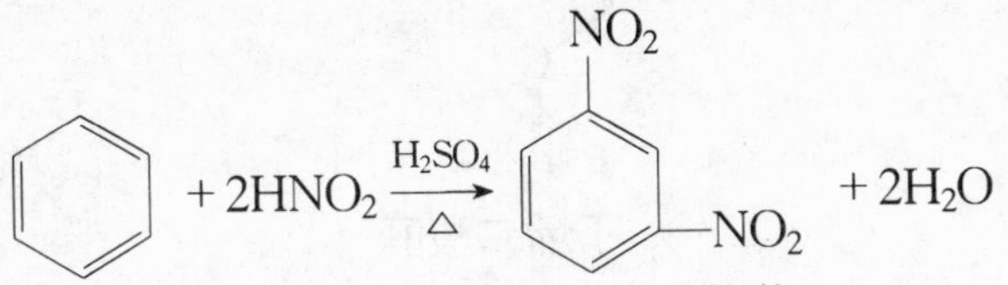

$$\text{（苯）} + 2HNO_2 \xrightarrow[\triangle]{H_2SO_4} \text{（間-二硝基苯）} + 2H_2O$$

間-二硝基苯

c. 磺化反應（sulfonation）

在低溫時苯不與濃硫酸反應，惟在高溫時磺化（sulfonation）可慢慢進行而將磺基（—SO₃H）導入於苯環中。苯的磺化反應在染料工業上很重要。

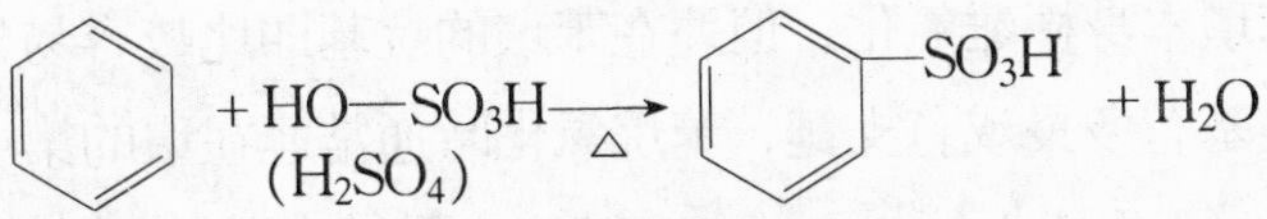

$$\text{（苯）} + HO—SO_3H \xrightarrow{\triangle} \text{（苯磺酸）}-SO_3H + H_2O$$
$$(H_2SO_4)$$

苯磺酸
（benzenesulfonic acid）

苯環的磺化反應可使不溶於水的芳香族化合物變成水溶性的化合物。除一些芳香族磺酸本身易溶於水外，多數磺酸可與金屬形成水溶性的鹽類。

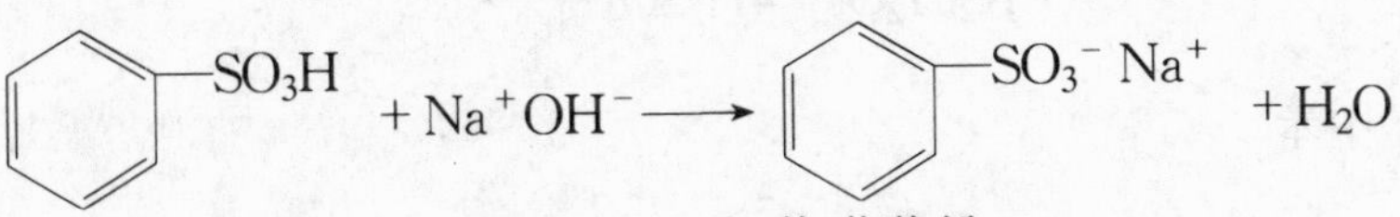

$$\text{（苯磺酸）}-SO_3H + Na^+OH^- \longrightarrow \text{（苯磺酸鈉）}-SO_3^- \, Na^+ + H_2O$$

苯磺酸鈉
（sodium benzenesulfonate）

②氧化反應

一般氧化劑（如 $KMnO_4$ 或 $K_2Cr_2O_7$）均不能氧化苯或芳香烴。在高溫及五氧化二釩催化劑存在下，苯可與氧反應，這時苯環將裂開

而生成丁烯二酸酐（maleic anhydride）。

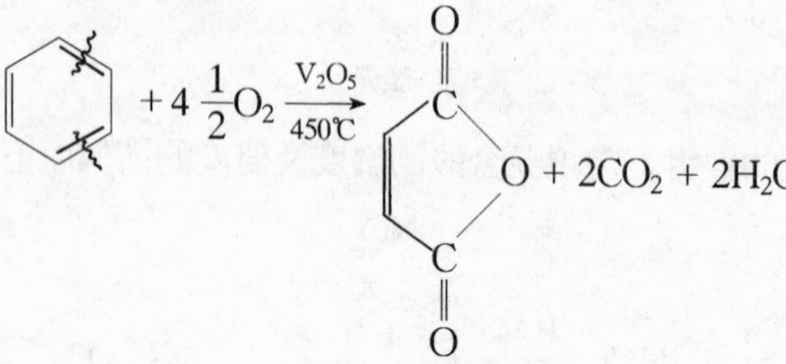

$$\text{（苯環）} + 4\frac{1}{2}O_2 \xrightarrow[450°C]{V_2O_5} \text{（丁烯二酸酐）} + 2CO_2 + 2H_2O$$

丁烯二酸酐

又可寫為

$$O=C-C-C-C=O$$

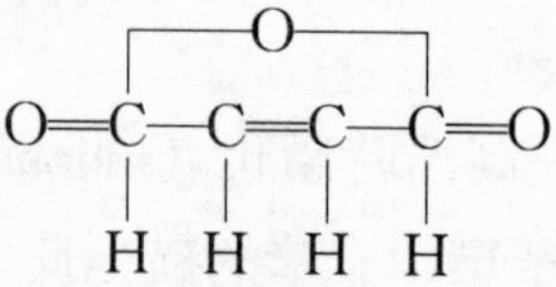

③苯烷的氧化反應

前述苯環本身極難氧化，但連在苯環的烷基即比較容易氧化。不論苯環上烷基有多長或有支鏈，苯烷氧化時通常連在環的第一個碳被氧化成羧基（carboxyl group，─COOH），而鏈中其他所有的碳均被氧化成二氧化碳。使用的氧化劑為過錳酸鉀或二鉻酸鉀的硫酸溶液並加熱之。

例如：

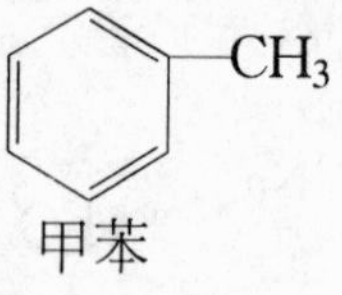

$$\text{（甲苯）} CH_3 + K_2Cr_2O_7 + 4H_2SO_4 \longrightarrow$$

甲苯

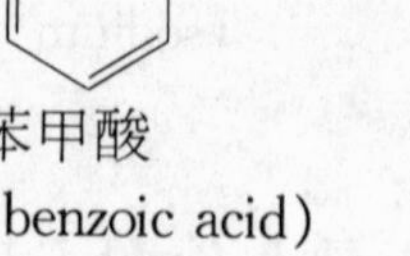

$$\text{（苯甲酸）} COOH + 5H_2O + Cr_2(SO_4)_3 + K_2SO_4$$

苯甲酸
(benzoic acid)

$$\underset{\text{異 – 丙基苯}}{\text{C}_6\text{H}_5-\overset{\displaystyle\text{CH}_3}{\underset{\displaystyle\text{CH}_3}{\text{C}}}-\text{H}} + 3\text{K}_2\text{Cr}_2\text{O}_7 + 12\text{H}_2\text{SO}_4 \longrightarrow$$

$$\underset{\text{苯甲酸}}{\text{C}_6\text{H}_5-\text{COOH}} + 2\text{CO}_2 + 15\text{H}_2\text{O} + 3\text{Cr}_2(\text{SO}_4)_2 + 3\text{K}_2\text{SO}_4$$

6. 烴的衍生物

　　碳氫化合物分子中去掉一個或一個以上的氫原子換成其他官能基時稱烴的衍生物。表 3－11 為代表性的烴的衍生物及其官能基。在此只介紹鹵烷類、胺類及其他和人生有關係的幾種衍生物。

表 3－11　烴的重要衍生物及其官能基（R＝烷基或芳基）

衍生物	分子式	衍生物	分子式
鹵烷	RX (X＝F, Cl, Br, I)	醛	$R-\overset{\displaystyle O}{\underset{\displaystyle H}{C}}$
醇	ROH （R＝烷基）	酮	$\overset{\displaystyle R}{\underset{\displaystyle R}{C}}=O$
酚	ArOH （Ar＝芳基）	酸	$R-\overset{\displaystyle O}{\underset{\displaystyle OH}{C}}$
醚	R－O－R	酯	$R-\overset{\displaystyle O}{\underset{\displaystyle OR}{C}}$

胺	R—NH$_2$	其他	

　　鹵烷類除常被當做溶劑（如四氯化碳、三氯甲烷等）及有機合成的原料外，在第二次世界大戰前後被急速地發展成合成有機殺蟲劑。如在芳香烴之反應中所討論到的六氯化苯，簡稱 B.H.C. 是有效的殺蟲劑外，當時被用得最廣的一種合成殺蟲劑就是 DDT（滴滴涕）。DDT 是 p, p′ – dichloro – diphenyl – trichloroethane 的簡稱。把氯苯和三氯乙醛在發煙硫酸存在下反應時可得數種 DDT 異構物。其中只有 p, p′—DDT 具有殺蟲效果。DDT 異構物的混合物可用有機溶劑處理而得 p,p′—DDT。DDT 是一種藥效很強的殺蟲劑。但對昆蟲類、魚類及其他動物也有害處。對人畜雖然毒力不強，但會儲積在脂肪組織及乳中，而達到有害的濃度。DDT 使用一段時間後，又會使害蟲產生抵抗力，以致失效。因此近年來世界各國都禁止使用 DDT。

　　苯胺（aniline）是苯的一個氫原子被胺基（—NH$_2$）取代而成的。苯胺爲無色油狀液體，有特別臭味，沸點爲 184℃，很容易被空氣氧化而變成黃棕色。苯胺微溶於水。從苯胺出發可以合成許多人造染料。苯胺可製造苯胺黑（aniline black），可與水（或油漆）調成漿狀，塗在桌面即成實驗室的抗酸桌面。苯胺黑亦可做布料的染料，苯胺又可製造偶氮化合物（azo compounds）。這是一類具有強烈的黃色、橙色、紅色、藍色、或綠色等顏色的重要染料。如偶氮苯（azobenzene）是橙紅色，對 – 硝基苯胺紅（para red）是一種紅色染料。有的可用做酸 – 鹼指示劑，如甲基橙（methyl orange）在酸性溶液中呈紅色，在鹼性溶液中呈黃色。

　　其餘的烴之衍生物將在本章稍後討論。

3-3　煤、石油及其化學工業

　　化學工業是利用天然的資源爲原料，加工或經過化學反應而製造
對人類有用物質的工業。特別在有機化學工業裡，常從煤、石油、天
然氣及植物等原料可製得纖維、工業材料、橡膠、食品、藥品、塗
料、肥皂及紙等幾乎所有的化學製品。煤與石油爲最主要的天然資
源，除了燃燒時可供給大量的熱外，爲極重要的有機合成化學工業的
原料。本章我們將研討從煤、石油、天然氣怎樣製得合成化學工業的
直接原料及其性質和用途等問題。

一、煤的來源與分類

　　煤炭和石油都是代表性的天然燃料，也是有機合成化學工業的原
料。我國在四千多年前已經使用煤炭，西人馬哥孛羅在他的遊記中也
稱它爲「可燃的黑石」。煤炭是古代植物堆積在地層中經過炭化而成
的。煤炭沒有一定的成分，而是成分很複雜的有機物質。依其炭化的
程度及積聚的情形，大約可以分成四大類：

1.泥煤（peat）

　　植物在濕地堆積起炭化作用的第一步產物。含有多量水分，燃燒
熱很小，當做燃料的價值不高。其上面還可看見未腐化植物。

2.褐煤（brown coal，lignite）

　　泥煤的進一步炭化產物。還殘留木質組織，褐黃或褐黑色。易
燃，火力弱，燃燒熱小。

3.煙煤（又稱瀝青煤）

褐煤的再進一步炭化產物。比褐炭更黑，質緻密，燃燒時發濃煙故稱煙煤。由外觀可分爲輝煤（bright coal）和暗煤（dull coal）。輝煤適合煉焦炭而暗煤適合製作煤氣。

4.無煙煤（anthracite）

地質年代最古，炭化程度最高，質最堅硬，最有光澤的黑色輝炭。其斷面呈貝殼狀。熱量甚高，無煙，適合一般用燃料。

二、煤的成分

煤是很複雜的有機礦物，沒有一定的成分。煤含有碳、氫、氧、氮及硫等主要元素及少量磷、鉛及鐵等元素。煤的組成成分可用工業分析測定其水分、灰分、揮發成分及固定碳等四成分。使用元素分析可知煤的碳、氫、硫和氧的成分。各種煤的成分列在表 3-12。

表 3-12　木材與各種煤的成分與其發熱量

	C（%）	H（%）	O（%）	N+S（%）	發熱量(仟卡/仟克)
木　材	50	7～9	43	1	2500～4000
泥　煤	50～60	7～10	28	2	2000～3000
褐　煤	60～75	5～7	25	0.8	3000～5500
瀝青煤	75～90	4～6	13	0.8	5500～7000
無煙煤	90～95	2～4	2.5	痕跡	7000～8000

表 3-12 爲上述四種煤的成分與其發熱量，爲了比較的目的，也加進去木材的資料。

三、煤化學工業

煤的主要工業是煤的乾餾（dry distillation），即將煤隔絕空氣而加熱，使煤分解的過程。煤乾餾的產物可分為煤氣、煤溚及煤焦。煤氣可供工廠、實驗室及家庭的熱源，煤溚經分餾，精製後可成為有機合成化學的原料，煤焦除了做家庭及工廠的燃料外，廣用於冶鍊鐵及製鋼廠。

近年來化學家致力於將煤合成液體燃料，如甲醇或烴類。

1. 煤乾餾時所起的變化

⑴常溫～250℃：當煤加熱到約 100℃ 時，放出其所吸著的二氧化碳、甲烷 、氮等氣體物質及水分。加熱到 200°C 附近即放出結合的水。

⑵約 250～400℃：在此溫度煤開始分解，急劇的發生氣體及煤溚蒸氣，此時的溫度稱為第一分解溫度，所放出氣體的主要成分為甲烷、乙烯等碳氫化合物氣體，隨著以脂肪族烴及酚類為主要成分的煤溚成分亦蒸餾出來。

⑶約 400～600℃：在此溫度範圍以煤溚成分的蒸餾為主，冷卻剩餘部分即成為半成熟煤焦。如在此階段中止乾餾時則可得第一次分解所生成的高熱量氣體成分與低溫煤溚及半成熟煤焦。此一過程稱為低溫乾餾。

⑷約 600～1000℃：在此溫度範圍起為煤的第二次分解。碳化氫氣體的發生減弱，產物中氫與一氧化碳急劇增加同時煤溚進一步的分解而生成的苯、甲苯、萘等芳香烴產量增加。半成熟的煤焦將放出其所含的揮發成分變成煤焦。如此進行第二次分解的乾餾通常稱為高溫乾餾。

2.煤氣

從乾餾裝置出來的煤氣通常含有少量的苯、甲苯等輕油成分或氨等混合物。先以水洗法除去氨後進一步除去苯與甲苯，即可得煤氣可做家庭及工廠的燃料。煤氣的成分（容量百分率）如下：

CO_2　　2.5%　　　CO　　9.9%　　　O_2　　0.7%

H_2　　52.1%　　　CH_4　27.3%　　　N_2　　4.5%

其他為烴類(大半為乙烯)

3.煤溚及其分餾

煤溚油為黑色有特臭的油狀物，比重 1.05～1.3，含有由煤的分解所生成的多數化合物。其數目到今日已確認的約有 400 種之多。

煤溚可直接用做防腐及防水塗料，但大部分以分餾、精製法分離為各成分而做染料、醫藥、農藥、香料、炸藥、合成樹脂及合成纖維等原料。從煤溚所得的各成分總稱為溚產物。表 3－13 為主要的溚產物及其產率。

表 3－13　主要的溚產物與其產率

溚產物	產率（%）	溚產物	產率（%）
萘	10.9	甲酚	1.1
蒽	1.1	苯	0.1
菲	4.0	甲苯	0.2
酚	0.7	二甲苯	1.0

煤溚通常在減壓蒸餾塔中連續分餾成如表 3－14 所示四種蒸餾成分及殘餘物的瀝青。

表 3-14　分餾煤溶油的產物

成　　分	分餾溫度（℃）	產率（%）	所含主要化合物
輕　　油	＜160	0.5～3	苯，甲苯，二甲苯，吡啶
中　　油	160～230	5～19	酚，甲酚，萘
重　　油	230～270	8～12	酚，二甲苯，甲酚
蒽　　油	270～350	18～20	蒽，菲
瀝　　青	殘留物	50～85	

(1)輕油

主要成分為苯、甲苯、二甲苯及一些其他成分。將輕油再分餾時，在 100℃ 以下餾出的液體除苯外含少量甲苯、二甲苯的混合物。其次分餾出來的成分為二甲苯與少量脂肪族烴的混合物。這些液體均大量用於橡膠及塗料工業的溶劑。

(2)中油

主要成分為酚類與萘。酚類則以鹼萃取，其殘留液與輕油一起分餾而做溶劑之用。分餾所出的萘即經冷卻使其結晶來分離。分離後的萘純度約 70～95% 而以硫酸及鹼洗滌後蒸餾精製之。

萘可用為染料中間體、防蟲劑之外，氧化後可成為苯二甲酸酐，可用於合成樹脂、可塑劑及蒽醌（anthraquinone）衍生物的原料。

(3)重油

含有溚酸及溚鹼，但因高沸點成分較多之故，其分離較困難。除了酚與甲酚外尚含有聯苯（diphenyl）等。

(4)蒽油

蒽油中含有約 25% 的結晶成分。分餾後以冷卻法析出的晶體以壓榨或離心分離之。蒽為染料的主要原料。

(5)瀝青

可分為軟化點 60℃ 以下的軟瀝青與 75℃ 以上的硬瀝青。瀝青可

鋪馬路用之外，可做電絕緣體或塗屋頂之用。

4.合成用原料氣

使用水煤氣，發生爐氣所含的氫氣、氮氣或二氧化碳、一氧化碳等氣體，調整其成分組成比例，使用做合成工業的原料，稱爲合成用原料氣。

將水蒸氣通過熾熱之煤或焦碳，則生成一氧化碳（CO）和氫（H_2），此混合氣體稱爲水煤氣。

$$C + H_2O \longrightarrow CO + H_2 \qquad \Delta H = 29.0Kcal$$

此反應在 1000℃ 左右，水煤氣的產量最多。

把煤、焦碳或木炭堆積在發生爐（producer）中，從爐的下端通入熱空氣，使下層的煤燃燒，煤的碳元素和空氣中的氧產生二氧化碳（CO_2），此二氧化碳上升被上層熾熱的煤還原而成一氧化碳（CO），此一氧化碳和空氣中的氮的混合氣體被稱爲發生爐氣。

$$C + \underbrace{O_2 + 4N_2}_{} \longrightarrow CO_2 + 4N_2 + 96.9 \ Kcal$$
煤　　空氣

$$CO_2 + 4N_2 + C \longrightarrow \underbrace{2CO + 4N_2}_{} - 39.5 \ Kcal$$
　　　　　　　煤　　　發生爐氣

合成用原料氣常用來製造合成氨和合成甲醇。

「煤的液化」是將合成用原料氣加入更多的氫氣，在催化劑存在及高溫高壓下，產生適合作燃料的烴類：

$$nCO + (2n + 1)H_2 \xrightarrow[250℃]{ThO_2} C_nH_{2n+2} + nH_2O$$

另外合成原料氣也可以製成甲醇，進而製成其他的化學品，如乙烯、丙烯、醋酸、乙二醇等化學品。

四、石油的來源與分類

　　石油是海洋原始植物和動物受地熱及地壓的影響分解而成的。通常出產石油的地方亦產出大量天然氣（natural gases）。從石油的成因推想，天然氣應含有大量非燃燒性氣體的氮與二氧化碳。雖然天然氣的成分隨產地而有些差異，但主要成分為甲烷，有的可含二氧化碳達30％之多，其他尚含有高百分率的氮，硫化氫與一些氨。可供為家庭用天然氣的代表性成分如表 3-15。石油可由油井直接開採，由油井開採的石油叫做原油，送到各處的煉油廠分餾為各種用途的成分。

表 3-15　市售天然氣的成分

成　　　　　　　　　　分	百　　　　　分　　　　　率
甲烷	78~80
氮	10~12
乙烷	5.9
丙烷	2.9
正丁烷	0.71
異丁烷	0.26
C_5~C_7 烴	0.13
二氧化碳	0.07

　　原油之組成隨產地來源而不同，但按其主成分可分類為下列四大種類：

1.石蠟基原油（paraffin base crudes）

　　以開鏈烴為主成分的原油，含有大量的蠟質及潤滑油餾分，只含少量的環烷烴或柏油。出產於美國的賓州及俄亥俄州、印尼的蘇門答

臘以及中東地區。

2. 柏油基原油 （asphalt base crudes）

又稱環烷基原油。主成分是環烷烴，含有大量柏油、瀝青及重燃料油。主要產地是俄羅斯的巴庫、美國的加州及德州、墨西哥、印尼的爪哇及南美的委內瑞拉。

3. 混合基原油 （mixed base crudes）

平均含有開鍵烴、環烷烴及芳香烴的原油，具有石蠟基和柏油基各半之性質。羅馬尼亞、美國的中部及德州西部等地之原油屬此。

4. 芳香烴基原油 （aromatic base crudes）

含有大量低分子量之芳香族烴、環烷烴及松油精 （terpene），並含有少量的柏油及潤滑油。出產於臺灣、蘇門答臘及婆羅洲。

五、石油的成分

石油原油中通常溶解有低分子量的氣體碳氫化合物。這些在煉油廠製造汽油及柴油等時做為很重要的副產物。

在原油分餾時，這些較低沸點的碳氫化合物（大部分為丙烷）先蒸發而出。將這些氣體壓縮液化後裝入於鋼筒內出售即為今日家庭用的液化石油氣，當壓力減低時液化煤氣即立刻氣化，而可供家庭燃料。

除了易揮發成氣體成分之外，原油的成分很複雜，約由幾百種的化合物構成的。從美國中部所得的原油經分析結果得有 295 種不同的碳氫化合物。不過將這些 295 種成分集合在一起仍不過是原油體積的約 50％而已。當然，按出產石油地區的不同其組成亦有差異。表3-

16 為原油分餾所得主要碳氫化合物的種類及數目。

表 3-16　原油所含的碳氫化合物

種　　類	各類所含化合物型	各類所含化合物數
烷　　類	飽和, 直鏈 飽和, 歧鏈	53 52
環烷類	環戊烷衍生物 環己烷衍生物 其他環烷類	27 25 31
芳香族	苯衍生物 芳香烴類 萘及多環烴 含氧化合物 含硫化合物	40 12 67 4 4

　　表 3-17 為石油分餾所得各成分及大約的分餾溫度與其主要用途。

表 3-17　石油的分餾產物

成　　分	組　　成	沸點℃	主　要　用　途
氣　　　　體	$C_1 \sim C_4$	0~20	燃料
汽　　　　油	$C_6 \sim C_9$	69~150	汽車燃料, 溶劑
煤　　　　油	$C_{10} \sim C_{16}$	175~300	噴射機燃料, 柴油機燃料
氣體油 (gas-oil)	$C_{16} \sim C_{18}$	>300	柴油機燃料, 裂解原料
蠟油 (wax-oil)	$C_{18} \sim C_{20}$	—	潤滑油, 礦脂, 裂解原料
石　　　　蠟	$C_{21} - C_{40}$	—	蠟燭, 蠟紙
殘　　留　　物	—	—	柏油

　　汽車的普及往往需要更多高能量而揮發性的液體燃料。從原油分餾所得的汽油（$C_6 \sim C_9$ 成分）供不應求外, 用這種方法所得的汽油

往往不適用於今日的高壓縮性汽車引擎。

要適應汽車工業所需高級汽油的生產，從高分子量的碳氫化合物以適當方法分解成汽油範圍的低分子量烴為可行的方法。石油的裂解（cracking）則在催化劑存在下將加熱高分子量的煤油或柴油，使其化學鍵破裂而成較低分子量成分的方法。這方法又稱為媒裂法（catalytic cracking）。

$$C_{12}H_{26} \xrightarrow[\text{催化劑}]{400° \sim 700°} \underset{\text{b.p. } 69°}{C_6H_{14}} + \underset{\text{b.p. } 36°}{C_5H_{12}} + C$$

$$C_{12}H_{26} \xrightarrow[\text{催化劑}]{400° \sim 700°} \underset{\text{b.p. } 98°}{C_7H_{16}} + \underset{\text{b.p. } 38°}{C_5H_{10}}$$

$$C_{15}H_{32} \xrightarrow[\text{催化劑}]{\triangle} C_8H_{18} + C_7H_{14}$$

六、石油化學工業

以石油為基本原料的工業叫石油化學工業，其產品叫石油化學品（petrochemicals），通常是指從石油衍生所得的非燃料性用途的化合物，它們可作合成纖維、合成橡膠、塑膠、合成清潔劑、醫藥、農藥、炸藥和基本化工原料等。

石油化學品，可以它的性質及用途分為三大類：

(1)上游石油化學品，又稱基本原料或基本產品，簡稱原料。主要來自天然氣、液化石油氣、石油之裂煉產物之分離及精製而得。

(2)中游石油化學品，又稱中間原料或中間產品。由基本原料經過一連串的化學製造過程所得的化學品。

(3)下游石油化學品，從中間原料（少數由基本原料）經過各種製造程序製造出來的合成橡膠、合成纖維、塑膠、清潔劑、溶劑等石油化學成品。這些化學成品經過加工，最後可製成衣、食、住、行、育、樂等日常生活上所需要的物品。

圖 3-11 表示石油成分的分離及精製的簡化系統圖, 表 3-18 列出主要石油化學品的分類。

圖 3-11 石油成分的分離及精製

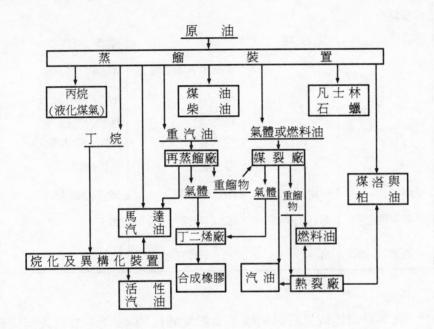

表 3-18 石油化學品的分類

上　　　游	中　　　　　　　　游	下　　　　　　　游	
原料	中間原料	中間產品	完成品
鏈狀烴, 環狀烴	烯烴, 二烯烴	各種有機及無機物	各種有機及無機物
石蠟烴, 天然氣	炔烴, 芳香烴		碳黑
硫化物	硫化氫	硫	硫酸
氫、甲烷		合成用原料氣	氨, 甲醇, 甲醛
煉油氣	乙炔, 異丁烯	醋酸, 醋酸酐	醋酸酯類, 纖維
乙烷	乙烯	異戊間二烯	橡膠和纖維

		環氧乙烷	
丙烷	丙烯	丙烯腈	同上
正丁烷	正丁烯	丁二烯	塑膠，橡膠
己烷、庚烷			
煉製輕油			
環狀烴	環戊二烯	己二酸	纖維
苯		乙基苯，苯乙烯	苯乙烯
		苯乙烯	酚，丙酮
		異丙苯	橡膠，塑膠
		烷基苯	纖維，清潔劑
		環己烷	己內醯胺
甲苯	甲苯	酚，苯甲酸	塑膠，纖維
二甲苯混合物	鄰、間、對二甲苯	苯二甲酸酐	同上
甲基萘	萘	苯二甲酸酐	同上

　　我國臺灣地域之石油化學工業起步於民國48年中油嘉義溶劑廠的設立。在民國57年中油公司於高雄煉油廠內興建第一輕油裂煉工場後，才真正進入石油化學工業時代。中油公司已先後完成乙烷裂解工場及第二、第三、第四輕油裂解工場，第五輕油裂解工場亦在興建中，使我國成為世界主要石油化學工業國家之一。

　　表3－19為從石油可製得的代表性芳香烴以及從它們可製得的化學品。由此表可知石油化學工業在今日化學工業的重要性。

表 3－19　從石油所得的石油化學製品

烴　類	衍生產物與其用途

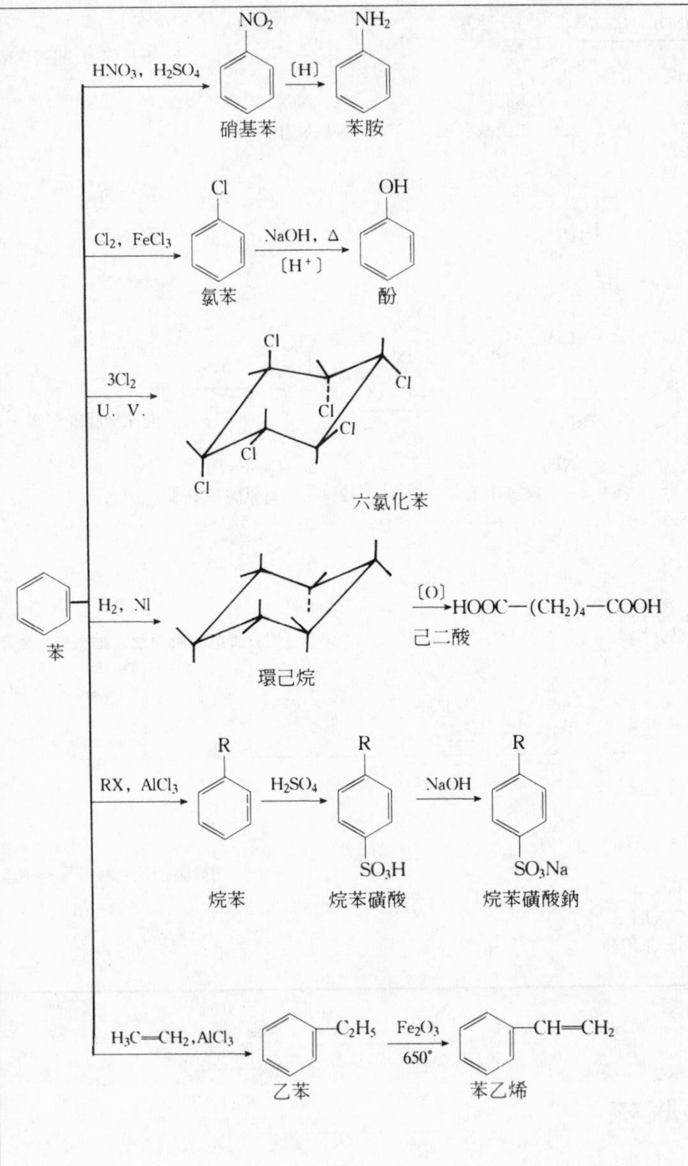

（由苯經 HNO₃, H₂SO₄ 生成硝基苯，再經〔H〕生成苯胺）

用於製造藥品，染料

（由苯經 Cl₂, FeCl₃ 生成氯苯，再經 NaOH, Δ〔H⁺〕生成酚）

製樹脂，塑膠，木材，防腐劑，染料，顯像劑

（由苯經 3Cl₂, U. V. 生成六氯化苯）

加馬六氯化苯（γ－BHC）殺蟲劑

（由苯經 H₂, Ni 生成環己烷，再經〔O〕生成 HOOC─(CH₂)₄─COOH 己二酸）

製耐綸

（由苯經 RX, AlCl₃ 生成烷苯，再經 H₂SO₄ 生成烷苯磺酸，再經 NaOH 生成烷苯磺酸鈉）

可做合成洗劑

（由苯經 H₃C＝CH₂, AlCl₃ 生成乙苯，再經 Fe₂O₃ 650° 生成苯乙烯）

用於製造塑膠及人造橡膠

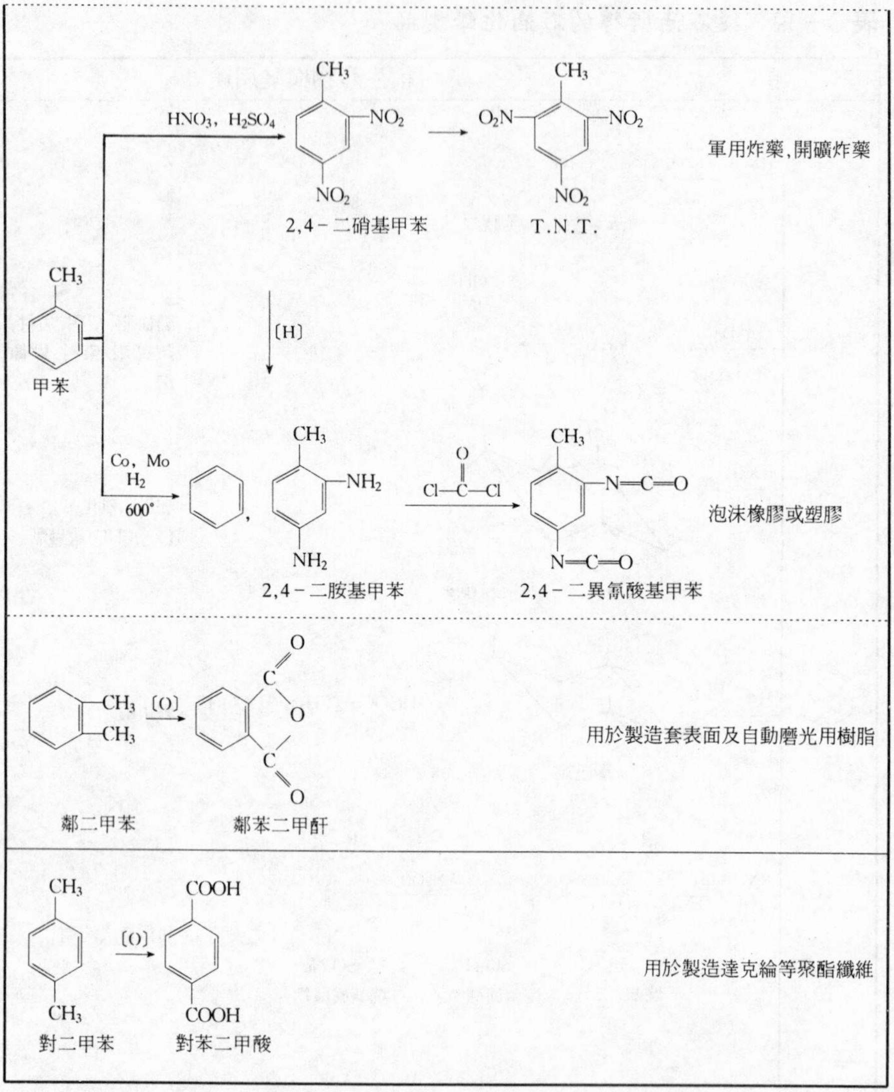

2,4-二硝基甲苯 → T.N.T. → 軍用炸藥,開礦炸藥

甲苯 → [H]

Co,Mo H₂ 600° → 2,4-二胺基甲苯 → 2,4-二異氰酸基甲苯 → 泡沫橡膠或塑膠

鄰二甲苯 → [O] → 鄰苯二甲酐 → 用於製造套表面及自動磨光用樹脂

對二甲苯 → [O] → 對苯二甲酸 → 用於製造達克綸等聚酯纖維

七、石油的脫硫

石油中所含的硫分有時達到 5% 之多。這些硫的主要成分為硫醇

(thioalcohols)，硫醚（thioethers）及環狀硫化合物，但亦含有少量硫化氫或游離的硫。

R—SH　　R—S—R′

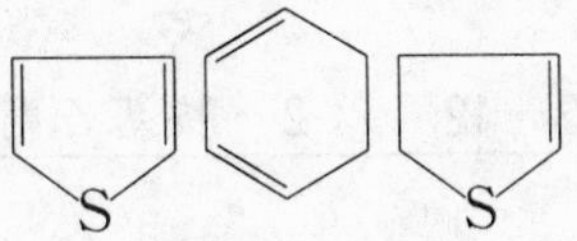

硫醇類　　硫醚類　　環狀硫化合物

含硫的石油燃燒時產生二氧化硫氣體可損害爐及管，同時成爲空氣污染的一大原因。因此石油（燈油、汽油、柴油）的脫硫爲極重要的步驟。

脫硫反應以硫化合物在催化劑存在時與氫反應生成硫化氫開始。

$$R—SH + H_2 \longrightarrow RH + H_2S$$

$$R—S—R' + 2H_2 \longrightarrow RH + R'H + H_2S$$

$$+ 4H_2 \longrightarrow \underset{CH_3}{\underset{|}{CH_2}}—\underset{CH_3}{\underset{|}{CH_2}} + H_2S$$

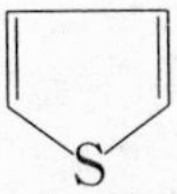

噻吩

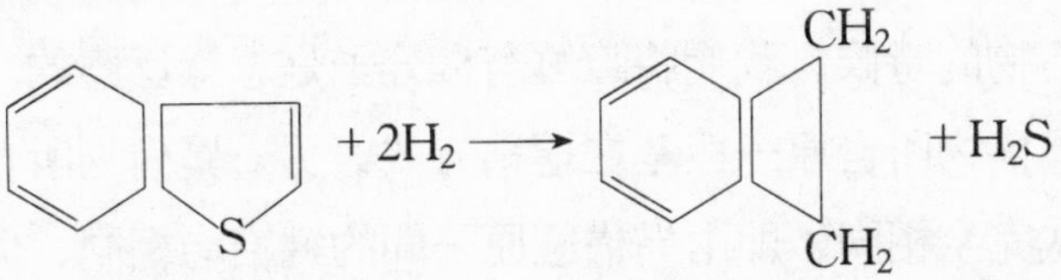

苯駢噻吩

例如含硫量 2.06％的原油在 8～16 氣壓的氫，加溫至 370～425℃及鈷、鉬等催化劑存在時，脫硫反應則進行並產生硫化氫氣體而含硫量可減到 0.17％。通常的石油脫硫即指將含硫量降低到 0.3％程度的。但如果要做聚合反應原料的乙烯或丙烯則必將硫的含量降低到 1ppm（百萬分之一）以下。

除去硫化氫的方法通常使用 2－胺基乙醇（$H_2N—C_2H_4—OH$）

或二乙醇胺 HN-$(C_2H_4-OH)_2$ 濃溶液來洗而除之。圖 3-12 為以乙
醇胺水溶液脫硫化氫的圖解。

圖 3-12　以 2-胺基乙醇水溶液脫硫化氫的圖解

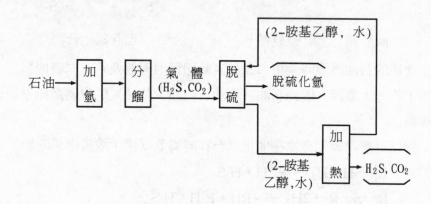

3-4　立體異構現象

在有機化學裡異構（isomerism）為極重要的概念，如我們明瞭怎
樣生成異構物的時候，我們將瞭解有機分子是怎樣反應的。在分子結
構中一種異構物所含原子與基之連結方式與另一異構物所含原子與基
之結構方式完全相同，即兩異構體原子間的鍵結均相同，但原子與基
在空間的配置方式不同的叫做立體異構物（stereoisomers）。

一、幾何異構

幾何異構（geometric isomerism）是立體異構的一種型式，當一
個碳原子與另一碳原子間因有雙鍵的存在而其旋轉被限制時，或碳原
子在分子環結構中結合的更強或較弱時呈幾何異構。此異構物最簡單

的例爲本章 3－2 節中所述順式及反式 2－丁烯。幾何異構物不但物理性質相異，有時化學性質亦大大不同。這些可測量的不同性質容許我們可辨別順式及反式。例如，順－1,2－二氯乙烯是極性分子，但反－1,2－二氯乙烯是非極性分子。

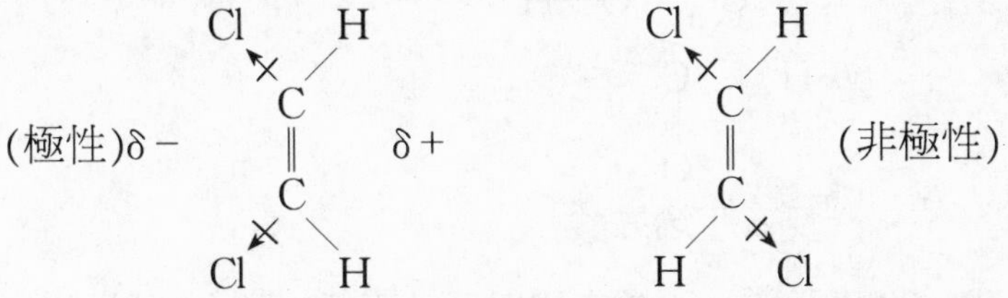

順－1,2－二氯乙烯　　反－1,2－二氯乙烯
沸點 60℃　　　　　　沸點 48℃
偶極矩＝1.85D　　　　偶極矩＝0

　　順型及反型異構物的化學性質不同。例如，順－丁烯二酸 (maleic acid)的兩個羧基均在雙鍵的一側，因此空間的配置可容許順－丁烯二酸加熱時，失去一個水分子而成順－丁烯二酐（maleic anhydride）。可是其反式異構物的反－丁烯二酸（fumaric acid）加熱時昇華而不能生成酸酐。

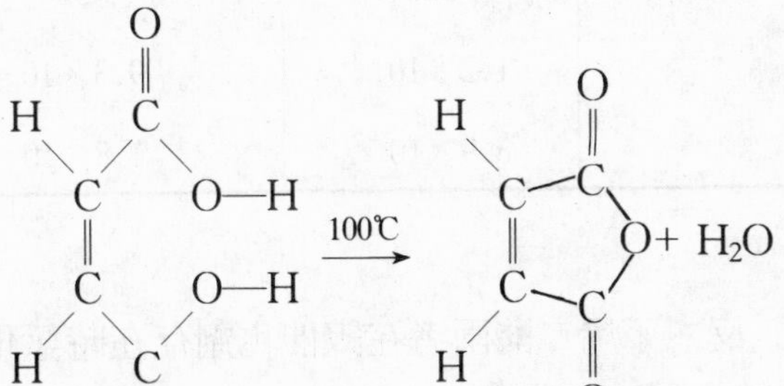

順－丁烯二酸　　　　順－丁烯二酐

在反式異構物，兩個羧基各占環面的相對的一側。此型的異構物特別在醣化學裡很重要。

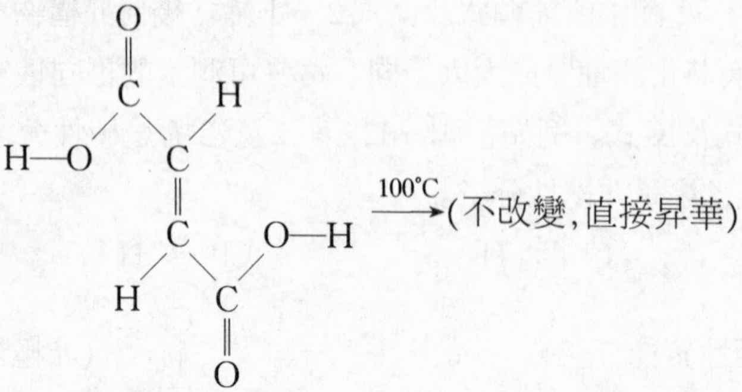

反－丁烯二酸

表 3－20 表示順－丁烯二酸與反－丁烯二酸各種特性的比較。由表可知兩者的燃燒熱相近外，其他特性都有顯著的差異。

表 3－20　順－丁烯二酸與反－丁烯二酸性質的比較

性　　　質	順－丁烯二酸	反－丁烯二酸
熔　　　點	130℃	270℃
溶解度(克/100 公撮水,25℃)	79	0.7
燃燒熱　（千卡/莫耳）	326	320
第一游離常數	1.2×10^{-2}	9.3×10^{-4}
第二游離常數	3.9×10^{-7}	1.8×10^{-5}

　　順－丁烯二酸，反－丁烯二酸兩者在鎳催化劑存在時氫化均生成琥珀酸，琥珀酸因碳—碳間之單鍵容許自由旋轉之故沒有異構體的存在。圖 3－13 表示如此反應。

圖 3-13　順－丁烯二酸及反－丁烯二酸的氫化

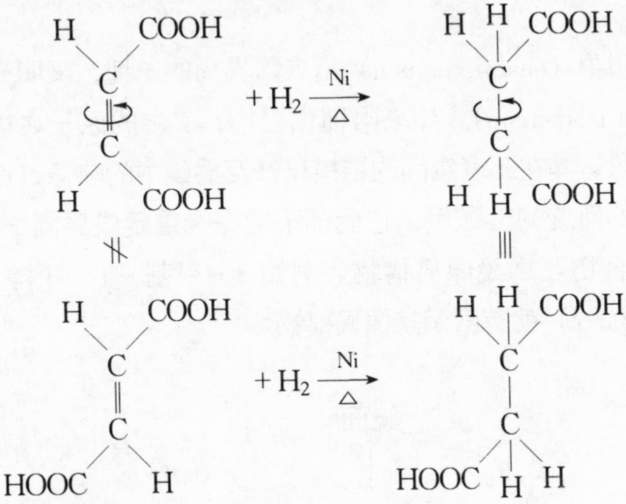

　　如同兩原子間的雙鍵可阻止自由旋轉而有幾何異構物，環狀的原子亦可阻止自由旋轉。當兩個基各連於環己烷環上的兩個不同碳原子時亦可生成順式及反式異構物。例如在 1，4－環己烷二甲酸即有如圖 3-14 所示兩種異構物。在順式異構物，兩個羧基均在環面的同一側，而反式則在不同側。

圖 3-14　1,4－環己烷二甲酸之異構物

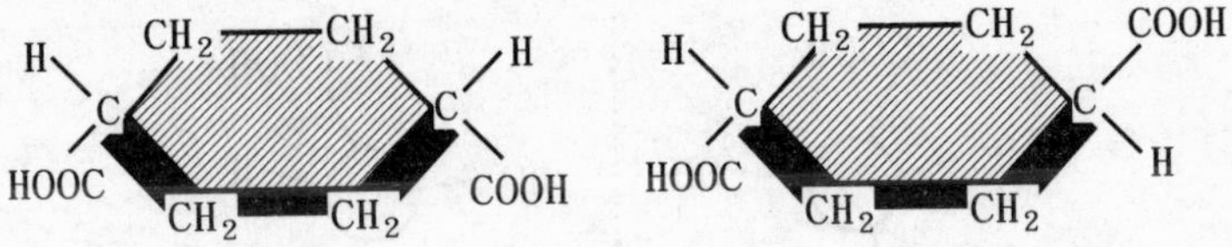

順式　　　　　　　　　　反式

二、鏡像異構

　　鏡像異構現象（enantiomerism）是立體異構的一種，又叫光學異構現象（optical isomerism）。如果兩種化合物，其中的原子之排列順序完全相同，只是其在三度空間的結構正好互為鏡中的映像，而且這兩種結構無論如何旋轉、顛倒，它們都不能完全重疊成為同一結構，此時這兩種化合物互為鏡像異構物。例如 2－甲基－1－丁醇（2－methyl－1－butanol）就有兩個鏡像異構物：

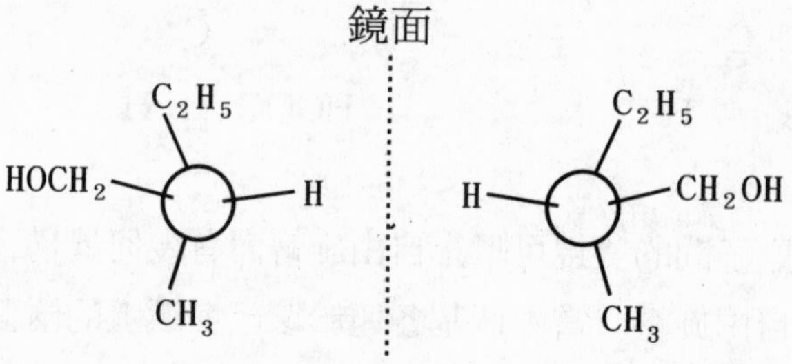

此二個互為鏡像的結構，除非將其中的化學鍵打斷重組，否則無法將它們重疊在一起。又如乳酸（lactic acid）也有兩個互為鏡像且不能完全重疊的結構：

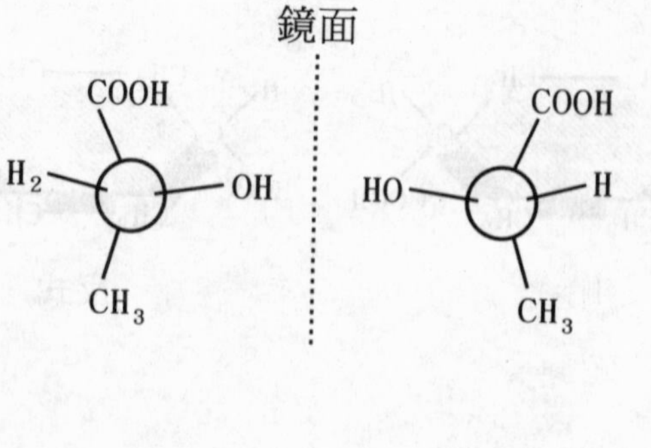

因此乳酸也有鏡像異構物。但是如 2－氯丙烷（2－chloropropane），
雖有互為鏡像的結構，但兩者卻能完全重疊在一起，成為同一結構，
所以此互為鏡像的化合物其實是同一化合物，沒有鏡像異構現象。像
這樣不能與其自身的鏡像完全重疊的分子，叫做具有對掌性
(chirality)的分子或對掌分子（chiral molecule）。因此對掌性也就成了
產生鏡像異構現象的充分而且必要條件。

　　互為鏡像異構的兩種化合物，其物理性質，除旋光性不同外，其
他完全相同（例如表 3－21 所示）。因此鏡像異構物通常靠其旋光性
來分辨。至於其化學性質，對於不具對掌性的試劑而言，也是完全一
樣，進行相同的反應且反應速率也相同；只有在與具有對掌性的試劑
反應時，才會有差異。有時甚至只會與鏡像異構物之一起反應，而與
另一個完全沒有作用。生物體中對這種差別，有極巧妙的應用。

表 3－21　（＋），（－）2－甲基－1－丁醇之特性

項　　目	（＋）2－甲基－1－丁醇	（－）2－甲基－1－丁醇
比旋光度（°）	＋5.756°	－5.756°
沸　點（℃）	128.9°	128.9°
密　度（g/mL）	0.8193	0.8193
折光度	1.407	1.407

　　旋光性是指物質將平面偏極光（plane-polarized light）的極化平
面旋轉的性質。兩鏡像異構物旋轉此一平面的角度相同，但方向正好
相反，如此就可區分互為鏡像異構物的兩種化合物。另外旋轉角度的
大小則與異構物的多寡（濃度）和偏極光穿過試樣的路徑長短有關。
使平面偏極光的極化平面順時針方向旋轉的化合物，叫具有右旋性
(dextrorotatory) 的物質，命名時在其名字前加 " ＋ " 號表示。使平

面反時針方向旋轉的，稱爲具有左旋性（levorotatory）的物質，在其名字前加"－"表示。如(＋)－乳酸、(－)－乳酸等。凡是具有旋光性的物質，叫具有光學活性（optical active）的物質，而不影響平面偏極光的物質，叫不具光學活性（optical inactive）的物質。

將等量的鏡像異構物相混合，就成爲消旋體（racemic modifications）。消旋體不具光學活性，因爲其中的兩個化合物，旋光性相等但方向相反而互相抵消。消旋體在其名字前加"±"號表示。如(±)－乳酸。要將消旋體中的鏡像異構物分離，需用特殊的方法，一般的蒸餾、再結晶等方法都不能用。通常是使其與另一具對掌性分子起反應，生成不同的產物，將此產物按一般的方法分離後，再個別將它們分解，回復成原來的化合物。

要怎樣從一化合物的分子式來判斷其是否具有對掌性呢？一般是看分子中是否有對掌中心（chiral center）。所謂對掌中心，就有機分子而言，是指同時與四個不同的原子或原子團相鍵結的碳原子。此碳原子叫做對掌中心，通常以 C* 表示。如前述的 2－甲基－1－丁醇和乳酸：

$$C_2H_5\text{—}\overset{\displaystyle H}{\underset{\displaystyle CH_3}{C^*}}\text{—}CH_2OH \qquad\qquad CH_3\text{—}\overset{\displaystyle H}{\underset{\displaystyle OH}{C^*}}\text{—}COOH$$

2－甲基－1－丁醇   乳酸

分子中有且只有一個對掌中心者，此分子必然具有對掌性。有兩個以上對掌中心者，分子反而不一定具有對掌性。例如 2,3－二氯丁烷（2,3－dichlorobutane）：

$$CH_3\text{—}\overset{\displaystyle }{\underset{\displaystyle Cl}{C^*H}}\text{—}\overset{\displaystyle }{\underset{\displaystyle Cl}{C^*H}}\text{—}CH_3$$

此分子式共包含有三種立體異構物：

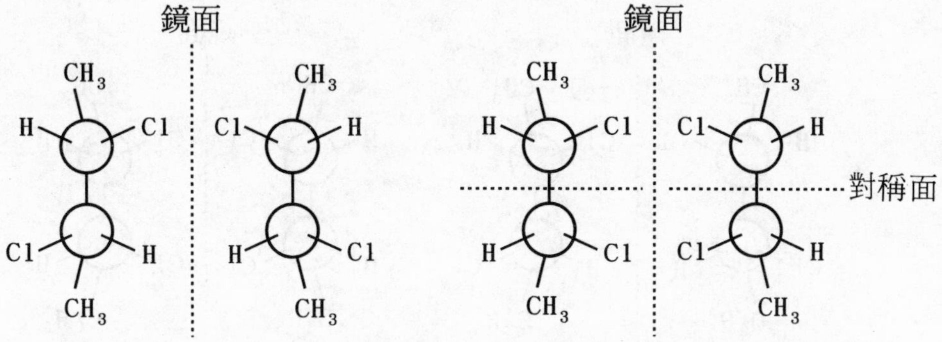

鏡面　　　　　　　　　　　　　鏡面

CH_3　　CH_3　　　　CH_3　　CH_3

H—C1　C1—H　　H—C1　C1—H

　　　　　　　　　　　　　　　　　　　　———對稱面

C1—H　H—C1　　H—C1　C1—H

CH_3　　CH_3　　　　CH_3　　CH_3

Ⅰ　　　Ⅱ　　　　Ⅲ　　　Ⅲ

其中Ⅰ和Ⅱ爲不能完全重疊的鏡像異構關係；Ⅲ則可與其鏡像完全重疊成同一結構，因此不具對掌性，沒有鏡像異構現象。如同Ⅲ這種情形，分子中有對掌中心，卻可與其鏡像完全重疊的，叫仲介化合物（meso compounds）。仲介化合物不具對掌性，也沒有光學活性，其分子的結構中常有一對稱面（plane of symmetry），分子的半邊結構與另一半互爲鏡像。Ⅲ和互爲鏡像異構的Ⅰ和Ⅱ之間是立體異構的關係，但並沒有互成鏡像。像這樣，相互之間不成鏡像的立體異構物，叫做非對映異構物（diastereomers）。Ⅲ與Ⅰ，Ⅲ與Ⅱ都是非對映異構關係。

又如2,3－二氯戊烷（2,3－dichloropentane）：

CH_3—CH_2—C^*H—C^*H—CH_3

　　　　　　　　　Cl　　Cl

具有下列四種立體異構物：

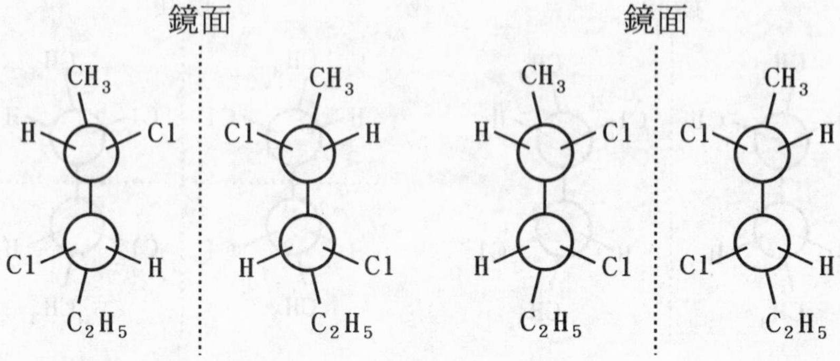

鏡面 鏡面

|　　 IV 　　|　　 V 　　|　　 VI 　　|　　 VII 　　|

其中 IV 和 V 及 VI 和 VII 之間都是鏡像異構關係，而 IV 和 VI、VII 或 VI 和 IV、V 之間則都是非對映異構關係，因它們彼此不互爲鏡像。

　　非對映異構物之間物理性質不同，舉凡熔點、沸點、密度等等都不一樣，若具光學活性的話，其旋光性也不同。因之非對映異構物可以用蒸餾、結晶等方法來分離或純化。非對映異構物之間的化學性質則相似而不完全相同。例如進行同一種反應時，反應速率就有差別。因此若要將 2，3 － 二氯丁烷的立體異構混合物加以分離純化的話，可先用蒸餾的方法分出 I 及 II 混合的消旋體及純的 III。再以前述的消旋體特殊分離方法將 I 及 II 分開純化。

3－5　醇與醚、醛與酮、酸與酯及其衍生物

一、醇類（alcohols）

　　醇類的官能基爲氫氧基，又叫羥基。雖然此化合物的化學構造到

十九世紀才明瞭，但從古代開始酒精便是世人所廣知並嗜好的物質
了。酒精開始時從果實的醱酵來製造，但在第一次世界大戰期間，因
大量的需要，從價廉的原料以有機合成方法可得極便宜的酒精，供工
業上、醫藥上及實驗室之用。

1.醇的結構

　　飽和碳氫化合物或未飽和碳氫化合物的氫原子被羥基（—OH）
取代的稱爲醇類，俗稱酒精類。醇的化學即是連於碳原子上的羥基的
化學。另一眼光來看時，醇可認爲水中的氫原子被有機基所取代而成
的。

$$H - O \qquad\qquad R - O$$
$$\quad\searrow H \qquad\qquad\quad \searrow H$$
$$\text{水} \qquad\qquad\quad \text{醇類}$$

2.醇的分類與命名

　　醇類的分類通常以羥基所連的碳原子與一個、兩個或三個其他碳
原子結連來決定。這樣的醇稱爲第一、第二或第三醇。

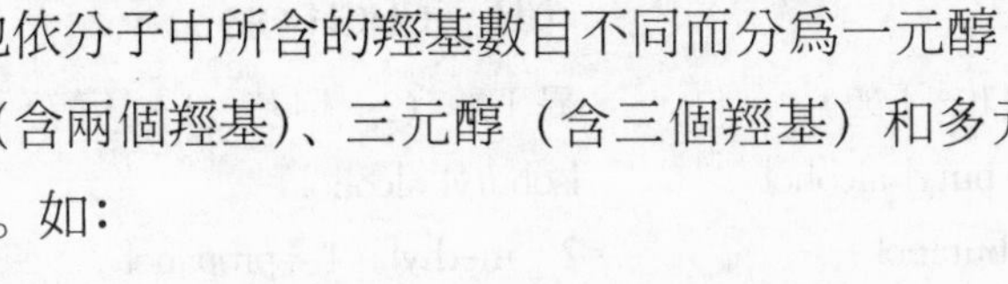

$$
\begin{array}{ccc}
\text{H} & \text{H} & \text{R} \\
| & | & | \\
\text{R}-\text{C}-\text{OH} & \text{R}-\text{C}-\text{OH} & \text{R}-\text{C}-\text{OH} \\
| & | & | \\
\text{H} & \text{R} & \text{R} \\
\text{第一醇} & \text{第二醇} & \text{第三醇}
\end{array}
$$

　　醇也依分子中所含的羥基數目不同而分爲一元醇（含一個羥基）、
二元醇（含兩個羥基）、三元醇（含三個羥基）和多元醇（含四個以
上羥基）。如：

$$
\begin{array}{ccc}
\text{H} & \text{H} \\
| & | \\
\text{H—C—C—H} \\
| & | \\
\text{H} & \text{OH}
\end{array}
$$

乙醇
（一元醇）

乙二醇
（二元醇）

丙三醇(甘油)
（三元醇）

醇的命名方法通常有三種不同的命名法。當碳數目較少時常使用普通名，碳原子數目在四個以上時即不常用普通名了。在中文通常使用國際系統名，則以天干數字代表碳數目外加「醇」（英文語尾改為-ol）。

CH_3OH	C_2H_5OH	C_3H_5OH
甲醇	乙醇	丙醇

英文普通名：methyl alcohol　　ethyl alcohol　　propyl alcohol

英文國際名：methanol　　ethanol　　propanol

$CH_3CH_2CH_2OH$

$$CH_3-\overset{\displaystyle\text{H}}{\underset{\displaystyle\text{OH}}{\text{C}}}-CH_3$$

正丙醇（1－丙醇）　　　　異丙醇（2－丙醇）

英文普通名：n－propyl alcohol　　isopropyl alcohol

英文國際名：1－propanol　　2－propanol

$CH_3CH_2CH_2CH_2OH$

$$CH_3-\overset{\displaystyle CH_3}{\text{CHCH}_2\text{OH}}$$

正丁醇（1－丁醇）　　　　異丁醇（2－甲基－1－丙醇）

英文普通名：n－butyl alcohol　　isobutyl alcohol

英文國際名：1－butanol　　2－methyl－1－propanol

分類：　　第一醇　　　　　　第一醇

$$CH_3-\underset{\underset{CH_3}{|}}{\overset{\overset{CH_3}{|}}{C}}-OH$$

第三丁醇（2－甲基－2－丙醇）

英文普通名：*tert* － butyl alcohol

英文國際名：2 － methyl － 2 － propanol

$$CH_3CH_2\underset{\underset{OH}{|}}{CH}CH_3$$

第二丁醇（2－丁醇）

sec － butyl alcohol

2 － butanol

$$CH_3-CH_2-\underset{\underset{CH_3}{|}}{CH}-CH_2-OH$$

3 － 甲基－1－丁醇

3 － methyl － 1 － butanol

$$CH_2\!=\!CH-CH_2-OH$$

2 － 丙烯－1－醇

2 － propen － 1 － ol

$$CH_3-\underset{\underset{OH}{|}}{CH}-\underset{\underset{OH}{|}}{CH_2}$$

1,2 － 丙二醇

1，2 － propanediol

$$\underset{\underset{OH}{|}}{CH_2}-\underset{\underset{OH}{|}}{CH}-\underset{\underset{OH}{|}}{CH_2}$$

1,2,3 － 丙三醇（甘油）

1,2,3 － propanetriol(glycerol)

第三種醇的命名法是以甲醇（carbinol）爲基礎的命名法。如

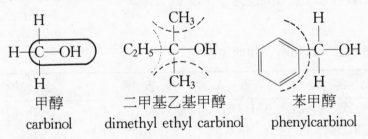

甲醇	二甲基乙基甲醇	苯甲醇
carbinol	dimethyl ethyl carbinol	phenylcarbinol

但這方法在我國很少使用。

3.醇的物理性質

分子中氫原子與氟、氧或氮等電負度高的元素結合時這分子具有電偶極（dipole）。而氫核的一端通常爲缺少電子即正端。這氫的正端

對鄰近分子中的陰電性元素具有極強的吸引力而構成氫鍵（hydrogen bond）。在固態或液態的水分子具有這樣的電偶極，因此水分子中之氫原子能夠與另一個水分子中的氧原子互相吸引而成氫鍵的結合。以氫鍵結合的液體稱爲會聚液（associated liquid）其性質與通常液體的性質不同。

$$-- \text{H}-\overset{\cdot\cdot}{\text{O}}: -- \text{H}-\overset{\cdot\cdot}{\text{O}}: -- \text{H}-\overset{\cdot\cdot}{\text{O}}: -- \text{H}-\overset{\cdot\cdot}{\text{O}}: --$$
$$\quad\quad \text{H} \quad\quad\quad\quad \text{H} \quad\quad\quad\quad \text{H} \quad\quad\quad\quad \text{H}$$

如同水一樣，醇分子亦具高度極性可形成氫鍵的結合。

$$\text{H}-\overset{\cdot\cdot}{\text{O}}: -- \text{H}-\overset{\cdot\cdot}{\text{O}}: -- \text{H}-\overset{\cdot\cdot}{\text{O}}: -- \text{H}-\overset{\cdot\cdot}{\text{O}}:$$
$$\quad\quad \text{R} \quad\quad\quad\quad \text{R} \quad\quad\quad\quad \text{R} \quad\quad\quad\quad \text{R}$$

醇分子從液態變成氣態蒸氣時，如同水一樣必須接受足夠的能量打破這氫鍵，因此醇類的沸點往往比其異構體中分子式不含氫氧基的爲高。例如，乙醇，C_2H_5OH 的沸點爲 78℃，但其同分異構體的二甲醚，$CH_3—O—CH_3$ 即只有 $-24.9℃$。表 3-22 表示氫鍵的存在影響沸點較分子量的增加之影響爲大的實例。

表 3-22　乙烷取代物的沸點

化 合 物	分 子 式	分 子 量	沸　點℃
乙醇	C_2H_5OH	46	78.4
氯乙烷	C_2H_5Cl	64.5	12.2
溴乙烷	C_2H_5Br	109	38.0
碘乙烷	C_2H_5I	156	72.4

較低碳數目的醇的性質與水相似，分子式中均具氫氧基，碳原子數較低的醇均能以任何比例與水完全互溶。但碳數愈多溶解度即減

少。表 3－23 表示醇中烷基的大小與形態影響溶解度的例子：

表 3－23　C₁~C₆ 醇類的溶解度

名　　稱	化　學　式	溶　解　度 （克/100 克水）
甲醇	CH_3OH	完全互溶
乙醇	C_2H_5OH	完全互溶
2－丙醇	$(CH_3)_2CHOH$	完全互溶
1－丙醇	$CH_3CH_2CH_2OH$	完全互溶
1－丁醇	$CH_3CH_2CH_2CH_2OH$	9
2－甲基－1－丙醇	$(CH_3)_2CHCH_2OH$	10
2－丁醇	$CH_3CH_2CH(OH)CH_3$	12.5
2－甲基－2－丙醇	$(CH_3)_3COH$	完全互溶
1－戊醇	$CH_3(CH_2)_3CH_2OH$	2.7
2－戊醇	$CH_3CH_2CH_2CH(OH)CH_3$	5.3
1－己醇	$CH_3(CH_2)_4CH_2OH$	0.6

4.醇的製備

(1)由烯類製備

目前仍有許多地方利用醣類的醱酵方法製造乙醇，例如臺糖公司以糖蜜之醱酵方式製造。可是在化學工業上常使用乙烯為出發物質以合成方法製造乙醇。烯類可加水而變成醇類。實用上這加水反應是間接進行的。硫酸先加入在乙烯分子內而成乙基硫酸(ethyl sulfuric acid)，將乙基硫酸以水稀釋時，經加水分解反應而生成乙醇。

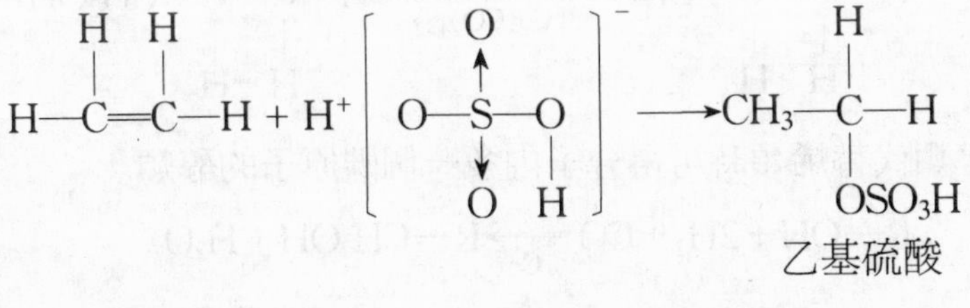

乙基硫酸

$$\underset{乙醇}{\overset{H}{\underset{OSO_3H}{CH_3-\overset{|}{\underset{|}{C}}-H}}} + H_2O \longrightarrow CH_3-CH_2-OH + H_2SO_4$$

其他類的醇亦可從烯類以上述方式製得，要注意此時加成是遵循<u>馬克尼可夫規則</u>。

$$\overset{H}{\underset{}{R-\overset{|}{\underset{}{C}}=CH_2}} + H^+ HSO_4^- \longrightarrow \overset{H}{\underset{OSO_3H}{R-\overset{|}{\underset{|}{C}}-CH_3}} \xrightarrow{H_2O} \underset{第二醇}{\overset{H}{\underset{OH}{R-\overset{|}{\underset{|}{C}}-CH_3}}}$$

$$\overset{R}{\underset{}{R-\overset{|}{\underset{}{C}}=CH_2}} \xrightarrow{H_2SO_4} \overset{R}{\underset{OSO_3H}{R-\overset{|}{\underset{|}{C}}-CH_3}} \xrightarrow{H_2O} \underset{第三醇}{\overset{R}{\underset{OH}{R-\overset{|}{\underset{|}{C}}-CH_3}}}$$

近年來以氣體混合物（氫，一氧化碳與乙烯）在 150～200 氣壓的高壓及 100～200°C 高溫通過鈷系催化劑時可得較高級醇類的方法已研究成功並在工廠規模開始製造。

$$\overset{H}{\underset{H}{\underset{}{C}}}=\overset{H}{\underset{H}{\underset{}{C}}} + CO \xrightarrow[{[Co(CO_4)]_2}]{H_2} \overset{H}{\underset{H}{\underset{}{H-\overset{|}{\underset{|}{C}}}}}-\overset{H}{\underset{H}{\underset{}{\overset{|}{\underset{|}{C}}}}}-CHO$$

$$\overset{H}{\underset{H}{\underset{}{H-\overset{|}{\underset{|}{C}}}}}-\overset{H}{\underset{H}{\underset{}{\overset{|}{\underset{|}{C}}}}}-CHO \xrightarrow[{[Co(CO)_4]_2}]{H_2} \overset{H}{\underset{H}{\underset{}{H-\overset{|}{\underset{|}{C}}}}}-\overset{H}{\underset{H}{\underset{}{\overset{|}{\underset{|}{C}}}}}-CH_2OH$$

如以醇類代替烯類時可得分子內多一個碳原子的醇類。

$$R-OH + 2H_2 + CO \xrightarrow{Co} R-CH_2OH + H_2O$$

以這方法所得 $C_8 \sim C_{12}$ 的醇類可做可塑劑，界面活性劑等的合成原料。

(2)鹵烷類的加水分解反應

醇類可由鹵烷的加水分解來製造，但反應因鹵酸脫去反應而生成烯的反應，與取代反應競爭之故實用性受限制。為了減少烯類的生成，鹵烷的水解通常不在鹼性酒精溶液進行而在中性溶液中進行。雖然這樣仍有少量脫去反應所成的烯類存在。

$$CH_3CH_2CH_2Br + OH^- \longrightarrow CH_3CH_2CH_2OH + Br^-$$
$$\text{溴丙烷} \qquad\qquad\qquad \text{正丙醇}$$

苯甲醇亦可由同樣方式製得。

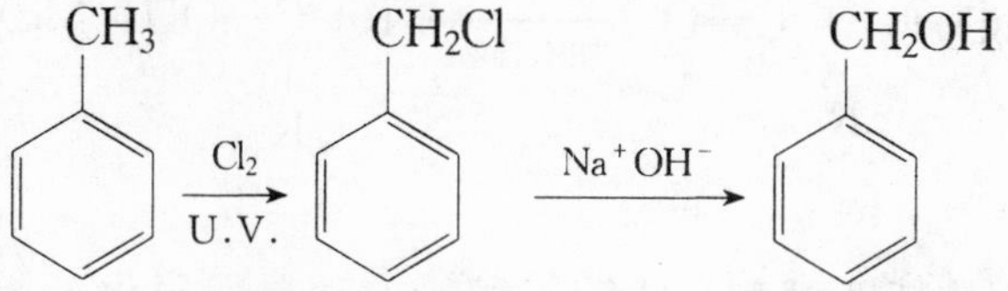

甲苯　　　　　氯甲苯　　　　　苯甲醇

(3)加格任亞試劑於醛與酮類的反應

添加 RMgX 或 ArMgX 型的<u>格任亞試劑</u>於醛或酮類是製備醇類最好的方法之一。首先<u>格任亞試劑</u>加在醛或酮的羰基而生成兩價鎂的混合鹽。陽電性的鎂尋找羰基的氧；有機基即與羰基的碳原子結合。

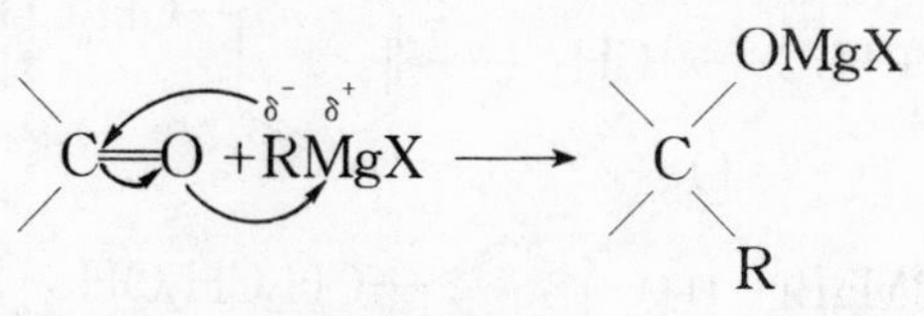

以稀鹽酸水解此加成物時即可生成醇與二鹵化鎂。

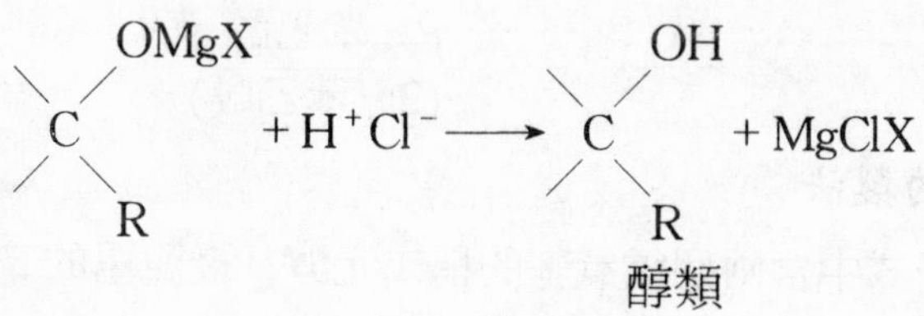

醇類

這方法可製得各種醇類。例如：

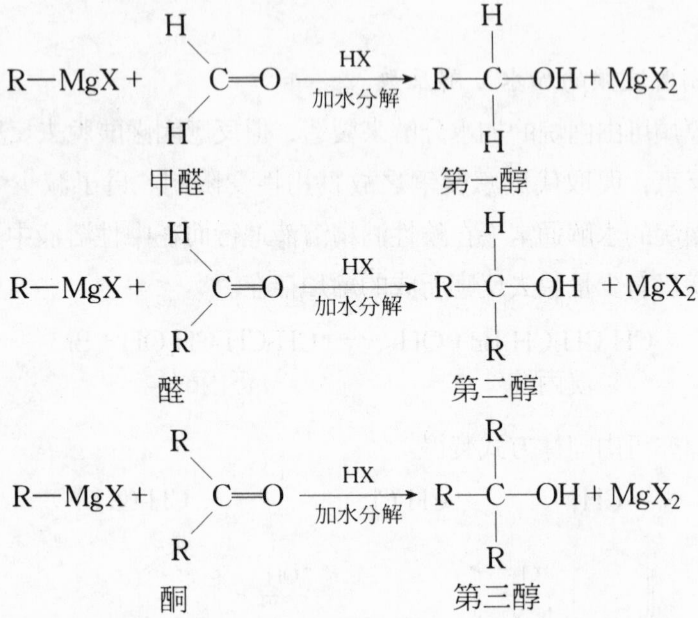

$$R-MgX + \quad \overset{H}{\underset{H}{C}}=O \quad \xrightarrow[\text{加水分解}]{HX} \quad R-\overset{H}{\underset{H}{\overset{|}{C}}}-OH + MgX_2$$

甲醛　　　　　　　第一醇

$$R-MgX + \quad \overset{H}{\underset{R}{C}}=O \quad \xrightarrow[\text{加水分解}]{HX} \quad R-\overset{H}{\underset{R}{\overset{|}{C}}}-OH + MgX_2$$

醛　　　　　　　　第二醇

$$R-MgX + \quad \overset{R}{\underset{R}{C}}=O \quad \xrightarrow[\text{加水分解}]{HX} \quad R-\overset{R}{\underset{R}{\overset{|}{C}}}-OH + MgX_2$$

酮　　　　　　　　第三醇

另一種應用<u>格任亞試劑</u>合成第一醇的方法是與氧化乙烯（ethylene oxide）的反應。如同在羰基之反應一般，鎂尋找氧原子，這反應可加長兩個碳原子於鏈內。

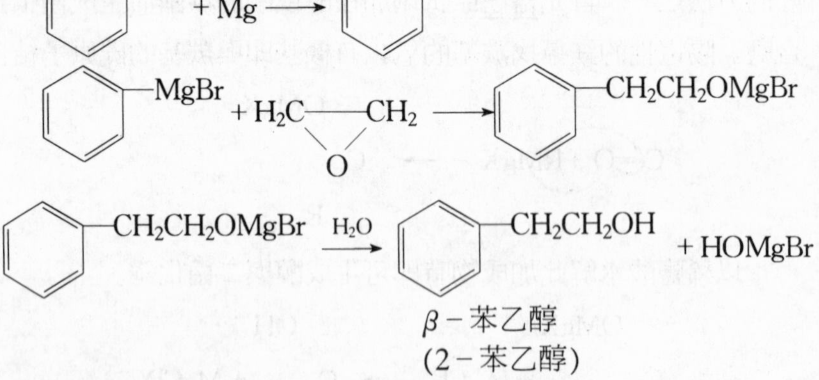

β－苯乙醇
（2－苯乙醇）

(4)多元醇的製法

化合物分子式中含兩個氫氧基的稱二元醇，最簡單的二元醇為乙

二醇，其製法爲

$$CH_2\!=\!CH_2 + HO^-Cl^+ \longrightarrow \underset{\substack{|\quad|\\Cl\quad OH}}{CH_2\!-\!CH_2} \xrightarrow{H_2O,\,Na_2CO_3} \underset{\substack{|\quad|\\OH\quad OH}}{CH_2\!-\!CH_2}$$

$$\qquad\qquad (Cl_2 + H_2O)$$

　乙　烯　　　　　　　　　　　　　　　　乙二醇

工業上製造乙二醇的另一個方法爲氧化乙烯的加水反應。氧化乙烯即以乙烯爲原料在銀催化劑存在下可添加氧而成。

$$2CH_2\!=\!CH_2 + O_2 \xrightarrow{\;Ag\;} 2\underset{O}{CH_2\!-\!CH_2}$$

　　乙　烯　　　　　　　　氧化乙烯

$$\underset{O}{CH_2\!-\!CH_2} + H_2O \xrightarrow{\;HCl\;} \underset{\substack{|\quad|\\OH\quad OH}}{CH_2\ \ CH_2}$$

　　　　　　　　　　　　乙二醇

丙二醇（propylene glycol）$CH_3CH(OH)CH_2OH$ 的製法與乙二醇相似。

$$CH_3\!-\!\underset{H}{\overset{H}{C}}\!=\!CH_2 + HO^-Cl^+ \longrightarrow CH_3\!-\!\underset{OH}{\overset{H}{C}}\!-\!\underset{Cl}{\overset{H}{C}}\!-\!H$$

$$CH_3\!-\!\underset{OH}{\overset{H}{C}}\!-\!\underset{Cl}{\overset{H}{C}}\!-\!H + OH^- \longrightarrow CH_3\!-\!\underset{OH}{\overset{H}{C}}\!-\!\underset{OH}{\overset{H}{C}}\!-\!H + Cl^-$$

　　　　　　　　　　　　　　　　　　丙二醇

丙二醇的性質亦與乙二醇相似，但毒性較低，因此可用於乳化劑的溶劑或化粧品的軟化劑。

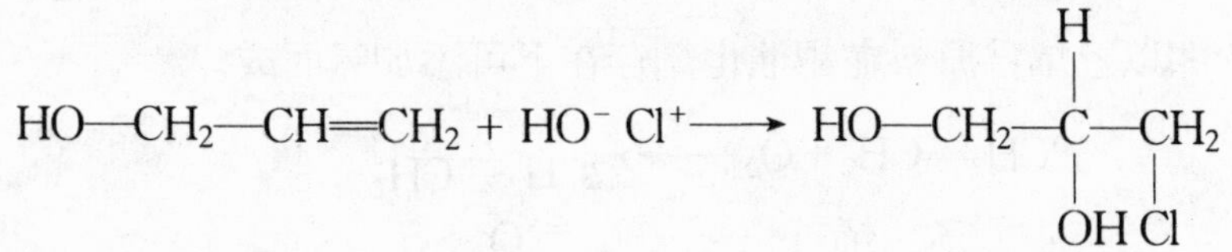

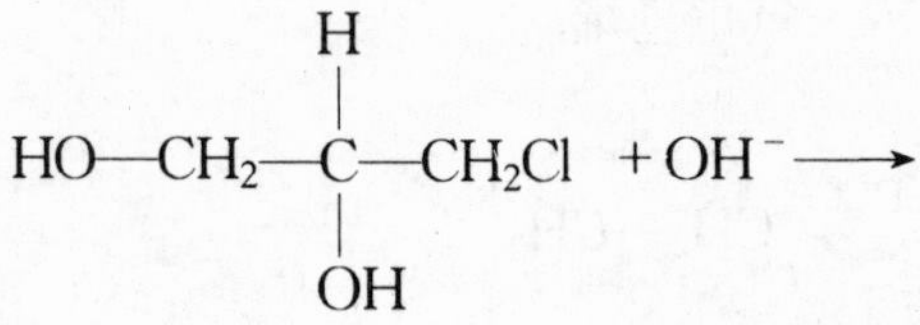

丙三醇 $HOCH_2CH(OH)CH_2OH$ 又稱甘油(glycerine)為一種三元醇(trihydroxy alcohol 或簡稱 triol)。如同丙二醇一樣可從丙烯製得。

$$CH_3-CH=CH_2 + Cl_2 \xrightarrow{600℃} Cl-CH_2-CH=CH_2 + HCl$$
丙　烯　　　　　　　　　　　氯丙烯

$$Cl-CH_2-CH=CH_2 + OH^- \longrightarrow HO-CH_2-CH=CH_2 + Cl^-$$
　　　　　　　　　　　　　　　丙烯醇

$$HO-CH_2-CH=CH_2 + HO^- Cl^+ \longrightarrow HO-CH_2-\underset{OH\ Cl}{\overset{H}{C}}-CH_2$$

$$HO-CH_2-\underset{OH}{\overset{H}{C}}-CH_2Cl + OH^- \longrightarrow$$

$$HO-CH_2-CH(OH)-CH_2OH + Cl^-$$
丙三醇

大量的丙三醇為工業上以動物脂或植物油製造肥皂的副產物。

$$(RCOO)_3C_3H_5 + 3NaOH \longrightarrow 3RCOO^-Na^+ + C_3H_5(OH)_3$$
油或脂　　　　　　　　　　　肥皂　　　　丙三醇

丙三醇因分子中有三個氫氧基，因此黏滯性很大。可以任何比例與水互溶，味甜但不宜食用。丙三醇為極好的保濕劑可用於烟草的防止過度乾燥及化粧品工業。丙三醇亦可用於製造硝化甘油、火藥的原料、塑膠、合成纖維及表面套劑等用途。

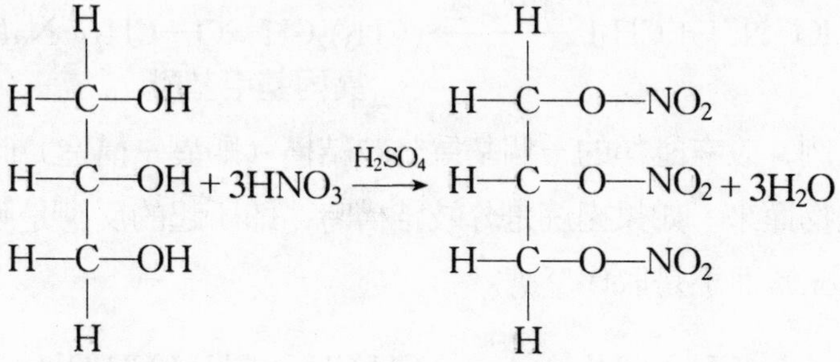

$$
\begin{matrix}
&& H \\
&& | \\
&& H-C-OH \\
&& | \\
H-C-OH && +3HNO_3 \xrightarrow{H_2SO_4} \\
&& | \\
&& H-C-OH \\
&& | \\
&& H
\end{matrix}
\qquad
\begin{matrix}
H \\
| \\
H-C-O-NO_2 \\
| \\
H-C-O-NO_2 + 3H_2O \\
| \\
H-C-O-NO_2 \\
| \\
H
\end{matrix}
$$

甘油　　　　　　　　　　硝化甘油

5.醇的反應

醇類的反應通常有下列三種型:

(1)O—H 鍵破裂的反應 (RO—H)

(2)C—O 鍵破裂的反應 (R—OH)

(3)連 OH 基之碳的氧化反應

分別說明如下:

(1)-①O—H 鍵的破裂反應, 鹽的生成

直鍵的醇類之酸性太弱, 不能與氫氧化鈉等鹼直接反應, 但可與鈉等活潑金屬反應而成醇化合物並放出氫。

$$2RO\!-\!\!\!\!\!-\!H + 2Na \longrightarrow 2RO^-Na^+ + H_2$$

醇鈉(sodium alkoxide)

第一醇類與鈉的反應性較第二醇類為大, 第二醇類比第三醇類為大。在鹼金屬中鉀對於任何種類醇的反應性均較鈉大。從未知有機液體以上述方法放出氫的反應往往可做鑑別醇類之用。當然要做此檢驗的有機液體必須是不含水分的。

(1)-②O—H 鍵的破裂反應, 醚的生成

鹼金屬的醇氧化物或苯氧化物均為親核性的強鹼, 易與鹵烷的鹵素起取代反應。此反應為製備混合醚最好的方法而稱為<u>威廉遜</u>醚合成

法（Williamson ether synthesis）。

$$(CH_3)_2CHO^-Na^+ + CH_3I \xrightarrow{\text{取代反應}} (CH_3)_2CH-O-CH_3 + NaI$$
異丙基甲基醚

如上例，設在醚類的一個基為分岐結構（即異－構造）時此一基由醇氧化物而來。如果鹵烷是分岐結構時，即所起的反應是脫去反應（elimination）而不是取代反應。

$$CH_3O^-Na^+ + (CH_3)_2CHI \xrightarrow{\text{脫去反應}} CH_3CH=CH_2 + CH_3OH + NaI$$
碘異丙烷　　　　　　　丙烯

(1)-③酯的生成反應

醇類與有機酸反應時可生成酯類（esters）。此反應以加強無機酸（如硫酸）做催化劑，如同下方程式的雙箭所示此反應是可逆的。

$$\underset{\text{酸}}{R-\overset{\displaystyle O}{\overset{\|}{C}}-OH} + \underset{\text{醇}}{H-OR} \rightleftharpoons \underset{\text{酯}}{R-\overset{\displaystyle O}{\overset{\|}{C}}-OR} + H_2O$$

(2)-①羥基被酸性陰離子取代的反應

直鏈醇類與路加試劑（Lucas reagent）即氯化鋅溶液中加濃鹽酸的溶液反應可生成氯烷。

$$R-OH + HCl \xrightarrow{ZnCl_2} R-Cl + H_2O$$

以此方法生成的鹵烷不溶解於試劑溶液而使溶液白濁或分為兩層溶液。此路加試劑亦可用為辨別第一醇、第二醇與第三醇。第三醇與試劑之反應極快，第二醇需幾分鐘才反應而第一醇即只在與試劑共熱數小時後方起反應。

在室溫醇類與濃硫酸反應可生成硫酸氫烷（alkyl hydrogen sulfate）。

$$C_2H_5OH + HO-SO_2-OH \longrightarrow C_2H_5-O-SO_2-OH + H_2O$$
硫酸　　　　　　　　硫酸氫乙烷

此硫酸氫烷類在分子中仍具有一個酸性性質的氫，因此能夠生成鹽類。長鍵硫酸氫烷類的鈉鹽為極良好的清潔劑。

$$CH_3—(CH_2)_{11}—O—SO_3H + NaOH \longrightarrow$$
$$硫酸氫十二烷$$

$$CH_3—(CH_2)_{11}—OSO_3^- \, Na^+ + H_2O$$
$$硫酸十二烷鈉$$

醇類與硝酸反應可生成硝酸烷類。最廣用的硝酸烷類為前述的硝化甘油。

(2)-②C—O 鍵破裂的反應，脫水作用

醇類與硫酸共熱至 150℃ 或更高的溫度時可失去分子中所含的水而生成烯類。反應首先生成硫酸氫乙烷：

$$CH_2CH_2—OSO_3H \xrightarrow{150°} H_2C=CH_2 + H_2SO_4$$

假如在 150℃ 溫度以下硫酸氫乙烷與過量醇共熱時，硫酸氫離子被醇取代而生成醚。

$$\overset{\displaystyle H}{CH_3CH_2—O}$$

$$CH_3CH_2OSO_3H \rightleftharpoons {}^-OSO_3H + CH_3CH_2—\overset{\displaystyle H}{\underset{+}{O}}—CH_2CH_3$$

$$CH_3CH_2—\overset{\displaystyle H}{\underset{+}{O}}—CH_2CH_3 + {}^- OSO_3H \rightleftharpoons CH_3CH_2OCH_2CH_3 + H_2SO_4$$
$$乙 \quad 醚$$

(3)氧化反應

醇氧化時第一醇與第二醇可生成含有同數目碳原子的有機生成物。第一醇氧化成有機酸，第二醇氧化生成物為酮類。第三醇除了強烈氧化使其碳－碳鍵的破裂外，通常不易被氧化。用於氧化醇類的氧化劑為二鉻酸鉀及濃硫酸的混合物或過錳酸鉀的鹼性溶液。

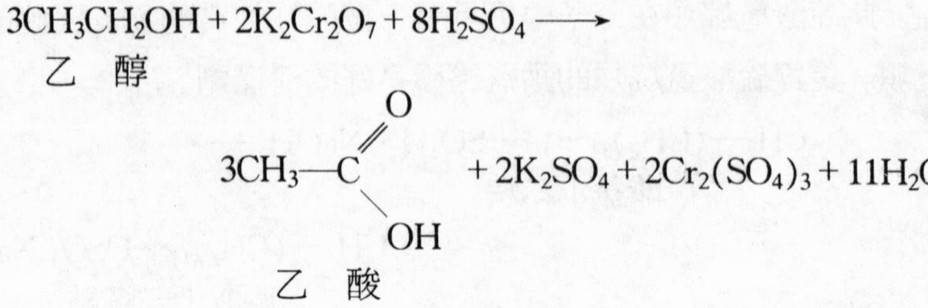

$$3CH_3CH_2OH + 2K_2Cr_2O_7 + 8H_2SO_4 \longrightarrow$$
乙　醇

$$3CH_3\!-\!\overset{\displaystyle O}{\underset{\displaystyle OH}{C}} \quad + 2K_2SO_4 + 2Cr_2(SO_4)_3 + 11H_2O$$
乙　酸

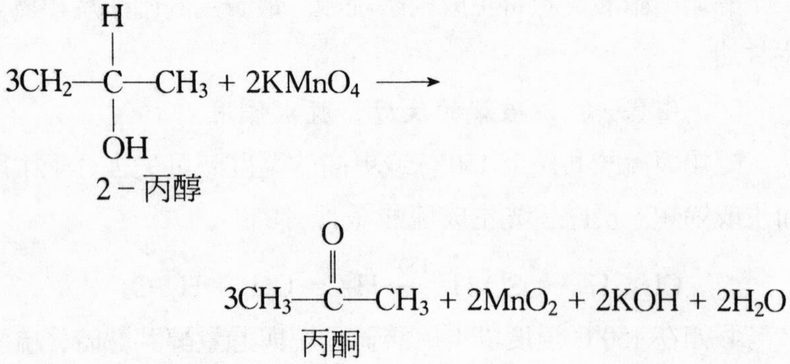

$$3CH_2\!-\!\overset{\displaystyle H}{\underset{\displaystyle OH}{C}}\!-\!CH_3 + 2KMnO_4 \longrightarrow$$
2－丙醇

$$3CH_3\!-\!\overset{\displaystyle O}{C}\!-\!CH_3 + 2MnO_2 + 2KOH + 2H_2O$$
丙酮

二、醚類

對於一般人來講，醚表示一種人人皆知道的麻醉藥，但對於化學家而言，醚類（ethers）只不過是一種兩個有機基中間以氧原子連起來的一族最普通的化合物。當兩個有機基爲乙基時這物質才是通常做麻醉用的乙醚。不同的有機基所成的醚之性質亦不同，因此有的醚類可用於人造香料，溶劑及冷凍劑之用。對於化合物的一類來講，醚類是相當安定的化合物，大部分的化學試劑均不能與醚反應，這性質也是醚常用於有機化學反應的溶劑之理由。

1.醚的結構與命名

前章曾提起醇類可認爲是水的一個氫原子被一個烷基所取代的化合物。雖然在化學性質上醚與水不相干，但在結構上醚與水有關連，

可認爲水的兩個氫原子被烷基（或苯基）所取代的。雖然醚與醇是同分異構物，但兩者的性質大大不同。命名通常使用普通命名法，即將連結於氧的兩基名後再加「醚」字。較複雜的醚即以烷氧基（alkoxy）衍生物方式來命名。

$$R-O$$
$$R$$
單　醚
(a simple ether)

$$CH_3-O-CH_3$$
甲　醚
(methyl ether)

$$C_2H_5-O-C_2H_5$$
乙　醚
(ethyl ether)

$$R-O$$
$$R'$$
混　醚
(a mixed ether)

$$CH_3-O-C_2H_5$$
甲乙醚
(methyl ethyl ether)

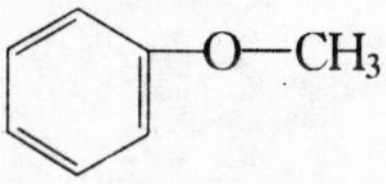

苯甲醚
(methyl phenyl ether)

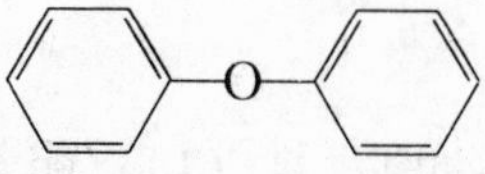

苯醚（phenyl ether）

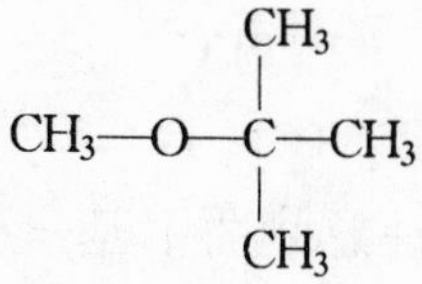

$$CH_3-O-\overset{\overset{\displaystyle CH_3}{|}}{\underset{\underset{\displaystyle CH_3}{|}}{C}}-CH_3$$
甲・第三丁醚（methyl *tert*-butyl ether）

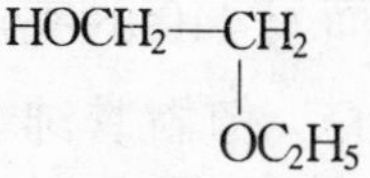

$$HOCH_2-\overset{}{\underset{\underset{\displaystyle OC_2H_5}{|}}{CH_2}}$$
2-乙氧基乙醇（2-ethoxyethanol）

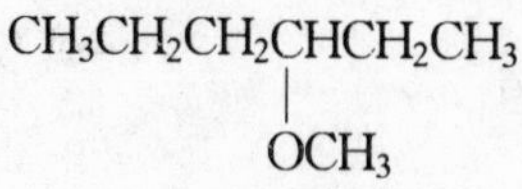

$$CH_3CH_2CH_2\overset{}{\underset{\underset{\displaystyle OCH_3}{|}}{CH}}CH_2CH_3$$
3-甲氧己烷
（3-methoxyhexane）

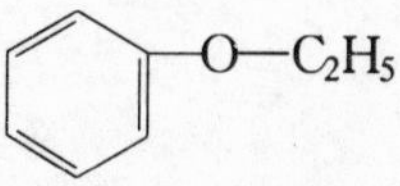

苯乙醚(ethyl phenyl ether)
或乙氧基苯(ethoxy benzene)

2.醚的物理性質

醚類較其同分異構物的醇類沸點為低。因為氧原子只與碳原子結連，不能形成氫鏈結合之緣故。醚類的沸點與同分子量的正烷類很相似。

例如：

$$C_2H_5\text{—}O\text{—}C_2H_5 \qquad CH_3CH_2CH_2CH_2CH_3$$

	乙醚	正戊烷
分子量	74	72
沸　點	35℃	36℃

$$CH_3CH_2CH_2\text{—}O\text{—}CH_2CH_2CH_3 \qquad CH_3CH_2CH_2CH_2CH_2CH_2CH_3$$

	正丙醚	正庚烷
分子量	102	100
沸　點	91℃	98℃

由上述兩例可注意到亞甲基—(CH_2)—的式量（14）與氧原子的式量（16）相似。

在醚中 C—O—C 鍵角不是 180°的直線狀而呈 110°的夾角，因此醚為一種極性分子具弱偶極矩（dipole moment），但對其沸點沒有顯著的影響。

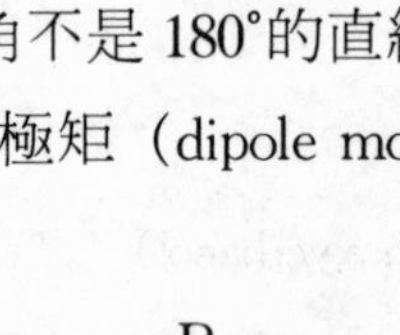

$$\delta^+ \quad 110° \quad O \quad \delta^-$$

較低碳原子的脂肪族醚類具高度揮發性及可燃性。最重要的是乙醚，為一種極良好的有機溶劑與最熟悉的麻醉劑，惟乙醚很容易引火而且其氣體比空氣重，因此易散布在實驗桌上或房間較低部分，其氣

體一遇到火源（如本生燈或酒精燈）即可引起火災或爆炸，所以在實驗室或開刀房使用時要特別小心。

　　醚分子的氧原子可以和水分子的氫原子形成氫鍵，因此比同碳數的烷類較易溶於水，但醚分子沒有羥基，不能供應氫原子做氫鍵，故乙醚不能完全與水互溶的性質，使乙醚成為從水溶液中萃取有機物質時所用極良好的萃取劑。

　　芳香醚類的物理性質可以從脂肪族醚類化合物的物理性質類推，因它也是低極性化合物。

3.醚的製備

(1)單醚的製法

　　單醚可從兩個分子的醇類消去一個分子的水來製備。實用上，醇與硫酸混合物加熱至約 140℃ 的溫度後再加醇蒸餾得乙醚。

$$C_2H_5\!-\!OH + H\!-\!O\!-\!C_2H_5 \xrightarrow{H_2SO_4} C_2H_5\!-\!O\!-\!C_2H_5 + H_2O$$
　　乙醇　　　　　　　　　　　　　　　乙　醚

　　因為濃硫酸與醇作用往往在醇分子間引起脫水的作用，因此要好好控制實驗條件來減少競爭反應。

$$CH_3\!-\!CH_2\!-\!OH \xrightarrow[170℃]{H_2SO_4} H\!-\!\overset{\overset{\displaystyle H}{|}}{C}\!=\!\overset{\overset{\displaystyle H}{|}}{C}\!-\!H + H_2O$$
　　　　　乙　醇　　　　　　　　乙　烯

濃硫酸與乙醇先生成乙基硫酸，再加醇時可得乙醚：

$$CH_3CH_2OH + HOSO_3H \longrightarrow CH_3CH_2OSO_3H + H_2O$$

$$CH_3CH_2OSO_3H + HOCH_2CH_3 \xrightarrow{140°} CH_3CH_2OCH_2CH_3 + H_2SO_4$$

(2)混合醚的製備

　　如前述可用威廉遜合成法製備。例如：

$$\text{C}_6\text{H}_5\text{—O}^-\text{Na}^+ + \text{CH}_3\text{I} \longrightarrow \text{C}_6\text{H}_5\text{—O—CH}_3 + \text{Na}^+\text{I}^-$$

苯甲醚

$$\text{C}_6\text{H}_5\text{—OH} + (\text{CH}_3)_2\text{SO}_4 + \text{NaOH} \longrightarrow$$

苯　酚　　　　　甲基硫酸(methyl sulfate)

$$\text{C}_6\text{H}_5\text{—O—CH}_3$$

苯甲醚　　　　　$+ \text{CH}_3\text{—O—SO}_3^-\text{Na}^+ + \text{H}_2\text{O}$

甲基硫酸鈉
(sodium methyl sulfate)

4.醚的反應

(1)醚與無機酸

如上述醚類相當安定，其反應甚少。醚類可溶於強無機酸而生成陽氧鹽 (oxonium salt)。醚分子中的氧可供應未共用的電子對予酸而成鍵。因此醚可溶於硫酸的特性可用於從烴類及鹵烷中辨別醚類。

$$\text{C}_2\text{H}_5\text{—}\overset{\cdot\cdot}{\text{O}}\text{:} + \text{H}^+\text{A}^- \longrightarrow \text{C}_2\text{H}_5\text{—}\overset{+}{\text{O}}\text{—H} + \text{A}^-$$
$$\quad\quad\; |_{\text{C}_2\text{H}_5} \quad\quad\quad\quad\quad\quad |_{\text{C}_2\text{H}_5}$$

(2)醚中的過氧化物

通常的氧化劑與醚沒有作用；可是無水乙醚在很長時間重複曝露在空氣中時，生成高爆炸性的過氧化物。這些醚類的過氧化物極危險，因此無水乙醚要蒸餾時需預先試驗有沒有過氧化物生成。檢驗的方法爲將醚以碘化鉀的酸性溶液處理。如果醚中含有過氧化物時即可氧化碘離子 (I^-) 爲碘分子 (I_2) 使溶液變成碘的棕色。如此含有過氧化物的醚通常以亞硫酸鈉溶液洗滌的方法來除去過氧化物。因爲過氧化物可氧化亞硫酸鈉爲硫酸鈉。

⑶C—O 鍵破裂的反應

濃氫碘酸與醚反應時可使其 C—O 鍵破裂。醚的分子分裂並生成一分子的碘烷及一分子的醇。設使用的氫碘酸過量時，生成的醇亦轉變成碘烷。

$$R—O—R' + HI \longrightarrow RI + R'OH$$
$$\quad\quad 醚 \quad\quad 氫碘酸 \quad 碘烷 \quad 醇$$

$$R—O—R' + HI \longrightarrow R—\overset{+}{\underset{\underset{R'}{|}}{\ddot{O}}}—H + I^-$$

$$\xrightarrow[\text{過量}]{HI} RI + R'I + H_2O$$

設醚的一個基為烷基（如甲基或乙基）而另一個基為苯基時，C—O 鍵的破裂即在烷基一端進行而生成碘烷，另一個生成物為苯酚。

$$苯甲醚 \quad\quad\quad\quad\quad\quad 苯\quad 酚 \quad\quad 碘甲烷$$

使用 48% 的氫溴酸代替氫碘酸亦可使醚的 C—O 鍵破裂。

三、醇與醚的衍生物

醇之主要衍生物是醚和酯。相同或不同的醇類分子互相作用而產生其衍生物的醚類化合物。醇也可以和有機酸反應生成酯類衍生物。這些反應已經在前面介紹過。代表性的醚類和酯類化合物各別在該項之下介紹過。其他和人生有關的衍生物再介紹如下。

丙烯醇（allyl alcohol）是把丙烯用氯氣和氫氧化鈉作用後可得

$$CH_2{=}CHCH_3 + Cl_2 \longrightarrow CH_2{=}CHCH_2Cl + HCl$$

$$CH_2{=}CHCH_2Cl + NaOH \longrightarrow CH_2{=}CHCH_2OH + NaCl$$

它是無色透清的液體並有辛辣味，能溶於水，乙醇與乙醚。它是很多

合成化學的中間體,更是製造樹脂、塑膠之原料。

膽固醇 (cholesterol) 也是一種醇,爲堆積在動脈壁之物質並爲膽石之主要成分而聞名。它是屬於一種稱爲固醇 (sterol) 之醇。固醇是屬於類固醇類 (steroids) 的化合物。

1,2-二氯乙醚 (1,2-dichlorothyl ether) 是一種無色油狀液體,不溶於水,溶於乙醚、乙醇、乙酸乙酯等多種有機溶劑。工業上從 1,2,2-三氯乙烷 (1,2,2-trichloroethane) 製造。非常優良的有機溶劑,可溶脂肪類、油類、肥皂、樹膠、潤滑油、纖維、油漆等,並可做乾洗溶劑。它也是一種有機合成的重要中間體。

存在於植物精油 (essential oils) 中的醚的衍生物有丁香油酚 (eugenol) 和茴香腦 (anethole)。

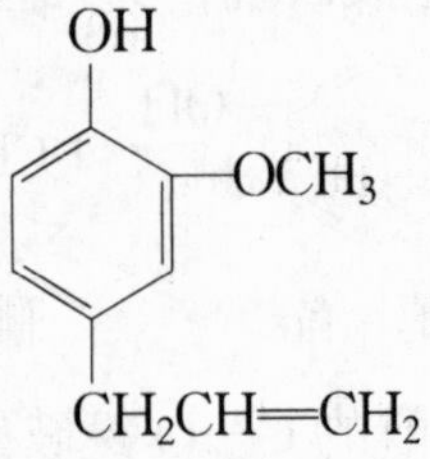

丁香油酚
(eugenol)

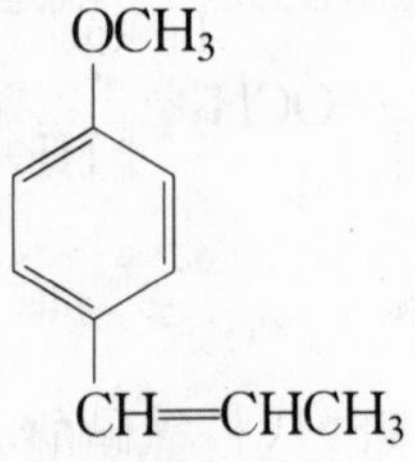

茴香腦
(anethole)

四、醛類與酮類

醛類與酮類 (ketones) 爲分子中含有羰基 (carbonyl group,

$$-\overset{\overset{\textstyle O}{\|}}{C}-$$

) 的化合物。羰基爲最有用的官能基之一,而含有羰基的化合物在有機合成化學上極爲重要。醛類及酮類廣大分布於自然界,香料,樟腦,某些維他命以及性激素中均含有這些羰基化合物。大部分的醛類及酮類均具有芳香,因此可用做香料及香味添加劑。

1.醛與酮的結構與命名

　　雖然我們稱醛與酮類均為羰基化合物，但兩者的構造與性質不同。醛類中羰基的碳原子通常與一個氫原子結合，而另一鏈即連結於烷或苯基，只有一個例外即甲醛分子中羰基的碳連於兩個氫原子。另一面，酮類中羰基的碳原子與兩個有機基連接。這兩個有機基可相同或不相同，甚至各為烷基或苯基均可。醛類的普通名通常由其相對的酸（-ic acid）以醛取代而命名，國際命名法即以連—CHO基的最長鍵為基礎英文名加醛（-al）為語尾。如有取代基即以號碼來表示其位置。

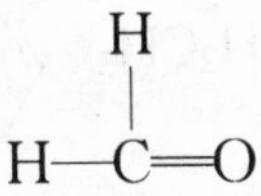

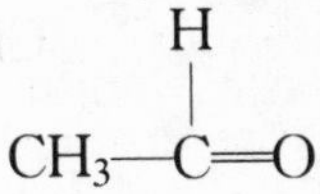

	H	H
	H—C=O	CH₃—C=O
俗　名	蟻醛 formaldehyde	醋醛 acetaldehyde
國際名	甲醛 methanal	乙醛 ethanal

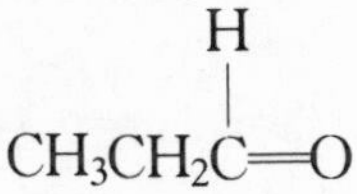

$$H-\overset{\overset{\displaystyle H}{|}}{C}=O \qquad CH_3-\overset{\overset{\displaystyle H}{|}}{C}=O$$

俗　名　　蟻醛　　　　　　醋醛
　　　　　formaldehyde　　acetaldehyde

國際名　　甲醛　　　　　　乙醛
　　　　　methanal　　　　ethanal

$$CH_3CH_2\overset{\overset{\displaystyle H}{|}}{C}=O \qquad CH_3CH_2CH_2\overset{\overset{\displaystyle H}{|}}{C}=O$$

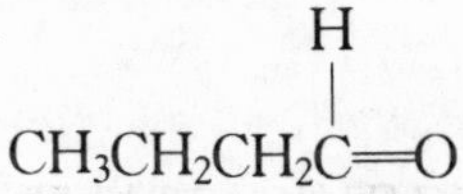

丙醛　　　　　　　　　丁醛
propanal　　　　　　　butanal

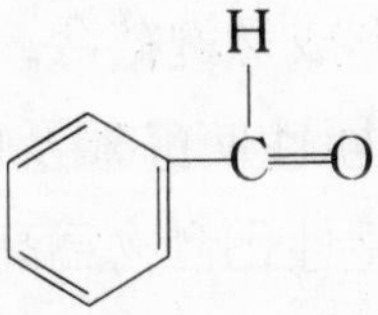

苯甲醛　　　　　　　　2－甲基丙醛
benzaldehyde　　　　　2－methylpropanal

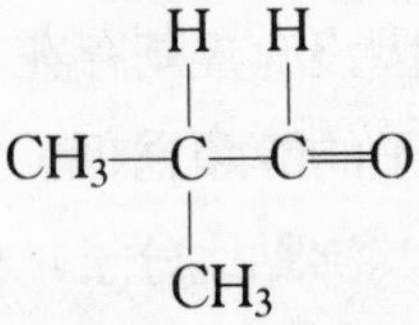

　　酮類的一般命名法即加酮於連在羰基的兩個基的名後面。國際命名法即以連於羰基之最長鏈爲基礎後面加酮（-one）爲語尾，這時碳原子數目應包括羰基的碳原子。

CH₃—C—CH₃   CH₃CH₂—C—CH₃
    ‖   ‖
    O   O

俗　　名	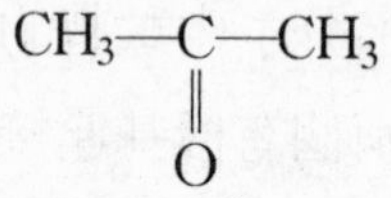 醋酮 acetone	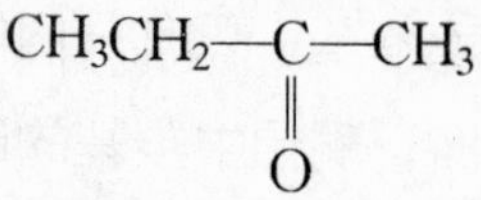 甲·乙酮 methyl ethyl ketone
國際名	丙酮 propanone	2－丁酮 2－butanone

CH₃CH₂—C—CH₂CH₃   ⬡—C—CH₃
     ‖   ‖
     O   O

俗　　名	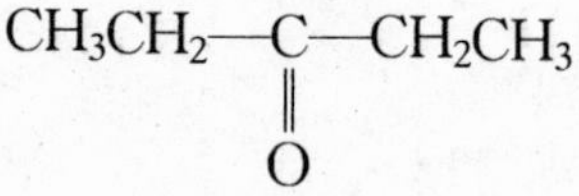 二乙酮 ethyl ketone	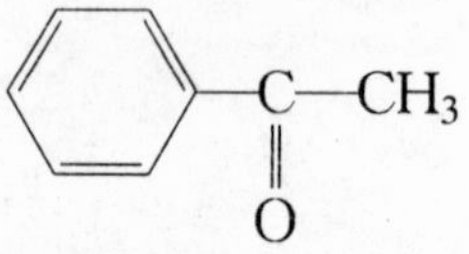 苯乙酮 acetophenone
國際名	3－戊酮 3－pentanone	

2.醛與酮的物理性質

　　除了甲醛在常溫爲氣體外，分子量較低的醛與酮類均爲液體。羰基化合物因沒有羥基存在之故不能形成氫鍵結合，其沸點通常較含有同數碳原子的醇類爲低。惟羰基的極性使醛類及酮類均爲極性化合物，因此其沸點比分子量相近的非極性化合物爲高。表 3－24 爲一些醛及酮與同數碳原子醇的沸點比較。

表 3-24　醇，酮及同數碳原醇的沸點比較

中文名稱	英文名稱	化學式	沸點 (℃)
甲　　醛	formaldehyde	$\overset{\displaystyle H}{\underset{\displaystyle H-C=O}{}}$	-21
甲　　醇	methyl alcohol	$CH_3{-}OH$	64.6
乙　　醛	acetaldehyde	$\overset{\displaystyle H}{CH_3{-}C=O}$	20.2
乙　　醇	ethyl alcohol	$CH_3CH_2{-}OH$	78.3
丙　　醛	propanal	$\overset{\displaystyle H}{CH_3CH_2\,C=O}$	48.8
正 丙 醇	propanol	$CH_3CH_2CH_2OH$	97.8
丙　　酮	propanone	$\overset{\displaystyle O}{CH_3{-}C{-}CH_3}$	56.1
異 丙 醇	isopropyl alcohol	$\underset{\displaystyle OH}{CH_3{-}CH{-}CH_3}$	82.5
正 丁 醛	n – butanal	$\overset{\displaystyle H}{CH_3CH_2CH_2{-}C=O}$	75.7
正 丁 醇	n – butanol	$CH_3CH_2CH_2CH_2OH$	117.7
丁　　酮	butanone	$\overset{\displaystyle O}{CH_3{-}CH_2{-}C{-}CH_3}$	79.6
第二丁醇	*see* – butyl alcohol	$\underset{\displaystyle OH}{\overset{\displaystyle H}{CH3{-}CH_2{-}C{-}CH_3}}$	99.5

　　除了較低原子的醛與酮可溶於水外，四個碳原子以上的均不溶於水。碳原子較少的醛類具有尖銳的刺激臭，但較高分子量的醛及幾乎所有的酮類均具有芬芳香味。因此如前述很多醛與酮類均可用爲香料。

　　芳香族醛類和酮類化合物的羰基直接連結在苯環上。其物理性質和脂肪族羰基化合物相似，因沒有羥基故不能形成氫鍵結合，其沸點通常較含有同數碳原子的醇類為低。但因含有羰基，其沸點比分子量相近的非極性芳香族化合物為高。表 3－25 列出一些常見的芳香族醛類和酮類化合物的熔點和沸點。

表 3－25　芳香族醛類和酮類化合物的熔點與沸點

中文名稱	英文名稱	分子式	熔點°C	沸點°C
苯甲醛	benzaldehyde	C_6H_5CHO	液體	179
鄰－氯苯甲醛	o － chlorobenzaldehyde	$o － ClC_6H_5CHO$	11	208[748mm]
對－氯苯甲醛	p － chlorobenzaldehyde	$p － ClC_6H_5CHO$	49	213[748mm]
苯乙酮	acetophenone	$C_6H_5COCH_3$	20	202[749mm]
苯丙酮	propiophenone	$C_6H_5COCH_2CH_3$	21	218
二苯甲酮	benzophenone	$C_6H_5COC_6H_5$	48	306

3.醛與酮的製備

(1)醇類的氧化（脫氫反應）

　　製備醛與酮最常用的方法為醇的氧化作用，即從醇分子中脫氫反應（dehydrogenation）的方法。第一醇的氧化可生成醛類，而第二醇氧化的生成物為酮類。這氧化脫氫反應是將醇的蒸汽通過高溫的銅或銀等催化劑上面來完成。

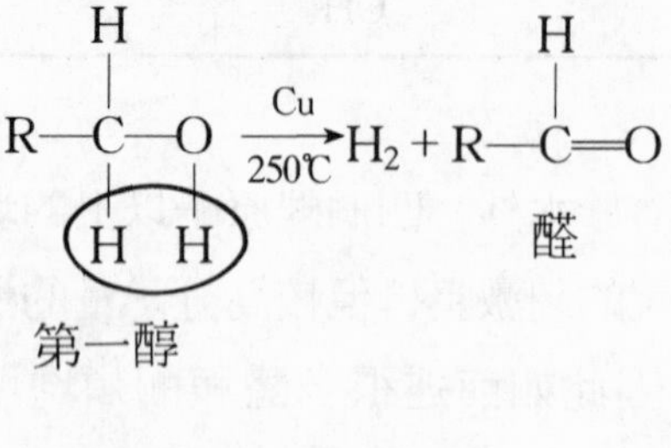

第一醇

$$\begin{array}{c} R \\ | \\ R-C-O \\ \overbrace{| \quad |}^{} \\ H \quad H \end{array} \xrightarrow[250℃]{Cu} H_2 + \begin{array}{c} R \\ | \\ R-C-O \\ \\ 酮 \end{array}$$

第二醇

　　第一醇的化學氧化方法為製備單純的醛類最廣用的直接方法，氧化反應通常在空氣存在下進行，例如甲醇蒸汽與空氣通至高溫的銅催化劑時即生成甲醛與水。

$$2H-\overset{\displaystyle H}{\underset{\displaystyle H}{C}}-OH + O_2(空氣) \xrightarrow[250℃]{Cu} 2H-\overset{\displaystyle H}{C}=O + 2H_2O$$

甲　醇　　　　　　　　　　甲　醛

　　在此地要留意的是被氧化的碳原子往往會進一步的氧化，因此醇的氧化如果沒有預先加予處理，使生成的醛分離，醛往往直接氧化為酸。

$$R-\overset{\displaystyle H}{\underset{\displaystyle H}{C}}-OH \xrightarrow{[O]} \left[R-\overset{\displaystyle OH}{\underset{\displaystyle H}{C}}-OH \right] \xrightarrow{-H_2O} R-\overset{\displaystyle H}{C}=O \xrightarrow{[O]} R-\overset{\displaystyle O}{C}-OH$$

第一醇　　　　　　　　　　　　　　　醛　　　　酸

例如：

$$3CH_3CH_2OH + Cr_2O_7^= + 8H^+ \xrightarrow{50℃} 3CH_3-\overset{\displaystyle H}{C}=O + 2Cr^{3+} + 7H_2O$$

乙　醇　　　　　　　　　　　　乙　醛
(B.P. 78.3℃)　　　　　　　　　(B.P. 20.8℃)

$$3CH_3-\overset{\displaystyle H}{C}=O + Cr_2O_7^= + 8H^+ \longrightarrow 3CH_3-\overset{\displaystyle O}{C}-OH + 2Cr^{3+} + 4H_2O$$

乙　酸
(B.P. 118.1℃)

　　醛類的沸點不但比其製造出發物質的醇類低而且也比它進一步氧化的生成物之酸爲低。很幸運的，這物理性質的不同可容許從醇的反應物中移去醛類。

　　酮類可從第二醇的氧化來製得。酮不像醛的容易氧化（氧化時碳與碳的鍵必須破裂），因此以此方法可得到高收率的酮。

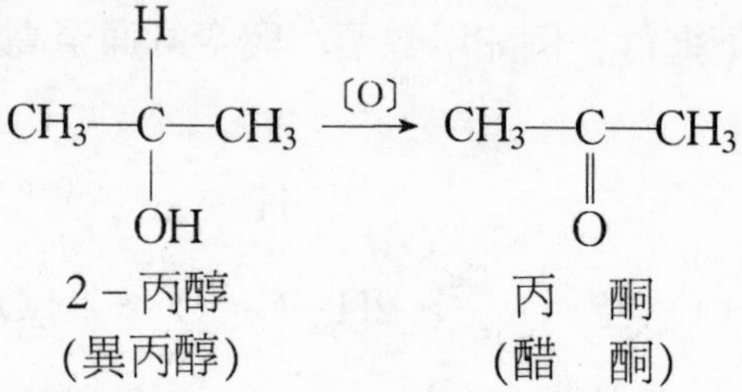

$$CH_3-\underset{\underset{OH}{|}}{\overset{\overset{H}{|}}{C}}-CH_3 \xrightarrow{[O]} CH_3-\underset{\overset{\|}{O}}{C}-CH_3$$

　　　2－丙醇　　　　　　　　丙　酮
　　（異丙醇）　　　　　　　（醋　酮）

(2)烯類的氧化反應（臭氧化反應）

　　前面已經討論過烯類的氧化反應可生成羰基化合物，在這反應裡生成臭氧化物的中間生成物。

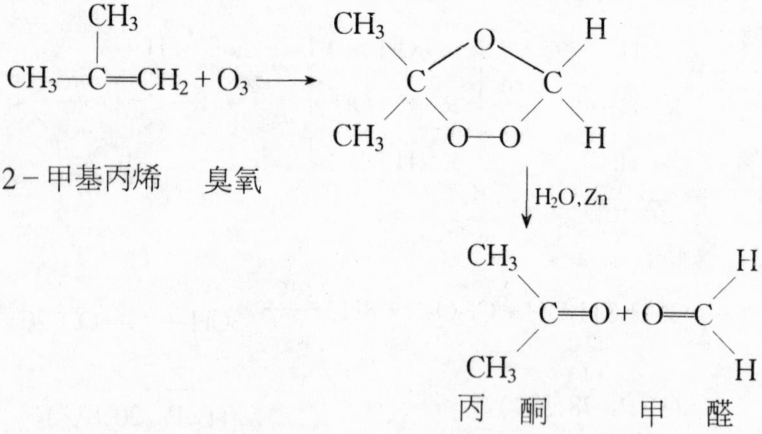

$$CH_3-\underset{\underset{CH_3}{|}}{C}=CH_2 + O_3 \longrightarrow$$

2－甲基丙烯　　臭氧

$$\xrightarrow{H_2O, Zn}$$

$$\underset{CH_3}{\overset{CH_3}{C}}=O + O=\underset{H}{\overset{H}{C}}$$

　　丙　酮　　　　甲　醛

(3)偕二鹵化物的加水分解

　　碳原子上有兩個鹵素原子連結的化合物稱爲偕二鹵化物（gemdihalides）。偕二鹵化物可加水分解而成羰基化合物，是一種製備環狀醛常用的方法。

　　製備方法通常由石油分餾所得的甲苯開始，其甲烷基上很容易氯

化而生成二氯甲苯，二氯甲苯加水分解即生成苯甲醛。

$$
\underset{\text{甲 苯}}{\text{CH}_3\text{-C}_6\text{H}_5} + 2\text{Cl}_2 \xrightarrow{\text{日光}} \underset{\text{二氯甲苯}}{\text{CHCl}_2\text{-C}_6\text{H}_5} + 2\text{HCl}
$$

$$
\underset{}{\text{C}_6\text{H}_5\text{-CHCl}_2} + \text{H}_2\text{O} \xrightarrow{\text{NaOH}} \underset{\text{苯甲醛}}{\text{C}_6\text{H}_5\text{-CHO}} + 2\text{HCl}
$$

(4)炔類的水合作用

乙醛可由乙炔的水合作用來製得，這方法曾在前面討論過。

$$
\text{H-C}\equiv\text{C-H} + \text{HOH} \xrightarrow[\text{HgSO}_4]{\text{H}_2\text{SO}_4} \left[\underset{\text{不安定中間體}}{\text{H-C=C-OH}} \right] \longrightarrow \underset{\text{乙 醛}}{\text{CH}_3\text{-CHO}}
$$

乙 炔

工業上以這法製得大量的乙醛並可用於生產乙酸之用。乙炔以上的炔類的水化作用生成酮類，注意加水反應遵循<u>馬可尼克夫</u>原則。

$$
\text{R-C}\equiv\text{C-H} + \text{H}_2\text{O} \xrightarrow[\text{HgSO}_4]{\text{H}_2\text{SO}_4} \left[\underset{\text{OH}}{\text{R-C=CH}_2} \right] \longrightarrow \underset{\text{O}}{\text{R-C-CH}_3}
$$

(5)金屬酸鹽的熱裂反應

當乙酸的蒸汽通過裝有鈣、鎂或鈦等之氧化物的熱管時可生成丙酮。這反應首先生成金屬的乙酸鹽後立刻分解成丙酮與金屬碳酸鹽。

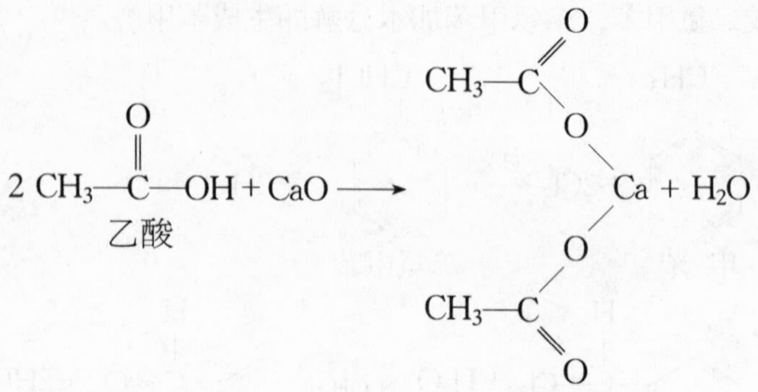

$$2\ CH_3-\overset{\displaystyle O}{\underset{\displaystyle\text{乙酸}}{C}}-OH + CaO \longrightarrow \quad CH_3-\overset{\displaystyle O}{C}-O-Ca-O-CH_3-C=O \ + \ H_2O$$

乙酸鈣

$$\overset{\displaystyle CH_3-C=O}{\underset{\displaystyle CH_3-C=O}{\overset{\displaystyle |}{\underset{\displaystyle |}{Ca}}}} \overset{\triangle}{\longrightarrow} \ \overset{\displaystyle CH_3}{\underset{\displaystyle CH_3}{C}}=O + CaCO_3$$

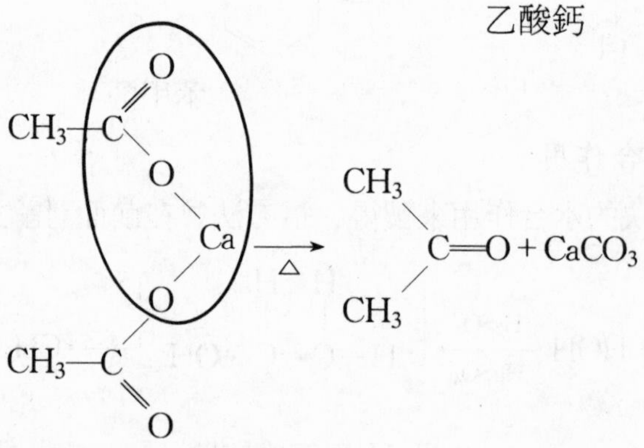

乙酸鈣　　　　　丙　酮　　碳酸鈣

　　上述方法為通常在實驗室從酸製備對稱酮的方法。工業上丙酮是由異丙醇的脫氫反應來製得。丙酮亦是維特曼醱酵法（Weizmann fermentation）的副產品，這方法在一次世界大戰期間開發，利用細菌在無空氣存在下醱酵醣類可得約 60％ 的正丁醇，30％ 的丙酮與 10％ 的乙醇。丙酮也是工業上製造苯酚的副產物。

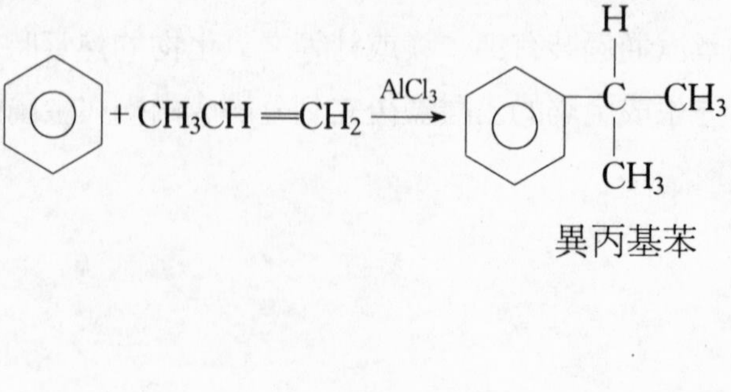

$$\bigcirc + CH_3CH=CH_2 \xrightarrow{AlCl_3} \bigcirc\overset{H}{\underset{CH_3}{\overset{|}{\underset{|}{C}}}}-CH_3$$

異丙基苯

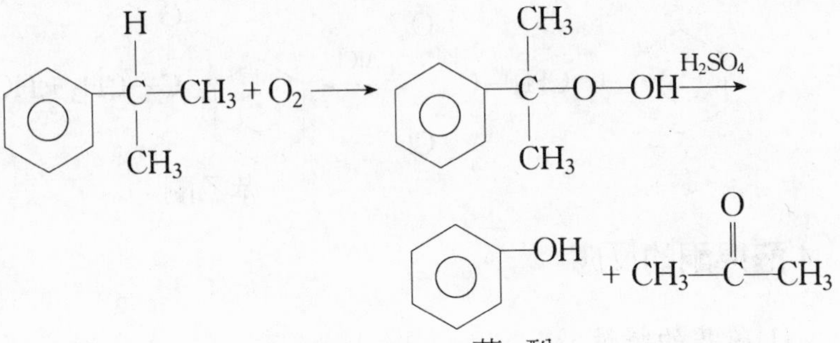

(6)斐加醯化反應

　　苯甲醛的製備法已在前面討論過，有些環狀醛可直接導入醛基於苯環的方式製備。這反應為<u>費克</u>反應的變型而稱為醛化反應（form-ylation）。將一氧化碳與氯化氫氣體及甲苯在無水氯化鋁存在下即可合成得對－甲苯甲醛（p-tolualdehyde）。

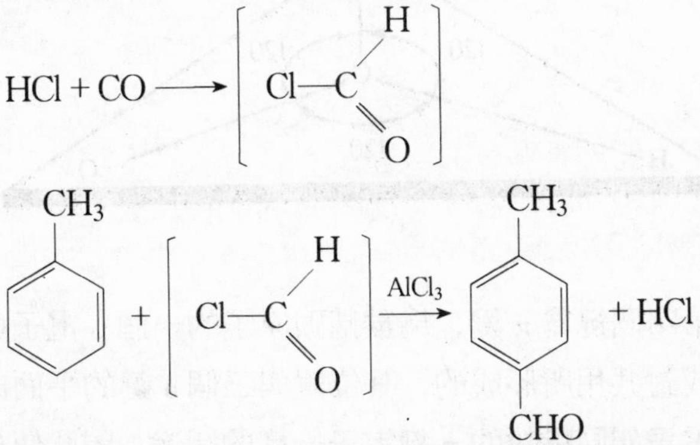

　　　　　　甲　苯　　　　　　　　　　對－甲苯甲醛

　　如同在本章 3-2 節所述的<u>斐加</u>烷化反應，芳香烴與鹵醯在鹵化鋁的催化之下，會進行醯化反應，產生芳香族酮類：

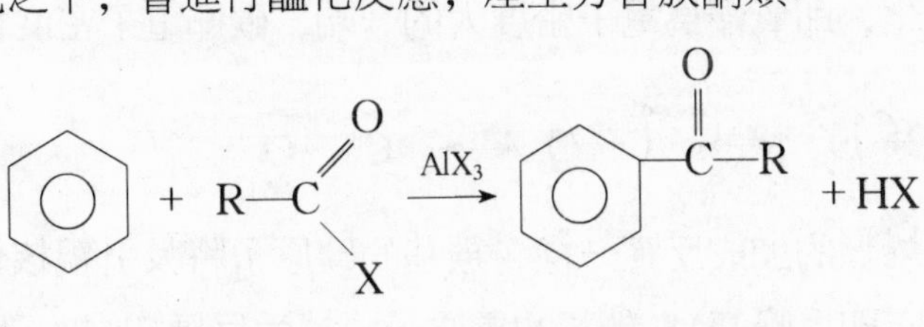

例如：

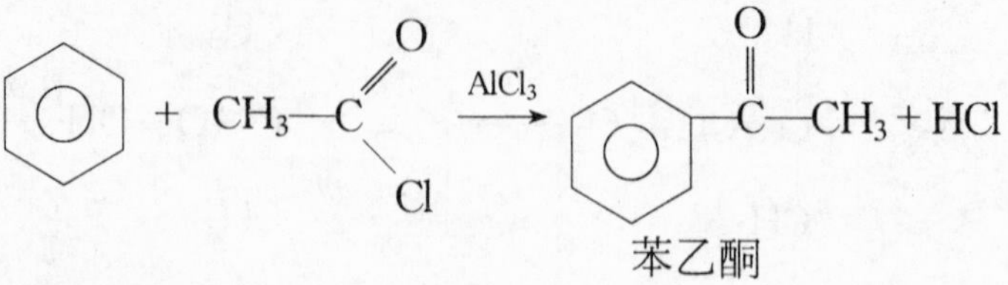

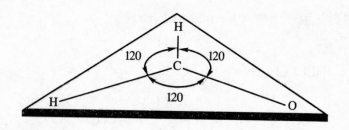

$$\text{苯乙酮}$$

4.醛與酮的反應

⑴羰基的特性

　　羰基中的碳原子之鍵結軌域為 sp^2 混成軌域。碳以一個 sp^2 軌域與氧以 σ 鍵結合，另兩個 sp^2 軌域分別與碳或氫形成 σ 鍵結合，此三個 σ 鍵的鍵角成 120°，在同一平面上，所以醛或酮分子中羰基的部分是平面的結構。甲醛分子的結構圖如下：

　　碳原子的第四個鍵為 π 鍵，為羰基碳原子的一個 p 電子與氧原子的一個 p 電子成對共用所形成的，其位置與三個 σ 鍵的平面成垂直的方向。這 π 鍵電子如同烯類的 π 鍵電子一樣的活潑，因此使羰基具活性。此外，因為氧原子的電負度（吸引電子的性質）較碳原子為大，故使碳核與氧原子間電子的分布易失去平衡，因此羰基之碳—氧鍵變成高度的極化，即氧端為電子密度大的一端，碳即電子密度較低。

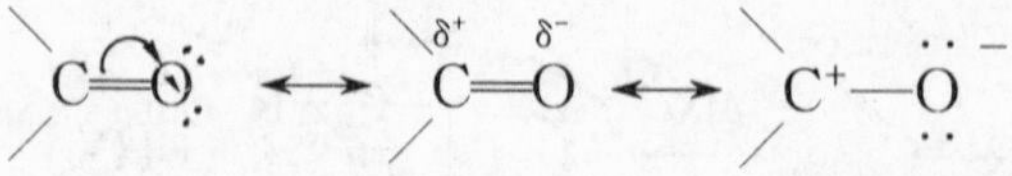

　　如同在烯類的加成反應一樣，羰基的碳原子將吸引親核性基（供給電子對者，即為鹽基）；羰基的氧原子將接受反應物中的正電部分。

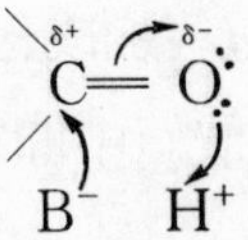

連在苯環的羰基因吸引電子力的緣故，使苯環降低活性。
這效應不但使環不再受親電子劑的攻擊，而且可引導取代基進入於
「間」位。

(2)**加成反應**

①氰化氫的加成反應

氰化氫的成分在鹽基性催化劑存在下，可加入於醛或酮而生成氰
醇類（cyanohydrins）。

$$HCN + ^{-}OH \longrightarrow H_2O + ^{-}CN$$

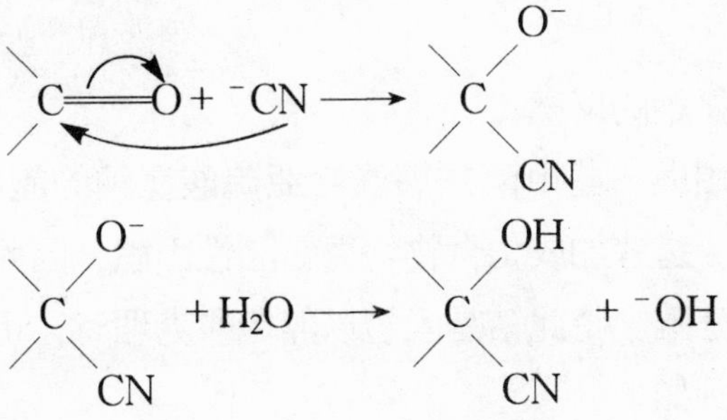

氰　醇

氰化氫爲極毒的氣體，不能直接使用，但可使用氰化鉀或氰化鈉
與無機酸來製得，因此上述氰醇反應通常在醛或酮與氰化鈉、硫酸混
合來完成。可是使用的酸不能超過能與其反應的氰離子總量。因爲如
上述這反應在鹽基性催化劑存在下較有利於氰醇的生成，如在過量硫
酸存在下對反應不利。

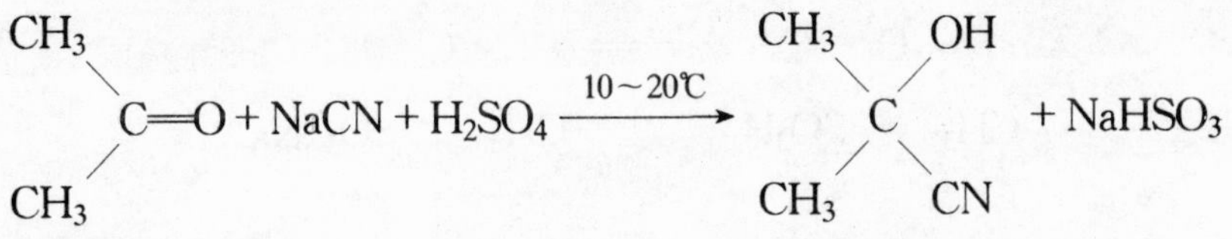

丙酮
acetone

丙酮氰醇
acetone cyanohydrin

醛類，脂肪族甲酮與環酮類均可生成氰醇，這些加成化合物都能夠加水分解成酸，因此氰醇類爲有機合成的極有價值中間物。例如，從乙醛合成乳酸（lactic acid）的步驟爲：

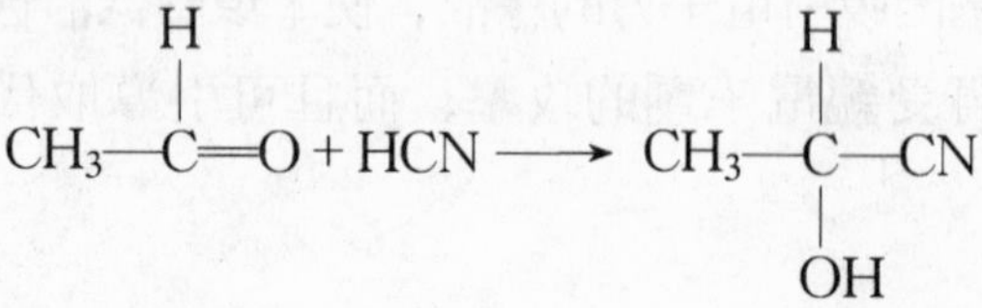

$$CH_3-\overset{\overset{\displaystyle H}{|}}{C}{=}O + HCN \longrightarrow CH_3-\overset{\overset{\displaystyle H}{|}}{\underset{\underset{\displaystyle OH}{|}}{C}}-CN$$

乙　醛　　　　　　　　　　乙醛氰醇

$$CH_3-\overset{\overset{\displaystyle H}{|}}{\underset{\underset{\displaystyle OH}{|}}{C}}-CN + HCl + 2H_2O \longrightarrow CH_3-\overset{\overset{\displaystyle H}{|}}{\underset{\underset{\displaystyle OH}{|}}{C}}-\overset{\overset{\displaystyle O}{\|}}{C}-OH + NH_4Cl$$

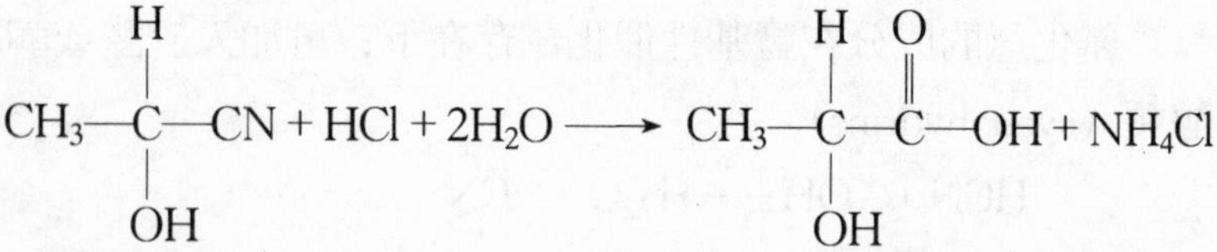

乳　酸

②添加亞硫酸氫鈉的反應

在醛類，環酮類與一些甲酮類等混合亞硫酸氫鈉的飽和溶液時，可生成加成化合物。這些加成化合物均爲結晶性固體，因此可用過濾法使其與混合溶液分離。將此結晶固體以無機酸處理時，可恢復至原來的羰基化合物。例如：

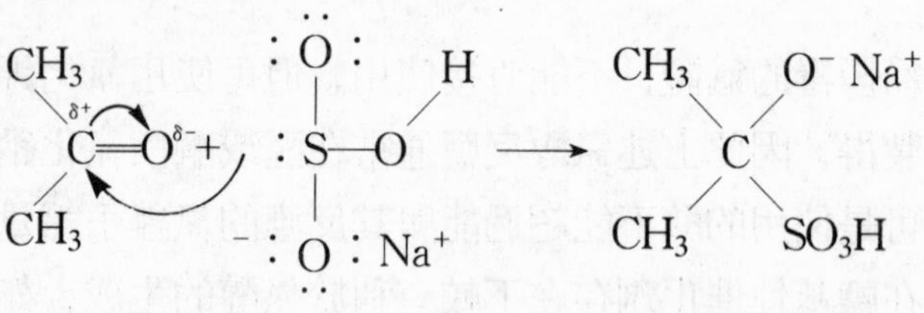

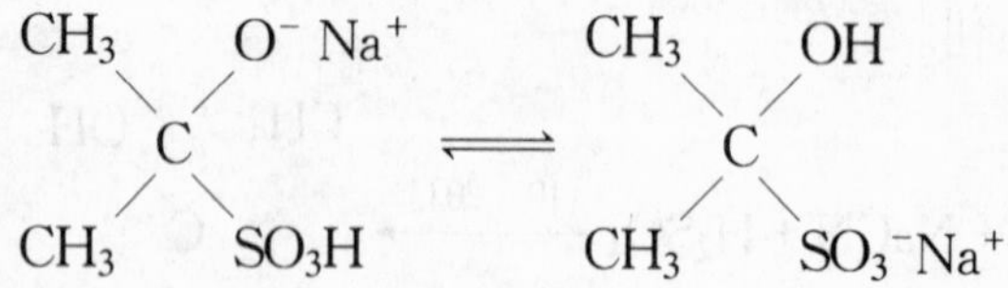

$$\underset{CH_3}{\overset{CH_3}{\underset{|}{\overset{|}{C}}}}\overset{OH}{\underset{SO_3^-\,Na^+}{|}} + HCl \longrightarrow \underset{CH_3}{\overset{CH_3}{\underset{|}{\overset{|}{C}}}}=O + Na^+Cl^- + H_2O + SO_2$$

利用這反應可從許多有機物混合溶液中分離醛類及一些酮類，芳香酮及脂肪族酮中的烷基爲甲基以上的沒有添加亞硫酸氫鈉的趨勢。

③添加水與醇類的反應

醛類與酮類很少生成安定水合物。如果羰基連於其他強吸引電子性的基時，可生成足夠安定而能單離的水化物。例子之一爲三氯乙醛（trichloroacetaldehyde，又稱爲氯醛 chloral）可生成安定的水化物，在醫藥上用爲催眠劑（soporific）。

$$\underset{Cl}{\overset{Cl}{\underset{|}{\overset{|}{Cl\!\leftarrow\!C}}}}\!-\!\overset{H}{\underset{}{\overset{|}{C}}}\!=\!O + H_2O \longrightarrow \underset{Cl}{\overset{Cl}{\underset{|}{\overset{|}{Cl\!-\!C}}}}\!-\!\underset{OH}{\overset{H}{\underset{|}{\overset{|}{C}}}}\!-\!OH$$

三氯乙醛爲無色液體，略具刺激性，與水結合成較安定的結晶。

另一面，在酸性催化劑存在下醇類可添加到醛類裡。在反應的第一階段生成不安定的加成生成物稱爲半縮醛（hemiacetal），半縮醛再與醇的第二個分子反應而生成稱爲縮醛（acetal）的安定化合物。

$$CH_3\!-\!\overset{H}{\underset{}{\overset{|}{C}}}\!=\!O + C_2H_5OH \underset{}{\overset{H^+A^-}{\rightleftharpoons}} CH_3\!-\!\underset{OC_2H_5}{\overset{H}{\underset{|}{\overset{|}{C}}}}\!-\!OH$$

半縮醛(不安定)

$$CH_3\!-\!\underset{OC_2H_5}{\overset{H}{\underset{|}{\overset{|}{C}}}}\!-\!OH + C_2H_5OH \underset{}{\overset{H^+A^-}{\rightleftharpoons}} CH_3\!-\!\underset{OC_2H_5}{\overset{H}{\underset{|}{\overset{|}{C}}}}\!-\!OC_2H_5 + H_2O$$

乙醛二乙基縮醛(安定)
(acetaldehyde diethyl acetal)

這反應是可逆的，縮醛在酸溶液中加水分解時可生成原來的醇與醛。

縮酮（ketals）通常不能以醇加在酮的方式直接製造，只有甲基酮才能以類似的方法製造。

④添加格任亞試劑的反應

在醛類或酮類添加 RMgX 或 ArMgX 型之格任亞試劑而製備醇類的反應曾在前面討論過。

⑶**縮合反應**（condensation）

①氨衍生物的加成反應

氨衍生物中含有第一胺基（primary amino group，—NH$_2$）的可添加於醛類與酮類而生成不安定的中間體。最初加成生成物將失去水分子（縮合）而生成碳與氮間的雙鍵。

$$
\begin{array}{c}
R \\
\backslash \\
C=O + H_2NR' \rightleftharpoons \\
/ \\
R
\end{array}
\quad
\begin{array}{c}
OH \\
| \\
C \quad H \\
/ \ | \\
R \quad N \\
| \\
R'
\end{array}
\xrightarrow{-H_2O}
\begin{array}{c}
R \\
\backslash \\
C=N \\
/ \quad \backslash \\
R \quad R'
\end{array}
+ H_2O
$$

這反應生成的生成物為具有顯著熔點的結晶性固體。因此通常使用鑑定醛與酮衍生物之用。

通常用於縮合反應的氨衍生物及縮合生成物如下：

羰基化合物　　氨的衍生物　　　縮合生成物

$$
R-\overset{\overset{\displaystyle R}{|}}{C}=O \; + \;
\overset{\overset{\displaystyle H}{|}}{\underset{\underset{\displaystyle H}{|}}{N}}-OH
\xrightarrow{H^+}
R-\overset{\overset{\displaystyle R}{|}}{C}=N-OH + H_2O
$$

酮　　羥　胺　　　　　　　肟

　　（hydroxylamine）　　（oxime）

$$R-\overset{\displaystyle R}{\underset{}{C}}=O + \overset{\displaystyle H}{\underset{\displaystyle H}{N}}-\overset{\displaystyle H}{N}-C_6H_5 \xrightarrow{H^+} R-\overset{\displaystyle R}{C}=N-\overset{\displaystyle H}{N}-C_6H_5 + H_2O$$

酮 *　　　　　　　　苯　肼　　　　　　　　　苯　腙
　　　　　　　(phenylhydrazine)　　　　　(phenylhydrazone)

$$R-\overset{\displaystyle R}{C}=O + \overset{\displaystyle H}{\underset{\displaystyle H}{N}}-\overset{\displaystyle H}{N}-\overset{\displaystyle O}{C}-NH_2 \xrightarrow{H^+} R-\overset{\displaystyle R}{C}=N-\overset{\displaystyle H}{N}-\overset{\displaystyle O}{C}-NH_2 + H_2O$$

酮 *　　　　　　　　胺　脲　　　　　　　　　縮胺脲
　　　　　　　(semicarbazide)　　　　　　(semicarbazone)

＊假如一個 R 爲 H 時，這化合物將是醛。

例如：

$$CH_3-\overset{\displaystyle H}{C}=O + H_2N-OH \longrightarrow CH_3-\overset{\displaystyle H}{C}=N\overset{\displaystyle OH}{} + H_2O$$

乙醛肟

(acetaldoxime) M.P. 47℃

$$\overset{\displaystyle CH_3CH_2}{\underset{\displaystyle CH_3CH_2}{}}C=O + H_2N-OH \longrightarrow \overset{\displaystyle CH_3CH_2}{\underset{\displaystyle CH_3CH_2}{}}C=N\overset{\displaystyle OH}{} + H_2O$$

二乙酮肟

(diethylketoxime) M.P. 69℃

　　縮胺脲類通常爲較高熔點於肟類或苯腙類的固體。某未知羰基化合物的衍生物爲低熔點的固體或油的肟或苯腙時，縮胺脲通常可供辨別的方法。羰基衍生物的分子量愈大，其熔點愈高，因此 2,4－二硝基苯肼常代替苯肼來製造羰基衍生物。

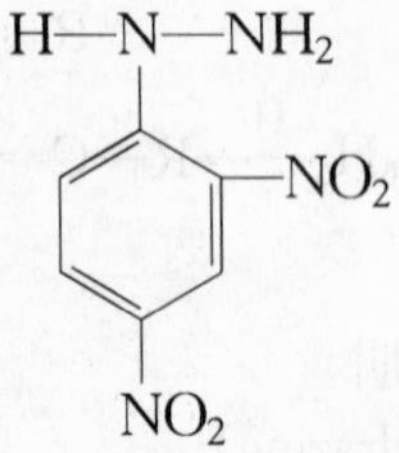

$$H-N-NH_2$$

（結構圖：2,4-二硝基苯肼，苯環上接 NO_2 於鄰位及對位）

2,4-二硝基苯肼

表3-26為普通羰基化合物的肟類、苯腙與縮胺脲類等熔點。

表3-26 可用於鑑別醛類與酮類之衍生物

化合物	化學式	沸點 (℃)	肟熔點 (℃)	苯腙熔點 (℃)	縮胺脲熔點 (℃)	2,4-二硝基苯肼熔點(℃)
丙酮	$CH_3-\overset{O}{\underset{}{C}}-CH_3$	56	59	42	187	126
乙醛	$CH_3-\overset{H}{\underset{}{C}}=O$	20	47	63	162	147
α-甲基-正-丁醛	$CH_3CH_2CH(CH_3)\overset{H}{\underset{}{C}}=O$	93	oil	oil	103	120
苯甲醛	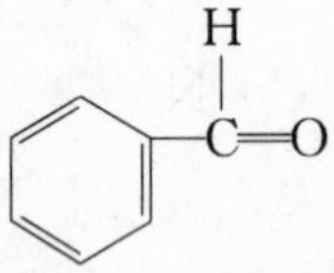 $C_6H_5-\overset{H}{\underset{}{C}}=O$	179	35	158	222	237
甲乙酮	$C_2H_5-\overset{}{\underset{O}{C}}-CH_3$	80	oil	oil	146	117
二乙酮	$(C_2H_5)_2\ C=O$	102	69	oil	139	156

二正丙酮	$(C_3H_7)_2\ C{=}O$	145	oil	oil	133	75
異丙甲酮	(CH₃)₂ CHC=O 上方 CH_3	94	oil	oil	113	117
環戊酮	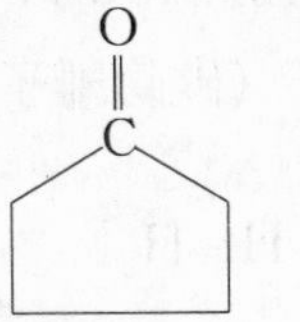	131	56	50	205	142

註： oil 代表油狀液體

②自身加成反應（α－氫及羥醛縮合反應（aldol condensation））

在羰基中氧原子對電子的吸引力不但影響羰基之碳原子，而且可影響到羰基隔鄰的碳原子（這碳稱為 α－碳原子）。這吸引力即稱為誘導效應（inductive effect）可減弱 α－碳原子與其所連氫原子間的化學鍵，其結果連在 α－碳原子的氫（稱為 α－氫）可被強鹽基物質所帶走。因這些 α－氫原子為可移開的，故稱為活性的或「酸性的氫」。

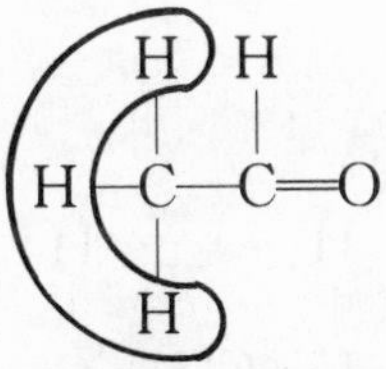

乙醛
（3 個 α－原子）

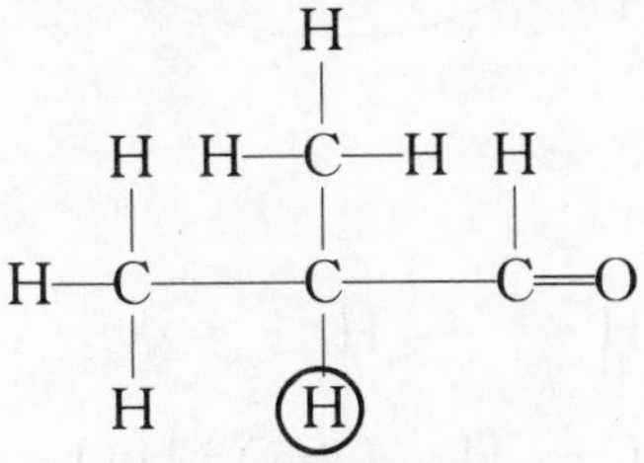

異丁醛
（一個 α－氫原子）

醛與酮在鹽基性溶液中可以互相縮合而生成一種羥醛縮合物稱為羥醛（aldols）。在羥醛縮合反應中必須有一個 α-氫原子之醛或酮才能反應，如無 α-氫原子的醛即不能起羥醛縮合反應。

$$RCHO + H\!-\!CH_2CHO \xrightarrow{\ OH^-\ } RCHOHCH_2CHO$$

$$\alpha-氫 \qquad\qquad 羥\quad 醛$$

其反應機構為當醛的 $\alpha-$氫遇到親核劑的氫氧根時，氫離子即離開醛而使醛的 $\alpha-$碳成為帶負電之親核性離子（碳陰離子）。

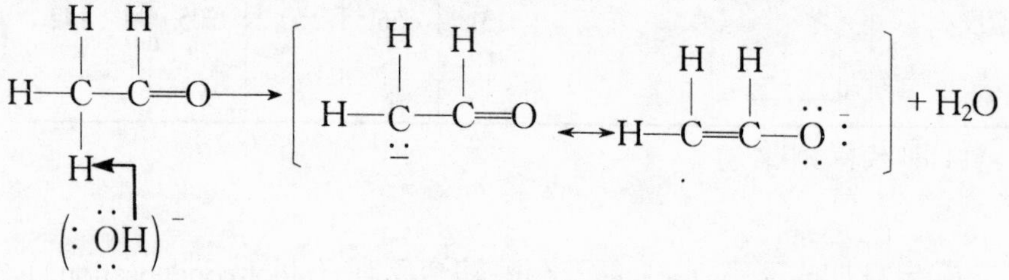

這碳陰離子可與另一個醛分子之羰基碳原子結合後，與原生成之水反應而成羥醛。

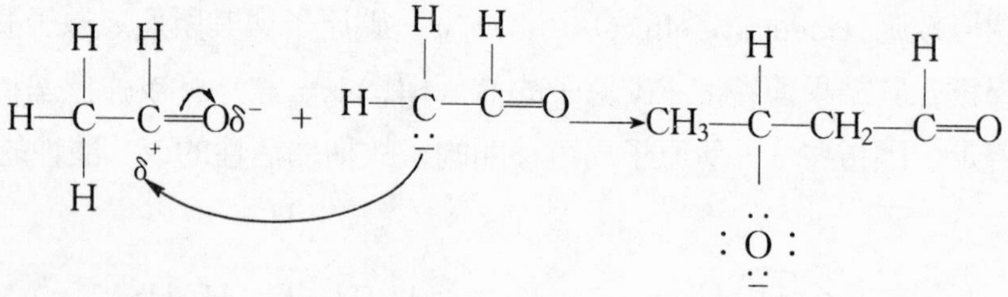

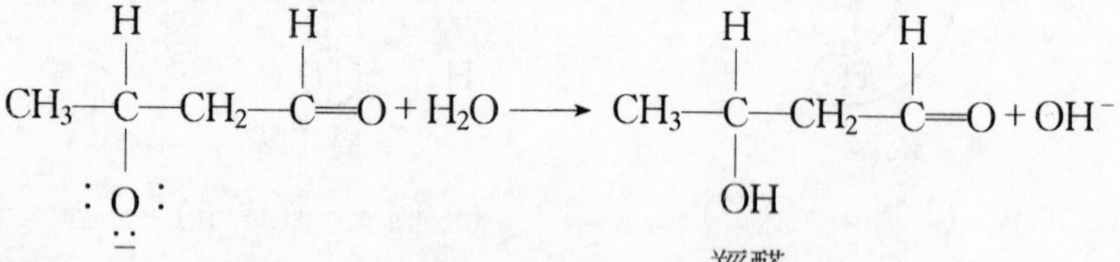

羥醛
（3-氫氧丁醛）

羥醛加熱容易失去一分子的水而生成 $\alpha,\beta-$不飽和的羰基化合物。

$$CH_3-\underset{\underset{OH}{|}}{\overset{\overset{H}{|}}{C}}-CH_2-\overset{\overset{H}{|}}{C}=O \xrightarrow{\Delta} H_2O+CH_3-\overset{\overset{H}{|}}{C}=\overset{\overset{H}{|}}{C}-\overset{\overset{H}{|}}{C}=O$$

2-丁烯醛

酮類亦可進行類似羥醛縮合的反應，例如：

$$CH_3-\underset{\underset{CH_3}{|}}{C}=O + OH^- \longrightarrow H_2O + \left[\ddot{:}\overset{-}{C}H_2-\underset{\underset{CH_3}{|}}{C}=O\right]$$

$$CH_3-\underset{\underset{CH_3}{|}}{C}=O\ +\ \ddot{:}CH_2-\underset{\underset{CH_3}{|}}{C}=O \longrightarrow CH_3-\underset{\underset{\underset{\ddot{\ddot{O}}}{|}}{\overset{\overset{CH_3}{|}}{C}}}{}-CH_2-\overset{\overset{CH_3}{|}}{C}=O$$

$$CH_3-\underset{\underset{\ddot{\ddot{O}}}{|}}{\overset{\overset{CH_3}{|}}{C}}-CH_2-\overset{\overset{CH_3}{|}}{C}=O + H_2O \longrightarrow CH_3-\underset{\underset{OH}{|}}{\overset{\overset{CH_3}{|}}{C}}-CH_2-\overset{\overset{O}{\|}}{C}-CH_3 + OH^-$$

4-氫氧-4-甲基-2-戊酮

$$CH_3-\underset{\underset{OH}{|}}{\overset{\overset{CH_3}{|}}{C}}-\underset{\underset{H}{|}}{\overset{\overset{H}{|}}{C}}-\overset{\overset{O}{\|}}{C}-CH_3 \xrightarrow{\Delta} CH_3-\overset{\overset{CH_3}{|}}{C}=\overset{\overset{H}{|}}{C}-\overset{\overset{O}{\|}}{C}-CH_3$$

4-甲基-3-戊烯-2-酮

　　苯甲醛與乙醛反應可生成肉桂醛 (cinnamaldehyde)，其為 α，β -未飽和的芳香醛，學名為 3-苯-2-丙烯醛。

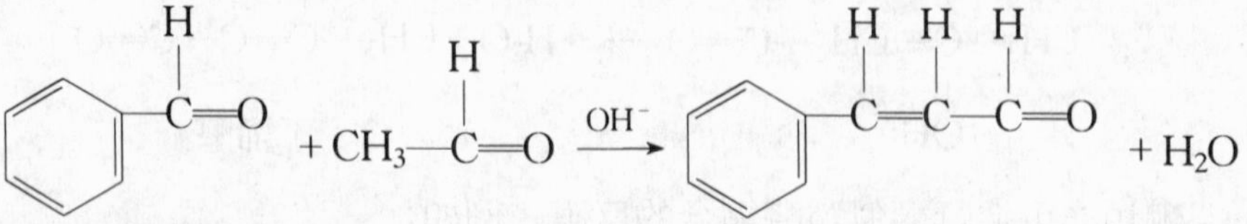

$$\text{苯甲醛} + CH_3-\overset{H}{\underset{}{C}}=O \xrightarrow{OH^-} \text{肉桂醛} + H_2O$$

苯甲醛　　　　　　　　　　　　　　　　　肉桂醛

肉桂醛又稱玉桂醛，天然存在於玉桂皮中有 1% 左右，將玉桂皮曬乾，粉碎，以水蒸汽蒸餾即得玉桂油。玉桂油中含玉桂醛高達 87% 之多。玉桂醛爲淡黃色油狀液體，具甜辣味，可做香料，食物調味料及醫藥。能增加血壓，健胃，在中醫常用桂皮、桂枝爲治療虛弱，胃病及興奮劑之用。

③α－氫被鹵素取代的反應（鹵仿反應）

乙醛或甲酮與鹵素（氯，溴或碘）的鹼性溶液共熱可生成鹵仿（haloform，即氯仿，溴仿或碘仿），這反應稱爲鹵仿反應（haloform reaction）。這反應通常分兩個階段進行。在第一階段裡 α－碳原子的三個氫原子被鹵素原子所取代。

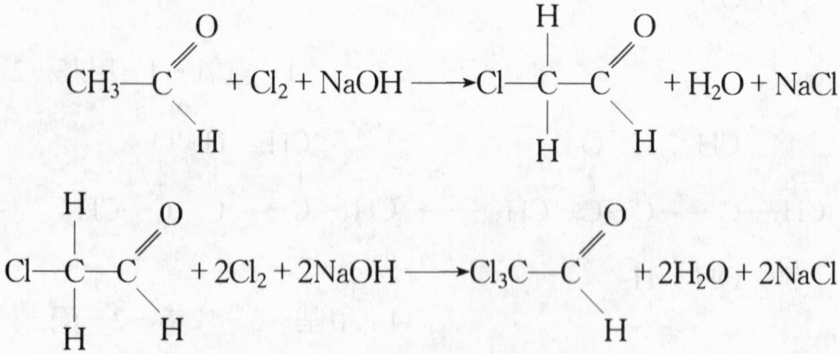

$$CH_3-\overset{O}{\underset{H}{C}} + Cl_2 + NaOH \longrightarrow Cl-\overset{H}{\underset{H}{C}}-\overset{O}{\underset{H}{C}} + H_2O + NaCl$$

$$Cl-\overset{H}{\underset{H}{C}}-\overset{O}{\underset{H}{C}} + 2Cl_2 + 2NaOH \longrightarrow Cl_3C-\overset{O}{\underset{H}{C}} + 2H_2O + 2NaCl$$

在第二階段裡因爲鹽基物質（親核性的）攻擊羧基的碳使分子斷裂。

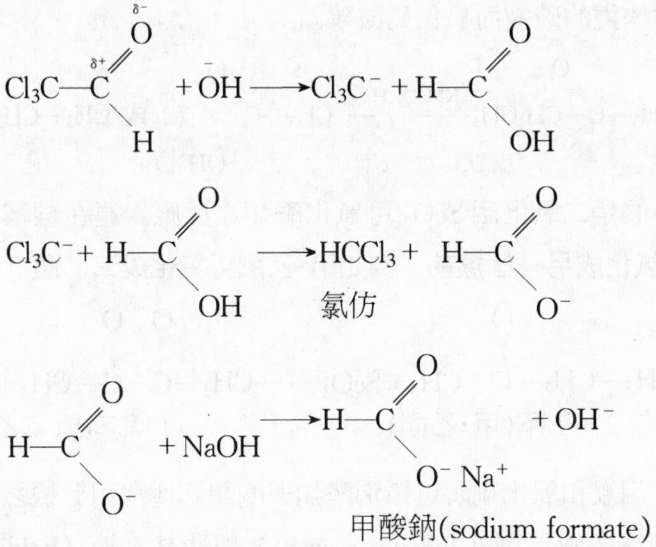
氯仿
甲酸鈉(sodium formate)

任何化合物能夠起鹵仿反應的必須在其分子內具有乙醯基（acetyl group，$CH_3—\overset{\displaystyle O}{\overset{\|}{C}}—$）的構造或可氧化成乙醯基的物質存在。符合前者條件的是乙醛及所有的甲酮類。所有分子中具有乙醇基的（$CH_3—\overset{\displaystyle H}{\overset{|}{\underset{|}{C}}}—OH$）構造的屬於後者。在第一醇中，只有乙醇因可氧化成乙醛故可起鹵仿反應。鹵仿反應不但可供為製備鹵仿，而且可做檢驗上述乙醯基之存在。這檢驗通常將碘溶液加入於未知化合物的鹼性水溶液中，如果乙醯基存在，輝黃色的碘仿（iodoform CHI_3）結晶析出（氯仿及溴仿均為液體），從其強刺激臭及融點可鑑別。碘仿可做防腐劑等用途。

(4)氧化反應

①多倫試劑，斐林溶液的氧化反應

醛類易被氧化，甚至於使用溫和的氧化劑亦能使其氧化為酸類。另一面，酮類很不容易被氧化，如以強氧化劑及加熱處理，即引起碳

與碳間化學鍵的破裂而氧化為酸類。

$$CH_3-\overset{\overset{\displaystyle O}{\|}}{C}-CH_2CH_3 \xrightarrow{KMnO_4,H^+} CH_3-\overset{\overset{\displaystyle O}{\|}}{C}-OH \text{ 和/或 } CH_3-CH_2-\overset{\overset{\displaystyle O}{\|}}{C}-OH$$

　　例外的是二氧化硒 SeO_2 可氧化酮類之反應。連在羰基的甲烯基被 SeO_2 氧化成另一個羰基。例如甲·乙酮可氧化成二乙醯（diacetyl）

$$CH_3-CH_2-\overset{\overset{\displaystyle O}{\|}}{C}-CH_3 + SeO_2 \longrightarrow CH_3-\overset{\overset{\displaystyle O}{\|}}{C}-\overset{\overset{\displaystyle O}{\|}}{C}-CH_3 + H_2O + Se$$
$$\text{2－丁酮(甲·乙酮)} \qquad\qquad\qquad \text{丁烷二酮(二乙醯)}$$

　　當使用溫和氧化劑時可區別醛類與酮類。通常用於檢驗醛類存在的氧化劑為多倫試劑（Tollen's reagent）與斐林溶液（Fehling's solution）。前者為氧化銀的氨溶液而後者是銅離子與酒石酸鉀鈉的鹼性溶液。

　　當使用多倫試劑氧化醛時，銀離子被醛還原為金屬狀，如果使用乾淨試管時，金屬狀銀即析出成鏡狀，故此反應又稱為銀鏡反應。

$$R-\overset{\overset{\displaystyle H}{|}}{C}=O + 2Ag(NH_3)_2OH \longrightarrow R-\overset{\overset{\displaystyle O}{\|}}{C}-O^-NH_4^+ + 2Ag + H_2O + 3NH_3$$

　　如使用斐林試液氧化醛時，深藍色的銅錯離子即被還原成紅色的氧化亞銅。

$$R-\overset{\overset{\displaystyle H}{|}}{C}=O + 2Cu(OH)_2 + NaOH \longrightarrow R-\overset{\overset{\displaystyle O}{\|}}{C}-O^-Na^+ + Cu_2O + 3H_2O$$

　　芳香醛類與多倫試劑反應但不與斐林溶液作用。因此利用此特性可區別脂肪醛與芬香醛。

②自身氧化與還原反應（甘尼查羅反應）

　　缺少 $\alpha-$氫的醛類與濃氫氧化鈉（或氫氧化鉀）共熱時，可進行分子間的氧化－還原反應。醛的一個分子還原為醇而第二個醛分子被

氧化爲酸。這不均化反應（disproportionation）的機構稱爲甘尼查羅反應（Cannizzaro reaction）。以甲醛爲例說明：

$$
\begin{array}{c}
\text{H} \\
| \\
\text{C}=\text{O} + \text{Na}^+\text{OH}^- \\
| \\
\text{H}
\end{array}
\rightleftharpoons
\begin{array}{c}
\text{H} \quad \text{O}^- \\
\diagdown \diagup \\
\text{C} \\
\diagup \diagdown \\
\text{H} \quad \text{OH}
\end{array}
+ \text{Na}^+
$$

$$
\begin{array}{c}
\text{H} \\
\overset{\delta^+}{\text{C}}\!=\!\overset{\delta^-}{\text{O}} \\
| \\
\text{H}
\end{array}
+
\begin{array}{c}
\text{H} \quad \text{O}^- \\
\diagdown \diagup \\
\text{C} \\
\diagup \diagdown \\
\text{H} \quad \text{OH}
\end{array}
\longrightarrow \text{CH}_3\text{O}^- + \text{H}-\overset{\displaystyle \text{O}}{\overset{\|}{\text{C}}}-\text{OH}
$$

負氫離子之轉移(慢)

$$
\text{H}-\overset{\displaystyle \text{O}}{\overset{\|}{\text{C}}}-\text{OH} + \text{CH}_3\text{O}^- + \text{Na}^+ \longrightarrow \text{CH}_3\text{OH} + \overset{\displaystyle \text{O}}{\overset{\|}{\text{C}}}-\text{O}^-\,\text{Na}^+
$$

酸－鹽基反應(快)

甲　醇　　甲酸鈉

⑸還原反應

在催化劑存在下醛類及酮類的羰基可被氫還原或氫化鋁鋰（lithium alumimum hydride）等化學還原劑還原分別成第一醇及第二醇類。

$$
\begin{array}{c}
\text{H} \\
| \\
\text{R}-\text{C}=\text{O} \\
\end{array}
+ 2\text{H}_2 \xrightarrow[\text{壓力}]{\text{Pt 或 Ni}} \text{R}-\text{CH}_2-\text{OH}
$$

醛　　　　　　　　　　　　　　第一醇

$$
\begin{array}{c}
\text{R} \\
| \\
\text{R}-\text{C}=\text{O} \\
\end{array}
\xrightarrow[\text{2.H}_2\text{O}]{\text{1.LiAlH}_4}
\begin{array}{c}
\text{R} \\
| \\
\text{R}-\text{C}-\text{OH} \\
| \\
\text{H}
\end{array}
$$

酮　　　　　　　　第二醇

其他可用爲還原羰基的還原劑爲 NaBH_4，這試劑比上述 LiAlH_4 爲安定，故可用於水或酒精溶液裡，另一面 LiAlH_4 與水或酒精等親水性溶劑起劇烈反應。

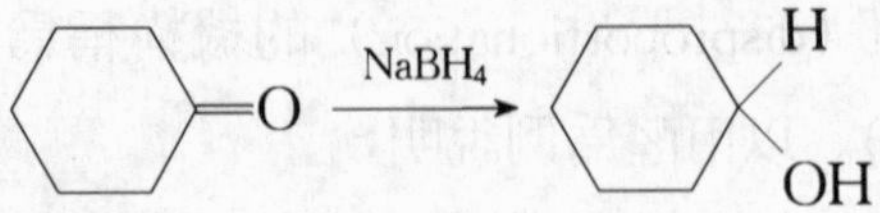

$$\text{環己酮} \xrightarrow{\text{NaBH}_4} \text{環己醇}$$

克雷門生還原法（Clemensen reduction）將酮與濃鹽酸在鋅汞齊（amalgamated zinc）存在下，迴流蒸餾時酮的羰基可還原成甲烯基，這反應稱為克雷門生還原法而可使羰基轉變為烴鍵。

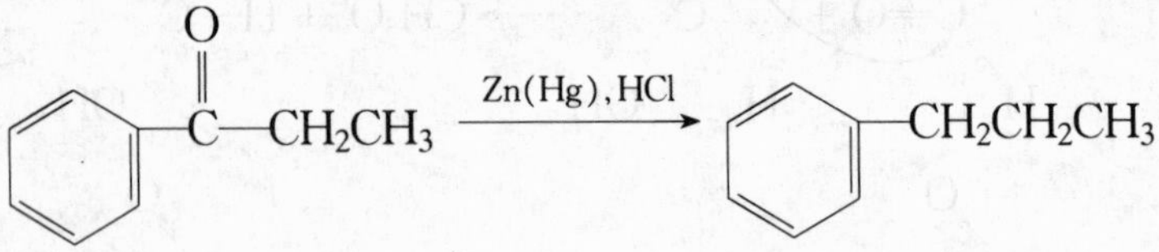

$$\text{苯丙酮} \xrightarrow{\text{Zn(Hg),HCl}} \text{正丙苯}$$

(6)醛類的聚合反應

醛是醛類中最重要的一份子。在工業上甲醛可與酚共聚（copolymerize），亦可與尿素（urea）， $[(H_2N)_2C{=}O]$ 或三聚氰胺（melamine）$C_3H_6N_6$ 即環狀三氨基化合物等聚合成硬而電絕緣性的「膠木」又稱「貝克來」（bakelite）及「美拉馬」（melmac）塑膠。這些極有用的塑膠之構造如下圖：

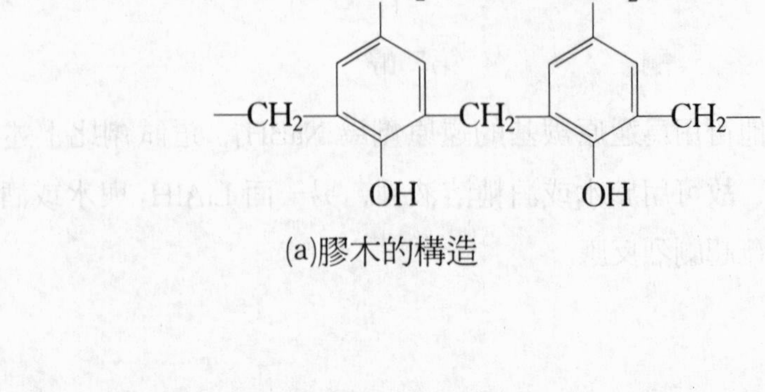

(a)膠木的構造

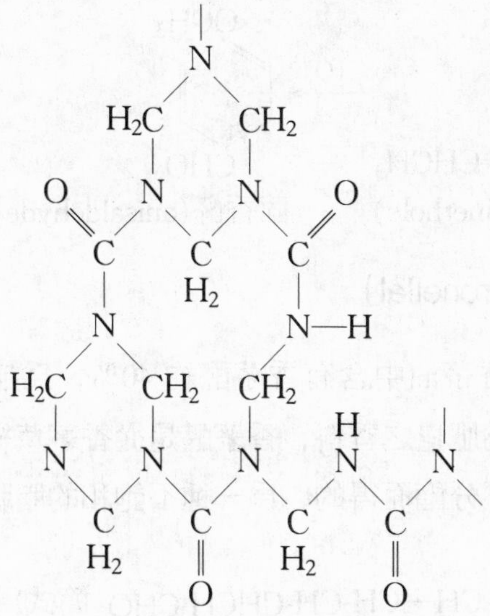

(b)尿素－甲醛樹脂

五、醛與酮的衍生物

加某種氨化合物於羰基以生成醛類及酮類之衍生物之反應是很重要的醛和酮的鑑定反應。這些反應已經在前面討論過，並且常見衍生物已經列在表 3－26。其他常見衍生物也分別在醛類與酮類的反應裡出現過，在此只列舉幾種天然醛與酮的衍生物。

1. 茴香醛（anisaldehyde）

為有芳香氣味的無色油狀液體，存在於茴香子（又稱八角）及玉桂花中。茴香油的主要成分為茴香腦（約 $80 \sim 90\%$），含茴香醛約 10%。茴香腦氧化亦可製得茴香醛，所用的氧化劑為二鉻酸鉀及硫酸，或臭氧氧化後水解。茴香醛沸點 $248℃$，可做香料，調味料及中藥的去痰劑。

$$
\begin{array}{ccc}
\text{OCH}_3 & & \text{OCH}_3 \\
\bigcirc & \xrightarrow{\text{[O]}} & \bigcirc \\
\text{CH}=\text{CHCH}_3 & & \text{CHO} \\
\text{茴香腦(anethole)} & & \text{茴香醛(anisaldehyde)}
\end{array}
$$

2. 香茅醛 (citronellal)

在本省產的香茅油中含有香茅醛約 40％，為無色油狀液體，其香味持久故常用為肥皂之香料，香茅醛是從香茅草經水蒸汽蒸餾所得的香茅油再以減壓分餾而得的，為一種不飽和的脂肪醛。其構造為：

$$
\begin{array}{c}
\text{CH}_3\text{C}=\text{CH}-\text{CH}_2\text{CH}_2\text{CHCH}_3\text{CHO} \quad 簡式為 \\
\quad | \qquad\qquad\qquad\qquad\quad | \\
\quad \text{CH}_3 \qquad\qquad\qquad\qquad \text{CH}_3 \\
香茅醛
\end{array}
$$

3. 香草精 (vanillin)

香草精是無色或淡黃色固體，存在於熱帶之一種香豆中，有持久的芳香味，為一般食品、雪糕、蛋糕及冰淇淋最常用的香料。其分子含有醛基、醚基及酚基，化學名為 4－羥－3－甲氧－苯甲醛（4－hydroxy－3－methoxy－benzaldehyde）。工業上可從丁香酚 (eugenol) 氧化而得。

$$
\begin{array}{ccc}
\text{OH} & & \text{OH} \\
\bigcirc\!\!-\text{OCH}_3 & \xrightarrow{\text{[O]}} & \bigcirc\!\!-\text{OCH}_3 \\
\text{CH}_2\text{CH}=\text{CH}_2 & & \text{CHO} \\
丁香酚 & & 香草精
\end{array}
$$

香草精微溶於水，易溶於醇，熔點 80℃，由於上述結構，香草精具有酚，醚及醛的化學反應。

4. 水楊醛（salicylaldehyde）

水楊醛又稱爲柳醛，學名鄰－羥苯甲醛（*ortho*－hydroxy ben-zaldehyde）。存在於天然許多植物葉或花中。有芬芳氣味的無色或淡紅色油狀液體。可做調味品及香料之用。

合成水楊酸通常以酚及氯仿作用並以水蒸汽蒸餾法分離同時生成的少許固體對位異構物即得。固體對位異構不能以水蒸汽蒸出留在殘渣中。

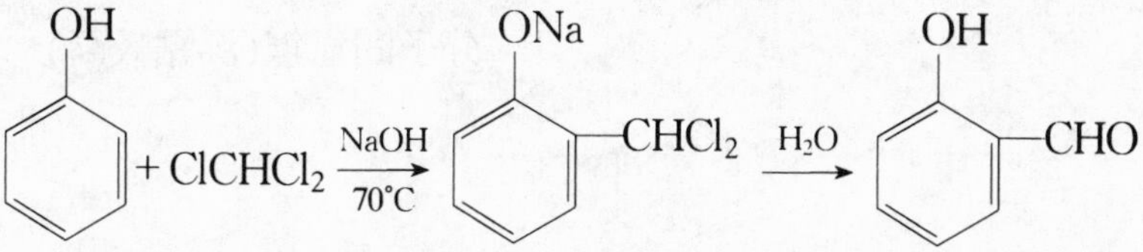

鄰－羥苯甲醛的沸點（196℃）較其異構物的沸點爲低的原因是能夠生成分子內氫鍵之故，間－對羥基苯甲醛因會生成分子間氫鍵，故沸點較高。因此可以用水蒸汽蒸餾法分離出水楊醛。

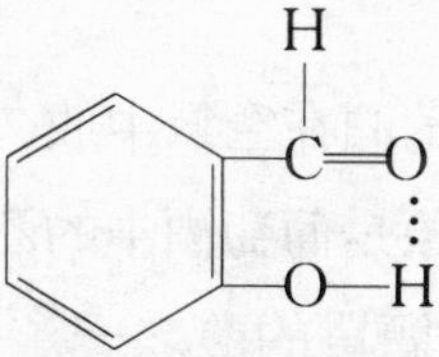

水楊醛(液體)
分子內氫鍵

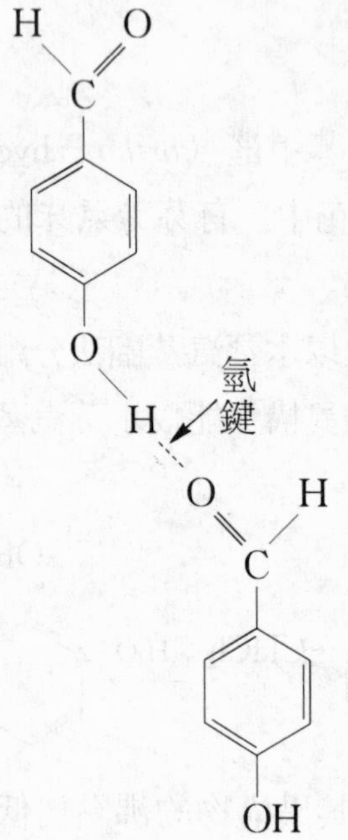

對羥基苯甲醛(固體)
分子間氫鍵(沸點較高)

六、有機酸 （organic acid）

　　人類從古代就知道葡萄酒在空氣中放久時就呈酸味，並應用這變化來製造食用醋了。這現象是葡萄酒中的乙醇被細菌氧化而變成稀醋酸的。醋酸是有機酸中最簡單的酸之一。帶有酸的特性的有機化合物，總稱爲有機酸。在自然界有很多有機酸以單獨方式或與其他有機物質結合的方式存在。有機酸常與醇類共同存在於水果中，香料中，蔬菜中及動物的油脂裡。有機酸的分子中通常含有羧基（—COOH），羧基表示碳原子與其他碳原子的鍵爲最高原子價的狀況，這羧基在許多天然物中常見到。許多有機酸在我們身體中負生活力的責任，同時在新陳代謝過程中擔任重要的中間體之任務。大量的酸與其衍生物在

我們日常生活中極有用處。

1. 有機酸的結構與命名

通常有機酸指的就是羧酸（carboxylic acid）。直鏈的羧酸類俗稱為「脂肪酸」（fatty acid），因為通常偶數碳原子（4 或 4 個以上）的羧酸與甘油結合存在於油脂中而取名的。含有一個羧基

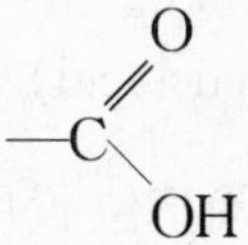

的羧酸的通式為 R – COOH（R 為烷基）或 Ar – COOH（Ar 為芳香基）。

脂肪族羧酸類很早被人類發現，因此其俗名（與來源有關）比學名較為常用，如蟻酸（formic acid）和醋酸（acetic acid）等。國際名（IUPAC 制命名）是以帶有羧基之最長鍵為母體，而以某酸（–oic acid）代相對應烷類化合物之烷（–e）命名之，如 CH_3COOH 稱為乙酸（ethanoic acid）。

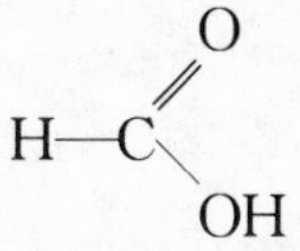

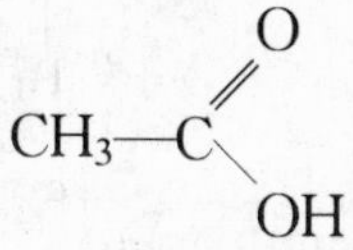

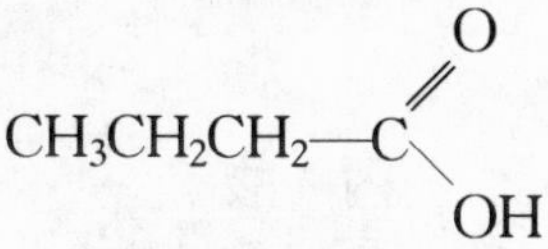

甲　酸	乙　酸	正丁酸
俗名：formic acid	acetic acid	*n*-butyric acid
國際名：methanoic acid	ethanoic acid	butanoic acid

芳香酸裡羧基直接連在苯環上，可是，有時苯基亦可認為脂肪酸上的一個取代基。

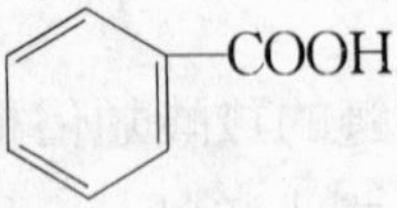

COOH

苯甲酸
(benzoic acid)
　　　　對-溴苯甲酸 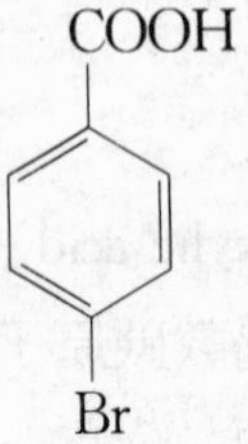
　　　　(p-bromobenzoic acid)
　　　　　　　　苯乙酸 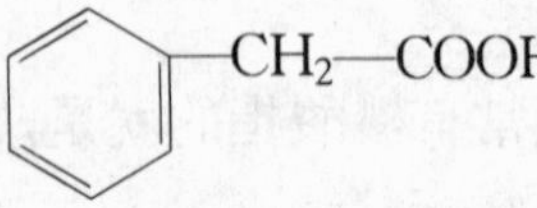
　　　　　　　　(phenylacetic acid)

　　通常羧基的碳原子為一號碳原子，在普通名時表示取代基位置用 α，β，γ，δ 來表示。當然在此地 α－碳原子即指最近於羧基的碳原子的。

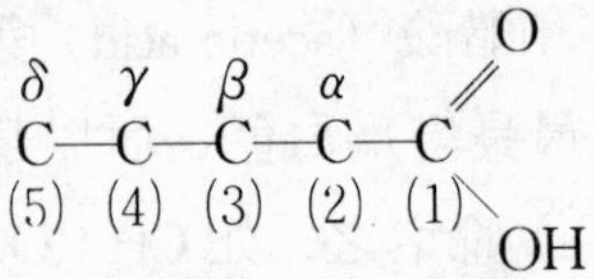

$$\overset{\delta}{C}-\overset{\gamma}{C}-\overset{\beta}{C}-\overset{\alpha}{C}-\overset{O}{C}$$
(5) (4) (3) (2) (1)　OH

CH_3-CH_2-COOH
　　　　　　　　$CH_3-CH-COOH$
　　　　　　　　　　　　|
　　　　　　　　　　　　Br

　　　丙　酸
　　(propionic acid) 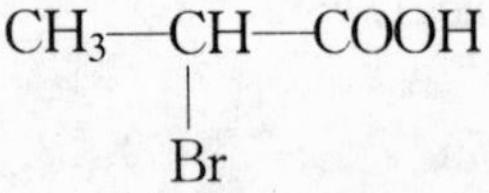
　　　　　　　　α－溴丙酸
　　　　　　　　(α－bromopropionic acid)

2.有機酸的性質

　　脂肪酸的較低分子量者為液體並具有刺激臭。碳原子由 4 到 10 的酸為半固體或固體而具腐敗的奶油或牛酪的不舒服味道，奶油的腐敗即為此類酸的脂久曝露在空氣中起分解作用而析出丁酸或戊酸等之故。更高分子量的酸即為蠟狀的固體幾乎沒有臭味。脂肪酸的沸點隨甲烯基的增加一個即有增加約 20°C 的規則性。酸的沸點比其他羥衍生物不平常的高，這是酸分子間可生成氫鍵的緣故。脂肪酸的分子量測定的結果可知脂肪酸大部分為雙分子 (dimer)，從這點亦可證明氫

鍵的生成。其結構如下：

$$R-C\begin{matrix} O\cdots H-O \\ \\ O-H\cdots O \end{matrix}C-R$$

前五種脂肪酸可溶於水外其他的有機酸均不易溶於水。芳香酸通常爲結晶性固體，皆不易溶於水。但有機酸均易溶於酒精及乙醚中，又均可溶於氫氧化鈉溶液而生成鈉鹽。

有機酸中之羧基上的氫原子不易游離，故均爲弱酸，其游離之平衡定律式爲：

$$RCOOH_{(aq)} \rightleftharpoons RCOO^-_{(aq)} + H^+_{(aq)}$$

$$K_a = \frac{[RCOO^-][H^+]}{[RCOOH]}$$

K_a 值愈大，酸性愈強。表 3-27 列出一些有機酸之性質。

表 3-27 一些有機酸之性質

化合物	化學式	沸點 (℃)	熔點 (℃)	溶解度 (g/100 gH₂O)	K_a
甲酸	$HCOOH$	100	8	∞	2×10^{-4}
乙酸	CH_3COOH	1	16.7	∞	1.8×10^{-5}
丙酸	CH_3CH_2COOH	141	-22	∞	1.34×10^{-5}
正丁酸	$CH_3(CH_2)_2COOH$	164	-6	∞	1.6×10^{-5}
正己酸	$CH_3(CH_2)_4COOH$	205	-3	1.0	
正癸酸	$CH_3(CH_2)_8COOH$	225	32	0.2	
苯甲酸	◯—COOH	250	122	0.34	6.35×10^{-5}
苯乙酸	◯—CH₂COOH	266	77	1.66	5.6×10^{-5}

　　芳香羧酸的反應通常與脂肪酸的反應相似。羧基直接連在苯環時可增加羧基的活性。苯甲酸，如有收回電子性取代基在鄰或對位置時可增加苯甲酸的酸性。

　　苯甲酸為白色結晶性固體。能昇華，有防腐作用。苯甲酸鈉易溶於水，為常用的食物防腐劑，可做醬油，肉類的保存用。

　　帶有一個取代物的苯甲酸衍生物都是結晶固體，其熔點高於 $100°C$，在對位有一個取代物時，其熔點約在 $200°C$。如鄰-甲苯甲酸(o-toluic acid；$o-CH_3C_6H_4COOH$)的熔點是 $104°C$，而對-甲苯甲酸(p-toluic acid；$p-CH_3C_6H_4COOH$)的熔點是 $180°C$。與分子量相近的脂肪族酸相比較時，芳香族酸的熔點比較高一點，而沸點高了很多。芳香族酸對水的溶解度比較差。

3. 有機酸的製備

　　許多脂肪酸與一些芳香酸從天然物可得。其他即可從下列各種方法製備。

(1)氧化法

　　第一醇類的直接氧化可得相對的脂肪酸。常用的氧化劑為二鉻酸鉀（或二鉻酸鈉）的濃硫酸溶液。

$$3R—CH_2OH + 2Cr_2O_7^{2-} + 16H^+ \longrightarrow 3R—C\overset{O}{\underset{OH}{}} + 4Cr^{3+} + 11H_2O$$

苯羧酸類通常由苯的烷基衍生物之氧化來製備。苯環本身不易氧化，但連在苯環上的碳即較易氧化。如果苯環上連有一個以上的烷基時，所有的烷基均氧化成羧基。

$$\underset{\text{甲苯}}{\overset{\displaystyle CH_3}{\bigcirc}} + 3[O] \xrightarrow{Na_2Cr_2O_7,\ H_2SO_4} \underset{\text{苯甲酸}}{\overset{\displaystyle COOH}{\bigcirc}} + H_2O$$

$$\underset{\text{鄰－二甲苯}}{\bigcirc\!\!\!\overset{\displaystyle CH_3}{\underset{\displaystyle CH_3}{}}} + 6[O] \xrightarrow{Na_2Cr_2O_7,\ H_2SO_4} \underset{\substack{\text{鄰－苯二甲酸}\\(o-\text{phthalic acid})}}{\bigcirc\!\!\!\overset{\displaystyle \overset{O}{\parallel}C-OH}{\underset{\displaystyle \underset{O}{\parallel}C-OH}{}}} + 2H_2O$$

如果連在苯環的烷基爲兩個碳原子以上時，連在苯環的碳原子氧化爲羧基，其他碳原子即均氧化爲二氧化碳。

$$\underset{\text{乙苯}}{\overset{\displaystyle CH_2CH_3}{\bigcirc}} + 6[O] \xrightarrow{Na_2Cr_2O_7,\ H_2SO_4} \underset{\text{苯甲酸}}{\overset{\displaystyle COOH}{\bigcirc}} + CO_2 + 2H_2O$$

從煤溚所得的萘爲鄰-苯二甲酸的另一種來源。將鄰-苯二甲酸加熱到 $200^{\circ}C$ 以上時可得苯二甲酸酐（phthalic anhydride）。苯二甲酸酐爲很重要的工業原料可用於製造套表面用的樹脂。

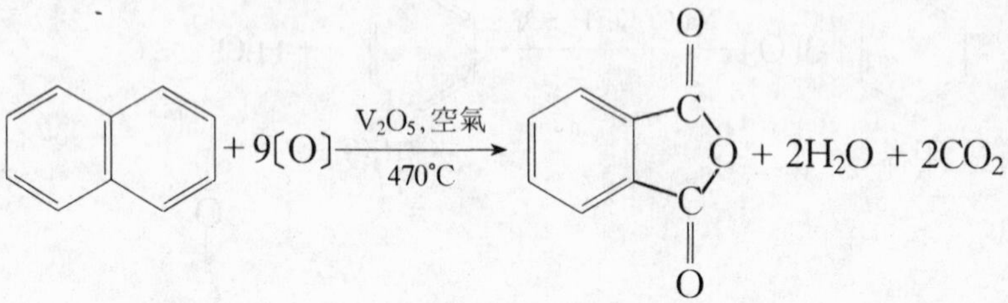

萘   苯二甲酸酐

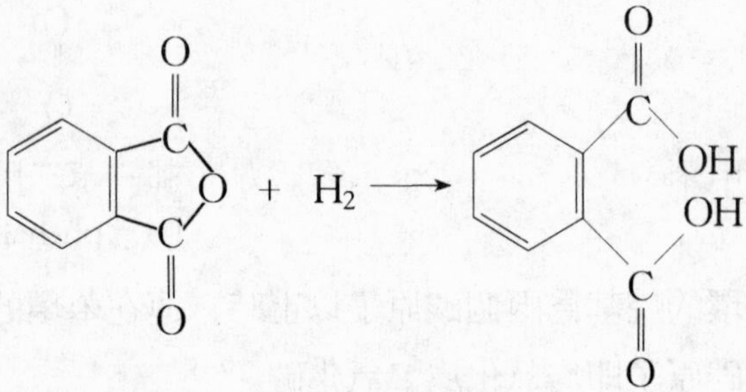

鄰－苯二甲酸

(2)加水分解方法

迴流蒸餾腈類（nitriles，從鹵烷與氰化鉀製備）與酸或鹼溶液時，腈類可加水分解而成爲羧酸。

$$C_2H_5Br + KCN \longrightarrow C_2H_5{-}CN$$

丙腈
(propionitrile)

酸加水分解

$$C_2H_5{-}CN + 2H_2O + HCl \longrightarrow C_2H_5{-}\underset{OH}{\overset{O}{\underset{\|}{C}}} + NH_4^+Cl^-$$

丙酸

鹼加水分解

$$C_2H_5-CN + 2H_2O + NaOH \longrightarrow C_2H_5-\overset{\displaystyle O}{\underset{\displaystyle O^-\ Na^+}{C}} \quad + NH_3 + H_2O$$

丙酸鈉

這反應是增加一個碳原子於鏈的方法即

$$C_2H_6 \xrightarrow{\ Br_2\ } C_2H_5Br \xrightarrow{\ KCN\ } C_2H_5CN \xrightarrow{\ HCl,H_2O\ } C_2H_5COOH$$

在苯甲醛加氫氰酸亦可得同樣的結果並可生成 α－羥酸。

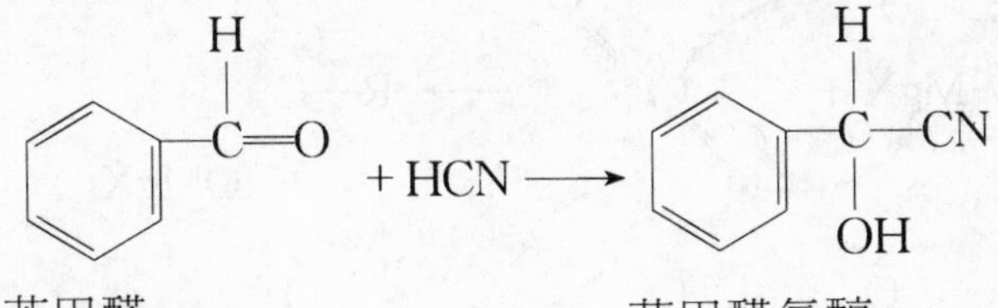

苯甲醛　　　　　　　　苯甲醛氰醇

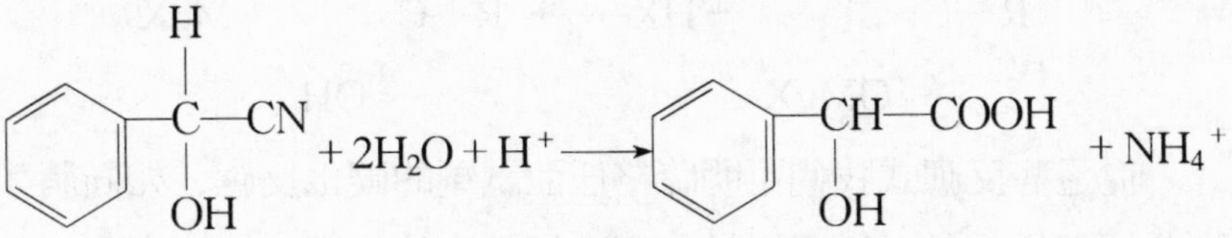

羥苯乙酸
（mandelic acid）

　　將甲苯與氯在太陽光下反應所得的三氯甲苯（benzotrichloride）
加水分解的結果亦可生成苯甲酸。

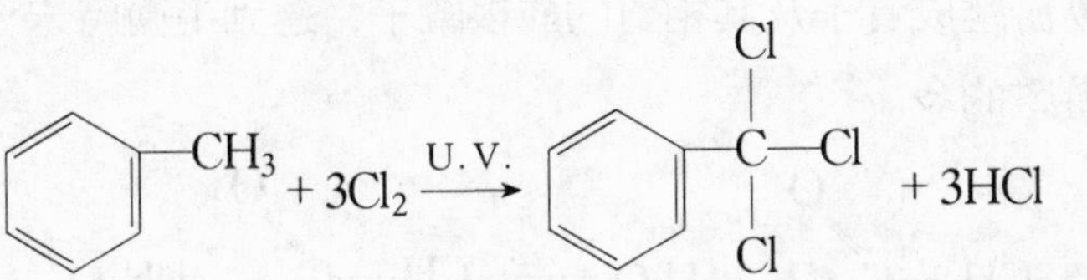

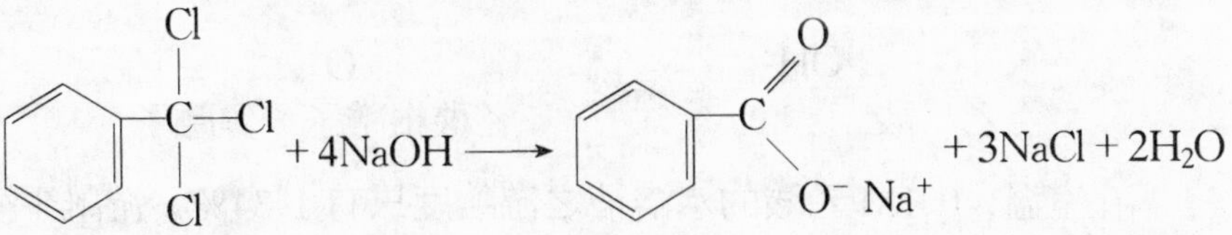

將所得的苯甲酸鈉溶液加酸溶液使其呈酸性時苯甲酸即沈澱下來，因

此可分離而得。

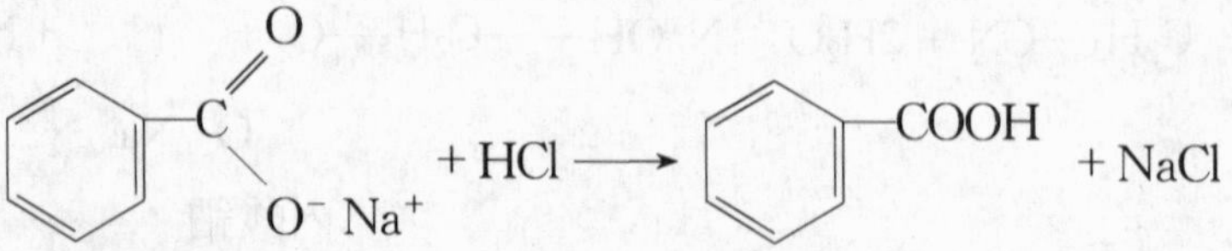

(3)**格任亞試劑的碳化反應**

無論是脂肪酸或芳香酸均可從格任亞試劑來製備。其方法中通常使用的為使格任亞試劑與無水二氧化碳作用。

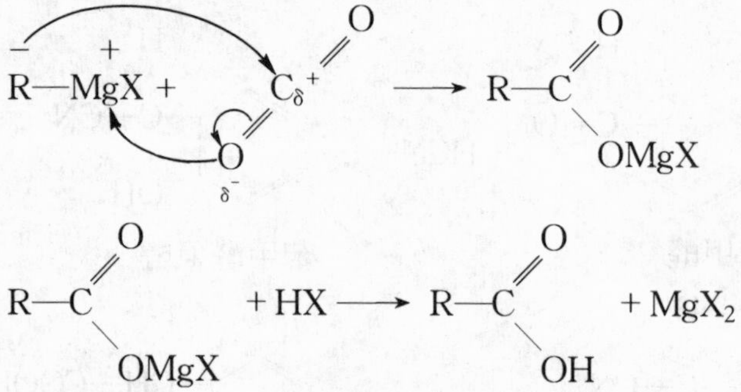

從這些反應式我們可明瞭格任亞試劑的碳化反應，如同腈類的加水分解一樣，是一種可增加一個碳鏈長度的反應。

4.有機酸的酸度

羧酸比無機酸(HCl, H_2SO_4, HNO_3)的酸性弱，但較酚的酸性強。羧酸不易游離成質子及其相對的酸根離子，達到平衡時未游離的羧酸分子較游離的多。

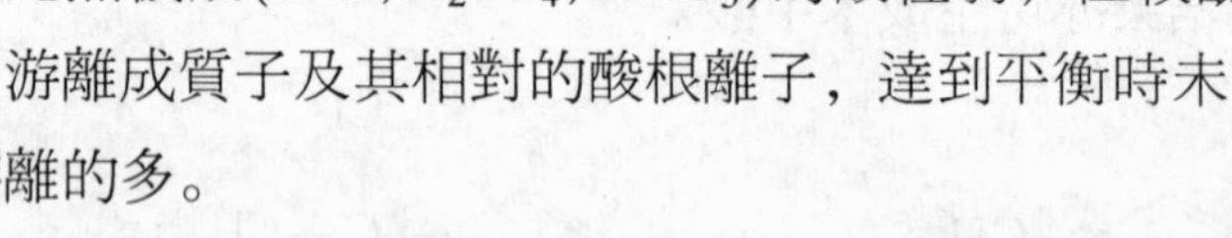

乙　酸　　　　　　　　　乙酸根離子　鋞離子

在室溫，0.1M 乙酸的水溶液之游離度只有 1.34%，游離平衡常數以 K_a 代表即

$$K_a = \frac{[H_3O^+][CH_3COO^-]}{[CH_3COOH]}$$

$$= \frac{(0.1 \times 0.0134)^2}{0.1 \times (1 - 0.0134)} = 1.8 \times 10^{-5}$$

從游離常數亦可知乙酸為相當弱的酸。有機酸的 K_a 值愈大，其酸性愈強。

雖然羧酸的游離度很小，但在游離過程裡受兩個因素影響。第一個因素為共振穩定（resonance stabilization），可幫助我們瞭解羧酸為什麼有酸。

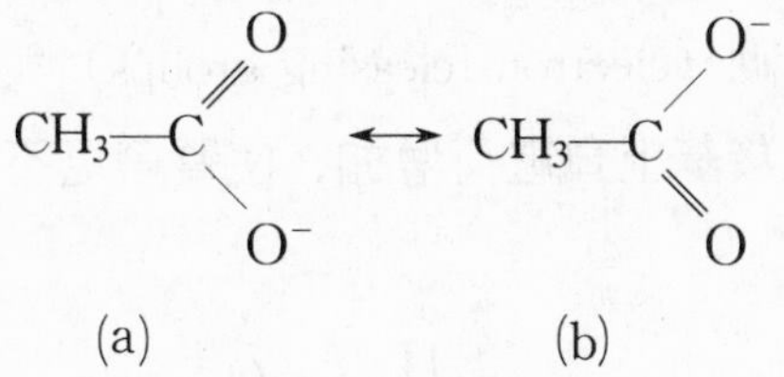

乙酸根離子的共振使其穩定化可促進游離的過程。這共振使乙酸根離子為(a)與(b)的混成型如下：

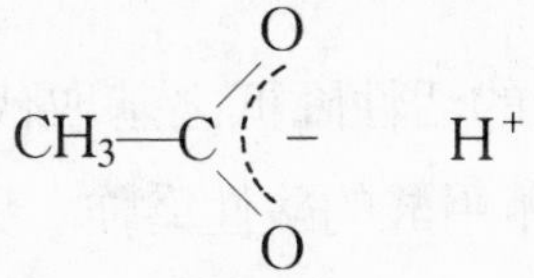

第二因素為所謂的誘導效應。當親電子性的基取代酸的烷基部分上的氫原子時，對酸有促進游離的效應。這些基吸引羧基的電子，促進質子的脫離並幫助陰離子的安定，例如，氯乙酸(chloroacetic acid)因為氯原子的誘導效應之故較乙酸為強的酸。

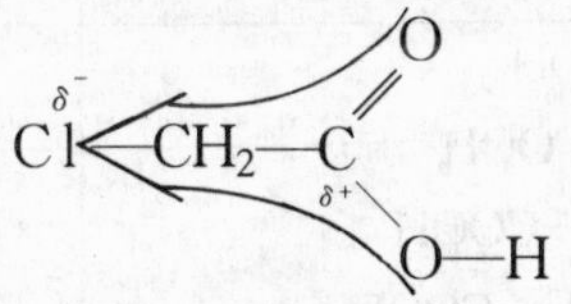

二氯乙酸（$Cl_2CH-COOH$）的酸度增加甚多，三氯乙酸即乙酸

的 α－碳原子上有三個氯原子者（Cl_3C—COOH），其酸度相當於強酸
的鹽酸之酸度。

$$Cl \quad \quad O$$

Cl—C—C

$$Cl \quad \quad O—H$$

誘導效應亦隨連結於 α－碳原子的元素之電負度不同而異，鹵素
誘導效應的大小順序為 F＞Cl＞Br＞I。如同表 3－28 所示氟乙酸
（fluoroacetic acid）的游離常數 K_a 較碘乙酸（iodoacetic acid）的約大
三倍。當放出電子團（electron-releasing groups）與 α－碳原子結連時
即因誘導效應，在羧基上負電荷增加，使質子更不容易離開，故這酸
為較弱的酸。

$$H \quad \quad O$$

$$\overset{\delta}{CH_3}—C—\overset{\delta^-}{C}$$

$$H \quad \quad OH$$

設有如 NO_2 等使環的活性降低之基取代在苯甲酸的鄰或對位置
時，這取代物的酸性較苯甲酸的酸性為強。另一面可使環增加活性的
基在苯甲酸的對位置出現時即可使酸減弱。表 3－28 為幾種羧酸酸強
度的比較，由這表可明瞭取代基之種類及其位置影響酸強度的情況。

表 3－28　一些有機酸的相對強度（25℃）

名　稱	構　造　式	K_a
水 *	H—OH	1.8×10^{-16}
甲酸	H—COOH	2×10^{-4}
乙酸	CH_3—COOH	1.8×10^{-5}
氯乙酸	$ClCH_2$—COOH	1.55×10^{-3}
二氯乙酸	Cl_2CH—COOH	5×10^{-2}

三氯乙酸	$Cl_3C—COOH$	3×10^{-1}
溴乙酸	$BrCH_2—COOH$	1.4×10^{-3}
碘乙酸	$ICH_2—COOH$	7.5×10^{-4}
氟乙酸	$FCH_2—COOH$	2.2×10^{-3}
丙酸	$CH_3—CH_2—COOH$	1.34×10^{-5}
α－氯丙酸	$\begin{matrix} CH_3—CH—COOH \\ \vert \\ Cl \end{matrix}$	1.6×10^{-3}
β－氯丙酸	$ClCH_2CH_2—COOH$	8×10^{-3}
苯甲酸	⬡—COOH	6.35×10^{-5}
苯乙酸	⬡—CH_2—COOH	5.6×10^{-5}
對－氯苯甲酸	Cl—⬡—COOH	1×10^{-4}
對－硝基苯甲酸	O_2N—⬡—COOH	3.75×10^{-4}
對－甲氧苯甲酸	CH_3O—⬡—COOH	3.38×10^{-5}

＊水雖不是羧酸，但可做比較參考之用。

5. 有機酸的反應

　　羧基是由一個羰基（$—\overset{\vert}{C}\!\!=\!\!O$）及一個羥基（—OH）所構成的，有機酸的化學反應即是羧基的反應，而大部分的反應均起於其中—OH 基之氫離子被取代的反應。

　　(1)生成鹽類的反應

　　有機酸雖然較無機酸的酸度為弱，但相對的比水為強的酸（表 3－28）。有機酸與碳酸鹽，碳酸氫鹽及鹽基性物質反應中和而生成鹽與水。

$$2R-\overset{\overset{\displaystyle O}{\|}}{C}-OH + Na_2CO_2 \longrightarrow 2R-\overset{\overset{\displaystyle O}{\|}}{C}-O^-Na^+ + CO_2 + H_2O$$

$$R-\overset{\overset{\displaystyle O}{\|}}{C}-OH + NaHCO_3 \longrightarrow R-\overset{\overset{\displaystyle O}{\|}}{C}-O^-Na^+ + CO_2 + H_2O$$

$$R-\overset{\overset{\displaystyle O}{\|}}{C}-OH + NaOH \longrightarrow R-\overset{\overset{\displaystyle O}{\|}}{C}-O^-Na^+ + H_2O$$

例如:

苯甲酸 　　　　　　　苯甲酸鈉

活潑的金屬亦可與有機酸反應而生成有機酸鹽與氫。例如:

$$2CH_3COOH + Zn \longrightarrow (CH_3COO^-)_2Zn^{2+} + H_2$$

　　乙　酸　　　　　　　　乙酸鋅

(2)有機酸鹽類的反應

在前面曾介紹過由金屬酸鹽的熱裂反應製造酮類方法。有機酸的銨鹽強熱時可失去分子內相當於水的元素而生成乙醯胺 (acetamide)。

$$CH_3-\overset{\overset{\displaystyle O}{\|}}{C}-O^-NH_4^+ \xrightarrow{\Delta} CH_3-\overset{\overset{\displaystyle O}{\|}}{C}-NH_2 + H_2O$$

　　乙酸銨 　　　　　　　乙醯胺

長鏈脂肪酸的鹼金屬鹽叫做肥皂 (soap)。硬脂酸鋰與其他重金屬鹽和油混合均勻是通常所用的潤滑脂。丙酸鈣 (CH₃—

CH₂COO)₂Ca 可放入麵包中做防止發霉用。有些較高碳數的脂肪酸的鋅鹽為極良好的抗黴劑並可用為治療皮膚病（如香港腳）之用。其中十一烯酸鋅特別有效，其構造為

$$\left(\underset{}{CH_2=\overset{\overset{\displaystyle H}{|}}{C}-(CH_2)_8-\overset{\overset{\displaystyle O}{\parallel}}{C}-O} \right)_2 Zn$$

十一烯酸鋅(zinc undecylenate)

萘甲酸的銅鹽可用於木材防腐劑。

(3)鹵化醯的製備

鹵化醯 (acid halides) 又稱為醯鹵 (acyl halides)。其分子中含有

醯基 (acyl group，$R-\overset{\overset{\displaystyle O}{\parallel}}{C}$　)。醯氯為很活潑的化合物，由相對的有機酸與三氯化磷或五氯化磷反應來製備。

$$3CH_3-\overset{\overset{\displaystyle O}{\parallel}}{\underset{\underset{\displaystyle OH}{|}}{C}} + PCl_3 \longrightarrow 3CH_3-\overset{\overset{\displaystyle O}{\parallel}}{\underset{\underset{\displaystyle Cl}{|}}{C}} + P(OH)_3$$

乙　酸　　　　三氯化磷　　氯乙醯　　　亞磷酸

亞硫醯氯 (thionyl chloride) 通常在製備醯氯時用來代替氯化磷，其優點為(1)反應的副產物為氣體，很容易分離。(2)亞硫醯氯為低沸點的液體，因此以蒸餾方式可分離反應過剩的亞硫醯氯。

$$\underset{}{\underset{(benzoic\ acid)}{苯甲酸}} \overset{\overset{\displaystyle O}{\parallel}}{\underset{\underset{\displaystyle OH}{}}{C}} + SOCl_2 \longrightarrow \underset{(benzoyl\ chloride)}{苯亞醯氯} \overset{\overset{\displaystyle O}{\parallel}}{\underset{\underset{\displaystyle Cl}{}}{C}} + SO_2 + HCl$$

苯甲酸　　　　　亞硫醯氯　　　　苯亞醯氯
(benzoic acid)　(thionyl chloride)　(benzoyl chloride)

(4)酸酐的製備

酸酐通常由兩個酸分子移去一個水分子的方式來製備。

$$CH_3-\overset{\overset{\displaystyle O}{\|}}{C}\quad+\quad \overset{\overset{\displaystyle O}{\|}}{C}-CH_3 \longrightarrow CH_3-\overset{\overset{\displaystyle O}{\|}}{C} \quad +H_2O$$

$$\boxed{(OH)\quad HO}\qquad\qquad\qquad\qquad O$$

$$CH_3-\overset{\overset{\displaystyle }{}}{C}$$

$$\overset{}{\underset{\displaystyle O}{}}$$

乙 酸 乙酸酐

可是，直接除水的方法很少使用。如同上述，通常由有機酸的鈉鹽與醯鹵的反應來製備。乙酸酐為很重要的酸酐。工業上從極活潑的不飽和酮與乙酸反應來製備。

$$CH_2\!=\!C\!=\!O+CH_3-\overset{\overset{\displaystyle O}{\|}}{C}\quad\longrightarrow\quad \begin{matrix}CH_3-\overset{\overset{\displaystyle O}{\|}}{C}\\ O\\ CH_3-\overset{}{\underset{\displaystyle O}{C}}\end{matrix}$$

$$\qquad\qquad\qquad OH$$

烯 酮 乙 酸 乙酸酐
(ketene)

⑸生成酯類的反應

將在酯類化合物的製法介紹。

七、酯類

1.酯的結構與命名

酯類（esters）是有機酸中羧基上之 OH 基被 OR 基取代而成之化

合物，其通式可寫成 $R-C{\displaystyle {O \atop OR'}}$ 或 $Ar-C{\displaystyle {O \atop OR}}$。

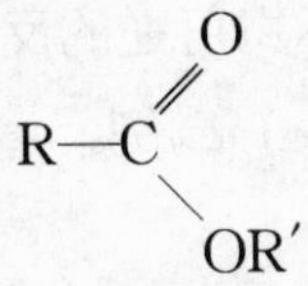

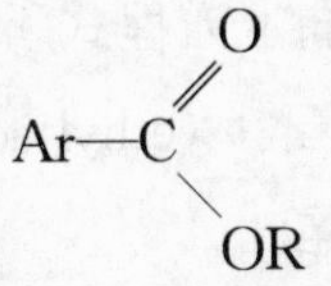

　　酯的命名法是在相對應的有機酸之俗名或國際名之後面加醇或酚基，最後加酯而得，如：

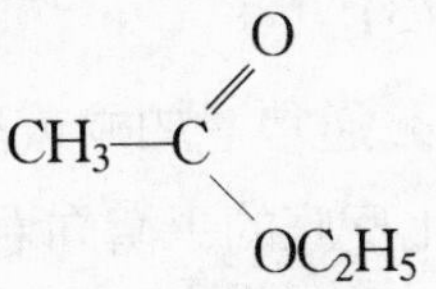

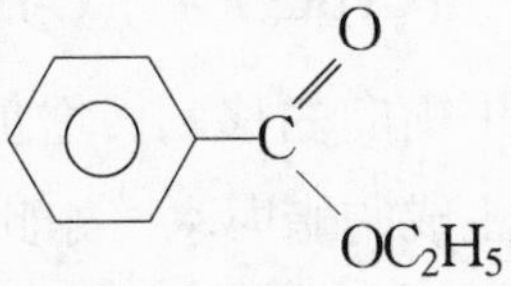

$CH_3-C{\displaystyle {O \atop OC_2H_5}}$

俗名：醋酸乙酯

國際名：乙酸乙酯

苯甲酸乙酯

(ethyl benzoate)

2. 酯的性質

　　$\overset{|}{C}=O$ 基之存在使酯類化合物成為極性化合物。酯類之沸點約與分子量相對應之醛類或酮類相等。含碳原子數 3～5 個的酯類可溶於水。平常的有機溶劑都能溶解酯類。

　　揮發性酯類化合物都具有愉快的特定氣味；常用做人工香料及人工調味品。

3. 酯的製備

　　當有機酸與醇在無機酸存在下共熱時可生成酯，像這樣直接由醇類與酸類酯化 (esterification) 的反應稱為<u>費查</u>酯化法 (Fischer esterification)。

$$R-C{\displaystyle {O \atop OH}} + R'OH \overset{H^+}{\rightleftharpoons} R-C{\displaystyle {O \atop OR'}} + H_2O$$

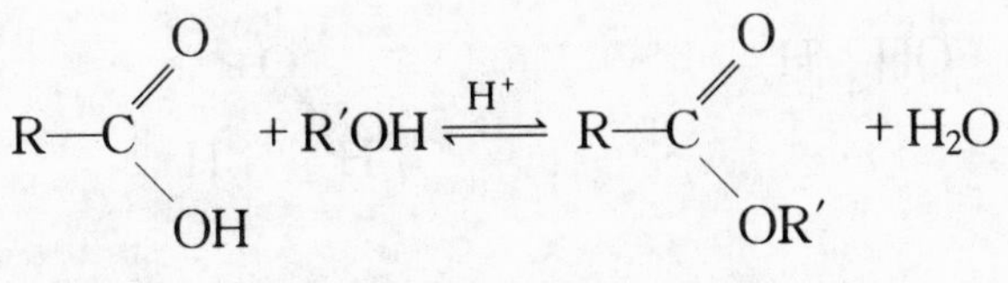

酸　　　　　醇　　　　　　酯

　　這酯化反應如同上方程式所表示爲可逆的反應。反應不會完全而達成平衡。以乙酸乙酯（ethyl acetate）爲例，這平衡在乙酸與乙醇消耗約三分之二時到達。

$$CH_3COOH + C_2H_5OH \rightleftharpoons CH_3COOC_2H_5 + H_2O$$

$$K_c = \frac{[CH_3COOC_2H_5][H_2O]}{[CH_3COOH][C_2H_5OH]} = \frac{(2/3)^2}{(1/3)^2} = 4$$

　　爲了使平衡向右移動，增加酯的產量，通常增加醇或酸的濃度，另一面移去生成的酯與水，如此可促使酯化反應的平衡向右移動。酯化反應的機構爲：

$$
\begin{array}{c}
\text{CH}_3-\overset{\displaystyle O}{\underset{\displaystyle OH}{C}}
\quad
\overset{H^+}{\underset{H^+}{\rightleftharpoons}}
\quad
\begin{array}{c}
\text{CH}_3-\overset{\displaystyle OH}{\underset{\displaystyle OH}{C^+}}\\[2em]
\text{CH}_3-\overset{\displaystyle O}{\underset{\displaystyle +OH_2}{C}}
\end{array}
\end{array}
$$

使用含同位素 O^{18} 的乙醇做追蹤劑，即可發現大部分的標識氧原子出現於酯而不在於水。

$$
\text{CH}_3-\overset{OH}{\underset{OH}{C^+}} + \overset{18}{\underset{H}{O}}-C_2H_5 \rightleftharpoons \text{CH}_3-\overset{OH}{\underset{OH}{C}}-\overset{18+}{\underset{H}{O}}-C_2H_5
$$

$$
\text{CH}_3-\overset{OH}{\underset{OH}{C}}-\overset{18+}{\underset{H}{O}}-C_2H_5 \rightleftharpoons \text{CH}_3-\overset{OH}{\underset{\underset{H\ \ H}{O+}}{C}}-\overset{18}{O}-C_2H_5
$$

$$\underset{\underset{H}{\overset{O^+}{\underset{|}{\overset{|}{}}}}}{\overset{\overset{OH}{\overset{|}{}}}{CH_3-\overset{18}{C}-O-C_2H_5}} \rightleftharpoons H_2O + \underset{\overset{+}{}}{\overset{\overset{OH}{\overset{|}{}}}{CH_3-\overset{18}{C}-O-C_2H_5}}$$

$$\underset{\overset{+}{}}{\overset{\overset{OH}{\overset{|}{}}}{CH_3-\overset{18}{C}-O-C_2H_5}} \rightleftharpoons H^+ + \underset{\overset{18}{OC_2H_5}}{CH_3-\overset{\overset{O}{\parallel}}{C}}$$

酯類亦可從有機酸的金屬鹽與鹵烷共熱來製備。這反應不是可逆反應。

$$\underset{O^-\,Ag^+}{R-\overset{\overset{O}{\parallel}}{C}} + R'I \longrightarrow AgI\downarrow + \underset{OR'}{R-\overset{\overset{O}{\parallel}}{C}}$$

通常酯類得自酸氯化物或酐類。因單向反應（不是可逆反應），常得較高產率。

RCOCl + R′OH(或 ArOH)──→RCOOR′(或 RCOOAr) + HCl

(RCO)$_2$O + R′OH(或 ArOH)──→RCOOR′(或 RCOOAr) + RCOOH

例如：

$$(CH_3CO)_2O + CH_3OH \longrightarrow CH_3COOCH_3 + CH_3COOH$$
$$\quad\text{乙酐}\qquad\quad\text{甲醇}\qquad\quad\text{乙酸甲酯}\qquad\qquad\text{醋酸}$$

酯類為具有芬芳味的液體。水果及其他植物的香味通常是含有酯類的緣故。很多酯類用於人造香料及香水。酯類亦是油漆與塑膠的極佳溶劑。

4.酯的反應

(1)酯的水解

　　酯化反應的逆反應即是酯在鹼性溶液中的加水分解。這脂的鹼性加水分解又稱爲皂化反應（saponification），因爲油脂（通常是有機酸的甘油酯）的鹼性加水分解可生成肥皂。當酯的酸成分皂化時通常生成有機酸的金屬鹽，將此金屬鹽以礦物酸處理可得有機酸。

$$CH_3-\overset{\overset{O}{\|}}{C}\underset{OC_2H_5}{} + Na^+OH^- \longrightarrow CH_3-\overset{\overset{O}{\|}}{C}\underset{O^-Na^+}{} + C_2H_5OH$$

$$CH_3-\overset{\overset{O}{\|}}{C}\underset{O^-Na^+}{} + HCl \longrightarrow CH_3-\overset{\overset{O}{\|}}{C}\underset{OH}{} + Na^+Cl^-$$

(2)酯與氨或醇的反應

酯類與氨反應的結果可生成醇與醯胺。

$$R-\overset{\overset{O}{\|}}{C}\underset{OR'}{} + NH_3 \longrightarrow R-\overset{\overset{O}{\|}}{C}\underset{NH_3}{} + R'OH$$

酯類也可和另種醇做轉換酯化反應。

$$RCOOR' + R''OH \xrightarrow{H^+ 或 OH^-} RCOOR'' + R'OH$$

(3)酯的還原反應

酯類可還原爲醇類。使用的還原劑爲金屬鈉與醇或使用氫化鋁鋰（$LiAlH_4$）。

$$2Na + 2ROH \longrightarrow 2RO^-Na^+ + H_2$$

$$R-\overset{\overset{O}{\|}}{C}\underset{OR'}{} + 4Na + 2R'OH \longrightarrow R-CH_2O^-Na^+ + 3R'O^-Na^+$$

$$R-CH_2O^-Na^+ + H_2O \longrightarrow R-CH_2-OH + Na^+OH^-$$

$$4R-\overset{\displaystyle O}{\underset{\displaystyle OR'}{C}} + 2LiAlH_4 \xrightarrow{\text{無水乙醚}} LiAl(OCH_2R)_4 + LiAl(OR')_4$$

$$LiAl(OCH_2R)_4 + 4HCl \longrightarrow LiCl + AlCl_3 + 4RCH_2OH$$

⑷酯與格任亞試劑反應

酯類與格任亞試劑反應可生成第三醇類。以這方法生成第三醇中的兩個烷基即來自原來的格任亞試劑。

$$R-\overset{\displaystyle O}{\underset{\displaystyle OR'}{C}} + R''MgX \longrightarrow R-\overset{\displaystyle O-MgX}{\underset{\displaystyle R''}{C}}-O-R'$$

$$R-\overset{\displaystyle O-MgX}{\underset{\displaystyle R''}{C}}-OR' \longrightarrow \overset{\displaystyle R}{\underset{\displaystyle R''}{C}}=O + R'-O-MgX$$

$$\overset{\displaystyle R}{\underset{\displaystyle R''}{C}}=O + R''MgX \longrightarrow R-\overset{\displaystyle R''}{\underset{\displaystyle R''}{C}}-OMgX$$

$$R-\overset{\displaystyle R''}{\underset{\displaystyle R''}{C}}-OMgX + HX \longrightarrow R-\overset{\displaystyle R''}{\underset{\displaystyle R''}{C}}-OH + MgX_2$$

八、有機酸的衍生物（果香精類）

不同的酯類都有特殊的水果似香味。這些味道和果香精的味道相似，因此常用做合成食品香味。果香精就是從各種果實中取出具有特

殊花果香的液體。這些多爲飽和脂肪酸和一元醇所生成的低分子量酯類，這些物質現在多由人工合成，用作各種食品、飲料中的香料，工業上也用作溶劑，常見者列於表 3-29 中。

表 3-29 一些常見的果香精

化學名稱	化 學 式	香味及用途
乙酸乙酯	$CH_3COOC_2H_5$	具水果香之無色液體，用作水果香料於糖果、飲料中。
乙酸戊酯	$CH_3COOC_5H_{11}$	具香蕉油之香味，用以代替香蕉油。
乙酸異戊酯	$CH_3C \overset{O}{\underset{O-CH_2CH_2CH(CH_3)_2}{\big\|}}$	香蕉、蘋果之芳香成分，稀釋呈甜苦味並顯出洋梨之香氣，用作水果（尤其是梨）香料。
丁酸乙酯	$CH_3CH_2CH_2C \overset{O}{\underset{OC_2H_5}{\big\|}}$	具有類似香蕉、鳳梨之強烈芳香，用於水果香料，代替鳳梨油。
丁酸戊酯	$C_3H_7C \overset{O}{\underset{OC_5H_{11}}{\big\|}}$	具有杏仁之香味，用以代替杏仁油作香料。
乙酸辛酯	$CH_3COOC_8H_{17}$	具有柑橘之香味，用以代替橙花油作香料。

異戊酸異戊酯	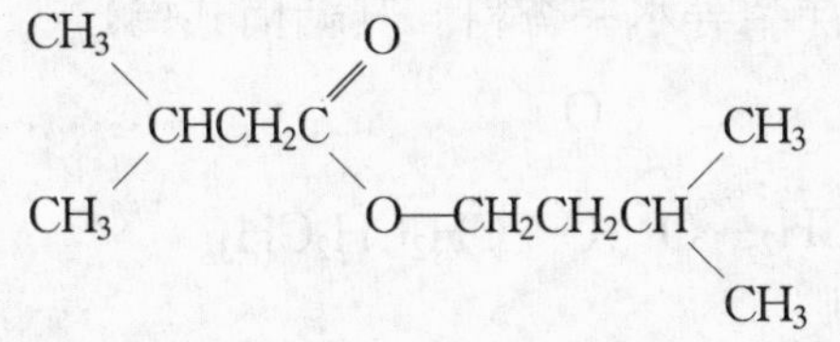 $\begin{array}{c}CH_3\\ \\ \quad CHCH_2C\\ CH_3 \end{array} \begin{array}{c} O\\ \parallel\\ \\ O-CH_2CH_2CH \end{array}\begin{array}{c} CH_3\\ \\ \\ CH_3 \end{array}$	具有蘋果香味，用以代替蘋果油作香料。

其他用於製造香料的酯類尚有下列幾種：

1. 甲酸苄酯

此爲具有茉莉花香之無色液體，用於花精油的調和、香蕉、鳳梨等水果之香精。其結構式爲：

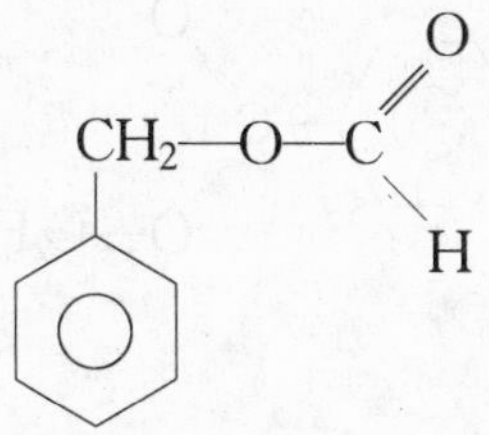

$$\begin{array}{c} O\\ \parallel\\ CH_2-O-C-H \end{array}$$

2. 乙酸苄酯

爲茉莉油之主要成分，有茉莉花香氣的無色液體，因爲需要量很大的香料，來源多爲人工合成者，用於肥皂、化妝品、食品的香料。其結構式爲：

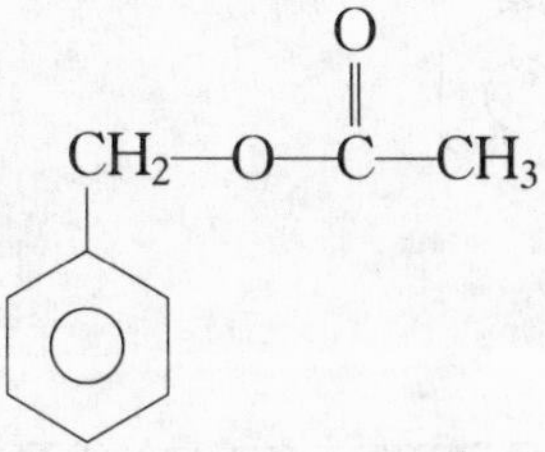

$$\begin{array}{c} O\\ \parallel\\ CH_2-O-C-CH_3 \end{array}$$

3. 丁酸苄酯

爲具有茉莉香和甜桃風味的無色液體，用於茉莉香系調和香料，

肥皂用香料，桃、杏、洋梨等水果香料。其結構式為：

$$CH_2\text{—}O\text{—}\overset{\displaystyle O}{\overset{\|}{C}}\text{—}CH_2CH_2CH_3$$

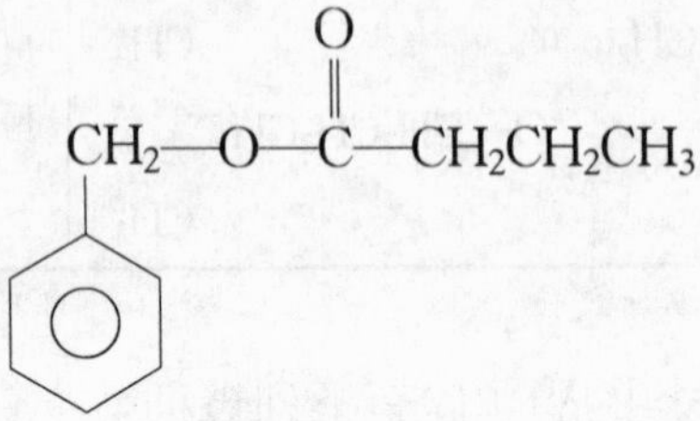

4.苯甲酸乙酯

為具有像冬綠油香氣的無色液體，用於調和香料和食品香料。其結構式為：

$$\overset{\displaystyle O}{\overset{\|}{C}}\text{—}O\text{—}C_2H_5$$

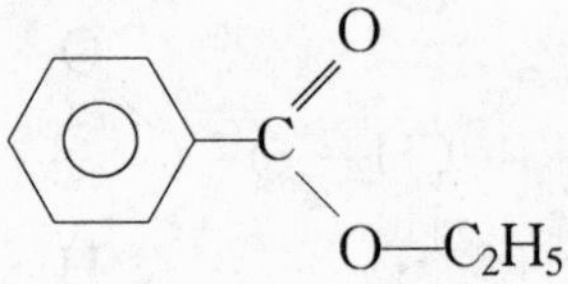

5.桂皮酸甲酯

為具草莓香之晶體，用於肥皂、清潔劑及食品香料，其結構式為：

$$CH\text{=}CH\text{—}\overset{\displaystyle O}{\overset{\|}{C}}\text{—}O\text{—}CH_3$$

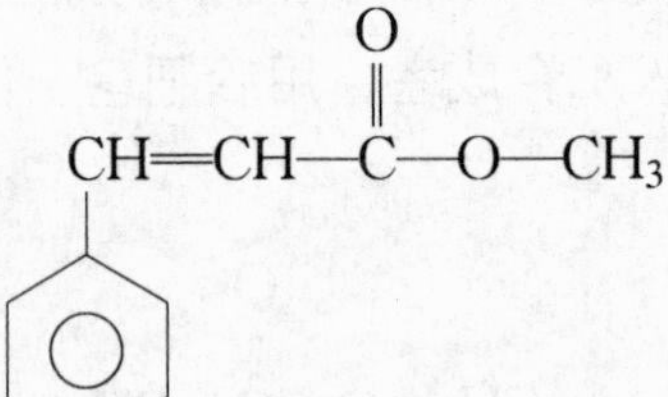

6.柳酸甲酯

為具冬綠油香的無色液體，多用於牙膏之香料，也用於調和香料、食品香料及醫藥。其結構式為：

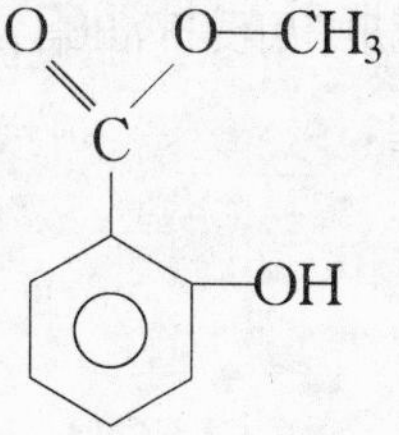

（結構圖：水楊酸甲酯，苯環上含 OH 與 C=O–O–CH₃ 基團）

3-6　蠟、油類、脂肪及清潔劑

一、蠟

蠟（wax）是由長鏈無分枝的飽和脂肪酸與長鏈的醇所生成的酯，其中酸和醇所含的碳原子數約為 16 至 30 個。動植物都能產生蠟，常含有少量的游離酸、醇甚至烴類。蠟的熔化的溫度範圍很大，約從 35° 至 100℃。蠟不溶於水，但可溶於多種有機溶劑中。常見的蠟有蜂蠟

$$\left(\ C_{13}H_{27}\overset{\displaystyle O}{\underset{\displaystyle O-C_{26}H_{53}}{C}}\ \right)$$

、鯨蠟

$$\left(\ C_{15}H_{31}-\overset{\displaystyle O}{\underset{\displaystyle O-C_{16}H_{33}}{C}}\ \right)$$

等，用於製造蠟燭、地板蠟、藥膏、化妝品、鞋油等。

二、油類與脂肪

油脂是動物和植物組織的重要成分。在常溫為固體的油脂，叫做脂肪（fat），如牛脂等，主要存在於動物中；在常溫為液體的油脂，叫做油（oil），如花生油等，主要存在於植物中。脂肪和油都是脂肪酸和丙三醇（甘油）所生成的酯類，其分子是由三個脂肪酸分子與一

個甘油分子反應而成，稱爲脂肪酸甘油酯，與高壓水蒸氣共熱，則起水解反應生成脂肪酸和甘油：

$$
\begin{array}{c}
\underset{\text{甘油}}{\underset{\displaystyle \text{CH}_2\text{OH}}{\overset{\displaystyle \text{CH}_2\text{OH}}{\text{CHOH}}}}
\end{array}
$$

$$
\underset{\text{甘油}}{
\begin{matrix}
\text{R}-\overset{\text{O}}{\overset{\|}{\text{C}}}-\text{O}-\text{CH}_2 \\
\text{R}'-\overset{\text{O}}{\overset{\|}{\text{C}}}-\text{O}-\text{CH} + 3\text{H}_2\text{O} \longrightarrow \\
\text{R}''-\overset{\text{O}}{\overset{\|}{\text{C}}}-\text{O}-\text{CH}_2
\end{matrix}
}
\quad
\begin{matrix}
\text{CH}_2\text{OH} \\
\text{CHOH} \\
\text{CH}_2\text{OH}
\end{matrix}
\quad
\underset{\text{脂肪酸}}{\overbrace{+\text{RCOOH}+\text{R}'\text{COOH}+\text{R}''\text{COOH}}}
$$

式中 R、R′、R″均代表烴基，可能相同或不同，也可能是飽和或不飽和的，脂肪所含者大都爲飽和烴基，而油所含者大都爲不飽和烴基。

精製的油脂無臭無味，大半是無色。油脂爲中性物質，不溶於水，可溶於苯、乙醚、汽油、氯仿等有機溶劑。油脂長久暴露在空氣中會被氧化成黃色，尤其是含大量不飽和脂肪酸之油類更易被氧化，產生特殊氣味並呈酸性，此現象叫做油脂的酸敗。油類在鎳粉催化下，可以加氫使成飽和脂肪酸，而變成固體，這種過程叫油脂的氫化，例如：

$$
\underset{\text{三油酸甘油酯}}{
\begin{matrix}
\text{H}_2\text{C}-\text{O}-\overset{\text{O}}{\overset{\|}{\text{C}}}-(\text{CH}_2)_7-\text{CH}=\text{CH}-(\text{CH}_2)_7\text{CH}_3 \\
\text{HC}-\text{O}-\overset{\text{O}}{\overset{\|}{\text{C}}}-(\text{CH}_2)_7-\text{CH}=\text{CH}-(\text{CH}_2)_7\text{CH}_3 + 3\text{H}_2 \xrightarrow{\text{Ni}} \\
\text{H}_2\text{C}-\text{O}-\overset{\text{O}}{\overset{\|}{\text{C}}}-(\text{CH}_2)_7-\text{CH}=\text{CH}-(\text{CH}_2)_7\text{CH}_3
\end{matrix}
}
$$

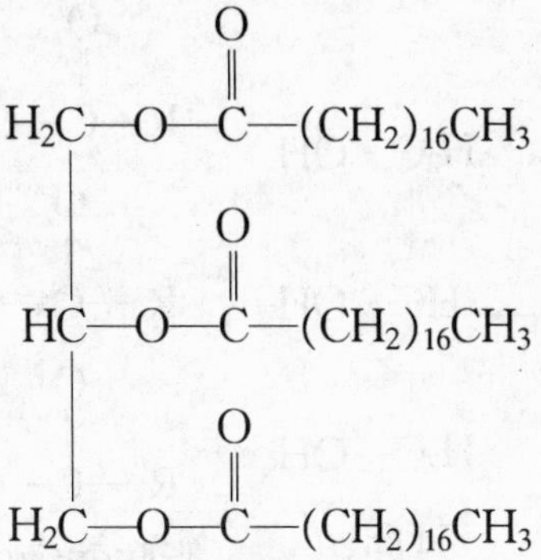

$$H_2C-O-\overset{\overset{\displaystyle O}{\|}}{C}-(CH_2)_{16}CH_3$$

$$HC-O-\overset{\overset{\displaystyle O}{\|}}{C}-(CH_2)_{16}CH_3$$

$$H_2C-O-\overset{\overset{\displaystyle O}{\|}}{C}-(CH_2)_{16}CH_3$$

三脂蠟酸甘油酯

人造奶油是以此種過程所得的硬化油製成的 ，廣用於麵包業。油脂不僅是主要食品，也是製造多種日用品的重要工業原料，如肥皂、蠟燭、潤滑油、油漆、油墨及化妝品等。

三、清潔劑

清潔劑（detergent）通常包含肥皂與合成洗劑，這兩者的分子構造相似，均含有長而非極性，疏水性的烴尾部及極性而親水性的頭部。

1.肥皂

油脂在氫氧化鈉（或氫氧化鉀）等鹼性溶液中加熱，則發生水解反應，生成長鏈脂肪酸的鈉（或鉀）鹽（即肥皂）和甘油，此反應叫做皂化反應：

$$H_2C-O-\overset{\displaystyle O}{\overset{\displaystyle \|}{C}}-R$$
$$HC-O-\overset{\displaystyle O}{\overset{\displaystyle \|}{C}}-R' \quad +3Na^+{}^-OH \longrightarrow$$
$$H_2C-O-\overset{\displaystyle O}{\overset{\displaystyle \|}{C}}-R''$$

$$H_2C-OH$$
$$HC-OH$$
$$H_2C-OH$$
甘油

$$R-\overset{\displaystyle O}{\overset{\displaystyle \|}{C}}-O^-\,Na^+$$
$$+ \quad R'-\overset{\displaystyle O}{\overset{\displaystyle \|}{C}}-O^-\,Na^+$$
$$R''-\overset{\displaystyle O}{\overset{\displaystyle \|}{C}}-O^-\,Na^+$$
脂肪酸鈉(肥皂)

普通肥皂是長鏈脂肪酸鈉鹽的混合物，如硬脂酸鈉（$C_{17}H_{35}COO^-$ Na^+）、軟脂酸鈉（$C_{15}H_{31}COO^-Na^+$）等。

最好的肥皂的碳鏈爲碳原子數 12 到 18 並且是飽和的。鈉肥皂爲硬肥皂而通常用於製造肥皂塊。鉀肥皂爲軟肥皂，通常用於刮鬍膏。製造肥皂的過程如下：天然脂或硬脂通常在開口的鍋中與氫氧化鈉溶液共煮，有時這鍋大到能夠裝 50 噸的油脂。當皂化反應完成時加入食鹽於鍋內即大量的粗肥皂沈澱，這方法稱爲鹽析法。上澄液移開後以蒸餾法可得甘油。粗肥皂含有食鹽、鹼與一些甘油故與水共熱除去不純物後再鹽析，如此連續重複幾次洗滌與鹽析則可得較純的肥皂。通常加色素或香料等導至模型內，乾燥至含水量 20％以下而包裝市售。

鈉肥皂或鉀肥皂均能溶於水，爲一般家庭使用的肥皂。較重金屬的長鏈脂肪酸鹽不溶於水，通常與礦物油混合均勻而成爲潤滑脂廣用於機械裡。

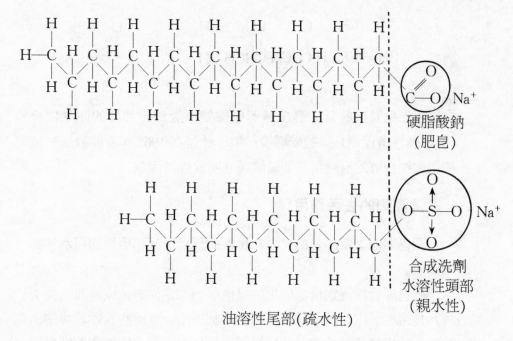

硬脂酸鈉
(肥皂)

合成洗劑
水溶性頭部
(親水性)

油溶性尾部(疏水性)

2.合成清潔劑

　　最早的合成清潔劑是用 1－十二醇與硫酸作用，產生十二烷基氫硫酸，再用氫氧化鈉中和而製成的十二烷基硫酸鈉：

$$CH_3(CH_2)_{11}OH \xrightarrow{\text{H}_2\text{SO}_4}$$
1－十二醇

$$CH_3(CH_2)_{11}-O-\overset{\displaystyle O}{\underset{\displaystyle O}{\overset{\|}{\underset{\|}{S}}}}-OH \xrightarrow{\text{NaOH}} CH_3(CH_2)_{11}-O-\overset{\displaystyle O}{\underset{\displaystyle O}{\overset{\|}{\underset{\|}{S}}}}-O^- Na^+$$

十二烷基氫硫酸　　　　　　　　　十二烷基硫酸鈉

　　十二烷基硫酸鈉是優良的清潔劑，因十二醇之來源不足，不敷市場之需求，而在 1940 年代後期發展出另一種合成清潔劑，叫做烷基苯磺酸鹽 (alkyl benzene sulfonate)，簡稱 ABS，其構造式為：

$$CH_3-\overset{\overset{\displaystyle CH_3}{|}}{CH}CH_2\overset{\overset{\displaystyle CH_3}{|}}{CH}CH_2\overset{\overset{\displaystyle CH_3}{|}}{CH}CH_2\overset{\overset{\displaystyle CH_3}{|}}{CH}-\bigcirc-\overset{\overset{\displaystyle O}{\|}}{\underset{\underset{\displaystyle O}{\|}}{S}}-O^-\ Na^+$$

由於起先發展出的有支鏈烷基苯磺酸鹽不能被自然界的微生物分解
(叫做硬性清潔劑) 而造成環境污染，於是在 1965 年再開發出一種可
被微生物分解的直鏈烷基苯磺酸鹽 (叫軟性清潔劑)。

3.清潔劑的去污作用

肥皂與清潔劑都是由長而非極性的疏水烴鏈和極性的親水性部分
所構成。

肥皂與合成洗劑清潔作用的機構很相似。從衣類或器皿上洗去油
污乃是這些清潔劑疏水性烴尾部的溶解作用。當這些衣類等與清潔劑
溶液一起搓揉或攪拌時，油層被烴尾部分解成很小的小珠而乳化或懸
浮在水中。這些極小的「油在水」小珠滴不凝結成更大的油滴，因為

圖 3－15　在油滴上肥皂的溶劑媒合作用 (solvating action)

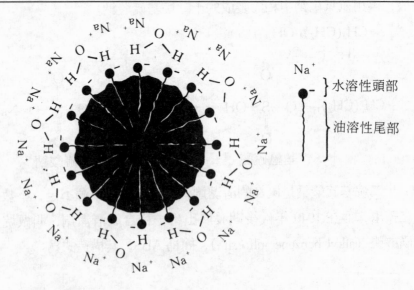

Na⁺ } 水溶性頭部

油溶性尾部

圍繞在每一滴外層的電荷是相同的，故由於同性相斥作用不會結合在一起。此情況表示於圖 3－15。

　　另一種清潔劑的清潔作用的機構是清潔劑溶液的表面張力很低之故。純水的表面張力為 73 達因／公分，但油酸鈉水溶液的表面張力只有 25 達因／公分而已。因此肥皂溶液的濕潤力（wetting power）較水為大。清潔劑的清潔作用乃此表面作用及乳化作用的混合效應。

　　在硬水中使用肥皂時，可生成長鏈的有機酸鈣、鎂或鐵的不溶性鹽類沈澱，可是合成清潔劑在這些陽離子存在時不產生沈澱。因此在硬水中使用合成清潔劑較肥皂好。

3－7　二元酸、胺類

一、二元酸

　　羧酸除羧基外，尚含有另一官能基的叫做二元酸（bifunctional acid）。此一官能基可能是另一羧基，亦可能是羥基或其他任何官能基。天然物所含的酸，以二元酸結構存在的很多，這些酸除了具有羧基所代表的性質之外，尚具有取代基的特性。因為二元酸具有如此雙重的特性，故與一般羧酸的性質不同。

1.二羧酸

(1)二羧酸的結構與命名

　　二羧酸（dicarboxylic acids）是分子中含有兩個羧基的化合物。它們的國際命名法是以帶有兩個羧基的碳鏈作為命名的母體，以天干數字代表碳原子數目，在其後加「二酸」（英文語尾改為-dioic acid）。但二羧酸大都有俗名，如表 3－30。

表 3-30　二羧酸及其物理性質

國際名	俗名	化　　學　　式	熔點(℃)	$pK_1(25°)$	$pK_2(25°)$
乙酸 *	醋酸	CH_3COOH	16.6	4.76	
乙二酸	草酸	$HOOC—COOH$	187	1.27	4.27
丙二酸		$HOOC—CH_2—COOH$	135(分解)	2.86	5.70
丁二酸	琥珀酸	$HOOC—(CH_2)_2—COOH$	185	4.21	5.64
己二酸		$HOOC—(CH_2)_4—COOH$	151	4.43	5.41
鄰－苯二甲酸		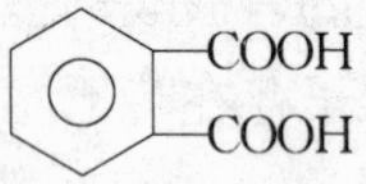 ⬡—COOH / COOH	191	2.95	5.41
順－丁烯二酸		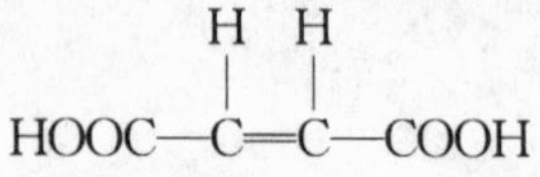 $HOOC—C=C—COOH$ (cis, H H)	130	1.94	6.22
反－丁烯二酸		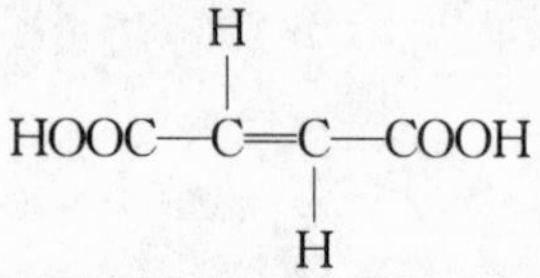 $HOOC—C=C—COOH$ (trans, H / H)	287	3.02	4.38

* 供比較用

(2)二羧酸的物理性質

　　脂肪族的二羧酸存在自然界中，為無色結晶形固體。表 3-30 中只乙二酸和丙二酸的酸性比醋酸強得多，這是因為第二個羧基靠近第一個羧基，誘導效應較為顯著。隨著相隔距離的拉遠，此效應逐漸減小。二羧酸解離出第二個質子的趨勢比解離出第一個質子小得多，可由其 pK_1 及 pK_2 值看出。

　　一些常見二羧酸的物理性質列於表 3-30。

(3)二羧酸之製備

①氧化反應

　　不飽和的酸被氧化可得到二羧酸，例如：

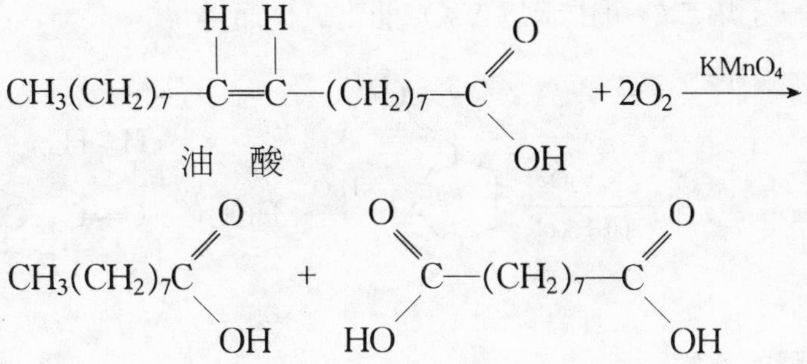

$$\underset{\text{油 酸}}{CH_3(CH_2)_7-\overset{\overset{H}{|}}{C}=\overset{\overset{H}{|}}{C}-(CH_2)_7-\overset{\overset{O}{\|}}{C}-OH} + 2O_2 \xrightarrow{KMnO_4}$$

$$\underset{\text{壬 酸}}{CH_3(CH_2)_7\overset{\overset{O}{\|}}{C}-OH} \quad + \quad \underset{\text{壬二酸}}{HO-\overset{\overset{O}{\|}}{C}-(CH_2)_7-\overset{\overset{O}{\|}}{C}-OH}$$

乙二酸可由乙二醇氧化而得：

$$HOCH_2CH_2OH + 2O_2 \xrightarrow{KMnO_4} \underset{\text{乙二酸}}{HOOC-COOH} + 2H_2O$$

己二酸可由環己醇以硝酸氧化製得：

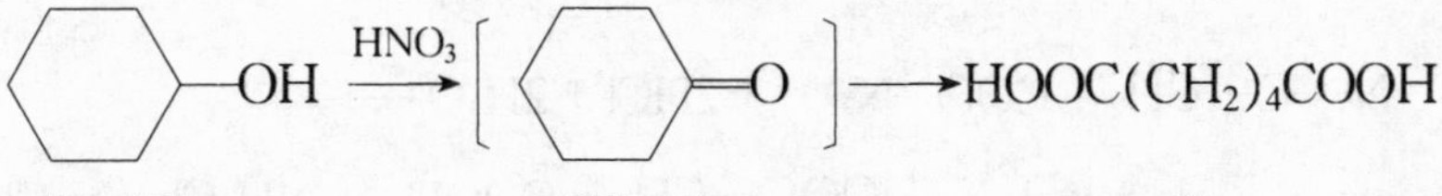

環己醇　　　　　　　　環己酮　　　　　　己二酸

鄰－苯二甲酸可由萘或 1，2－二烷基苯氧化製得：

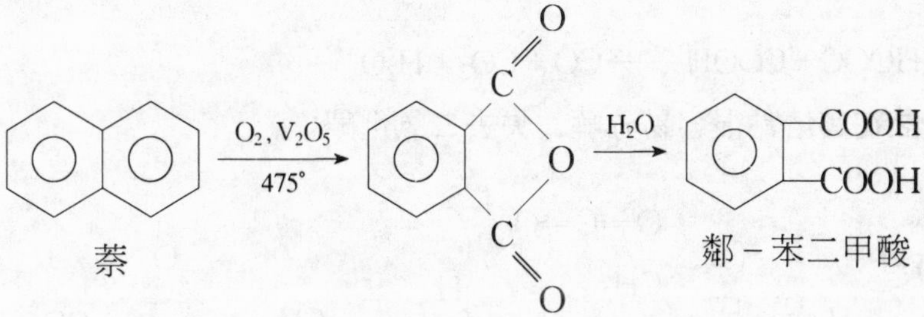

萘　　　　　　　　　　　　　　　　　　鄰－苯二甲酸

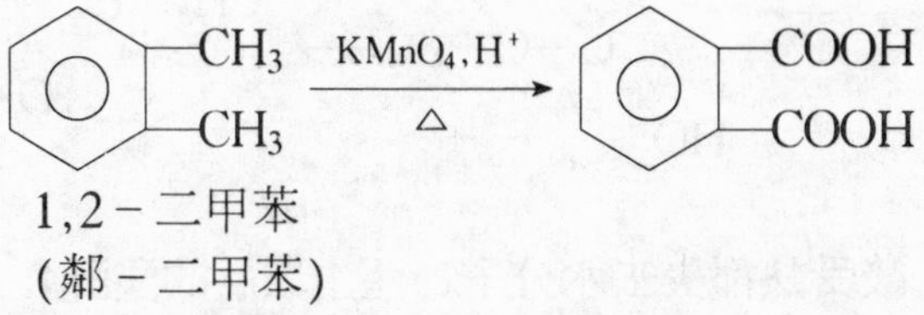

1,2－二甲苯
（鄰－二甲苯）

順－丁烯二酸可由苯以 V_2O_5 催化氧化而得：

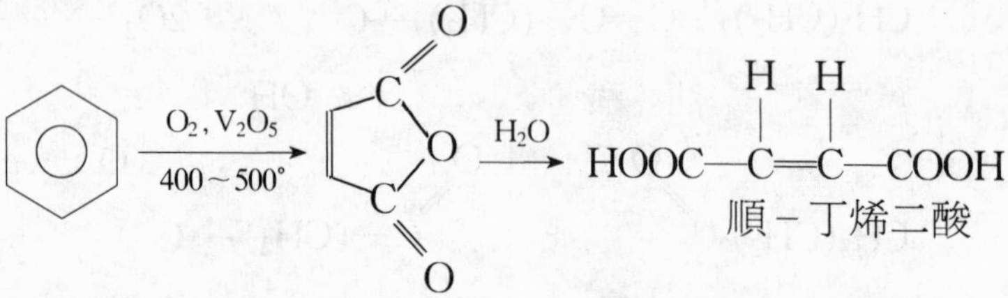

②腈的水解

腈化物水解可得羧酸，故將含有 CN 基的羧酸水解，可得二羧酸，而腈化物可由 CN^- 將鹵素取代製成。例如：

$$ClCH_2COOH + NaHCO_3 \longrightarrow ClCH_2COO^-Na^+ + H_2O + CO_2$$

氯乙酸　　　　　　　　　　氯乙酸鈉

$$ClCH_2COO^-Na^+ + K^+CN^- \longrightarrow N\equiv C-CH_2COO^-Na^+ + KCl$$

腈乙酸鈉

$$N\equiv C-CH_2-COO^-Na^+ + 2HCl + 2H_2O \longrightarrow$$

$$HOOC-CH_2-COOH + NH_4Cl + NaCl$$
丙二酸

(4)二羧酸的反應

草酸受強熱即分解：

$$HOOC-COOH \overset{\triangle}{\longrightarrow} CO + CO_2 + H_2O$$

丙二酸在其熔點很容易分解，失去二氧化碳：

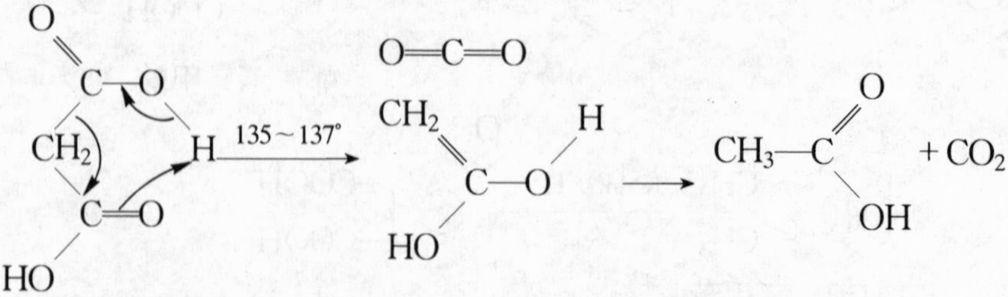

丁二酸和戊二酸受熱都失去水分子，產生環狀的酸酐：

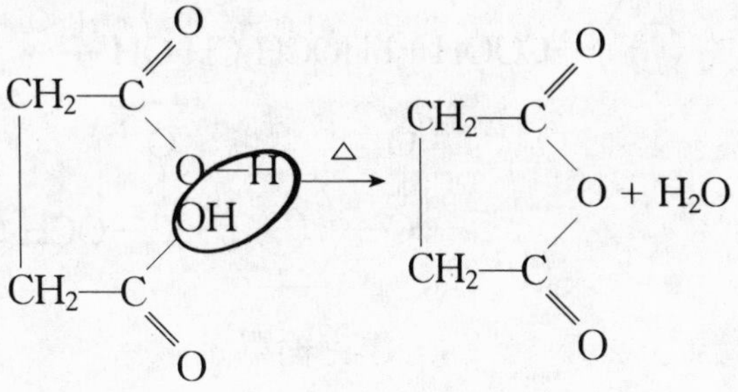

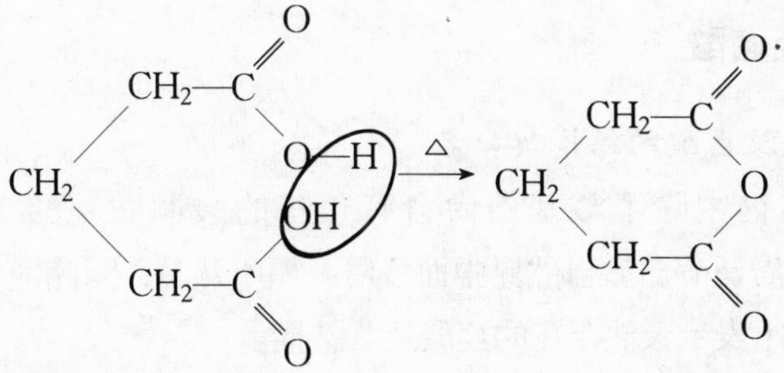

己二酸是耐綸（nylon）工業的重要原料，它與己二胺作用，生成耐綸 66：

$$n \ HO-\overset{\overset{O}{\|}}{C}-(CH_2)_4-\overset{\overset{O}{\|}}{C}-OH \ + \ n \ H_2N-(CH_2)_6-NH_2 \ \xrightarrow{200\sim300^\circ C}$$

　　　　己二醇　　　　　　　　　　己二胺

$$H_2N-(CH_2)_6-\overset{\overset{H}{|}}{N}-\overset{\overset{O}{\|}}{C}-(CH_2)_4-\overset{\overset{O}{\|}}{C}-\overset{\overset{H}{|}}{N}-(CH_2)_6-\overset{\overset{H}{|}}{\underset{n-1}{N}}-\overset{\overset{O}{\|}}{C}-(CH_2)_4-\overset{\overset{O}{\|}}{C}-OH$$

　　　　　　　耐綸 66 （n＝450～500）

$$+ (2n-1)H_2O$$

對－苯二甲酸是製造達克綸（Dacron）的原料：

$$nHOOC-\bigcirc-COOH + nHOCH_2CH_2OH \xrightarrow{H_2SO_4}$$

$$\left[\begin{array}{c} O \\ \parallel \\ -C \end{array} -\bigcirc- \begin{array}{c} O \\ \parallel \\ C \end{array} -OCH_2CH_2O\right]_n$$

達克綸單元

2.羥酸及鹵酸

(1)羥酸及鹵酸的結構與命名

分子結構中除了羧基外尚含有羥基的酸叫做羥酸（hydroxy acid）。羥酸廣泛分布於自然界中而多為人類所熟悉，因此通常都有俗名。表 3-31 表示天然存在的羥酸及其結構。

表 3-31　天然存在的羥酸

名　　　稱	結　　　　　構	游　離　常　數（ 25℃ ）
羥乙酸 glycolic acid	$HOCH_2COOH$	1.5×10^{-4}
乳酸 lactic acid	CH_3—CH—$COOH$ 　　　　$\vert$ 　　　　OH	1.4×10^{-4}
蘋果酸 malic acid	$\quad\quad H$ 　　　　$\vert$ HO—C—$COOH$ 　　　　$\vert$ 　　　CH_2COOH	$K_1 = 4 \times 10^{-4}$ $K_2 = 9 \times 10^{-6}$
酒石酸 tartario acid	$\quad\quad H$ 　　　　$\vert$ HO—C—$COOH$ HO—C—$COOH$ 　　　　$\vert$ 　　　　H	$K_1 = 9.6 \times 10^{-4}$ $K_2 = 2.9 \times 10^{-5}$

檸檬酸 citrio acid	$\begin{array}{l} CH_2—COOH \\ | \\ HO—C—COOH \\ | \\ CH_2—COOH \end{array}$	$K_1 = 8.7 \times 10^{-4}$ $K_2 = 1.8 \times 10^{-5}$ $K_3 = 4 \times 10^{-6}$
柳酸 salicylic acid	OH COOH	$K_1 = 1 \times 10^{-3}$ $K_2 = 3.6 \times 10^{-14}$
α－羥－α－苯乙酸 mandelic acid	$\begin{array}{l} H \quad\quad O \\ | \quad\quad \| \\ C—C \\ | \quad\quad \| \\ OH \quad OH \end{array}$	4.3×10^{-4}

　　有機酸的烷基上之氫被鹵素所取代的叫做鹵酸（halogen acid）。鹵酸通常不存在於天然物而由合成所得。羥酸及鹵酸總稱為取代酸（substituted acid）。取代酸的系統命名法如下：

$$\begin{array}{ccc} \beta & \alpha & \\ (3) & (2) & (1) \\ CH_3—CH—COOH \\ & | \\ & OH \end{array}$$

2－羥丙酸

（2－hydroxypropanoic acid）

α－羥丙酸

（α－hydroxypropionic acid）

$$\begin{array}{ccc} \beta & \alpha & \\ (3) & (2) & (1) \\ CH_3—CH—COOH \\ & | \\ & Br \end{array}$$

2－溴丙酸

（2－bromopropanoic acid）

α－溴丙酸

（α－bromopropionic acid）

$$\begin{array}{cccc} \gamma & \beta & \alpha & \\ (4) & (3) & (2) & (1) \\ CH_2—CH_2—CH_2—COOH \\ | \\ OH \end{array}$$

4－羥丁酸

γ－羥丁酸

(2)羥酸及鹵酸的製法

取代酸的化學是互相關連的。一種取代酸通常由另一個具可取代成分的另一取代酸來製造。在 α 碳原子上具有鹵素原子的鹵酸通常可做數種取代酸的合成出發物質。

在 α - 碳原子上具有鹵素原子的酸通常可做合成取代酸的出發原料。這些 α - 鹵酸即以黑波基反應來製備。例如 α - 溴乙酸的製備，先用酸與紅磷及溴反應，製成溴乙醯，再與溴作用生成 α - 溴溴化乙醯：

$$6CH_3C\overset{O}{\underset{OH}{\diagup}} + 2P + 3Br_2 \longrightarrow 6H-\overset{H}{\underset{H}{C}}-C\overset{O}{\underset{Br}{\diagdown}} + 2P(OH)_3$$

乙　酸　　　　　　　　　　　溴乙醯

$$CH_3-\overset{O}{\underset{Br}{C}} + Br_2 \longrightarrow BrCH_2-\overset{O}{\underset{Br}{C}} + HBr$$

α - 溴溴化乙醯
(α - bromoacetyl bromide)

此產物再與乙酸作用，生成溴乙醯和 α - 溴乙酸。溴乙醯會再繼續反應下去，直到全部乙酸變成 α - 溴乙酸為止：

$$BrCH_2-\overset{O}{\underset{Br}{C}} + CH_3-\overset{O}{\underset{OH}{C}} \rightleftharpoons Br-\overset{H}{\underset{H}{C}}-C\overset{O}{\underset{OH}{\diagdown}} + CH_3-\overset{O}{\underset{Br}{C}}$$

β - 鹵酸可由 α - 鹵酸製得：

$$\underset{\substack{\alpha-溴丙酸 \\ (\alpha-\text{Bromopropionic acid})}}{H-\underset{\underset{H}{\mid}}{\overset{\overset{H}{\mid}}{C}}-\underset{\underset{Br}{\mid}}{\overset{\overset{H}{\mid}}{C}}-\underset{OH}{\overset{O}{C}}} \xrightarrow[\text{酒精}]{KOH} \underset{\substack{丙烯酸 \\ (\text{Acrylic acid})}}{CH_2=\overset{\overset{H}{\mid}}{C}-COOH} + H_2O + K^+ Br^-$$

將溴化氫加於丙烯酸時,不會恢復到原來的 α-溴丙酸。因爲羧基的親電子性質可減少 β-碳原子周圍的電子密度,溴化氫中負電部分的溴離子則與 β-碳原子成鍵,因此從 α-鹵酸經脫鹵化氫及添加鹵化氫反應可變爲 β-鹵酸。

$$\underset{丙烯酸}{H-\overset{\overset{H}{\mid}}{C}=\overset{\overset{H}{\mid}}{C}-COOH} \xrightarrow{HBr} \underset{\beta-溴丙酸}{H-\underset{\underset{Br}{\mid}}{\overset{\overset{H}{\mid}}{C}}-CH_2-COOH}$$

鹵酸在稀鹼溶液中加水分解則可得相對的羥酸。

$$CH_3-\underset{\underset{Br}{\mid}}{\overset{\overset{H}{\mid}}{C}}-COOH + Na^+OH^- \longrightarrow \underset{乳\ 酸}{CH_3-\underset{\underset{OH}{\mid}}{\overset{\overset{H}{\mid}}{C}}-COOH} + Na^+Br^-$$

羥酸亦可由氰醇類的加水分解來製備。

(3) **羥酸及鹵酸的反應**

強熱羥酸有失去水的趨勢,將 α-羥酸強熱可失去水而變成所謂交酯 (lactide) 的環狀二酯類。

例如,強熱乳酸時,兩個分子的乳酸間互相作用,每一分子的乳酸供應醇及酸的機能部分起酯化反應而成交酯。

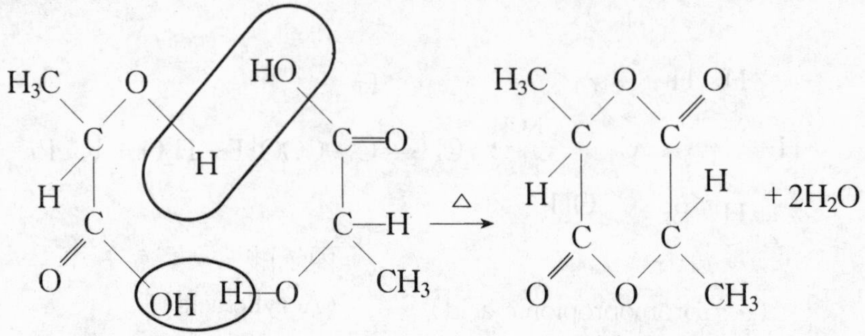

乳酸(兩個分子)　　　　　　　丙交酯

強熱 β－羥酸可生成 α, β－不飽和酸。下面為由 β－羥丁酸製 2－丁烯酸之例：

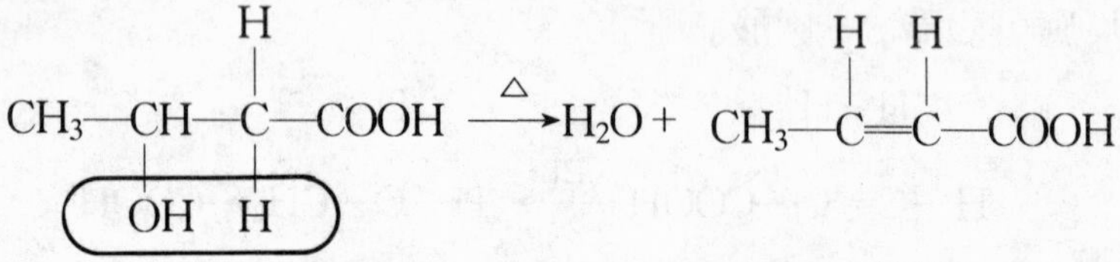

β－羥丁酸　　　　　　　　2－丁烯酸
(β－hydroxybutyric acid)　　(2－butenoic acid)

γ 及 δ－羥酸能起分子內反應而生成五個或六個原子的環狀分子內酯類稱為內酯 (lactones)。

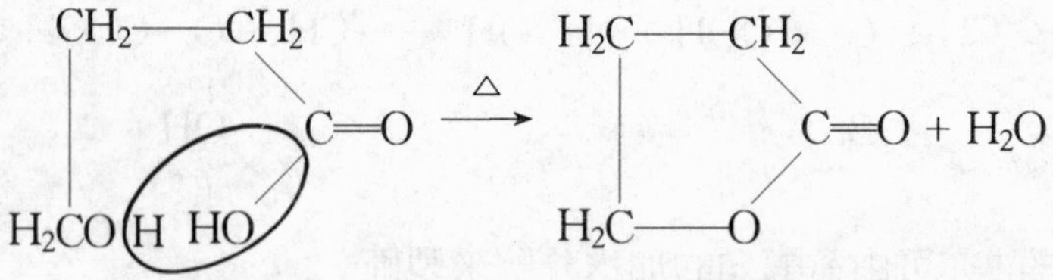

γ－羥丁酸　　　　　　　γ－丁內酯或 1,4－丁內酯
(γ－hydroxybutyric acid)　(γ－butyrolactone)

如在 γ 或 δ 位置上取代基不是羥基而是胺基 （—NH_2） 時加熱而產生的化合物是屬於氮原子為構成環一部分的化合物，如此化合物稱為內醯胺 (lactams)。

$$\gamma - 丁內醯胺$$
$$(\gamma - \text{butyrolactam})$$

柳酸（salicylic acid）：芳香族羥酸中最重要的是柳酸，其學名為鄰－羥苯甲酸（*o* - hydroxybenzoic acid）。柳酸與其衍生物在醫藥上大量用為退熱劑及鎮痛劑。

柳　酸

工業上，柳酸由苯氧化鈉與二氧化碳在高壓時加熱的方式來大量製造。反應所生成的鈉鹽以礦物酸處理即可得柳酸。

柳酸因為在羧基的鄰位有羥基的存在，故為較苯甲酸更強的酸。柳酸的游離，因為生成的柳酸根離子由於分子內羥基的氫與羧基的氧原子間形成氫鍵的緣故可促進游離反應。

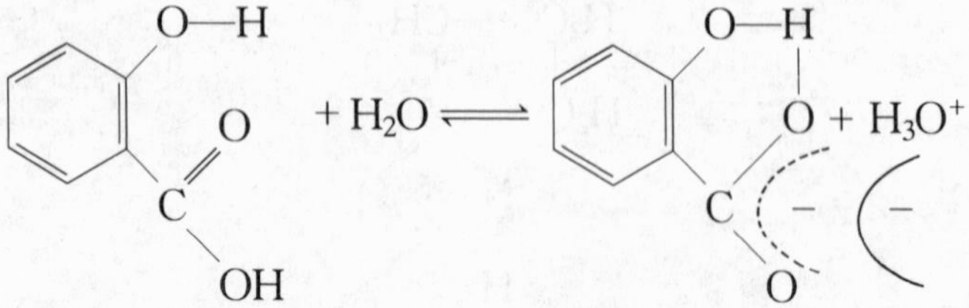

柳　酸　　　　　　　　　　　　柳酸根離子

柳酸可用於製備幾種極有用酯類的出發物質。此酯化反應有時只分子中的羧基參加，有時只有羥基參加反應。從柳酸的羧基所生成的酯類稱爲柳酸酯（salicylates）。柳酸甲酯（methyl salicylate），俗稱鹿蹄草油（oil of wintergreen）廣用於牙膏及糖果的香料。這柳酸甲酯可從柳酸與甲醇的直接酯化反應來製得。

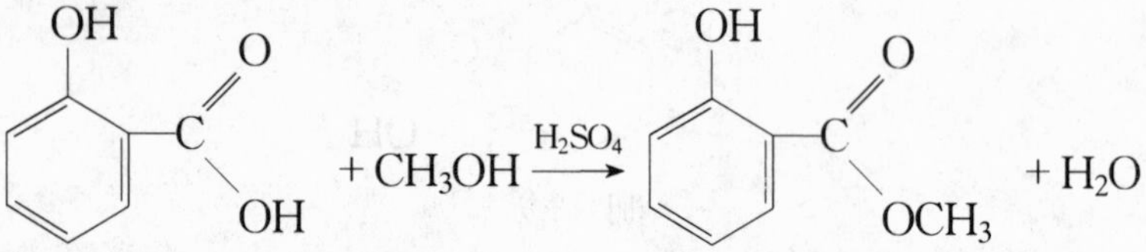

柳　酸　　　　　　甲　醇　　　　　柳酸甲酯

阿司匹靈爲柳酸的羥基酯化之例。阿司匹靈或稱爲乙醯柳酸，爲柳酸的羥基經乙酐的乙醯化反應而成的。阿司匹靈在醫藥上廣用以鎭痛劑，治療感冒等病症。

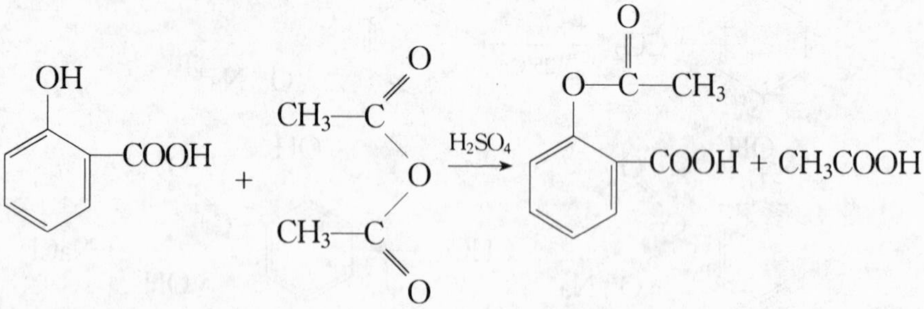

柳　酸　　　　　　乙　酐　　　　　　　乙醯柳酸　　　乙　酸
　　　　　　　　　　　　　　　　　　　（阿司匹靈）

柳酸苯酯（phenyl salicylate）俗稱「沙洛」（salol）。可用爲大腸

止瀉劑，通常膠囊套成粒狀，否則口服後在胃內酸性環境起加水分解而失其功效，如膠套的沙洛即可到達鹼性環境的腸，膠套分解並放出有效的成分。

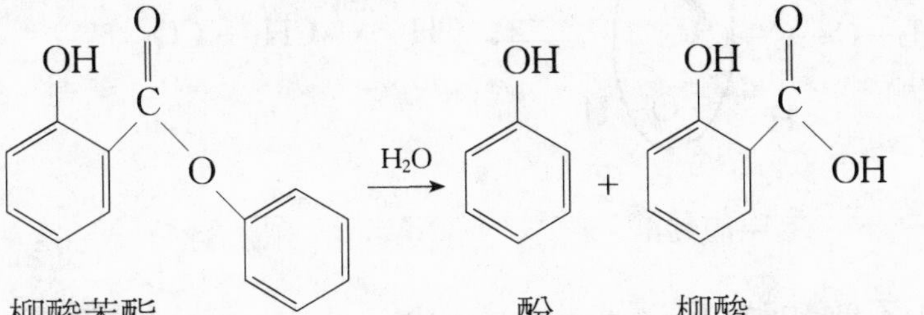

柳酸苯酯 　　　　　　 酚　　柳酸

　　鹵酸的化學反應與鹵烷相類似。例如鹵酸經氫氧化鉀的酒精溶液的脫鹵化氫反應，可生成不飽和酸。

3. 酮酸

　　酮酸（keto acids）爲酸中除羧基外尚含有羰基的。一些酮酸在生物氧化還原反應中擔任很重要的代謝中間體的任務。其中以焦葡萄酸

（pyruvic acid，CH_3—$\overset{O}{\overset{\|}{C}}$—$\overset{O}{\overset{\|}{C}}$—OH，學名 α－酮丙酸）及乙醯乙酸

（acetoacetic acid，$CH_3\overset{O}{\overset{\|}{C}}$—$CH_2$—COOH ）最爲重要。在碳水化合物的好氣（aerobic）代謝過程裡，焦葡萄酸爲主要的反應中間體而被捕捉成酮基丁二酸（oxalacetic acid），如果沒有焦葡萄酸存在三元羧酸的環將不會展開。糖尿病患者不加管制而不平常的脂肪酸代謝時，將放出過量的焦葡萄酸於血液中，β－酮酸脫羧基反應的結果放出丙酮，在血液中焦葡萄酸與丙酮的堆集到達某一濃度時可致死。

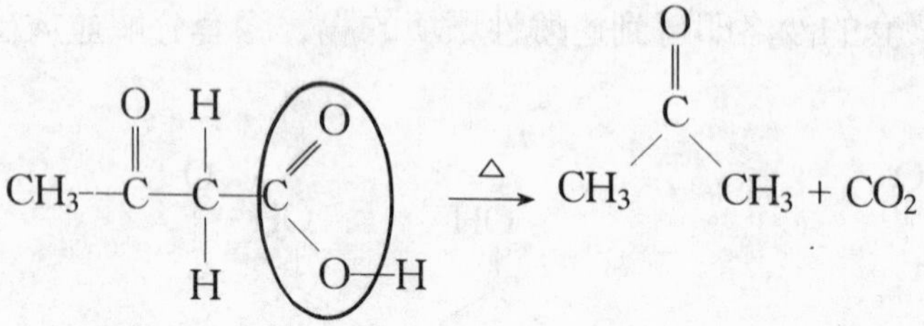

焦葡萄酸 　　　　　　　　　　 丙 酮

4.不飽和酸 （unsaturated acid）

強熱蘋果酸則可由相鄰兩碳原子脫一分子水而生成兩個同分異構的不飽和二羧酸。

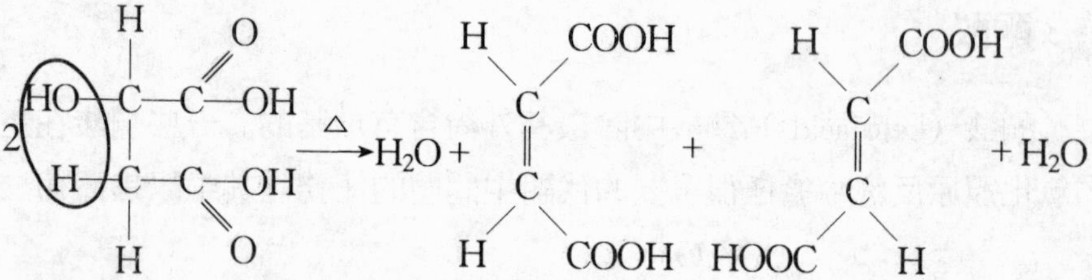

蘋果酸(malic acid)　　　順－丁烯二酸　　　　　　反－丁烯二酸
　　　　　　　　　　　　(cis－butenedioic acid) (trans－butenedioic acid)

加熱順－丁烯二酸可失去一分子水而生成酸酐，另一面，加熱反－丁烯二酸則不生成酸酐，可是強熱到很高溫度（300°C）時，反－丁烯二酸重新配置成順－丁烯二酸，後者可生成酸酐。

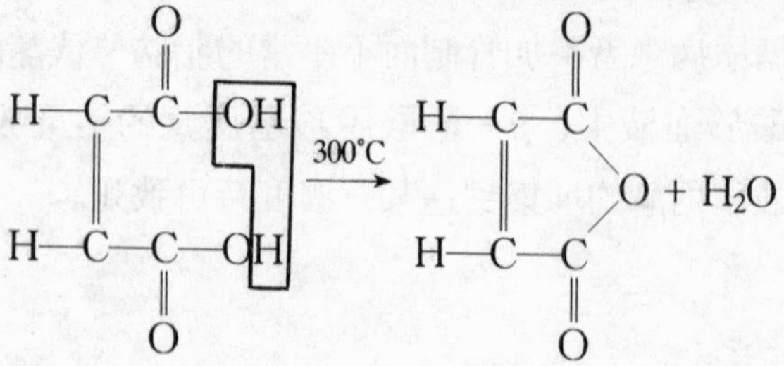

順－丁烯二酸　　　　　順－丁烯二酐

將上述兩種酸氫化均可生成琥珀酸。

$$\underset{\text{順－丁烯二酸}}{\begin{array}{l} \text{H—C—COOH} \\ \ \ \ \ \parallel \\ \text{H—C—COOH} \end{array}} \xrightarrow{\text{H}_2} \underset{\text{琥珀酸}}{\begin{array}{l} \text{CH}_2\text{—COOH} \\ \ \ \ \mid \\ \text{CH}_2\text{—COOH} \end{array}} \xleftarrow{\text{H}_2} \underset{\text{反－丁烯二酸}}{\begin{array}{l} \text{H—C—COOH} \\ \ \ \ \ \parallel \\ \text{HOOC—C—H} \end{array}}$$

順－丁烯二酸及反－丁烯二酸為幾何異構體。表 3－32 表示兩者性質的比較。

表 3－32　順及反丁烯二酸的物理性質

	順－丁烯二酸	反－丁烯二酸
熔點°C	130	287
溶解度，克/100 公撮	79	0.7
比重	1.59	1.63
燃燒熱，千卡/莫耳	327	320

二、胺類

胺類（amines）為最典型的有機鹼，其結構與無機鹼的氨相關，可認為氨的衍生物。胺類廣泛的分布在自然界裡，許多藥物及動植物體內均有胺類存在，例如：蛋白質的分解可生成胺，治療瘧病的金雞納；烟葉中的尼古丁；嗎啡等麻醉劑均為複雜的有機胺。魚的腐敗臭乃是生成普通胺的特臭。除了可製上述金雞納等藥品外，胺亦可用於製造硫胺劑等藥品。脂肪族二胺可用於製造耐綸纖維，芳香族胺類廣用於製造有機染料。

1.胺的結構、分類與命名

胺類按氨分子中被有機基取代的氫原子數不同而分為第一胺，第二胺及第三胺。

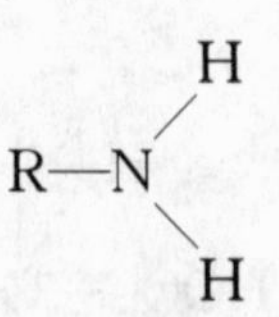

$$\underset{\underset{\text{第一胺}}{\overset{H}{\underset{|}{\overset{|}{R-N}}}}}{\overset{H}{\overset{|}{}}} \qquad \underset{\underset{\text{第二胺}}{\overset{R}{\underset{|}{\overset{|}{R-N}}}}}{\overset{R}{\overset{|}{}}} \qquad \underset{\underset{\text{第三胺}}{\overset{R}{\underset{R}{\overset{|}{R-N}}}}}{\overset{R}{\overset{|}{}}}$$

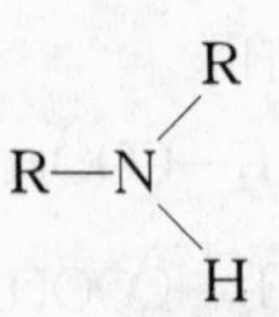

（a primary amine）（a secondary amine）（a tertiary amine）

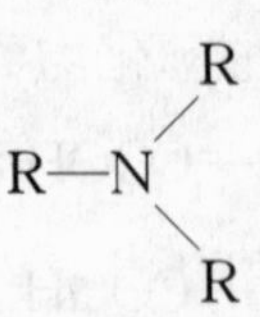

低分子量的脂肪族胺與芳香族胺通常以普通名來稱呼。

例如：

氨：

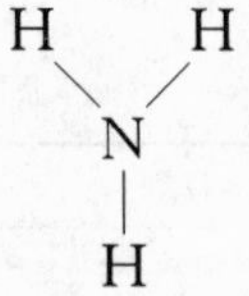

$$\underset{H}{\overset{H \qquad H}{N}}$$

第一胺：

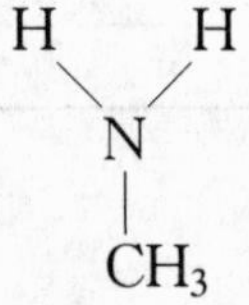

甲胺　　　苯胺　　　　　　　β－萘胺
（methylamine）　（aniline）　　　（β－naphthylamine）

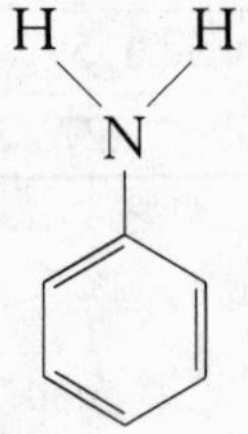

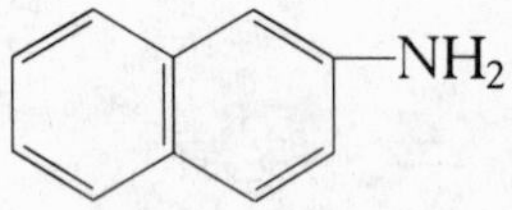

第二胺：

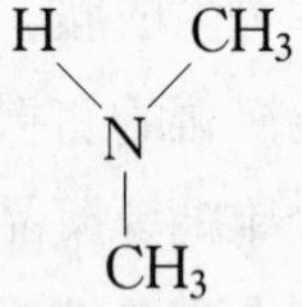

即 $(CH_3)_2NH$　　　　　即 $(C_6H_5)_2NH$
二甲胺　　　　　　　　二苯胺
（dimethylamine）　　　（diphenylamine）

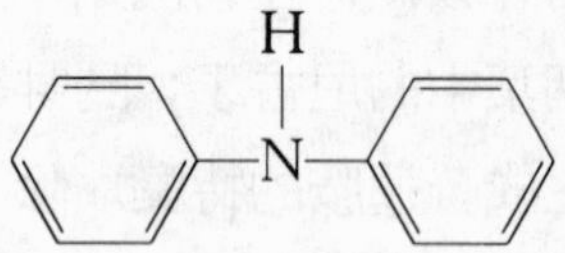

第三胺：

$$
\begin{array}{cc}
CH_3 & CH_3 \\
\diagdown & \diagup \\
& N \\
& | \\
& CH_3
\end{array}
\qquad
\begin{array}{cc}
CH_3 & CH_3 \\
\diagdown & \diagup \\
& N \\
\end{array}
$$

即 $(CH_3)_3N$　　　　　N, N – 二甲苯胺
三甲胺　　　　　　　(N, N – dimethylaniline)
(trimethylamine)

鍵較長時，常使用以胺基（—NH_2, amino group）取代的名稱，

如：

$$
\begin{array}{ccccc}
CH_2 — CH — CH_2 — CH — CH_3 \\
| \qquad\qquad | \\
CH_3 \qquad\quad NH_2
\end{array}
$$

2 – 甲基 – 4 – 胺基戊烷
(2 – methyl – 4 – aminopentane)

$$H_2N—CH_2—CH_2—CH_2—CH_2—CH_2—CH_2—NH_2$$

1,6 – 二胺基己烷
(1,6 – diaminohexane)

$$
H_2N—CH_2—CH_2—CH_2—CH_2—\overset{\displaystyle H}{\underset{\displaystyle NH_2}{C}}—\overset{\displaystyle O}{\underset{\displaystyle OH}{C}}
$$

2,6 – 二胺基己酸
(2,6 – diaminohexanoic acid)

$$H_2N—\langle\bigcirc\rangle—COOH$$

對 – 胺基苯甲酸
(*p* – aminobenzoic acid)

2.胺的性質

胺類因爲其分子內之氮原子五個價電子中只有三個用於形成共價鍵，剩下一對電子未成鍵，因此是一種鹼。此胺基中氮的一對未共用的電子，可做爲電子對供與者（即<u>路易士鹼</u>），構造中缺乏電子對的物質（<u>路易士酸</u>）可與胺類反應而配用此電子對並生成鹽類。

$$\begin{array}{c} H \\ | \\ R-N: \\ | \\ H \end{array} + H^+Cl^- \longrightarrow \left[\begin{array}{c} H \\ | \\ R-N:H \\ | \\ H \end{array}\right]^+ Cl^-$$

一種烷基氯化銨(一種鹽類)

an alkyl ammonium chloride (a salt)

通常胺鹽爲水溶性固體。此胺類與無機酸反應可生成水溶性鹽的特性，將不溶於水的胺類化合物從混合物質中分離出來。以酸水溶液萃取有機物質混合物時可得鹼性的胺類。在如此方法分離所得的酸溶液中加鹼成鹼性即可放出胺。

$$RNH_3^+Cl^- + Na^+OH^- \longrightarrow RNH_2 + NaCl + H_2O$$

氨在水溶液中生成銨離子與氫氧根離子並呈弱鹼性。

$$NH_3 + H_2O \rightleftharpoons NH_4^+ + OH^-$$

$$K_b = \frac{[NH_4^+][OH^-]}{[NH_3]} = 1.8 \times 10^{-5}$$

同樣的，胺類與水反應可生成與氫氧化銨相似的鹼，同時此反應是可逆的。

$$\begin{array}{c} H \\ | \\ R-N: \\ | \\ H \end{array} + H-\overset{..}{\underset{..}{O}}: \rightleftharpoons \left[\begin{array}{c} H \\ | \\ R-N:H \\ | \\ H \end{array}\right]^+ + :\overset{..}{\underset{..}{O}}:H^-$$

如

$$CH_3NH_2 + H_2O \rightleftharpoons CH_3NH_3^+ + OH^-$$

氫氧化甲銨

(methylammonium hydroxide)

$$K_b = \frac{[CH_3NH_3^+][OH^-]}{[CH_3NH_2]} = 5 \times 10^{-4}$$

　　比較兩者的游離常數可知甲胺的鹼性較氨爲強。此鹼性的增加可用誘導效應來解釋。當烷取代基與胺的氮原子結合時可供給的效應。通過此效應胺中氮的未共用電子對則更易於與其他物成鍵，因此胺的鹼性增加。甲胺的鹼性較氨爲強而二甲胺即比甲胺的鹼性更強。可是第三個甲基加入時，雖然有誘導效應，但因爲三個甲基所占空間太大，接受電子對物質（路易士酸）很難接近胺中的氮，因此三甲胺的鹼性反而減弱。另一面，胺的氮原子如與親電子的取代基連結時，其鹼性則減低。例如苯胺的游離常數極小，乃因爲胺中有吸收電子的苯環之影響而來的。

　　苯胺之共振結構：

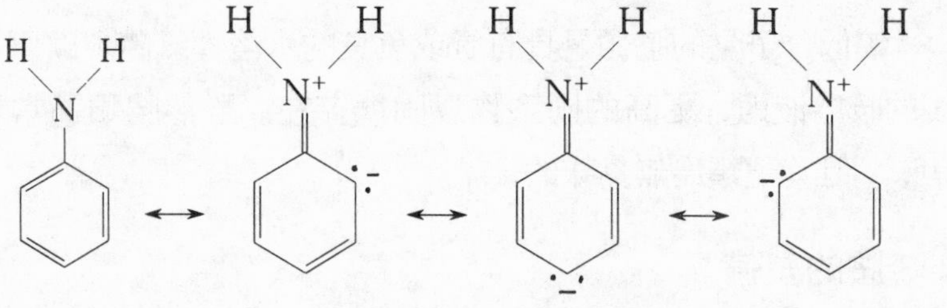

　　此誘導效應與立體效應可影響各種胺的游離常數（K_b）及其鹼性，這些均表示於表 3－33。

表 3－33　一些胺的物理性質

名　　稱	化　學　式	沸點 (熔點)℃	K_b
氨 ammonia	NH_3	-33.4	1.8×10^{-5}

甲胺 methylamine	CH_3NH_2	-6.5	5×10^{-4}
二甲胺 dimethylamine	$(CH_3)_2NH$	7.4	7.4×10^{-4}
三甲胺 trimethylamine	$(CH_3)_3N$	3.5	7.4×10^{-5}
乙胺 ethylamine	$C_2H_5NH_2$	16.6	5.6×10^{-4}
正丙胺 *n* – propylamine	$CH_3CH_2CH_2NH_2$	48.7	4.7×10^{-4}
異丙胺 isopropylamine	$(CH_3)_2CHNH_2$	34	5.3×10^{-4}
正丁胺 *n* – butylamine	$CH_3CH_2CH_2CH_2NH_2$	77	4×10^{-4}
第三－丁胺 *tert* – butylamine	$(CH_3)_3CNH_2$	43.8	3.4×10^{-4}
苯胺 aniline	$C_6H_5NH_2$	184	5.4×10^{-10}
N,N－二甲苯胺 dimethylaniline	$C_6H_5N\,(CH_3)_2$	193.5	2.4×10^{-10}
對－甲苯胺 *p* – toluidinte	$p - CH_3C_6H_4NH_2$	(43.7)	2×10^{-9}
鄰－硝基苯胺 *o* – nitroaniline	$o - O_2NC_6H_4NH_2$	(71.5)	1.5×10^{-14}

　　較低分子量的胺類是具有氨或魚臭的水溶性氣體。碳原子從 3 到 11 的胺為液態，更高的同系物以固態存在。雖然胺類通常均具不快臭味，但其鹽類為無臭味的。

3.胺的製備

(1)氨的烷化反應

　　氨與鹵烷反應時，可直接將烷基導入於氨分子中生成胺類。這反應的最初生成物為銨鹽。

$$RX + :N{-}H \longrightarrow \left[R:N{-}H \right]^{+} X^{-}$$

鹵化烷銨

其後以較強的鹼（NaOH）來處理，即可得分離的第一胺。

$$\left[\begin{array}{c} H \\ | \\ R : N - H \\ | \\ H \end{array}\right]^{+} X^{-} + OH^{-} \longrightarrow RNH_2 + X^{-} + H_2O$$

第一胺

可是，此一反應不能如上例停止在第一步驟，而往往氨中的氫連續被烷基取代，因此不但生成第一胺，同時混有第二胺與第三胺生成。氨中所有的氫均被烷基所取代的第三胺可再與第四個分子的鹵烷反應，生成第四銨鹽。這些反應表示如下：

$$RNH_2 + RX \longrightarrow R_2NH_2{}^+X^-$$

$$R_2NH_2{}^+X^- + NaOH \longrightarrow R_2NH + NaX + H_2O$$

第二胺

$$R_2NH + RX \longrightarrow R_3NH{}^+X^-$$

$$R_3NH{}^+X^- + NaOH \longrightarrow R_3N + NaX + H_2O$$

第三胺

$$R_3N + RX \longrightarrow R_4N{}^+X^-$$

第四銨鹽

(quaternary ammonium salt)

⑵未飽和氮化合物的還原反應

有一些已含有氮的有機化合物可將它們還原成為第一胺。通常用以製備胺的出發物質為腈、醯胺與氮化合物，還原是在催化劑存在時通氫氣或直接使用化學還原劑。這些反應的範例如下：

$$\begin{array}{c} H \qquad OH \\ \diagdown \quad \diagup \\ C = N \\ \diagup \\ R \end{array} + 4[H] \xrightarrow{\text{Na,C}_2\text{H}_5\text{OH}} R - CH_2NH_2 + H_2O$$

肟　類

$$R - C \equiv N + 4[H] \xrightarrow[\text{熱,壓力}]{\text{H}_2,\text{Ni}} RCH_2NH_2$$

腈　類

$$\underset{\underset{NH_2}{|}}{R-\overset{\overset{O}{\|}}{C}} + 4[H] \xrightarrow{LiAlH_4} R-CH_2NH_2 + H_2O$$

醯胺類

$$R-CH_2-NO_2 + 6[H] \xrightarrow{Fe,HCl} R-CH_2NH_2$$

硝基烷類

芳香族胺中最重要的苯胺是由硝基苯的還原反應來製備。工業上此一反應在鐵存在時通水蒸汽來完成，在實驗室則通常使用錫與鹽酸。

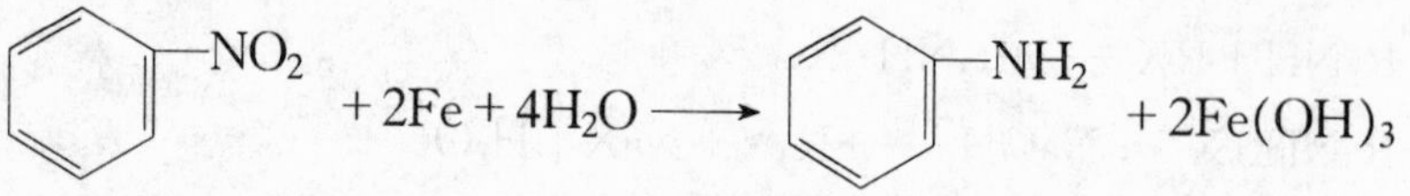

$$\text{硝基苯} \quad +2Fe+4H_2O \longrightarrow \quad \text{苯 胺} \quad +2Fe(OH)_3$$

$$2\text{（苯環）}-NO_2 + 3Sn + 14HCl \longrightarrow 2\text{（苯環）}-NH_3^+ Cl^- + 3SnCl_4 + 4H_2O$$

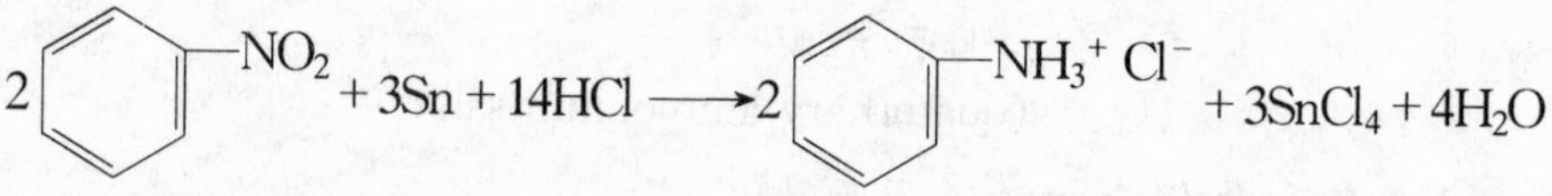

氯化苯胺鹽

此苯胺的酸鹽以氫氧化鈉處理即可放出分離的苯胺。

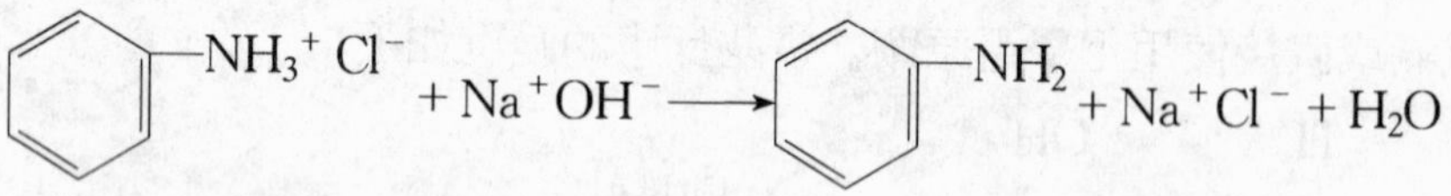

$$\text{（苯環）}-NH_3^+ Cl^- + Na^+OH^- \longrightarrow \text{（苯環）}-NH_2 + Na^+Cl^- + H_2O$$

(3)製備第一胺的特別方法

德國化學家何夫曼（Hofmann）發現醯胺與次溴酸鈉反應可製得第一胺。這反應包含連於羰基的烷基（或苯基）的重排，即移動到氮原子的反應。因此羰基的碳則以二氧化碳方式離開，醯胺的碳鏈則減少一個碳而生成第一胺。這反應稱爲何夫曼醯胺次鹵酸降級反應

(Hofmann amide hypohalite degradation)。反應可認爲經過下列步驟。

$$\underset{\underset{NH_2}{|}}{\overset{\overset{O}{\|}}{R-C}} + Na^+OBr^- \longrightarrow \underset{\underset{H}{\underset{|}{N}}\overset{}{Br}}{\overset{\overset{O}{\|}}{R-C}}$$

　　　　醯　胺　　次溴酸鈉　　　　　N－溴醯胺

$$\underset{\overset{|}{Br}}{\overset{\overset{O\;H}{\|\;\;}}{R-C=N}} + Na^+OH^- \longrightarrow R-N=C=O + NaBr + H_2O$$

$$R-N=C=O + HOH \longrightarrow \left[\underset{\underset{OH}{|}}{\overset{\overset{O\,H}{|}}{R-N=C}} \right] \longrightarrow$$

　　異氰酸類
　(an isocyanate)

$$\left[\underset{\underset{OH}{|}}{\overset{\overset{H\;\;\;O}{|\;\;\;\|}}{R-N-C}} \right] \longrightarrow \left[\underset{}{\overset{\overset{H\;\;\;O}{|\;\;\;\|}}{R-N-C-OH}} \right] \overset{\triangle}{\longrightarrow} R-NH_2 + CO_2$$

　　　　　　　　　　　　　　　　　　　　　　第一胺

　　另一種製備第一胺很有用的方法爲蓋布爾鄰－苯二甲醯亞胺合成法 (Gabriel's phthalimide synthesis)。這方法爲利用鹵烷與鄰－苯二甲醯亞胺的銨鹽之反應。

　　鄰－苯二甲酸　　　　鄰－苯二甲醯亞胺(phthalimide)

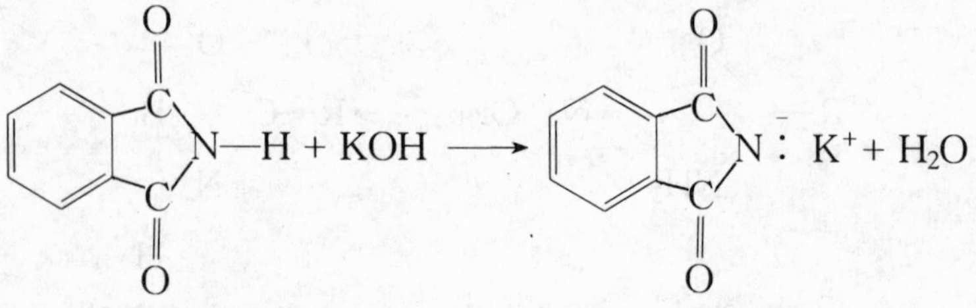

鄰－苯二甲醯亞胺　　　　　　　　N－鄰－苯二甲醯亞胺鉀

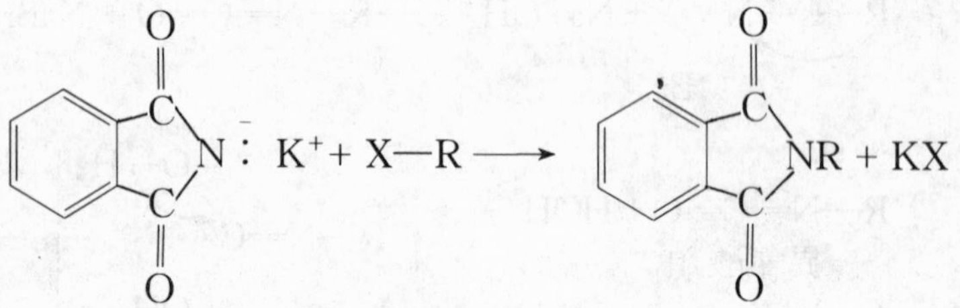

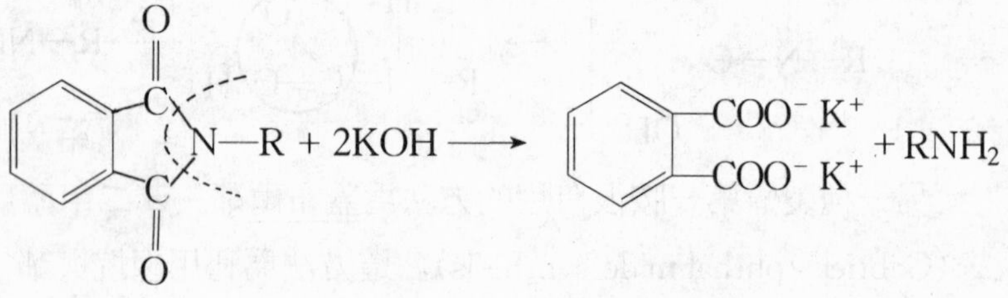

鄰－苯二甲酸鉀　　第一胺

4.胺的化學反應

(1)生成鹽的反應

如同一般鹼性化合物，胺類可與酸類反應而生成水溶性鹽類。這是胺類特性之一，已在前面介紹。

(2)胺類的烷化反應

如同氨，第一胺能夠與鹵烷反應進一步烷化而生成第二胺、第三胺及第四胺鹽。何夫曼發現第一胺可與碘甲烷反應，此烷化反應可生

成第四碘化銨鹽，以氧化銀處理時被取代的碘化銨即轉變成氫氧化銨鹽，此一銨鹽加熱則可得分解生成物的三甲胺與具雙鍵（在末端之碳原子上）的烯類。此一烯乃由於原來胺類中的烷基來的。因此，從分解生成物的構造可推測原來胺的化學式，故此方法可用於檢驗胺。現以乙胺爲例說明：

$$C_2H_5NH_2 + 3CH_3I \longrightarrow C_2H_5-\overset{\overset{\displaystyle CH_3}{|}}{\underset{\underset{\displaystyle CH_3}{|}}{N^+}}-CH_3I^- + 2HI$$

乙　胺　　　　　　碘化三甲基乙基銨

(ethylamine)　　　(trimethylethylammonium iodide)

$$2C_2H_5N^+(CH_3)_3I^- + Ag_2O + H_2O \longrightarrow 2C_2H_5N^+(CH_3)_3OH^- + 2AgI$$

氫氧化三甲基乙基銨

(trimethylethylammonium hydroxide)

$$C_2H_5-\overset{\overset{\displaystyle CH_3}{|}}{\underset{\underset{\displaystyle CH_3}{|}}{N^+}}-CH_3OH^- \overset{\triangle}{\longrightarrow} CH_2{=}CH_2 + (CH_3)_3N + H_2O$$

乙　烯　　　三甲胺

(3)胺類的醯化反應

第一胺或第二胺與酸酐或氯醯（$RCOCl$）反應時，其氫原子可被醯基（ $R-\overset{\overset{\displaystyle O}{\|}}{C}-$ ）取代而生成醯胺。使用這醯化劑所生成的產物稱爲 N－取代的醯胺（N－substituted amide）。以乙胺爲例說明如後：

$$C_2H_5-\overset{\overset{\displaystyle H}{|}}{\underset{\underset{\displaystyle H}{|}}{N}} + \left(CH_3-\overset{\overset{\displaystyle O}{\|}}{C}-\right)_2O \longrightarrow CH_3-\overset{\overset{\displaystyle O}{\|}}{C}\overset{\displaystyle C_2H_5}{\underset{\underset{\displaystyle H}{|}}{N}} + CH_3COOH$$

乙　胺　　　　　乙　酐　　　　N－乙基乙醯胺

(ethylamine)　(acetic anhydride)　(N－ethylacetamide)

苯胺的醯化反應可生成醯苯胺 (anilide)。

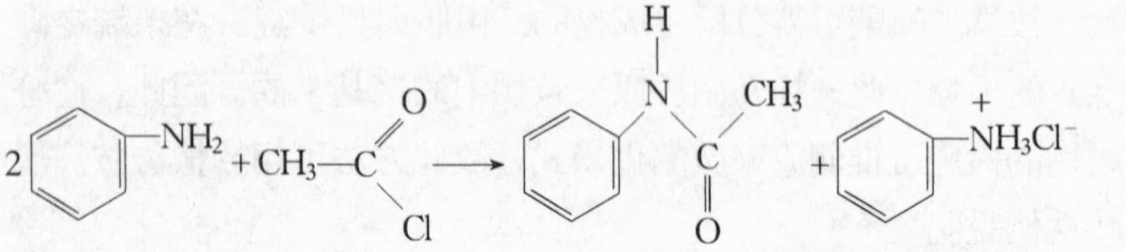

苯胺　　　　　氯乙醯　　　　　乙醯苯胺　　　氫氯酸苯胺
(aniline)　(acetyl chloride)　(acetanilide)　(aniline hydrochloride)
　　　　　　　　　　　　　　(M.P. 114℃)

乙醯苯胺爲白色晶體，在醫藥上極爲重要，可用爲退熱劑 (anti-pyretic) 外並可做合成其他醫藥的重要中間體。

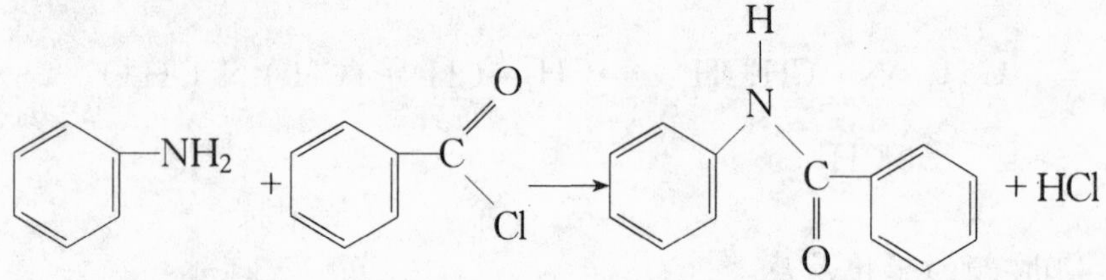

氯化苯甲醯 (benzoyl chloride) 爲很常用的醯化劑，所得的生成物多爲熔點高的結晶性固體，因此利用苯甲醯化反應 (benzoylation) 所得的物質可做有機分析中鑑定各種不同之胺類。例如：

氯化苯甲醯　　　　　　　　　　N－苯甲醯苯胺
(benzoyl chloride)　　　　　　(benzanilide (M.P. 163℃))

第三胺因爲缺少直接連在氮原子的氫，因此不能轉變爲醯胺。如此轉變爲取代性醯胺的可能性可用於辨認胺類爲第一、第二或第三級胺。行思堡試驗 (Hinsberg test) 爲其中的一種方法。在行思堡試驗裡以氯化苯磺醯 ($C_6H_5SO_2Cl$, benzenesulfonyl choride) 爲醯化劑。第一胺與氯化苯磺醯反應生成 N－烷基磺醯胺 (N－alkyl sulfonamide) 可溶於鹼性溶液中。在這磺醯胺中連於氮原子的氫原子因爲磺醯基具吸引電子力量之故呈酸性性質，因此可溶於鹼性溶液。

取代性氫

$$\text{C}_6\text{H}_5-\text{SO}_2-\text{Cl} + \text{H}-\text{N}-\text{R} \longrightarrow \text{C}_6\text{H}_5-\text{SO}_2-\text{N}-\text{R} + \text{HCl}$$

氯化苯磺醯　　　　第一胺　　（可溶於鹼溶液）
(benzenesulfonyl chloride)

第二胺與氯化苯磺醯反應，所得的生成物因缺少酸性性質的氫，因此不溶於鹼性溶液。

沒有可被取代的氫

$$\text{C}_6\text{H}_5-\text{SO}_2-\text{Cl} + \text{H}-\text{N}(\text{R})\text{R} \longrightarrow \text{C}_6\text{H}_5-\text{SO}_2-\text{N}(\text{R})\text{R} + \text{HCl}$$

第二胺　　　（不溶於鹼溶液）

第三胺因為沒有可被取代的氫原子直接連於氮原子，因此不與氯化苯磺醯反應而生成醯化物。

$$\text{C}_6\text{H}_5-\text{SO}_2\text{Cl} + \text{N}(\text{R})(\text{R})\text{R} \longrightarrow 無反應$$

沒有可被取代的氫
第三胺

⑷與亞硝酸反應

亞硝酸是不安定的化合物，通常在使用前以無機酸與亞硝酸鈉在水溶液中反應製得。

$$\text{Na}^+\text{NO}_2^- + \text{H}^+\text{Cl}^- \longrightarrow \text{Na}^+\text{Cl}^- + \text{HNO}_2$$

氨與亞硝酸反應可生成亞硝酸銨，亞硝酸銨可分解為氮與水：

$$\text{NH}_3 + \text{HNO}_2 \longrightarrow \text{NH}_4\text{NO}_2$$

$$\text{NH}_4\text{NO}_2 \xrightarrow{\triangle} \text{N}_2 + 2\text{H}_2\text{O}$$

　　相似的反應在第一胺與亞硝酸間進行並可得醇為其一種生成物。這反應通常在胺的酸性溶液（胺鹽溶液）中加亞硝酸鈉的水溶液來完成。

$$R—NH_2 + O＝N—OH \longrightarrow R—OH + H_2O + N_2$$

　　真正反應過程相當複雜，第一胺與亞硝酸的反應生成不安定的重氮離子 (diazonium ion)，其後此重氮離子分解成氮分子與碳陽離子，此碳陽離子將以各種不同方法進行反應；有時與鹼反應；有時由其本身移出質子而生成烯類。碳陽離子亦可再配置成更安定的碳陽離子後才進行上述各反應途徑之一。這些反應途徑及不同的生成物表示如下：

$$CH_3—CH_2CH_2CH_2—NH_2 \cdot HCl \ + NaNO_2 \longrightarrow$$
氫氯酸正－丁胺
(n－butylamine hydrochloride)

$$CH_3—CH_2CH_2CH_2—\overset{\oplus}{N}≡N：+ H_2O + OH^- + NaCl$$
一種重氮離子
(a diazonium ion)

$$CH_3—CH_2CH_2CH_2—\overset{\oplus}{N}≡N：\longrightarrow CH_3—CH_2CH_2—\overset{H}{\underset{H}{C^+}} + N_2$$
一種碳陽離子
(a carbocation)

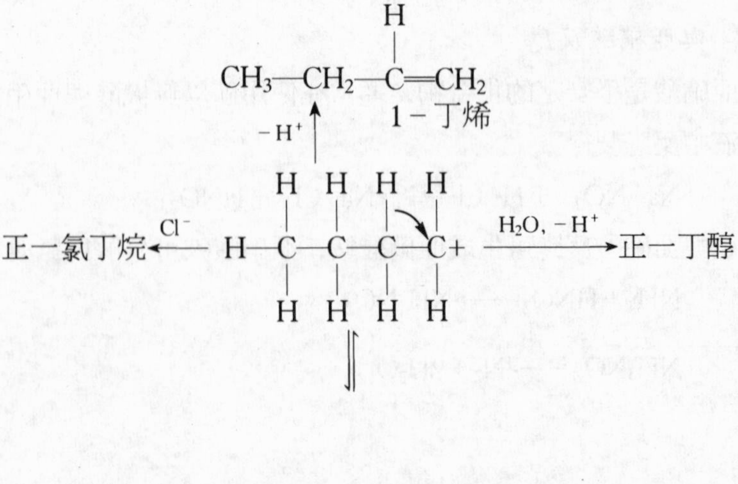

$$CH_3—CH_2—\overset{H}{C}=CH_2$$
1－丁烯

$-H^+$

正一氯丁烷 $\xleftarrow{Cl^-}$ H—C—C—C—C+ $\xrightarrow{H_2O, -H^+}$ 正一丁醇

$$\text{第二氯丁烷} \xleftarrow{Cl^-} CH_3-\overset{\overset{H}{|}}{\underset{\underset{H}{|}}{C}}-\overset{\overset{H}{|}}{\underset{+}{C}}-CH_3 \xrightarrow{H_2O,\ -H^+} \text{第二丁醇}$$

$$\Big\downarrow {-H^+}$$

$$CH_3-CH=CH-CH_3$$
$$2-\text{丁烯}$$

第二胺類與亞硝酸反應可生成中性的 N－亞硝基化合物 （N－nitroso compound）。N－亞硝基胺類不似其母體的胺類，爲黃色油狀化合物，不溶於稀無機酸中，因此可與其他胺類分離。

$$\begin{matrix} R \\ \diagdown \\ N-H \\ \diagup \\ R \end{matrix} + H-O-N=O \longrightarrow \begin{matrix} R \\ \diagdown \\ N-N=O \\ \diagup \\ R \end{matrix} + H_2O$$

一種 N－亞硝基銨

例如：

$$\begin{matrix} CH_3 \\ \diagdown \\ N-H \\ \diagup \\ CH_3 \end{matrix} + NaNO_2 + HCl \longrightarrow \begin{matrix} CH_3 \\ \diagdown \\ N-N=O \\ \diagup \\ CH_3 \end{matrix} + NaCl + H_2O$$

N－亞硝基二甲胺
（N－nitrosodimethylamine）
黃色, 不溶於酸

第三胺類與亞硝酸的反應，除了生成亞硝酸所取代的胺鹽外不能產生如上述的反應。在這亞硝酸胺鹽溶液中加鹼時可收回原來的胺。

$$\begin{matrix} R \\ \diagdown \\ R-N: \\ \diagup \\ R \end{matrix} + HONO \longrightarrow \left[\begin{matrix} R \\ \diagdown \\ R-\overset{|}{\underset{|}{N}}:H \\ \diagup \\ N \end{matrix}\right]^+ ONO^-$$

一種亞硝酸胺鹽
（an amine nitrite salt）

脂肪族胺與亞硝酸的反應，除了鑑別或分離操作外其價值不大。另一面，芳香族第一胺類與亞硝酸的反應可生成在化學工業上極有用的中間物稱爲重氮鹽類。大多數很有用的化工產品，以其他方法很難或無法合成時，往往利用重氮鹽的途徑來合成成功。

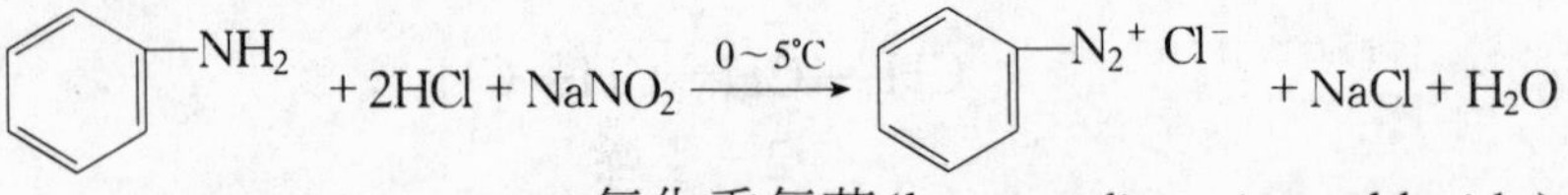
NH2
+ 2HCl + NaNO2
0～5℃
N2+ Cl−
+ NaCl + H2O

氯化重氮苯(benzenediazonium chloride)

⑸芳香胺類的環取代反應

苯胺的第一胺基，很容易被氧化。如在氧化劑存在下，要保持胺基不被氧化，必須在反應前保護之。胺基通常以醯化來保護其不受氧化。例如，要使苯胺硝化成對－硝基苯胺時，則預先要使胺基醯化以防止胺基被硝酸氧化。然後以酸加水分解除去醯基。

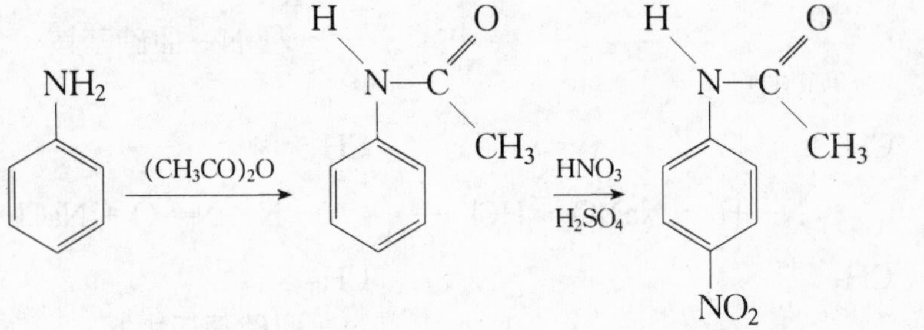
NH2
(CH3CO)2O
H
O
N—C
CH3
HNO3
H2SO4
NO2

苯　胺 (aniline)　　乙醯苯胺 (acetanilide)　　對－硝基乙醯苯胺 (p－nitroacetanilide)

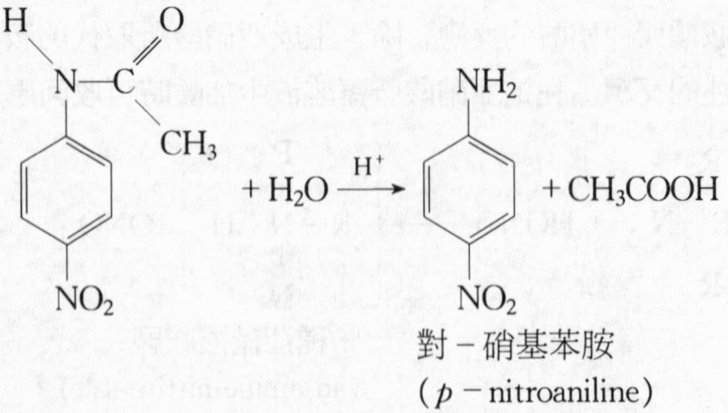
H
O
N—C
CH3
NO2
+ H2O
H+
NH2
+ CH3COOH

對－硝基苯胺
(p－nitroaniline)

在包括環取代的所有反應中，胺基具有極強的鄰－及對－定位力。例如，只要將苯胺與溴的水溶液混合振盪，即可得苯胺的三溴衍生物 2, 4, 6－三溴苯胺（2,4,6-tribromoaniline）。

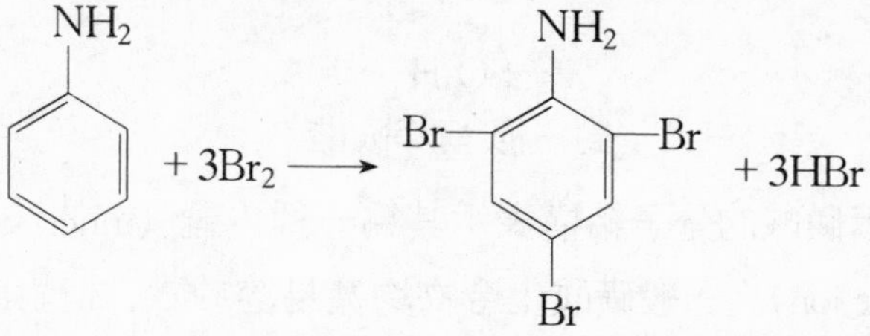

$$\text{(苯胺)} + 3Br_2 \longrightarrow \text{(2,4,6-三溴苯胺)} + 3HBr$$

2,4,6－三溴苯胺

苯胺的醯化，除了前述可保護胺基的氧化效應外並可使苯胺的活性減弱。例如，欲製備一溴苯胺時則從乙醯苯胺的溴化反應開始，其後將保護基以酸溶液移走即得。

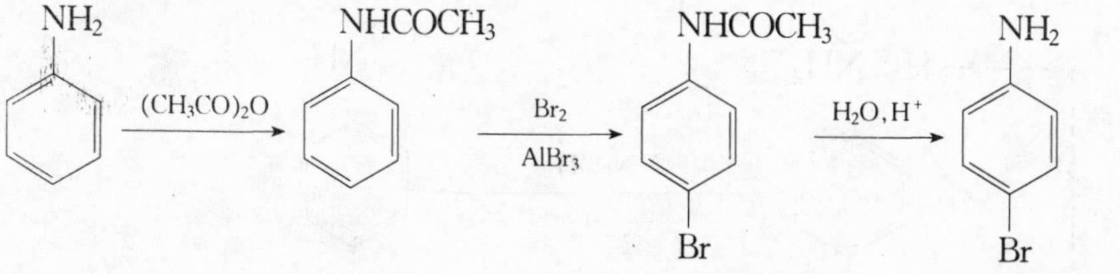

$$\text{(苯胺)} \xrightarrow{(CH_3CO)_2O} \text{(乙醯苯胺)} \xrightarrow[AlBr_3]{Br_2} \text{(對-溴乙醯苯胺)} \xrightarrow{H_2O, H^+} \text{(對-溴苯胺)}$$

苯　胺　　　　乙醯苯胺　　　　對－溴乙醯苯胺　　　對－溴苯胺

苯胺的磺酸化反應（sulfonation）是一種慢反應，最初生成物的硫酸氫苯胺在進一步加熱時進行重排而生成對胺基苯磺酸（sulfanilic acid）。

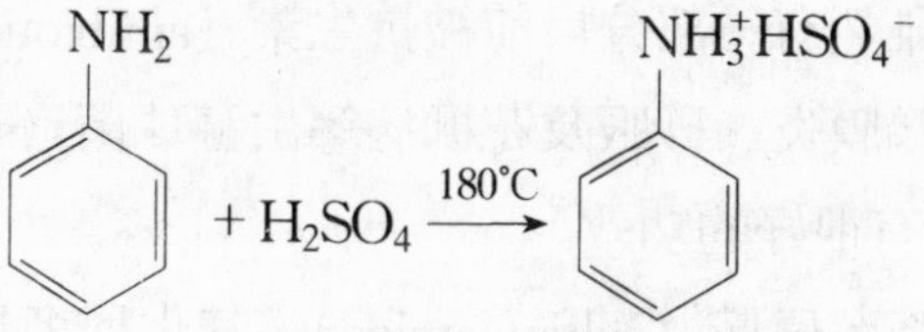

$$\text{(苯胺)} + H_2SO_4 \xrightarrow{180\,^\circ C} \text{(硫酸氫苯胺)} \quad NH_3^+HSO_4^-$$

硫酸氫苯胺

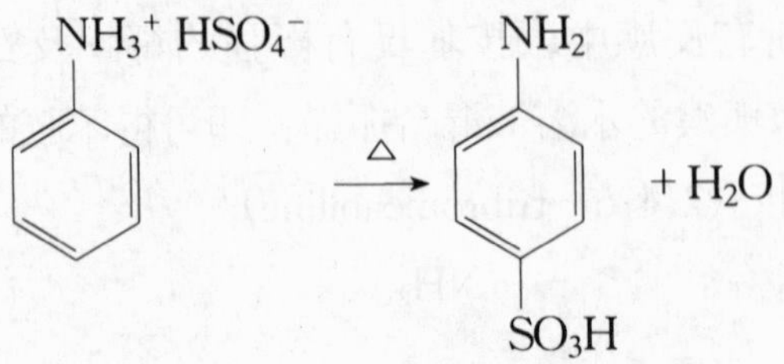

$$\text{(NH}_3^+ \text{ HSO}_4^-\text{-苯)} \quad \xrightarrow{\triangle} \quad \text{(NH}_2\text{-苯-SO}_3\text{H)} + H_2O$$

對－胺基苯磺酸

　　對－胺基苯磺酸的分子結構表示其為一種內鹽（inner salt）或偶極離子（dipolar ion）。一般磺酸化合物均甚易溶於水，但對胺基苯磺酸不溶於水或稀酸溶液，但甚易溶解於鹼性溶液生成鹽。這性質仍由於內鹽之故，當分子中的一個基可做為供應質子（酸）及另一個基可做接受質子（鹼）時，可構成內鹽，同樣的情形亦發生於一些胺基酸。

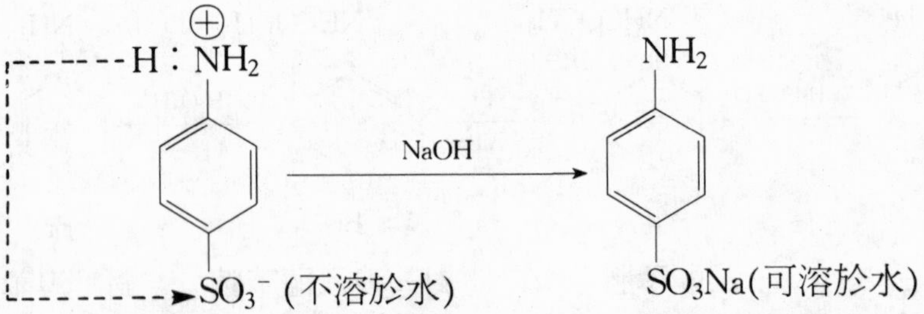

$$\text{H:} \overset{\oplus}{\text{NH}_2}\text{-苯-SO}_3^- \text{（不溶於水）} \quad \xrightarrow{\text{NaOH}} \quad \text{NH}_2\text{-苯-SO}_3\text{Na（可溶於水）}$$

對胺基苯磺酸的內鹽　　　　　對－胺基苯磺酸鈉

　　對－胺基苯磺酸為合成一些染料及製造磺胺藥物（sulfa drugs）的重要中間物。磺胺劑為從二次世界大戰開始使用的藥品而可作消炎及多種疾病的特效藥。雖然有一部分目前被抗生素（antibiotics）所取代，但在治療中耳炎、腦膜炎、砂眼及花柳病等由鏈球菌（streptococus）所引起的病上均具有很好的功效。

　　最簡單的磺胺劑為胺苯磺胺（sulfanilamide），其化學名為對－胺基苯磺醯胺（p－aminobenzenesulfonamide）。

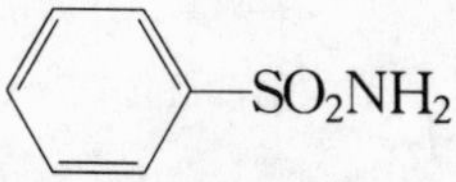

$\text{(苯環)}-SO_2NH_2$

苯磺醯胺
（benzenesulfonamide）

$H_2N-\text{(苯環)}-SO_2NH_2$

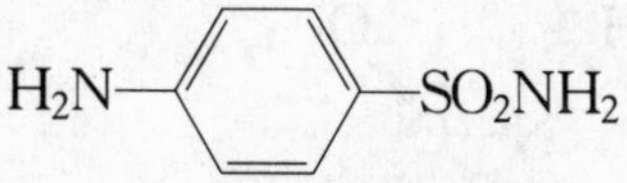

對－胺基苯磺醯胺
（p－aminobenzenesulfonamide）

對－胺基苯磺醯胺合成的方法以化學式說明如後：

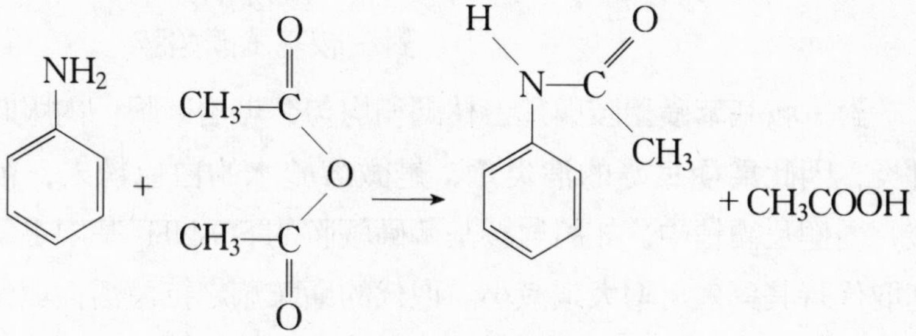

苯　胺　　　乙　酐　　　乙醯苯胺

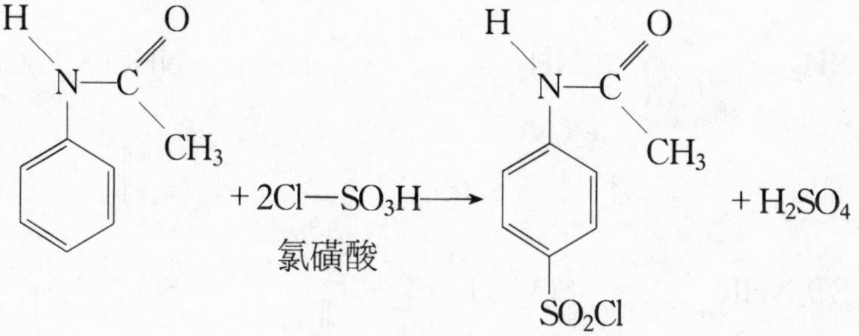

對－N－乙醯胺基氯化苯磺醯
（p－acetamidobenzenesulfonyl chloride）

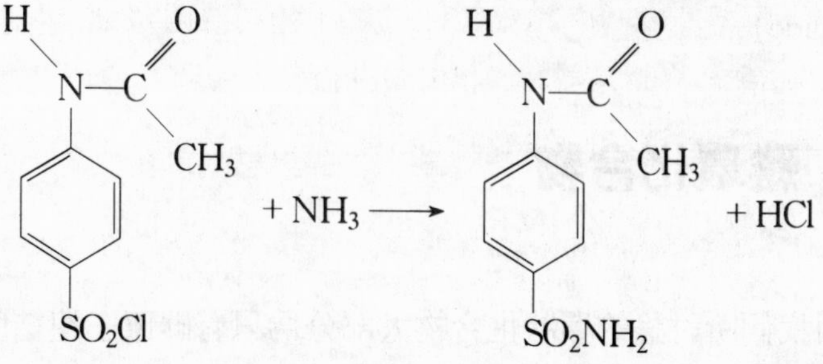

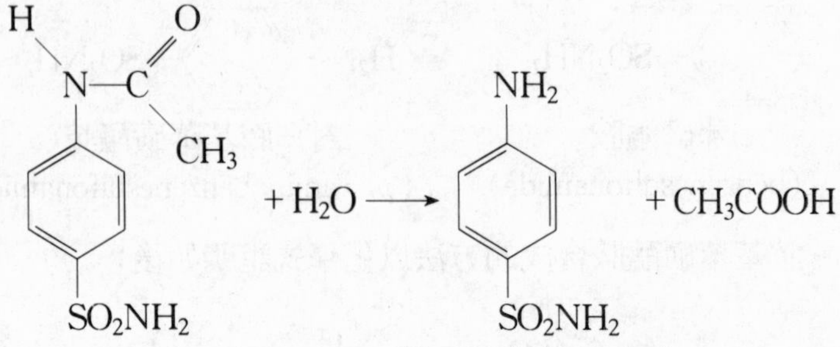

對－胺基苯磺醯胺

對－胺基苯磺醯胺與凡士林調和均勻，可治砂眼，內服時可治中耳炎，因此爲極良好的消炎劑，是微溶於水的白色粉末，可溶於稀酸、丙酮及酒精中。如將對胺基苯磺醯胺的 SO_2NH_2 基中之氫以其他基取代時其藥效可增大或減小。取代的磺胺劑之抗菌活性與毒性按醯胺基之氮所連接之取代基本性而定。如此取代的磺胺劑已合成數百種，但僅有半打對人類的毒性低而具高度的抗菌性，可成爲有效的藥劑。

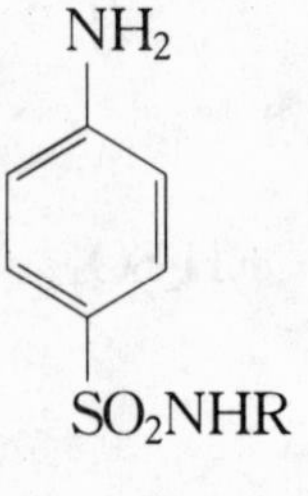

取代的磺胺
(substituted
sulfanilamide)

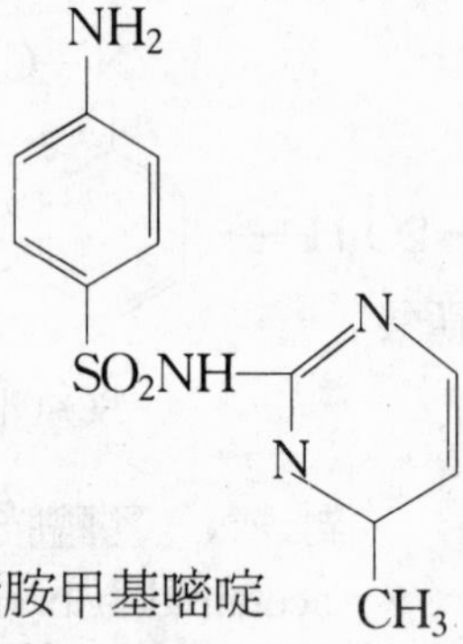

磺胺甲基嘧啶
(sulfamerazine)

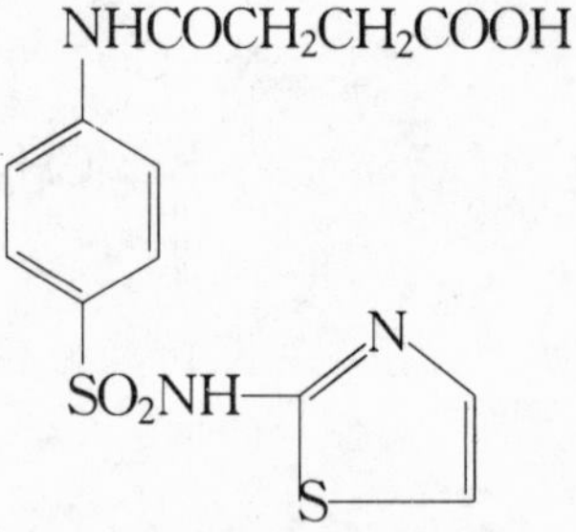

琥珀醯胺噻唑
(succinoylsulfathiazole)

3-8　雜環化合物

前面我們所討論的環狀化合物大部分爲只有碳原子連結所成碳環

(carbocyclic) 化合物。環狀結構中除了碳原子外尚含有一個或更多其他原子的化合物稱為雜環 (heterocyclic) 化合物。在這雜環裡所含的碳原子外的其他原子通常為氮、硫與氧。環狀結構中含有氧與氮的化合物——如氧化乙烯、環狀的酸酐、內酯等曾在前面介紹過，可是嚴格說起來，這些例雖然結構是環狀的，但很容易轉變成非環狀形態，因此不屬於本節所述的雜環化合物。本節所要討論的雜環化合物是相當安定的。五環及六環雜環化合物因分子結構所受張力不多，因此像苯環一樣的具安定性質。事實上，一些雜環化合物比苯更安定。雜環化合物在自然界中很豐富存在，研究植物與動物的構成化合物必須預先有一般雜環化合物的知識。

1.雜環化合物的結構與命名

天然物中在分子結構裡含有一個或更多雜環的，其數目極多而且其性質亦甚複雜，因此本節將介紹其中較重要的一些雜環化合物。表 3-34 為天然物中最常見的五環與六環雜環化合物的名稱及結構。注意在環中原子的號碼是從雜環原子算起的。

表 3-34　常見的雜環化合物

結　　　　　　　　　　構	名　　　　稱	存　　在　　之　　例
(A)五環	(a)呋　喃 　　(furan) (b)四氫呋喃 　　(tetrahydro- 　　furan) 噻　吩 　　(thiophene)	呋喃醛 (furfural) 嗎　啡 (morphine)

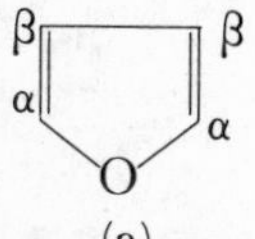

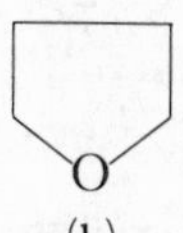

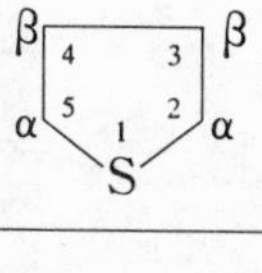

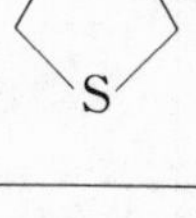

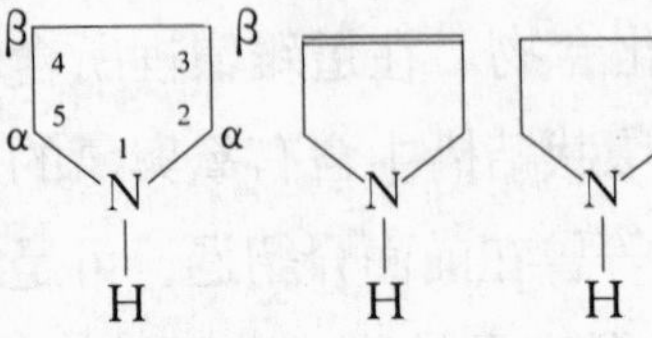 β 4 3 β α 5 2 α 1 N H (a) (b) (c)	(a)吡 咯 (pyrrole) (b)二氫吡咯 (pyrroline) (c)四氫吡咯 (pyrrolidine)	維生素 B_{12} 葉綠素－a 血色素 菸鹼（nicotine） 色胺酸 普羅林（proline）
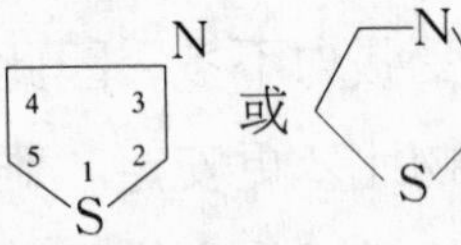 N 4 3 5 1 2 或 S S	噻 唑 (thiazole)	盤尼西林 維生素 B_1
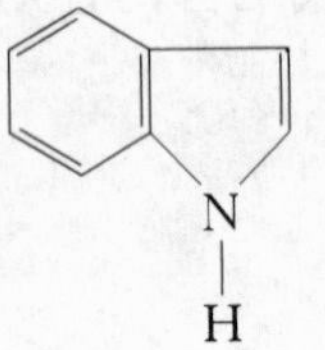 N H	吲 哚 (indole)	色胺酸 馬錢子鹼 (strychnine)
(B)六環 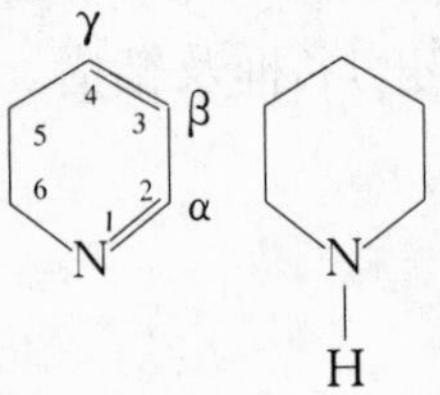 γ 5 4 3 β 6 2 α N 1 N H (a) (b)	(a)吡 啶 (pyridine) (b)五氫吡啶 (pyperidine)	NAD，菸鹼 維生素 B_{12} 喹寧 嗎啡 古柯鹼
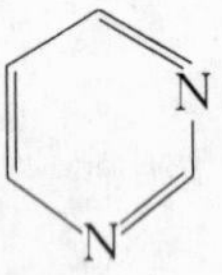 N N	嘧 啶 (pyrimidine)	維生素 B_1 巴比妥
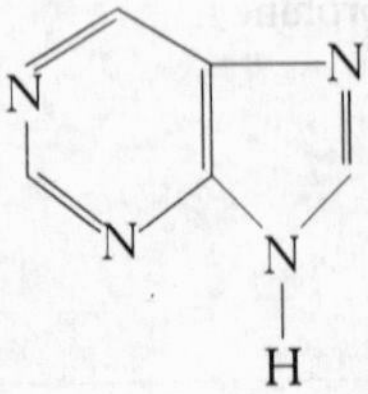 N N N N H	嘌 呤 (purine)	CoA 酶 NAD 酶

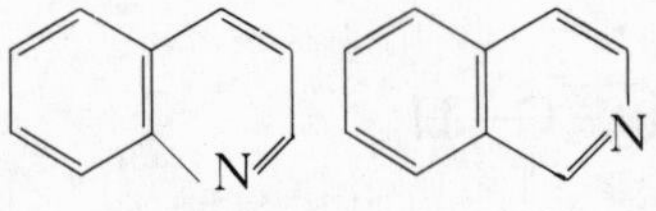

		(a)喹　啉 　　(quinoline) (b)異喹啉 　　(isoquinoline)	
(a)	(b)		

2.五環化合物

最簡單的五環雜環化合物是環中只含一個雜原子的。在此我們只討論呋喃、吡咯及噻吩。

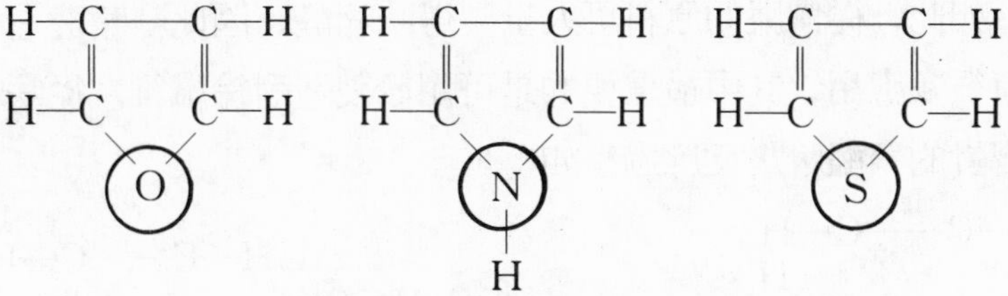

H—C———C—H　　H—C———C—H　　H—C———C—H

H—C———C—H　　H—C———C—H　　H—C———C—H

（O）　　　　　　（N）　　　　　　（S）

H

呋　喃　　　　　吡　咯　　　　　噻　吩

(furan)　　　　(pyrrole)　　　(thiophene)

(1)呋喃 (C_4H_4O)

許多天然物結構中含有呋喃，但大部分可從 α 醛類的呋喃醛可製得。呋喃醛可得自穀穗、麥殼、糠及桿等，這些農產廢物為聚合性戊醣類的豐富來源，將此聚合性戊醣類加水分解成戊醣後以熱稀硫酸處理即可得呋喃醛。

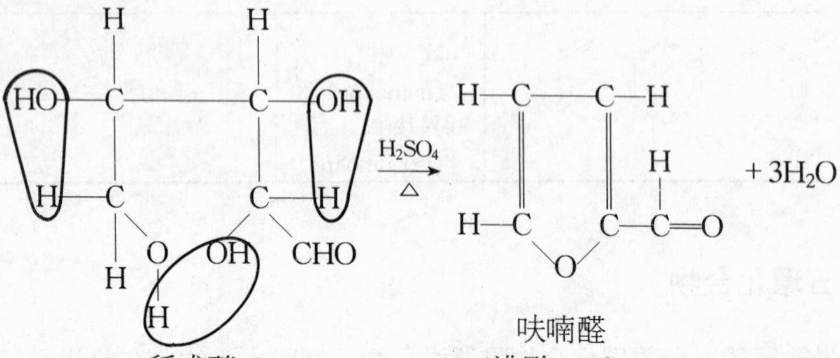

H—C——C—H
HO—C——C—OH   H₂SO₄   H—C   C—H
                  ———→   H C—O
H—C——C—H   △   H—C   C—C=O   + 3H₂O
   O OH CHO   O

一種戊醣   呋喃醛
                              (沸點 162℃)

如此，從價廉的原料可大量製得呋喃醛，因此呋喃醛在化學工業上有很多應用，其中最重要的是可用於製造耐綸纖維。從呋喃醛製造這寶貴的聚醯胺之反應過程如下：

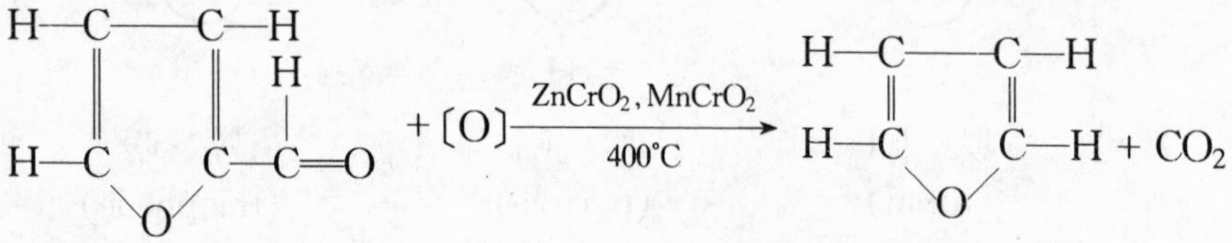

H—C——C—H   H—C——C—H
                   ZnCrO₂, MnCrO₂
H—C   C—C=O + [O] ————————→ H—C   C—H + CO₂
   O   400℃   O

呋喃醛   呋喃

H—C——C—H   Ni   H—C——C—H
H—C   C—H + 2H₂ ——→ H—C   C—H
   O   O

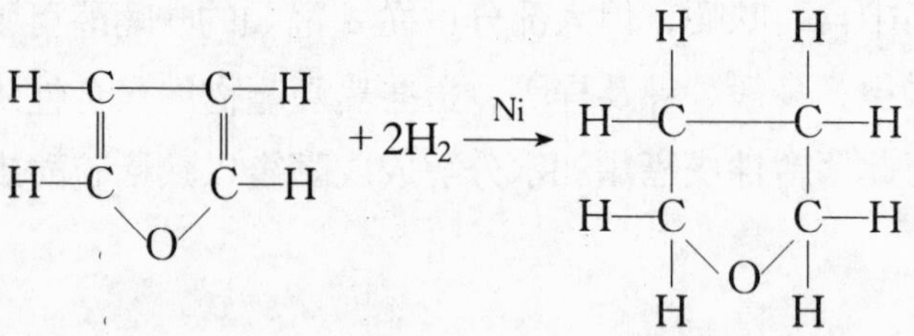

呋喃   四氫呋喃

$$\text{(tetrahydrofuran)} + 2HCl \longrightarrow Cl—CH_2CH_2CH_2CH_2—Cl + H_2O$$

1,4－二氯丁烷

$$Cl—CH_2CH_2CH_2CH_2—Cl + 2NaCN \longrightarrow$$

$$NC—CH_2CH_2CH_2CH_2—CN + 2NaCl$$

己二腈

(adiponitrile)

$$NC—CH_2CH_2CH_2CH_2—CN + 4H_2O + 2H^+ \longrightarrow$$

$$HO—\overset{O}{\overset{\|}{C}}(CH_2)_4\overset{O}{\overset{\|}{C}}—OH + 2NH_4^+$$

己二酸(A)

$$NC—CH_2CH_2CH_2CH_2—CN + 4H_2 \xrightarrow{\text{催化劑}}$$

$$H_2N—(CH_2)_6—NH_2$$

六甲烯二胺(B)

(hexamethylenediamine)

$$n\,HO—\overset{O}{\overset{\|}{C}}—(CH_2)_4—\overset{O}{\overset{\|}{C}}—OH +n\,H_2N—(CH_2)_6—NH_2 \xrightarrow{200\sim300℃}$$

$$_{(A)} \qquad\qquad\qquad _{(B)}$$

$$H_2N—(CH_2)_6—\overset{H}{\overset{\|}{N}}\overset{O}{\overset{\|}{C}}—(CH_2)_4—\overset{O}{\overset{\|}{C}}\overset{H}{\overset{\|}{N}}\Big)_{n-1}(CH_2)_6—\overset{H}{\overset{\|}{N}}\overset{O}{\overset{\|}{C}}—(CH_2)_4—\overset{O}{\overset{\|}{C}}—OH$$

$$+ (2n-1)H_2O$$

耐綸 66(n＝450~500)

(2)吡咯 （C_4H_5N）（pyrrole）

存在於煤溚油及骨油中。骨油是由動物骨骼及角等經乾餾或熱裂

方式製得的。在許多天然物中含有吡咯結構及其部分或完全還原所成二氫吡咯(pyrroline,C_4H_7N)與四氫吡咯(pyrrolidine,C_4H_9N)等結構。

四個吡咯環聯合成紫質（porphyrin）結構，這結構出現於血液中的血紅素及葉綠素，這些天然物均爲鉗化合物。

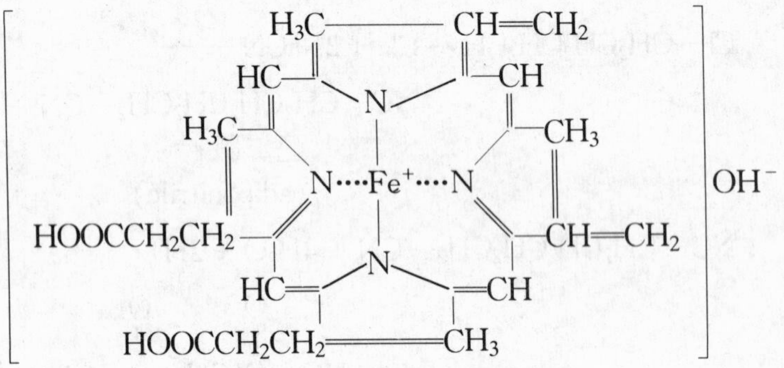

血紅素

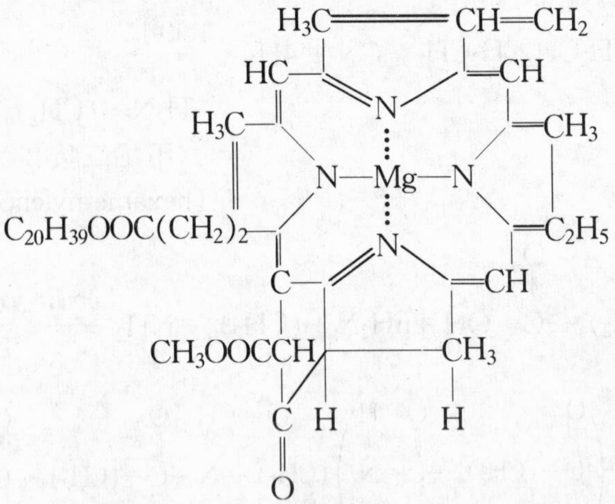

葉綠素－a

(3)吲哚（C_8H_7N）（indole）

亦是煤溚油的成分，爲一些植物鹼（alkaloids）的組成或部分組成化合物。吲哚及其 3－甲基衍生物爲 α－胺基酸之色胺酸的變質生

成物，此兩化合物為排泄物的臭味來源。

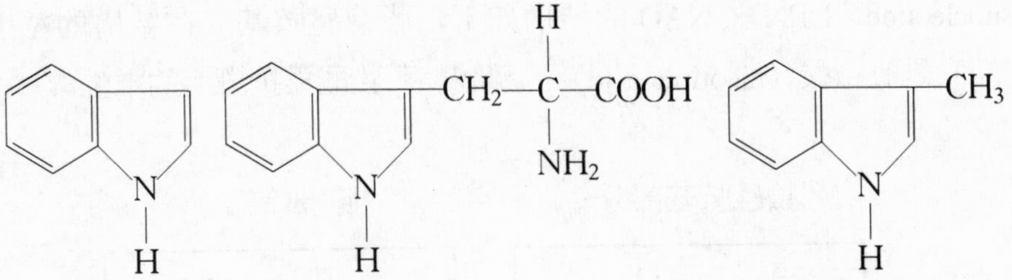

吲哚

(2－苯駢吡咯)

色胺酸

3－甲基吲哚

(4)噻吩 （C_4H_4S）（thiophene）

如同許多含氮雜環化合物一般存在於煤溚油中，因為其沸點(87°C)接近於苯(80°C)，因此從煤溚油所得的苯中均含有一些噻吩。

呋喃、吡咯及噻吩等五環化合物的化學性質與苯相似。這三個五環雜環系具有套在環平面上下的電子雲，因此其反應特性與苯的反應相似。呋喃、吡咯及噻吩均可起硝化、磺化、鹵素化及斐加反應。取代反應通常在環中的 2,5 位置進行。

3. 六環化合物

六環雜環類中最廣泛存在的是吡啶 （pyridine，C_5H_5N）。吡啶與吡咯同樣存在於骨油中，商業上則從煤溚油提煉。吡啶是無色具惡臭的液體，可溶於水與大部分的有機溶劑。將煤溚油中輕油部分加稀硫酸，吡啶具弱鹼性，可溶於稀硫酸而分離，並加氫氧化鈉溶液蒸餾即可得吡啶。吡啶沸點 115℃，化學性質比苯較安定故進行取代反應較為困難。吡啶的還原生成物之六氫吡啶 （piperidine，$C_5H_{11}N$） 或吡啶衍生物在很多植物生成物裡可找到。在核酸中亦含有吡啶結構，以嘌呤與嘧啶的成分方式存在。生物化學家對核蛋白特別有興趣，因為其與動物及植物的生命過程有關。例如，代謝反應必須大量的酵素，這酵素為菸鹼醯胺基嘌呤雙核磷苷 （nicotinamide－adenine－dinucleotide，NAD）或有時所謂的雙磷酸吡啶核磷苷（diphosphopyridine nucleotide，DPN）。NAD 的結構如下：菸鹼醯胺基（在結構的左上端）是菸鹼酸（nicotinic acid）的醯胺。菸鹼酸爲抗斑症的維生素。

菸鹼醯胺基部分   腺嘌呤部分

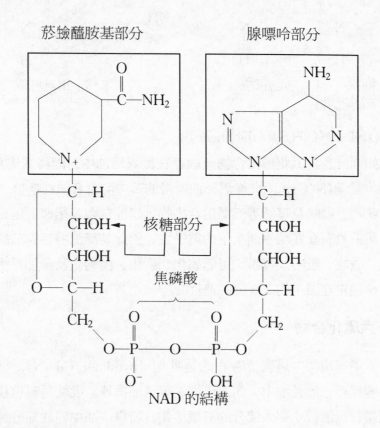

NAD 的結構

4. 稠環化合物

(1)喹啉（quinoline）

喹啉是苯環與吡啶環的稠合化合物，其結構爲：

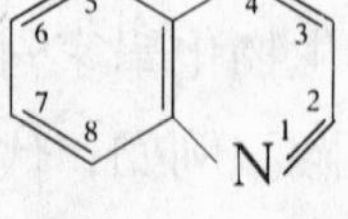

喹啉 $C_9H_7N(K_b = 3 \times 10^{-10})$

從其結構可知其性質可由已學習的吡啶與萘的性質來推測。

喹啉存在於煤溚油，雖然有些喹啉衍生物可自喹啉本身之取代反應來製得，但是大多數仍從苯衍生物之閉環反應來製造。

製備取代喹啉一般有用的方法爲<u>斯勞普合成法</u>（Skraup synthesis）。在最簡單的例中，喹啉本身從苯胺與甘油、濃硫酸、硝基苯與硫酸亞鐵製得。

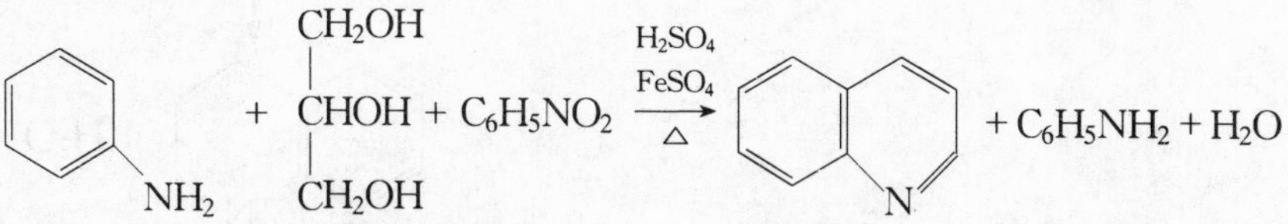

$$\text{苯胺} + \begin{array}{c}CH_2OH\\|\\CHOH\\|\\CH_2OH\end{array} + C_6H_5NO_2 \xrightarrow[\triangle]{\begin{array}{c}H_2SO_4\\FeSO_4\end{array}} \text{喹啉} + C_6H_5NH_2 + H_2O$$

苯 胺　丙三醇　硝基苯　　　　　喹 啉

這反應似乎包括下列各反應：

①丙三醇被熱硫酸脫水而生成不飽和的丙烯醛（acrolein）

$$\begin{array}{ccc}CH_2 & CH & CH_2\\|&|&|\\OH&OH&OH\end{array} \xrightarrow{H_2SO_4,\text{熱}} CH_2\!\!=\!\!CH\!-\!CHO + 2H_2O$$

　　　　丙三醇　　　　　　　　丙烯醛
　　　　（glycerol）　　　　　（acrolein）

②苯胺與丙烯醛之親核性加成反應結果生成 β-(苯胺基)丙醛：

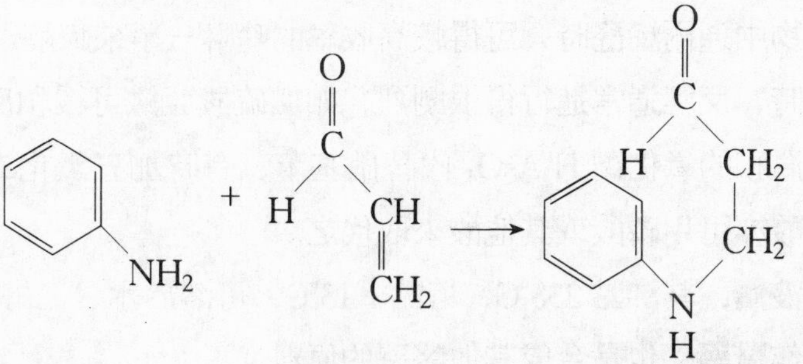

苯 胺　　　　　丙烯醛　　　　β-(苯胺基)丙醛
(aniline)　　　(acrolein)　　(β-(phenylamino)propionaldehyde)

③在質子化醛上面之缺乏電子之羰基之碳對苯環之親電子性攻擊（這是事實上的閉環步驟）：

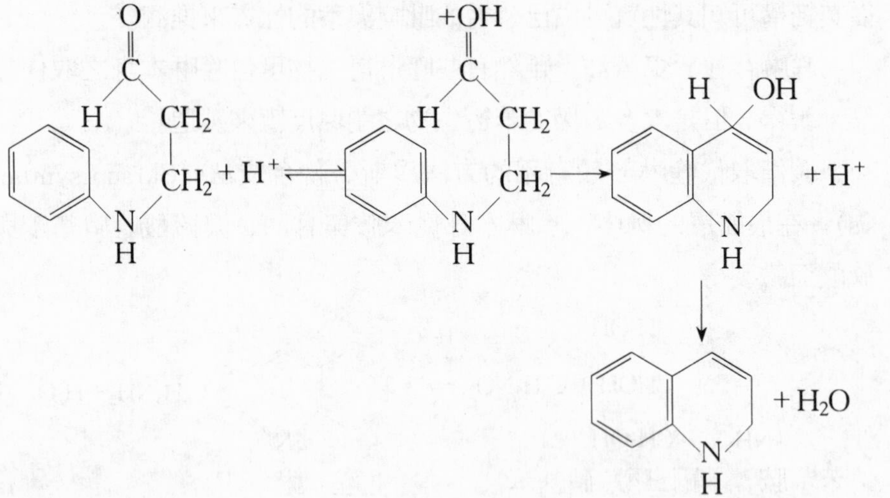

1,2－二氫喹啉

④經硝基苯的氧化反應使新生成的環芳香化：

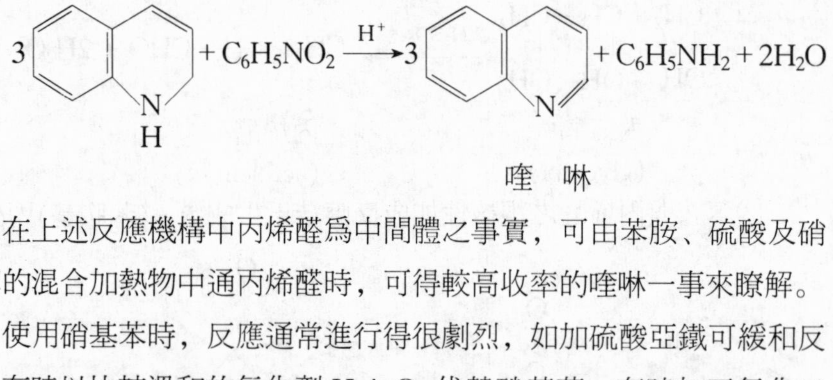

喹　啉

在上述反應機構中丙烯醛為中間體之事實，可由苯胺、硫酸及硝基苯的混合加熱物中通丙烯醛時，可得較高收率的喹啉一事來瞭解。

使用硝基苯時，反應通常進行得很劇烈，如加硫酸亞鐵可緩和反應。有時以比較溫和的氧化劑 H_3AsO_4 代替硝基苯，有時加五氧化二釩為催化劑。硫酸亦可用磷酸或其他酸來取代之。

喹啉是無色液體，其沸點 238℃，熔點－15℃，可溶於水、乙醇、乙醚等。喹啉用作醫藥，也是合成其他醫藥的原料。

(2)**異喹啉**（isoquinoline）

異喹啉為苯環與吡啶環以下列結構式方式縮合而成的。$K_b = 1.1 \times 10^{-5}$，鹽基性較喹啉略強外，其他性質與喹啉相似。

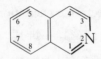

異喹啉可由煤溚得之，它是合成醫藥、染料、殺蟲劑、橡膠、其他有機化合物之原料。

3-9　應用於有機化學的光譜學

應用光譜法可以得知原子的結構，以及物質中所含原子的種類和含量。本節中我們將介紹應用光譜法來測得分子中所含的官能基及分子的結構，進而得知物質中所含分子的種類和含量。本節所要介紹的分子光譜分析法包括紫外光譜（ultraviolet spectrum）分析、紅外光譜（infrared spectrum）分析、螢光光譜（fluorescence spectrum）分析、質譜（mass spectrum）分析及核磁共振光譜（nuclear magnetic resonance spectrum）分析等。

一、分子光譜原理

我們已知原子的能量狀態有基態（ground state）和受激態（excited state）兩種。同樣地，分子的能量狀態也有基態和受激態兩種，當分子吸收外來的輻射能，會從低能量的基態轉變成較高能量的受激態，這便是所有吸收光譜學（absorption spectroscopy）的基礎所在，例如紫外線與可見光光譜，紅外線光譜等。反之，當分子的狀態由受激態變為基態時，也會放出特定的輻射能，這便是所有發射光譜學（emission spectroscopy）的基礎所在，例如螢光光譜、發射光譜等。

分子本身或分子內的運動情形，主要有轉動（rotation）、振動

(vibration) 和電子激發 (electronic excitation) 三種。各種分子的振動和轉動，因所含官能基（如：羥基、羰基、羧基……等）或原子種類而異，因此利用紅外線吸收將可以判知分子中所含的官能基或某些特殊原子的存在。又當外加的輻射線是能量較高的紫外 (UV) 線時，某些分子往往會吸收 UV 光，而使分子內產生電子激發現象；當然這種紫外線吸收的現象，必須是分子內所含電子容易被激發才可能發生，因此所測量的分子以不飽和有機化合物或含有氮、鹵素等電子易被激發者較爲重要。

當分子吸收了特定能量的輻射能，便被激發成爲受激態，但通常分子存在於受激態的時間非常短暫（約 10^{-6} 秒），因此這種分子很快地便會放出特定能量的輻射能而恢復成基態，如此便產生了螢光或放射光譜。

以上所述的光譜分析法，不但所需試樣的用量非常少，並且在分析過程中只有改變分子的能量狀態，而不會造成分子的破壞，因此至今已發展成爲分析化學上最爲重要的工具。

二、紫外光、可見光光譜分析

紫外線的波長範圍，自可見光（波長約 8000～4000Å）的藍光端（約 4000Å）至 2000Å 處。但是就光譜學而言，可見光的作用和紫外光一樣，所以通常將可見光光譜，視爲紫外線光譜 (ultrviolet spectroscopy) 研究的一部分，因此一般紫外線光譜儀所使用的波長範圍通常由 8000Å 至 2000Å。

紫外線可被含有氮、氧、硫、鹵素或不飽和鍵之化合物吸收，因此化學上特將這種可吸收 UV 光或可見光的官能基稱之爲發色團 (chromophores)，表 3－35 所列即爲一些發色團的最大吸收波長。由於一個化合物所含的發色團不只一種，並且各個發射團的吸收波長範

圍往往發生重疊，因此所呈現的吸收光譜也是相當複雜，如圖 3－16
所示即是一種典型的紫外線吸收光譜。也就是基於這種原因，UV 光
譜應用在特殊官能基的鑑定上，往往不大明確，所以 UV 光譜的應用
不如其他光譜分析來得廣泛。

　　UV 吸收光譜雖然在化合物的鑑別上不太方便，但對於相當純的
某些化合物，仍可進行定性分析，其鑑別方法是將未知物的 UV 吸收
光譜與已知化合物的光譜比較即可。

　　UV 吸收光譜在定性分析上雖然應用不廣，但對於那些可吸收
UV 光的化合物而言，在定量分析上卻是非常重要的工具。由於吸光
度（absorbance）與待測物的濃度成正比，因此測量時乃是先將待測
物配成溶液，然後由所測得的吸光度即可得知待測物的濃度和含量。

　　目前 UV 光譜的應用已頗為廣泛，例如生物學上用來測定植物組
織中的化學組成；工業上用來測定食品、飲料、廢水、廢氣中的致癌
物質；農業上用來測定植物體內的殘留農藥；醫藥上用來測定荷爾
蒙、維生素等。

表 3－35　一些發色團的最大吸收波長

發　色　團	系	最大吸收波長($\overset{\circ}{A}$)
胺 amine	$—NH_2$	1950
溴 bromide	$—Br$	2080
碘 iodide	$—I$	2600
硫酮 thioketone	$>C=S$	2050
酯 ester	$R-\overset{\displaystyle O}{\underset{\displaystyle OR}{C}}$	2050
醛 aldehyde	$R-\overset{\displaystyle O}{\underset{\displaystyle H}{C}}$	2100

羧酸 carboxylic acid	R—C$\overset{\displaystyle O}{\underset{\displaystyle OH}{\|}}$	2000~2100
硝 nitro	—NO₂	2100
亞硝 nitrite	—ONO	2200~2300
重氮 azo	—N=N—	2850~4000
間鄰烯 conjugated olefins	—(C=C)₂	2100~2300
	—(C=C)₃	2600
	—(C=C)₅	3300
苯 benzene		1)1980 2)2550
萘 naphthalene		1)2200 2)2750 3)3140

圖 3—16　甲苯（toluene）的 UV 吸收光譜

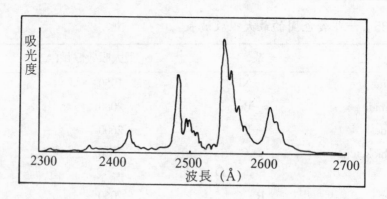

三、紅外線光譜分析

　　多數化合物在紫外光譜中只出現少數的吸收峰，但紅外線光譜 (infrared spectroscopy，IR) 則有一連串的吸收帶，這些吸收帶雖然有部分至今尚未確認其性質，但已確認性質的吸收帶，則能夠提供我們相當有用的資料，以供辨認化合物的分子結構。

　　紅外線吸收的位置，通常用波長（wave length；單位 μ，即 10^{-6} m）或波數（wave number，單位 cm^{-1}）表示。一般紅外線光譜的波長範圍由 2.5μ 至 15μ（即 $4000cm^{-1}$ 至 $667cm^{-1}$）。當與分子振動相同頻率的紅外線照射在分子上時，分子即吸收此一能量而發生振動或使振動之振幅增加。事實上，分子內各官能基的振動方式不同，所吸收的紅外線也不相同，因此化學上便利用此一特性，由所測得的吸收現象，判知化合物中所含的官能基和可能的分子結構。表 3-36 所列，即為一些化學鍵或官能基振動時的紅外線吸收波數；圖 3-17 所示，則為紅外線光譜的一個典型例子。

　　紅外線光譜最重要的兩項應用，是對於有機化合物及其混合物的定性與定量分析，它可以用來辨認化合物的種類和純度，也可以用以推知新化合物的結構。目前工業上，IR 光譜有三項重要的應用：⑴用以鑑別產品中的不純物質；⑵生產過程中，不斷以 IR 光譜核對產品組成，此乃最簡易而有效的品質管制；⑶鑑定其他廠商的產品組成，或確認本身新製產品的組成。

表 3-36　一些化學鍵或官能基的紅外線吸收波數

鍵　　型	化 合 物 種 類	波　　數　（cm^{-1}）	吸 收 的 強 度
O—H	醇類,酚類	3500～3650	可變,尖銳
O—H	羧酸類	2500～3000	可變,廣
O—H	氫鍵 醇類與酚類	3200～3400	強,廣
C—O	醇類,醚類	1080～1300	強

C=O	羧酸類與酯類 醛類,酮類	1690～1750	強
C—H	羧酸類與酯類 烷類	2850～2950	強
N—H	胺類	3300～3500	中等

圖 3-17　丙酮的 IR 光譜

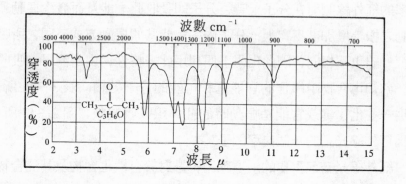

四、螢光光譜分析

　　當分子吸收某些特定能量的電磁波後，分子將由低能量的基態，變成較高能量的受激態。受激態的分子大部分藉著碰撞其他分子，釋放能量而恢復到基態。但也可能以輻射光線的方式釋放能量而恢復至基態，這便形成了所謂的螢光光譜。螢光光譜類似紫外線光譜和紅外線光譜，隨著物質種類之不同，而有其特定性，但它的最短波長通常出現在激發光譜最長波長的邊緣，並且和此一光譜線略為重疊（如圖 3-18 所示），有時在觀察上稍嫌困難。事實上，螢光光譜通常出現在那些分子量較大，並且有多環結構的分子中，尤其是過渡金屬的配位錯合物，更是適用於螢光光譜分析。

圖 3－18　　一種有機錯合物的螢光光譜

(曲線 A 表示吸收光譜；曲線 B 表示螢光激發光譜；C 表示螢光放射光譜。)

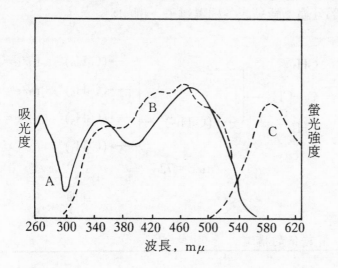

螢光光譜分析在生物化學中用途相當大，它可以迅速而簡單地用來測定維他命 A、B_1、B_2、B_6、C 和 K 等。又由於鈾化合物會產生鮮明的黃色螢光，所以冶煉鈾礦時，常使氟化鈉與鈾礦先行作用產生螢光，並以螢光光譜測定鈾的含量。除了鈾以外，例如鋅、鎢、鉬等金屬元素之礦石，也可以藉螢光之特性來加以辨認。

五、質譜分析

質譜（mass spectrum，MS）分析可有效地提供我們有關有機或無機化合物的分子量和分子結構資料，測量質譜所利用的儀器稱為質譜儀（mass spectrometer）。最早的質譜儀是英國的湯木生（J. J. Thomson）在 1912 年所設計的，質譜儀的使用過程，是先使物質成為帶電的粒子，再將其導入已知強度的磁場和電場中，然後依質量電荷比（mass/charge ratio，即 m/e）將粒子加以分離。

　　圖 3–19 所示為質譜儀的構造簡圖。將待測物質氣化後導入兩高
壓電極間，以高速電子流撞擊後，則待測物將電離成帶正電的陽離
子，並有部分繼續斷裂成各種陽離子，例如：

$$e^- + \begin{array}{c} CH_3 \\ | \\ CH_3-C-CH_3 \\ | \\ CH_3 \end{array} \longrightarrow \begin{array}{c} 2e^- \\ + \\ (C_5H_{12})^+ \\ m/e=72 \end{array} \begin{array}{ll} \longrightarrow (C_4H_9)^+ & m/e=57 \\ \longrightarrow (C_3H_5)^+ & m/e=41 \\ \longrightarrow (C_2H_5)^+ & m/e=29 \\ \longrightarrow (C_2H_3)^+ & m/e=27 \\ + \\ 其他 \end{array}$$

圖 3–19　質譜儀的構造

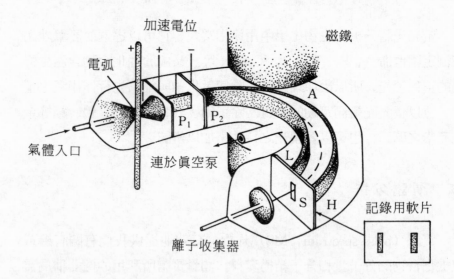

加速電位　　　　　磁鐵

電弧

氣體入口

連於真空泵

P_1　P_2　A　L　S　H

記錄用軟片

離子收集器

　　各種陽離子在電位差為 800V 至 1000V 的電極板間，會受加速而以高
速度進入半圓形的 A 區，此時由於磁場的影響將使帶電粒子發生偏
折，並且各種 m/e 值不同的粒子，其偏折程度亦不相同，因而各離
子在記錄軟片上將明顯地分離。圖 3–20 所示即為質譜的一個例子，

圖中每一 m/e 值所表示的線條代表一種離子信號，各信號的強度
（即線條之高低）代表該離子的相對存在量，其中最高的峰稱爲基峰
（base peak），通常設其強度爲 100，其他峰則相對於基峰表示其強度。

圖 3-20　正辛烷的質譜

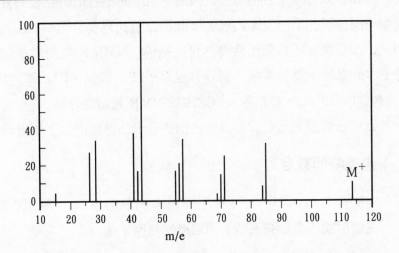

　　質譜分析最初的用途是元素的偵測和鑑定，現今則廣用於分子的
分析，尤其是對於不純化合物的分析，其他分析方法都會因爲雜質的
影響而導致錯誤的結果，但利用質譜的分析卻仍然可以推測出化合物
的化學組成。總之，質譜分析可用於物質原子量、分子量或分子式的
測定。特別是在有機化合物的分析上，不但可做爲純淨化合物的研
判，也可用於混合物的定量分析，並且這種方法既快捷又可靠，當配
合以電腦分析時，其準確性及方便性更是令人滿意。

六、核磁共振光譜分析

　　應用於分析化學上最低能量的電磁波是無線電波，由於它的能量
很小，無法使分子發生振動、轉動或激發，但是卻影響了分子中原子

的核自轉（nuclear spin），因此分子中的原子核若吸收了適當的無線電波，便會改變其自轉方向，這種原子核與無線電波間的作用便稱為核磁共振（nuclear magnetic resonance，NMR）現象。

在分析化學上，核磁共振光譜可以使我們得知分子的結構和形狀。例如對於有機化合物而言，因為 NMR 光譜可以將存在於分子結構中不同位置和不同型態的氫加以區別，因此只要分析 NMR 光譜中的氫，即可推知該有機化合物的可能結構。NMR 的應用以探討有機分子中的氫原子最為普遍，至於其他原子核，如氟（F）、磷（P）及同位素碳－13（C－13）等，也常用於 NMR 光譜之分析。

氫核磁共振光譜對於有機化合物的分子結構可提供下列資料：

1.信號峰的數目

得知分子結構中，有幾種不同環境的氫原子核。例如圖 3－21 中，三群信號峰表示有三種不同環境的氫原子核。

2.信號峰的位置

表示每一種氫原子核的電子環境，電子密度愈小的愈靠左側（趨於低磁場）。例如圖 3－21 中的—OH 基，其氫原子周圍的電子因靠近氧，受氧吸引而使電子密度最小，故其信號峰位置在最左側。

3.信號峰的強度

代表每一種氫原子核的數目多少，通常以信號峰下的積分面積為比較標準。例如圖 3－21 中 a、b、c、三群信號峰面積比 3:2:1，表示這三種氫原子核的數目比為 3:2:1。

4.信號峰分裂情形

表示一種氫原子核與附近氫原子核的關係，若相鄰的碳原子所連

接的氫原子核有 n 個，則其分裂峰數為 n + 1 個。例如圖 3 – 21 中，與 Ha（即 a 群 H 原子）相鄰的碳連接 2 個氫原子，故其分裂峰數為 3 個。

圖 3－21　乙醇的 NMR 光譜圖

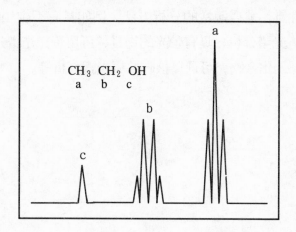

由以上所述可知，NMR 光譜分析不但可定性地得知未知物的結構，也可以利用信號峰面積和氫原子核數目成正比的關係，定量地分析某些化合物的含量，因此在有機化學和生物化學的研究上，實在是一種相當有用的工具。

七、分子光譜分析應用

近幾十年來，由於光譜學的發展，使得化學家在決定天然物或各種新化合物的結構方面方便了不少。本來應用傳統分析方法，需要長達數十天才能完成的工作，如今只要數分鐘便可完成了。

當然，各種光譜分析法都有其限制和缺失，因此想要正確地得知化合物的結構，最好是多測量幾種不同的光譜，再由所得的光譜資

料，彼此配合以推知化合物的結構。例如某未知化合物，可由質譜分析得知其分子量和分子式，由紅外線光譜分析得知所含的官能基，然後再以核磁共振光譜分析決定其正確的分子結構。

分子光譜在定量分析的應用方面也是相當快速而準確，但同樣地，各種方法也都有其限制和缺失，因此進行分析時，務必針對所測量物質的性質，選擇適當的分析方法。例如具有不飽和鍵的化合物，可選擇 UV 光譜分析；具有螢光的物質，可用螢光光譜分析；氫原子核易於辨認的化合物，可選擇核磁共振光譜分析等。

$$\boxed{習\qquad 題}$$

烴及其衍生物

1.如何分類烴類? 試寫出各類烴的通式。

2.戊烷有幾個同分異構物? 試寫出其結構式並命名之。

3.舉例說明何為烷基?

4.寫出下列各物質的構造式:

  (a)2,5－二甲基己烷

  (b)2,2－二甲基丙烷

  (c)2,4－二甲基－3－乙基戊烷

  (d)1－溴－4－乙基－3－甲基庚烷

5.試寫出下列各構造式的國際命名:

  (a)
$$
\begin{array}{c}
\text{H} \\
|\\
\text{CH}_3-\text{C}-\text{CH}_3 \\
|\\
\text{CH}_3
\end{array}
$$

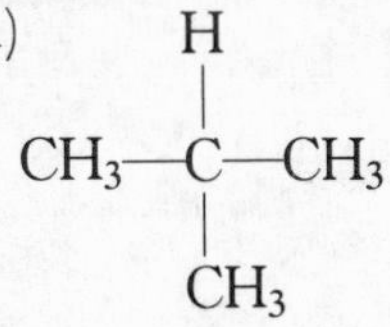

  (b)
$$
\begin{array}{c}
\text{H} \\
|\\
\text{CH}_3-\text{C}-\text{CH}_3 \\
|\\
\text{Cl}
\end{array}
$$

  (c)
$$
\begin{array}{c}
\text{H} \\
|\\
\text{CH}_3-\text{C}-\text{CH}_2-\text{CH}_2-\text{CH}_3 \\
|\\
\text{H}
\end{array}
$$

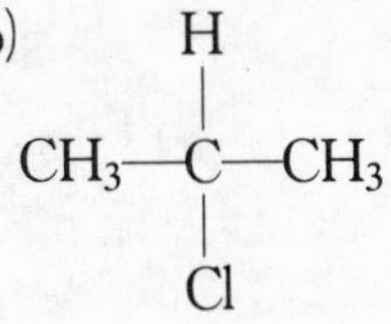

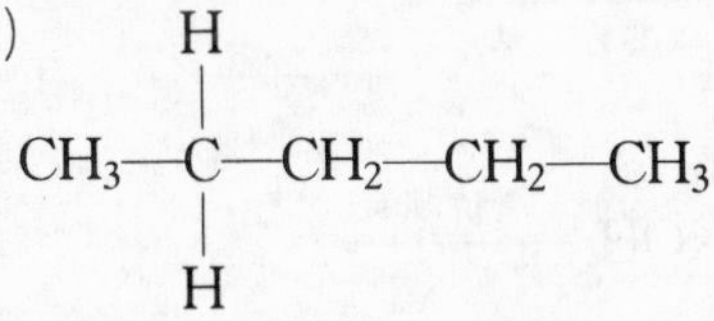

(d)

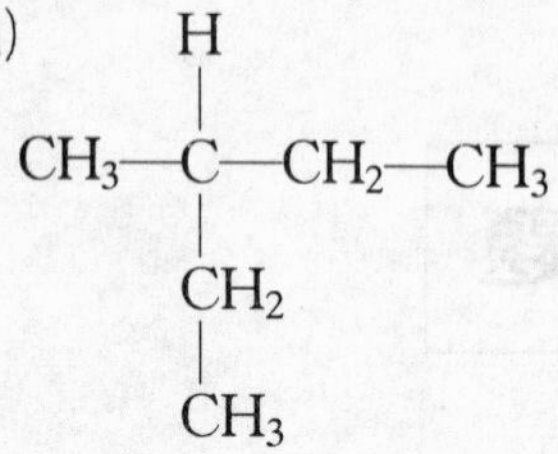

$$CH_3-\overset{\overset{\displaystyle H}{|}}{\underset{\underset{\displaystyle CH_3}{\overset{\displaystyle |}{CH_2}}}{C}}-CH_2-CH_3$$

6.試寫出下列各物質的結構式：

(a)3－庚炔

(b)4－乙基－2－辛烯

(c)1,3－戊二烯

(d)3－甲基－1－丁炔

(e)2,3－二甲基－2－丁烯

(f)環戊烯

(g)乙苯

(h)間－二甲苯

(i)萘

(j)蒽

7.烷類、烯類和炔類都不溶於水，但溶於低極性的有機溶劑，如乙醚。為什麼？

8.寫出下列各化學反應的生成物的結構式：

(a)$CH_4 + Cl_2 \xrightarrow{\text{陽光}}$

(b)$CH_4 + HNO_3 \xrightarrow{400°C}$

(c)$CH_3CH_2Br + KOH \xrightarrow{\text{酒精溶液}}$

(d)$CH_3CH{=\!=}CH_2 + H_2 \xrightarrow[\text{壓力，熱}]{Ni}$

(e)

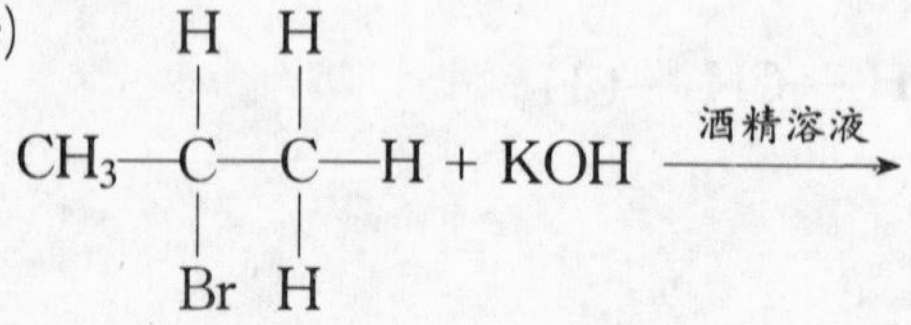

$$CH_3-\overset{\overset{\displaystyle H}{|}}{\underset{\underset{\displaystyle Br}{\overset{\displaystyle |}{}}}{C}}-\overset{\overset{\displaystyle H}{|}}{\underset{\underset{\displaystyle H}{\overset{\displaystyle |}{}}}{C}}-H + KOH \xrightarrow{\text{酒精溶液}}$$

(f)CH_3—$C\equiv C$—H + HBr

(g)H—$C\equiv C$—H + H_2O $\xrightarrow[\text{H}_2\text{SO}_4]{\text{HgSO}_4}$

(h) 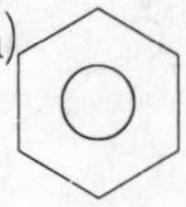 + C_2H_5Br $\xrightarrow{\text{AlBr}_3}$

(i)  + HNO_3 $\xrightarrow[50°]{\text{H}_2\text{SO}_4}$

煤、石油及其化學工業

9. 試述煤的分類。

10. 如何由煤、水與氫製造碳氫化合物燃料？

11. 按石油所含的成分，可分成那幾類？

立體異構現象

12. 下列各分子中何者可能有光學異構現象？

　　(a)第二丁醇(secondary butyl alcohol)

　　(b)2－丁烯(2－butene)

　　(c)溴氯碘甲烷(bromochloroiodomethane)

　　(d)2,3－二溴丁烷(2,3－dibromobutane)

13. 試辨別下列各結構中的不對稱碳原子。理論上，這些自然產物各可能具有多少個立體異構物？

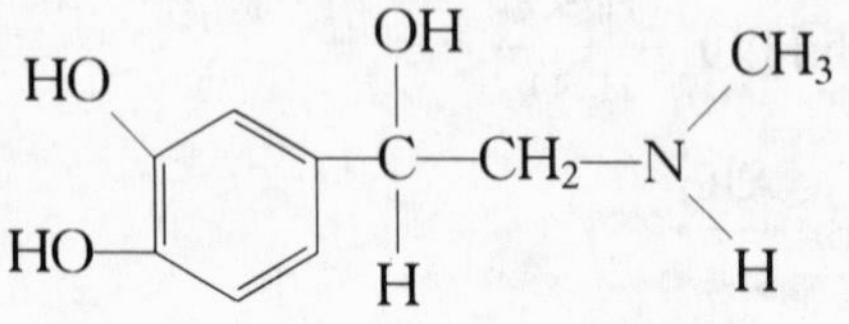

(a)腎上腺素

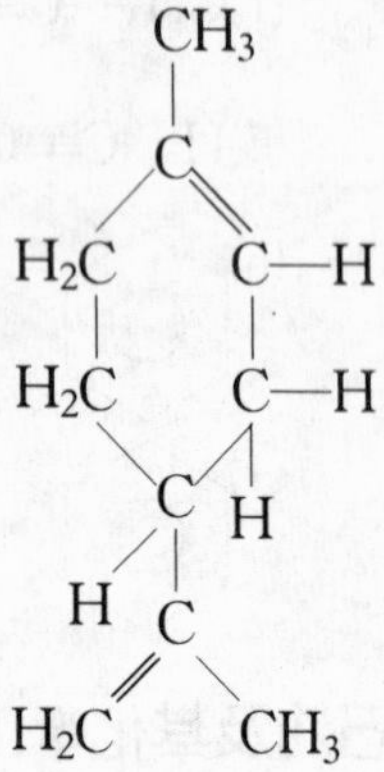

(b)蔓 (limonene)

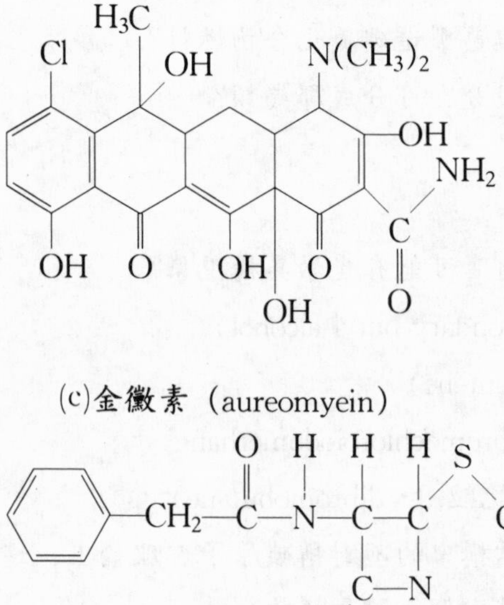

(c)金黴素 (aureomyein)

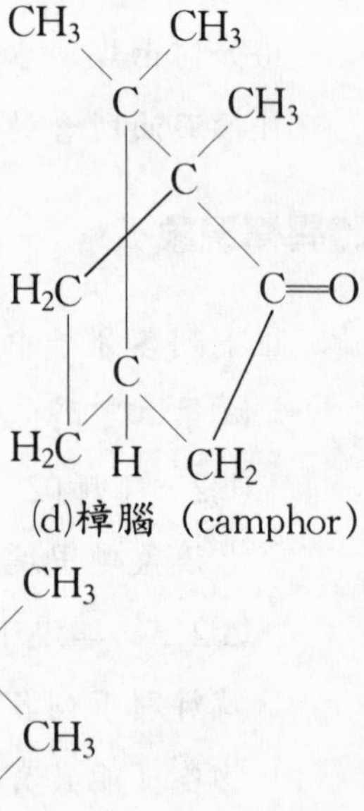

(d)樟腦 (camphor)

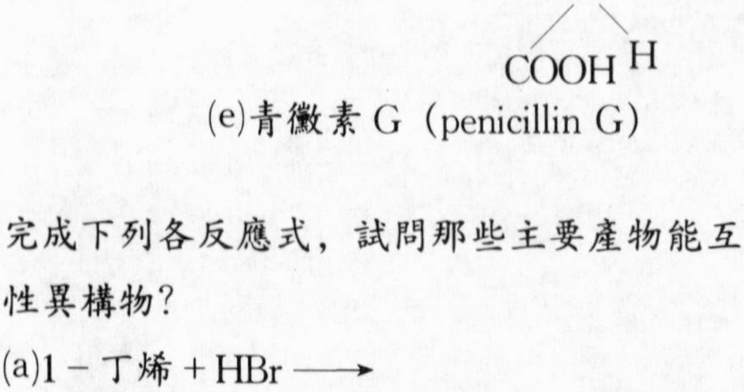

(e)青黴素 G (penicillin G)

14.完成下列各反應式，試問那些主要產物能互相分離成光學活
性異構物？

(a)1－丁烯＋HBr ⟶

(b)2－丁烯＋HBr ⟶

(c)環戊烯＋HBr ⟶

(d)2－丁烯＋HOCl ⟶

(e)丙烯＋HOCl ⟶

(f)環戊烯＋Br_2 ⟶

(g)丙烯＋冷,稀 $KMnO_4$ ⟶

醇與醚

15.試寫出下列化合物的國際名或普通名：

(a)
$$CH_3-\underset{\underset{CH_3}{|}}{CH}-CH_2OH$$

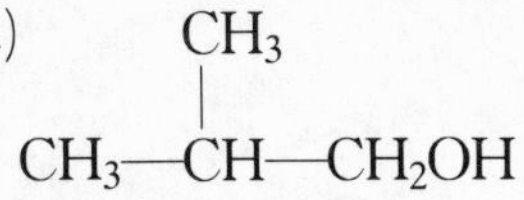

(b)
$$\underset{\underset{OH}{|}}{CH_2}-\underset{\underset{OH}{|}}{CH}-\underset{\underset{OH}{|}}{CH_2}$$

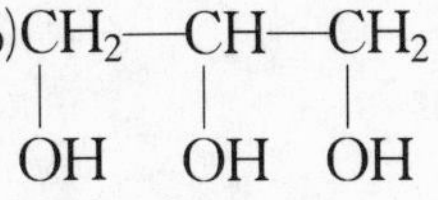

(c)$CH_3-O-C_2H_5$

(d)C_2H_5OH

16.試寫出下列各化合物的結構式：

(a)甲醇

(b)異丙醇

(c)正丁醇

(d)第二丁醇

(e)苯甲醚

17.試完成下列化學反應式：

(a)
$$CH_3-\underset{\underset{CH_3}{|}}{C}{=}CH_2 \xrightarrow{H_2SO_4} \xrightarrow{H_2O}$$

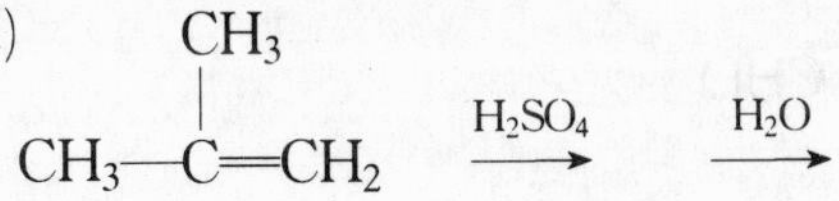

(b) 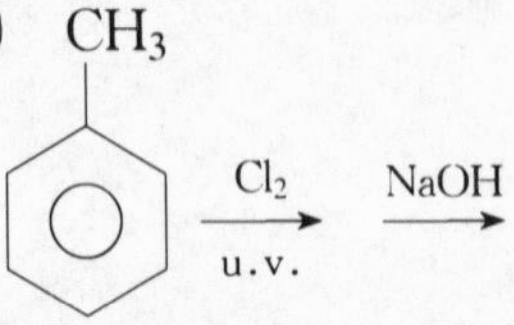　CH$_3$

$$\xrightarrow[\text{u.v.}]{Cl_2} \xrightarrow{NaOH}$$

18.以反應方程式表示，如何製備下列化合物。

(a)從溴甲烷製備乙醇。

(b)從甲苯製備苯甲醇。

(c)從溴苯製備 2－苯乙醇。

(d)從乙烯製備乙二醇。

19.以通式表示，如何製備第一醇、第二醇和第三醇。

醛與酮

20.試寫出下列各化合物的名稱:

(a)CCl$_3$CHO

(b)

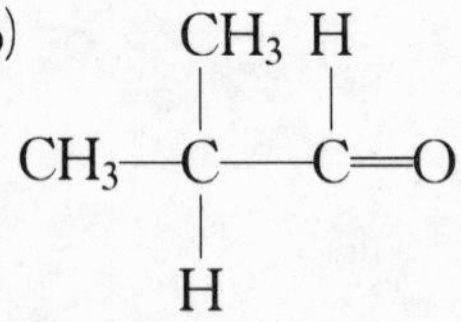

$$CH_3-\underset{\underset{H}{|}}{\overset{\overset{CH_3}{|}}{C}}-\overset{\overset{H}{|}}{C}=O$$

(c)

$$C_2H_5-\overset{\overset{O}{\|}}{C}-C_2H_5$$

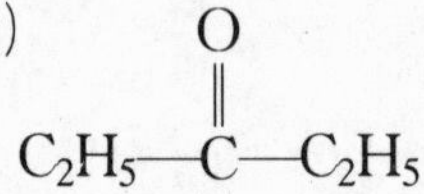

(d)

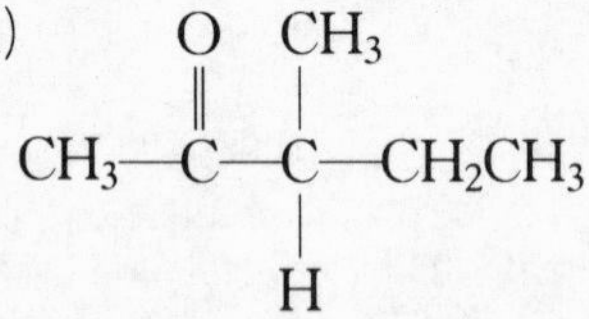

$$CH_3-\overset{\overset{O}{\|}}{C}-\underset{\underset{H}{|}}{\overset{\overset{CH_3}{|}}{C}}-CH_2CH_3$$

(e) 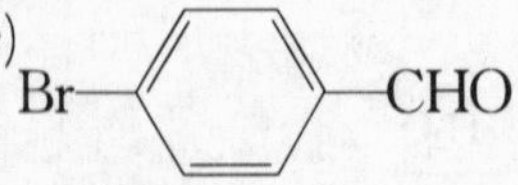 Br━◯━CHO

(f) 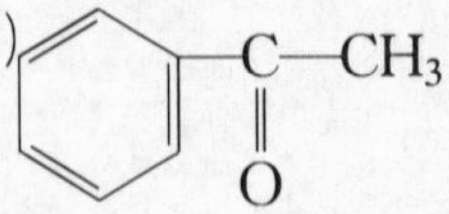 ◯━$\overset{|}{\underset{\underset{O}{\|}}{C}}$━CH$_3$

(g) 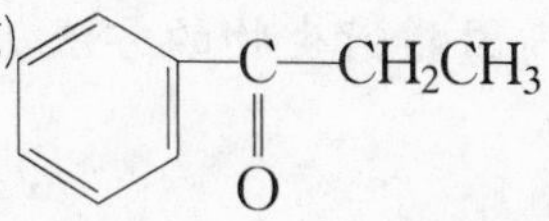 (benzene ring)—C—CH_2CH_3 ‖ O

(h) 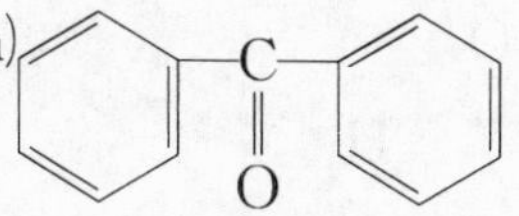 (benzene ring)—C—(benzene ring) ‖ O

21. 試寫出下列各物的結構式

  (a)戊醛（rentanal）

  (b)間－氯苯甲醛（meta－chlorobenzaldehyde）

  (c)5－甲基－2－己酮（5－methyl－2－hexanone）

  (d)2－辛酮（2－octanone）

  (e)2－丁烯醛（2－butenal）

22. 試完成下列反應並註明其主要有機生成物的名稱：

  (a)CH_3CCH_3 + NaCN + HCl $\longrightarrow$
      ‖
      O

  (b)CH_3CHO + C_2H_5OH $\xrightarrow{H^+}$

  (c)$CH_3COC_2H_5$ + C_2H_5MgBr $\xrightarrow{加水分解}$

  (d)CH_3CHO + 10％NaOH $\longrightarrow$

  (e)C_6H_5CHO + KOH $\longrightarrow$

  (f)CH_3CHO + $Ag(NH_3)_2OH$ $\longrightarrow$

  (g)CH_3OH $\xrightarrow[\triangle]{CuO}$

23. 試寫出化學方程式表示下列各製備方法：

  (a)從乙炔製造乙醛

  (b)從丙烯製丙酮

  (c)從甲苯製苯甲醛

  (d)從 3－戊醇製二乙酮

24. 試以簡單的試管內反應的方法辨別下列各對羰基化合物。不

能使用測定融點、沸點及製備固體衍生物的方法。

(a)

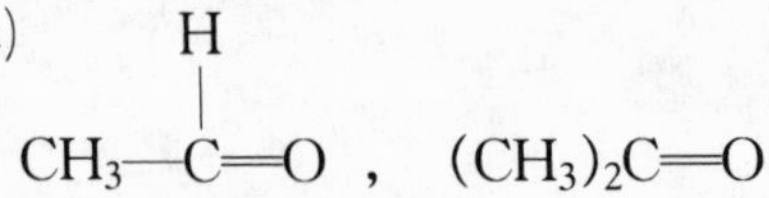

$$CH_3-\overset{\overset{\displaystyle H}{|}}{C}=O \quad , \quad (CH_3)_2C=O$$

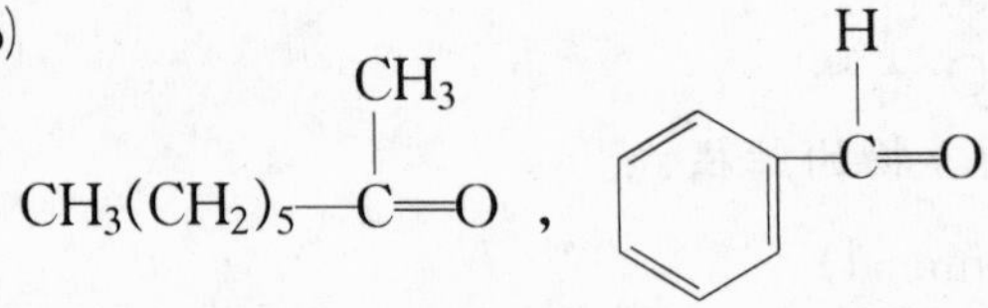

(b)

$$CH_3(CH_2)_5-\overset{\overset{\displaystyle CH_3}{|}}{C}=O \quad , \quad C_6H_5-\overset{\overset{\displaystyle H}{|}}{C}=O$$

(c)

$$CH_3-\overset{\overset{\displaystyle CH_3}{|}}{\underset{\underset{\displaystyle CH_3}{|}}{C}}-\overset{\overset{\displaystyle H}{|}}{C}=O \quad , \quad CH_3CH_2-\overset{\overset{\displaystyle O}{||}}{C}-CH_3$$

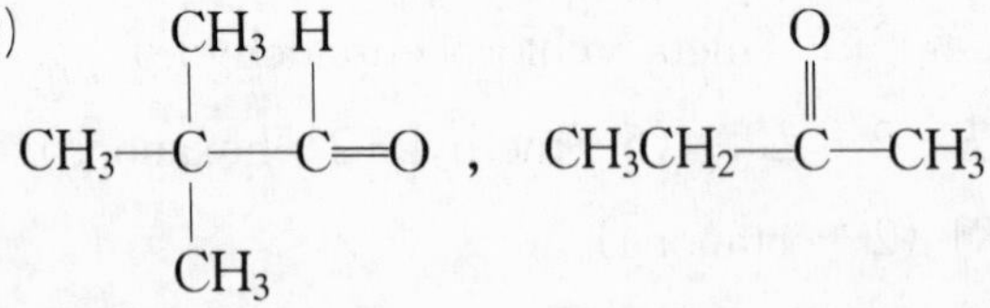

25.醛和酮在結構上有什麼不同？此不同點，如何影響到其物理
性質及化學性質？

26.試討論羰基的特性。

酸與酯

27.試寫出下列各化合物的結構式：

(a)甲酸

(b)正丁酸

(c)苯甲酸

(d)對－溴苯甲酸

(e)苯乙酸

(f)α－溴丙酸

(g)乙酸乙酯

(h)苯甲酸乙酯

28.試寫出下列各化合物的化學名：

(a)CH₃

$\quad$ CHCH₂CH₂CH₂COOH

CH₃

(b)　　COOH

Cl　　　　Cl

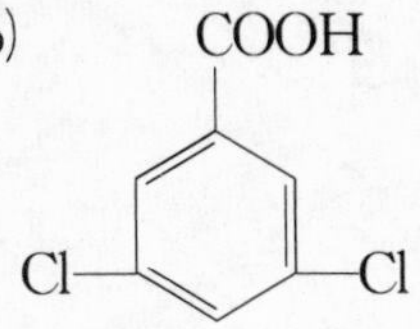

(c)CH₃CH₂—CH—COOH

$\qquad$ Cl

(d)CH₃—CH—COOH

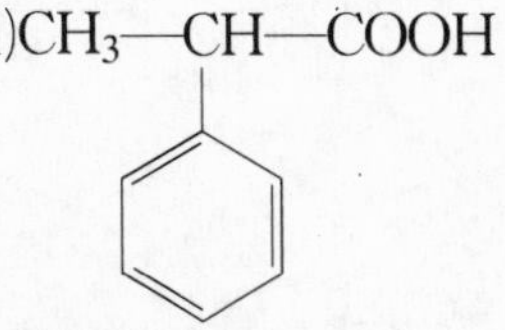

29. 試寫出製備下列各化合物之反應方程式：

$\quad$ (a)苯甲酸

$\quad$ (b)鄰－苯二甲酸

$\quad$ (c)丙酸

$\quad$ (d)羥苯乙酸

$\quad$ (e)乙酸甲酯

$\quad$ (f)苯甲酸乙酯

30. 試比較下列各對有機酸，何者為較強的酸？

$\quad$ (a)CH₃COOH 與 ClCH₂COOH

$\quad$ (b)CH₃—CH—COOH 與 Cl—CH₂CH₂—COOH

$\qquad\qquad$ Cl

$\quad$ (c)ClCH₂COOH 與 FCH₂COOH

31. 試完成下列反應方程式，並寫出各生成物的名稱。

(a)

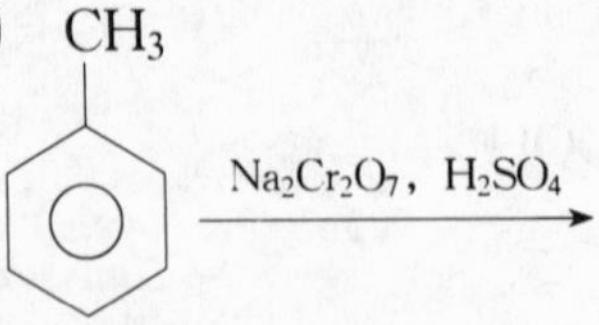

$$\xrightarrow{\text{Na}_2\text{Cr}_2\text{O}_7, \ \text{H}_2\text{SO}_4}$$

(b)

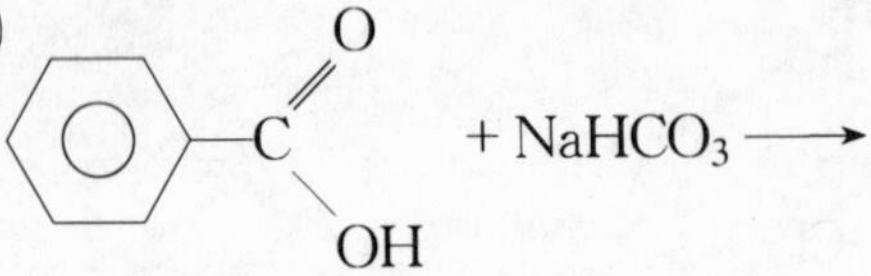

$+ \text{NaHCO}_3 \longrightarrow$

(c)

$+ \text{SOCl}_2 \longrightarrow$

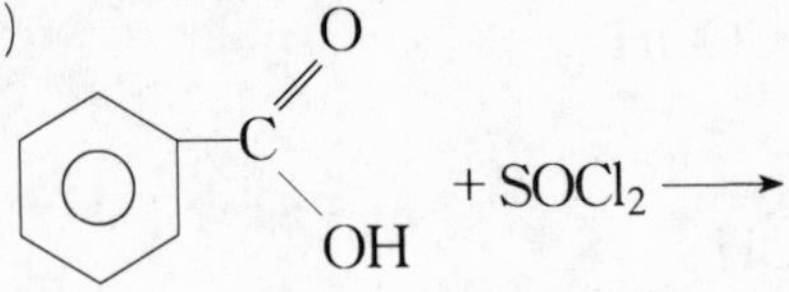

(d)

$$\text{CH}_2\text{=C=O} + \text{CH}_3\text{-C} \overset{\displaystyle O}{\underset{\displaystyle OH}{\big|}} \longrightarrow$$

(e) $\text{CO} + \text{NaOH} \xrightarrow[\text{6～7 大氣壓}]{150\degree\text{C}}$

(f) $\text{C}_6\text{H}_{12}\text{O}_6 \xrightarrow{\text{酵母}}$

(g)

$$\text{CH}_3\text{-C} \overset{\displaystyle O}{\underset{\displaystyle OH}{\big|}} + \text{C}_2\text{H}_5\text{OH} \overset{\text{H}^+}{\rightleftharpoons}$$

油脂與清潔劑

32. 何謂脂肪酸？試討論脂肪酸和甘油脂的關係。

33. 爲何肥皂和合成洗劑有清潔作用？

二元酸與胺類

34. 試寫出下列各物質的構造式：

(a) 己二酸

(b)酒石酸

(c)對－苯二甲酸

(d)順丁烯二酸

(e)柳酸

(f)α－羥苯乙酸

(g)γ－丁內酯

(h)阿司匹靈

35.試寫出下列各物質的化學名稱：

(a)

$$\text{C}_6\text{H}_5-\overset{\displaystyle |}{\underset{\displaystyle \text{OH}}{\text{CH}}}-\text{COOH}$$

(b)

$$\text{Cl}-\overset{\displaystyle \text{H}}{\underset{\displaystyle \text{H}}{\overset{\displaystyle |}{\underset{\displaystyle |}{\text{C}}}}}-\overset{\displaystyle \text{O}}{\underset{\displaystyle \text{OH}}{\overset{\displaystyle \|}{\text{C}}}}$$

(c)

$$\overset{\displaystyle \text{H}}{\underset{\displaystyle \text{HOOC}}{\text{C}}}=\overset{\displaystyle \text{COOH}}{\underset{\displaystyle \text{H}}{\text{C}}}$$

(d)

$$\text{CH}_2=\overset{\displaystyle \text{H}}{\underset{\displaystyle |}{\text{C}}}-\overset{\displaystyle \text{O}}{\underset{\displaystyle \text{OH}}{\overset{\displaystyle \|}{\text{C}}}}$$

(e)

$$\text{CH}_3-\text{CH(OH)}-\text{CH}_2-\text{CH}_2-\overset{\displaystyle \text{O}}{\underset{\displaystyle \text{OH}}{\overset{\displaystyle \|}{\text{C}}}}$$

(f)

$$\underset{\displaystyle \text{HO}}{\overset{\displaystyle \text{O}}{\overset{\displaystyle \|}{\text{C}}}}-\underset{\displaystyle \text{OH}}{\overset{\displaystyle \text{O}}{\overset{\displaystyle \|}{\text{C}}}}$$

(g)

$$CH_2-C \overset{O}{\underset{O}{\diagup}}$$
$$CH_2-C \underset{O}{\diagup}$$

(h)

$$H_2C-CH_2$$
$$\qquad\qquad C=O$$
$$CH_3-\underset{H}{\overset{|}{C}}-O$$

36.完成下列反應中各空格，寫出各生成物的名稱：

(a)

$$H_2C=CH_2 \xrightarrow{HOCl} (甲) \xrightarrow{[O]} (乙) \xrightarrow[2.NaCN]{1.NaOH} (丙) \xrightarrow{H_3O^+,\triangle} (丁)$$

(b) OH

$$\xrightarrow{NaOH} (甲) \xrightarrow[2.\triangle,壓力]{1.CO_2} (乙) \xrightarrow{H_3O^+} (丙) \xrightarrow[H_2SO_4]{(CH_3CO)_2O} (丁)$$

(c)

$$CH_3-\overset{H}{\underset{}{\overset{|}{C}}}=O \xrightarrow{HCN} (甲) \xrightarrow[回流]{H_3O^+} (乙) \xrightarrow{\triangle} (丙)$$

(d) $CH_3CH_2CH_2COOH \xrightarrow[2H_2O]{1\ 紅磷,Br_2} (甲) \xrightarrow{酒精\ KOH} (乙) \xrightarrow{HBr} (丙)$

37.將下列有機酸以酸性增加的次序排列：

(a)柳酸

(b)氯乙酸

(c)草酸

(d)丙二酸

(e)α－羥苯乙酸

38.試以乙醇爲你的唯一有機出發物質，其他任何試劑均可使用，寫出製備下列各化合物的方法：

(a)丙二酸

(b)乙酸乙酯

(c)正－丁酸

(d)2－丁烯酸

(e)β－羥丁酸

39. 命名下列化合物。如果是胺類，將其區別爲第一胺、第二胺
或第三胺。

(a)

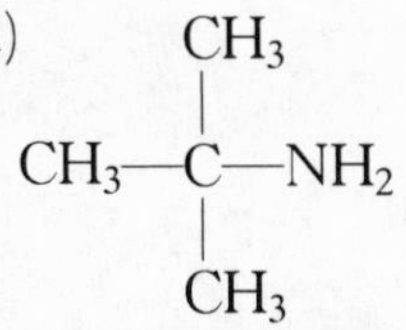

$$CH_3-\underset{\underset{CH_3}{|}}{\overset{\overset{CH_3}{|}}{C}}-NH_2$$

(b)

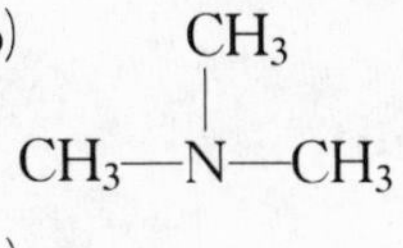

$$CH_3-\underset{\overset{|}{CH_3}}{N}-CH_3$$

(c)

NH_2

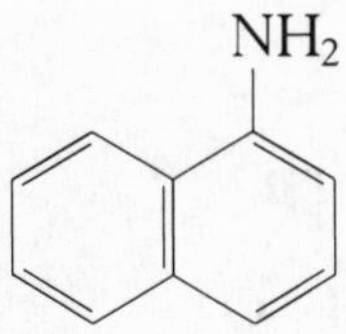

(d)

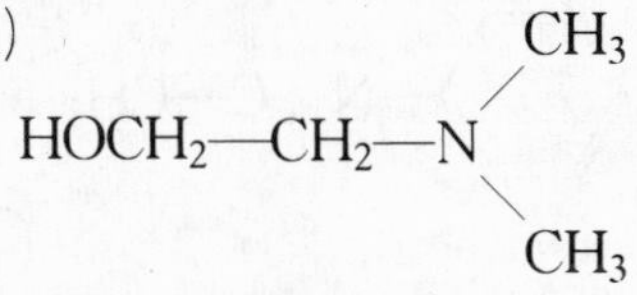

$$HOCH_2-CH_2-\underset{\underset{CH_3}{|}}{\overset{\overset{CH_3}{|}}{N}}$$

(e)

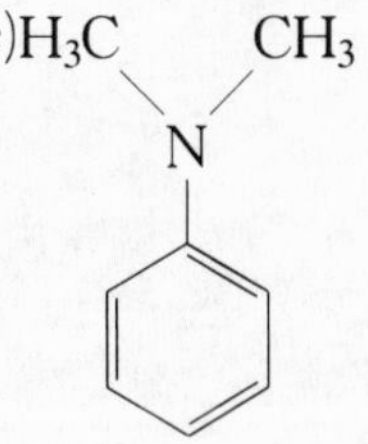

$$H_3C\quad\quad CH_3$$
$$N$$

(f)

$$H$$
$$NH_2$$

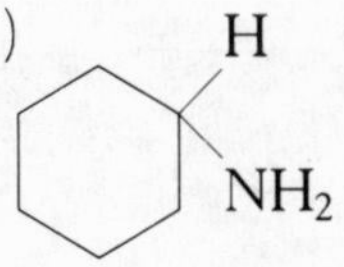

(g)$H_2N-CH_2-CH_2-CH_2-CH_2-CH_2-NH_2$

(h)

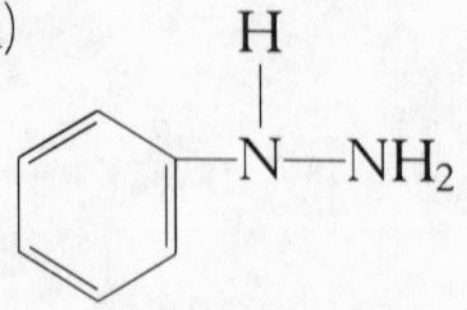

$$\begin{array}{c} H \\ | \\ \text{C}_6\text{H}_5-N-NH_2 \end{array}$$

(i)

$$\text{C}_6\text{H}_5-N=C=O$$

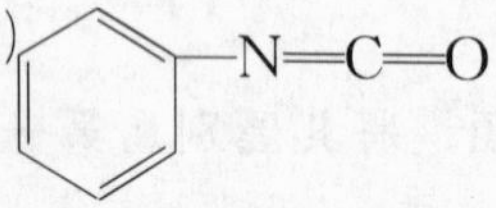

40.試寫出下列轉變需要什麼試劑及狀況（有些不只一步驟就可完成）才可進行：

(a)

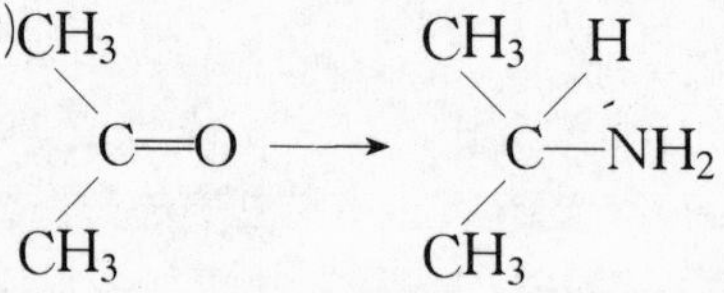

$$\begin{array}{c} CH_3 \\ | \\ C=O \\ | \\ CH_3 \end{array} \longrightarrow \begin{array}{c} CH_3 \quad H \\ | \\ C-NH_2 \\ | \\ CH_3 \end{array}$$

(b)$CH_3CH_2I \longrightarrow CH_3CH_2CH_2NH_2$

(c)

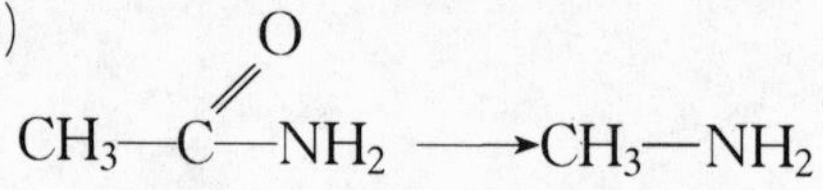

$$\begin{array}{c} O \\ \| \\ CH_3-C-NH_2 \end{array} \longrightarrow CH_3-NH_2$$

(d)

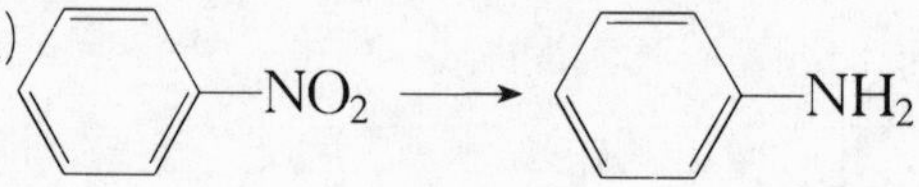

$$\text{C}_6\text{H}_5-NO_2 \longrightarrow \text{C}_6\text{H}_5-NH_2$$

(e)

$$\text{C}_6\text{H}_5-NH_2 \longrightarrow \begin{array}{c} H \quad O \\ | \quad \| \\ \text{C}_6\text{H}_5-N-C-CH_3 \end{array}$$

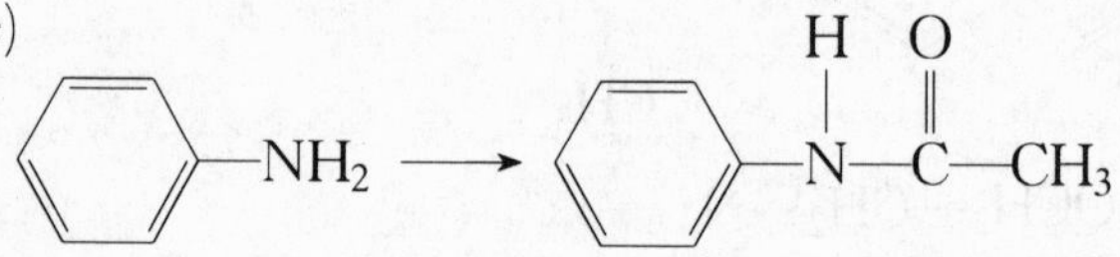

雜環化合物

41.試寫出下列各化合物的結構式：

(a)呋喃

(b)吡咯

(c)噻吩

(d)吡啶

(e)呋喃醛

(f)喹啉

42.試寫出從苯胺製備喹啉之反應方程式。

應用於有機化物的光譜學

43.試說明分子吸收光譜和放射光譜的基礎何在？

44.試寫出下列光譜的中文名稱：

　　(1)UV 光譜　(2)IR 光譜　(3)MS　(4)NMR 光譜

45.試說明質譜儀的作用原理。

46.質譜在分析化學上有何重要用途？

47.氫核磁共振光譜對於有機化合物的分子結構可提供那些資料？

48.試寫出下列化合物之 NMR 光譜中，位於最低磁場的信號峰之分裂峰數：

　　(1)CH_3ON　(2)CH_3CH_2Cl

第四章 生物化學及核化學簡介

　　生物化學（biochemistry）是研究生物體的化學組成及其結構，以及生物體內進行的化學反應和能量變化的一門科學。本章中將介紹一些和生物體關係較爲密切的化合物，以及與生物化學有所關聯的食品化學（food chemistry）、藥物化學（medical chemistry）等。

　　核化學（nuclear chemistry）是研究原子核變化的一門科學。我們都知道原子是由原子核及核外電子所組成的。過去所學習的化學只是有關電子的化學而已，原子的核外電子怎樣排列，那一原子易失去電子或易獲得電子，電價結合、共價結合，分子的極性、非極性，氧化還原等等都是與核外電子有關的化學事項。但是，原子中最重要的部分並不是核外電子而是在於原子核，因爲原子大部分的重量都集中在原子核，最輕的原子核重量比電子重 1837 倍之多，可是，原子核又是那樣的小，小到約 10^{-12} 到 10^{-13} 公分而已，因此，過去的化學家只留意到原子（直徑約 10^{-8} 公分）的現象而忽略了原子核的化學。十九世紀末葉放射性衰變現象的發現揭開了研究原子核的門，短短不到百年的時間，核化學迎頭趕上一切的化學，在這缺乏能源的時代裡，放射性同位素將要負起過去石油和煤所擔任的任務，而原子能在醫藥、工業、農業和其他方面的和平用途，將帶給人類更多的希望。

4-1　脂肪與油、醣、蛋白質

一、脂肪與油

　　有關脂肪與油的化學已在本書第三章 3-6 中討論。在此我們將討論油脂與人體的一些關係。

在我們日常的飲食中，油脂最豐富的來源是植物油（如黃豆油、花生油、橄欖油、玉米油等）和動物油（如豬油、奶油、牛油等），其他如硬果類的含量也高。肉類、魚、家禽，其脂肪含量不等。蛋中的脂肪含於蛋白中。蔬菜、水果含脂肪量低。

1.油脂之消化與吸收

油脂在消化器官中被脂酶水解。分解油脂的酶主要是由胰臟分泌出來的胰脂酶（steapsin），使三酸甘油酯水解爲二酸甘油酯和單酸甘油酯，最後水解成甘油和脂肪酸。油脂的水解和吸收主要是在小腸內進行。小腸能吸收完全被水解的油脂，也可吸收部分水解或未水解的油脂微滴。吸收後，主要由淋巴系統進入血液循環，小部分由門靜脈進入肝臟。

2.油脂之代謝

油脂代謝的樞紐是肝臟。在肝內，不但能合成脂肪酸、脂質、磷脂、固醇脂等，而且還能加長或縮短脂肪酸之碳鏈，以及使脂肪酸飽和或不飽和。所以體內欲利用自飲食中所吸收的油脂，或自組織中動用儲存的脂肪，都必先經肝處理過。

3.油脂之功用

⑴供給能量

脂肪是食物中能量最集中的形式，所產生的能量是等量的醣或蛋白質之兩倍以上，每克產生 9 千卡（38 千焦）之熱量。脂肪也是動物和人類儲備之能量，當飲食熱量不足時，可用儲備之脂肪補充。

⑵攜帶脂溶性維生素

有四種維生素可被食物中的脂肪攜帶到體內，稱爲脂溶性維生素，包括維生素 A、D、E、K。

(3)**攜帶必需脂肪酸**

人體內必需之脂肪酸也是由脂肪攜到體中。

(4)**產生飽腹感**

油脂在體內之消化和吸收比醣和蛋白質慢，所以能延緩飢餓。

(5)**保護身體**

脂肪可積蓄在皮膚下，作爲熱之絕緣體，防止體熱散失太快。另一方面脂肪積蓄在體內，作爲器官之襯墊。

(6)**轉化爲醣和胺基酸**

脂肪在體內代謝會轉化爲醣和胺基酸。

二、醣

蔗糖、葡萄糖、澱粉等都是由 C，H，O 三元素所成的化合物，其中氫氧之比，恰與水中氫氧之比相等，此類化合物，總稱爲醣（carbohydrate），又稱碳水化合物。其通式爲 $C_m(H_2O)_n$。

1.醣的結構、分類與命名

醣類可大致分爲三類：(1)單醣類（monosaccharides）：最基本的醣，無法加水分解成更簡單的醣，如葡萄糖、果糖等；(2)雙醣類（disaccharides）：由兩個單醣分子失去一分子水而形成的醣，如蔗糖、麥芽糖等；(3)多醣類（polysaccharides）：由數百個甚至數千個單醣聚合而成的醣，如澱粉、纖維素等。這些醣類在分子結構上也可以說是一種多羥基醛類（polyhydroxy aldehydes）或多羥基酮類（polyhydroxy ketones），也就是說它們是一種水解後可生成多羥基醛類或多羥基酮類的物質。因此，醣類依照分子中所含官能基的不同，又可分爲醛醣（aldose）和酮醣（ketose）兩類，前者爲含有醛基的醣，後者爲含有酮基的醣，例如：

$$
\begin{array}{c}
\text{H}\quad \text{O}\\
\backslash \,/\\
\text{C}\\
|\\
\text{H—C—HO}\\
|\\
\text{HO—C—H}\\
|\\
\text{H—C—OH}\\
|\\
\text{H—C—HO}\\
|\\
\text{CH}_2\text{OH}
\end{array}
\qquad
\begin{array}{c}
\text{H}\\
|\\
\text{H—C—OH}\\
|\\
\text{C=O}\\
|\\
\text{HO—C—H}\\
|\\
\text{H—C—OH}\\
|\\
\text{H—C—OH}\\
|\\
\text{CH}_2\text{OH}
\end{array}
$$

葡萄糖(glucose)　　　　　　果糖(fructose)

　　醛　醣　　　　　　　　　　酮　醣

又上述結構中，通常以—CH_2OH 基所連接的碳原子爲基準，當此一碳原子上的—OH 基在右側時，稱之爲 D－醣；—OH 基在左側時，則稱爲 L－醣，如：

$$
\begin{array}{c}
\vdots\\
\text{H—}\overset{*}{\text{C}}\text{—OH}\\
|\\
\text{CH}_2\text{OH}
\end{array}
\qquad\qquad
\begin{array}{c}
\vdots\\
\text{OH—}\overset{*}{\text{C}}\text{—H}\\
|\\
\text{CH}_2\text{OH}
\end{array}
$$

　　　　D－醣　　　　　　　　　L－醣

自然界中存在的醣，多半是 D－醣。此外，由於立體結構不同，物質之旋光性亦可能不相同，因此具有旋光性的醣，常以(＋)表示右旋(dextrorotatory)，(－)表示左旋 (levorotatory)，例如 D－(＋)－葡萄糖，D－(－)－果糖等。

　　以上所述爲各種醣類因本身結構之不同，而有各種的稱呼。

2.醣的性質

　　醣類由於含有許多羥基 (—OH)，因此單醣及雙醣均易溶於水，

且多半具有甜味。但對於澱粉、纖維素等多醣類而言，由於分子量太大，這些性質不太明顯，不過它們水解之後的產物則具有這些特性，因此澱粉在口中會受唾液分解而具有甜味。

醣類溶液具有旋轉偏極光的性質，各種不同的醣類具有不同的旋光性質（即左旋或右旋，以及旋光度的大小），因此可藉以識別醣的種類。

在化學性質方面，由於醣類具有羥基，因此可以和醋酸酐(acetic anhydride)反應生成醋酸酯：

$$
H-\underset{\overset{|}{\vdots}}{\overset{\overset{\vdots}{|}}{C}}-OH + (CH_3CO)_2O \longrightarrow H-\underset{\overset{|}{\vdots}}{\overset{\overset{\vdots}{|}}{C}}-O-\overset{\overset{O}{\parallel}}{C}-CH_3 + CH_3COOH
$$

$\quad\quad$ 醣 $\quad\quad\quad$ 醋酸酐 $\quad\quad\quad\quad\quad$ 醋酸酯

含有醛基的醣類，具有還原性，可以和斐林試液反應，產生紅色的氧化亞銅沈澱；或是與多倫試液作用，產生銀鏡反應；也可以將溴水還原，使其褪色。此外，天然存在的六醛醣（即每分子含有六個碳原子的醛醣），能夠被酵母（yeast）醱酵，產生乙醇（C_2H_5OH）和二氧化碳。

3. 單醣（monosaccharides）

單醣是最簡單的醣，其通式為 $C_n(H_2O)_n$，可能存在的單醣為含三個碳原子的三碳醣（triose）至含九個碳原子的九碳醣（nonose），但自然界中最穩定而常見的醣為含五個碳原子的五碳醣（pentose）和含六個碳原子的六碳醣（hexose）。

五碳醣的分子式為 $C_5H_{10}O_5$，通常為含有醛基的醛醣，其一般結構為：

$$CHO$$
$$|$$
$$(CHOH)_3$$
$$|$$
$$CH_2OH$$

自然界中存在的五碳醛醣有 D－核醣（D－ribose）、2－去氧核醣（2－deoxyribose）、D－木醣（D－xylose）等。

六碳醣的分子式爲 $C_6H_{12}O_6$，可能爲醛醣或酮醣，如 D－葡萄糖、D－果糖等。

單醣類無法再水解成更簡單的醣，它的共同性質是易溶於水，且都具有甜味。

⑴葡萄糖（glucose）

葡萄糖的分子式爲 $C_6H_{12}O_6$，因具有右旋光性，故又稱右旋醣（dextrose）。葡萄醣的結構，由下列的事實所決定：①葡萄糖和醋酸酐反應，生成五醋酸酯結晶，故葡萄糖分子中含有五個羥基。②葡萄糖能發生銀鏡反應，故葡萄糖分子中含有醛基，爲一種醛醣。③葡萄醣被溴水氧化，生成葡萄糖酸，再與氫碘酸混合加熱，就產生己酸，因此葡萄糖分子結構可能爲直鏈狀。④D－型葡萄糖存在有兩種結晶，其一爲 α－式，熔點爲 147℃，旋光度爲 ＋113°；另一爲β－式，熔點爲 148～150℃，旋光度爲 ＋19°，二者可互變而達成平衡，故爲說明此一事實，推知葡萄糖除以直鏈狀存在外，尚以環狀存在，並且它們之間達成平衡，而在溶液中以環狀結構占優勢。

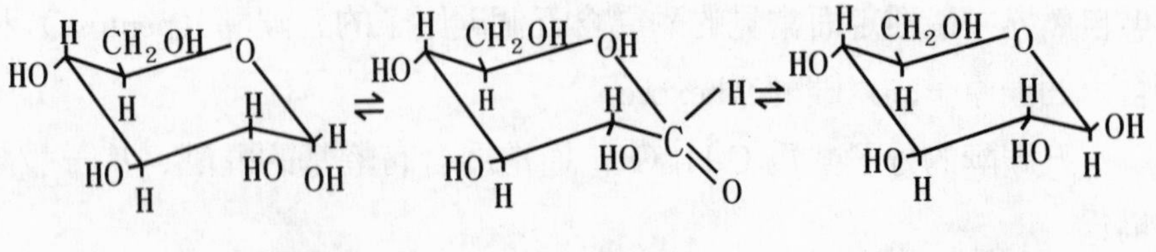

α－D－葡萄糖　　　D－葡萄糖　　　β－D－葡萄糖
（環狀結構）　　　（直鏈結構）　　　（環狀結構）

　　天然存於葡萄及其他果實中，它也是蜂蜜的重要成分，我們的血液中含葡萄糖約 0.1%。工業上用稀硫酸或稀鹽酸為催化劑，使澱粉水解而成葡萄糖：

$$(C_6H_{10}O_5)_n + nH_2O \xrightarrow[\triangle]{H^+} nC_6H_{12}O_6$$

純葡萄糖為白色針狀晶體，含一分子結晶水，易溶於水，甜味不及蔗糖。葡萄糖溶液中加入酵母，則發酵而成乙醇。

　　葡萄糖是蔗糖、澱粉、纖維素等水解的最終產物，它和生物體的新陳代謝作用有極密切之關係，因為生物體內的葡萄糖燃燒後生成二氧化碳和水並放出熱量，可供生物體活動所需的能量。葡萄糖能直接被人體吸收和利用，故醫療上用作滋養劑，其水溶液可直接注射到血液中，供給營養。

　　(2)**果糖**（fructose）

　　果糖的分子式為 $C_6H_{12}O_6$，是葡萄糖的同分異構物，具左旋光性，故又稱左旋醣(levulose)。果糖是一種酮醣，不含醛基，故不為溴水所氧化。但因斐林試液的鹼性溶液，可使果糖發生重組作用而變成葡萄糖和甘露醣，此二者都容易被氧化，所以果糖可以和斐林試液反應，產生紅色的氧化亞銅(Cu_2O)沈澱，惟反應速率較慢。果糖分子存在有直鏈和環狀兩種結構，這兩種結構乃是以平衡狀態存在，不過在溶液中以環狀結構占優勢，並且環狀結構的果糖又存在 α - 式和 β - 式兩種，因此果糖事實上乃是以三種結構狀態存在：

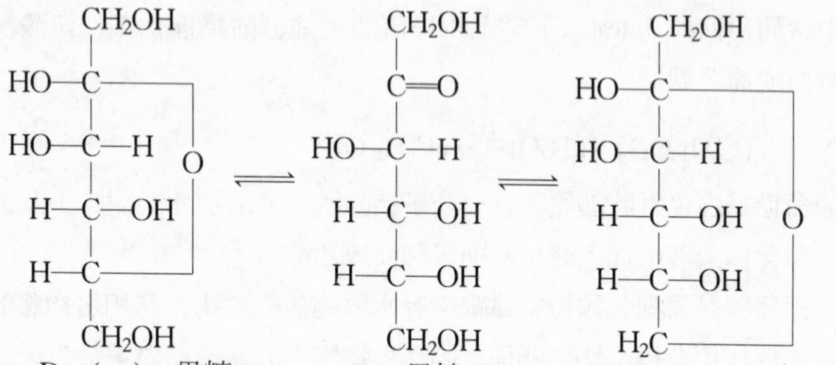

$\alpha - D - (-) - $果糖　　　　D - 果糖　　　　$\beta - D - (-) - $果糖

果糖常與葡萄糖存於果實及蜂蜜中。蔗糖經水解生成葡萄糖及果糖。

$$C_{12}H_{22}O_{11} + H_2O \xrightarrow[\Delta]{\text{稀 }H_2SO_4} C_6H_{12}O_6 + C_6H_{12}O_6$$

　　蔗糖　　　　　　　　　　　　　果糖　　葡萄糖

果糖不易結晶，多成黏稠液體，易溶於水，甜味遠較葡萄糖為強。

4. 雙醣（disaccharides）

　　由兩個單醣分子失去一個水分子結合而成的醣，叫做雙醣，其分子式一般表示為 $C_{12}H_{22}O_{11}$ 或 $C_{12}(H_2O)_{11}$，自然存在的雙醣較重要的有蔗糖（sucrose）、麥芽糖（maltose）和乳糖（lactose）等，它們的通性是可溶於水且都具有甜味。一個雙醣類分子以稀酸或酵素為催化劑，進行水解（hydrolysis）反應後，可得到兩個單醣分子，即：

$$C_{12}H_{22}O_{11} + H_2O \rightleftharpoons 2C_6H_{12}O_6$$

事實上，雙醣水解之後的二個單醣分子，可以相同，也可以不相同，例如一分子麥芽糖水解之後，可產生二分子的葡萄糖，而一分子的蔗糖水解之後，則產生一分子葡萄糖和一分子果糖。

　　大部分的雙醣是由多醣分解而得的產物或中間產物，自然界中存在的並不多，其中又以植物性食品較多，動物性食品較少。

⑴蔗糖（cane sugar）

　　蔗糖是一種無色結晶，顆粒小時呈白色，它是我們日常生活中最常食用的醣，用於製造糖果、烹飪及食物的防腐。蔗糖主要的來源是由甘蔗、甜菜的汁液中製取，臺灣地區主要由甘蔗壓汁製造蔗糖。

　　蔗糖味甜，易溶於水，它的分子是由一分子葡萄糖和一分子果糖脫去一分子水而形成的，其構造如下：

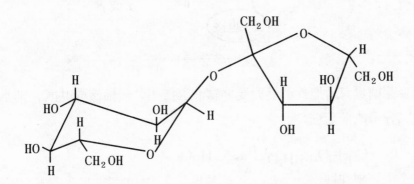

　　　　　α－D－葡萄糖單位　　　　　　β－D－葡萄糖單位

由以上結構我們可以得知，蔗糖因不具醛基故不具還原性，因此不與斐林試液作用。蔗糖原具右旋光性，但水解產生右旋光性的葡萄糖和左旋光性的果糖之混合物，由於果糖的左旋光性大於葡萄糖的右旋光性，因此混合物呈左旋光性。這種由右旋光性之蔗糖，加水分解成左旋光性混合醣的作用，叫做轉化（invertion），此混合醣叫轉化糖（invert sugar）。轉化糖有還原性，能和斐林試液作用。

⑵麥芽糖（maltose）

　　麥芽糖為一種白色針狀結晶，易溶於水，甜度不如蔗糖。澱粉經麥芽中的澱粉酵素水解，即成麥芽糖：

$$2(C_6H_{10}O_5)_n + nH_2O \xrightarrow{\text{澱粉酵素}} nC_{12}H_{22}O_{11}$$

　　　　澱粉　　　　　　　　　　　　　麥芽糖

麥芽糖具右旋光性，水解後生成二分子之葡萄糖。麥芽糖中之葡萄糖單位仍有醛基存在，故具還原性。麥芽糖常用於幼兒食品及作調味劑。

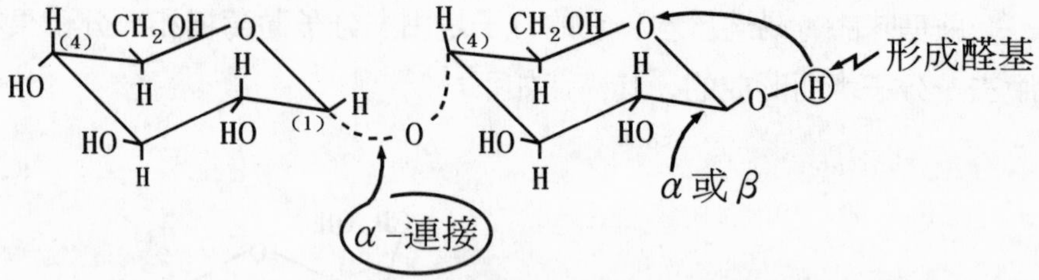

麥芽糖

純麥芽糖具有還原性，能與斐林試液等作用。與稀硫酸共煮，則水解成二分子的葡萄糖：

$$C_{12}H_{22}O_{11} + H_2O \xrightarrow[\Delta]{H^+} 2C_6H_{12}O_6$$
麥芽糖　　　　　　葡萄糖

因酵素的存在，亦可生成葡萄糖。在人體內消化時，也必須變爲葡萄糖方被吸收。

(3)**乳糖**（lactose）

乳糖存在於哺乳動物的乳汁中，人乳中約含 8%，牛乳中約含 5%；爲牛乳製乾酪（cheese）時的副產品。它爲無色晶體，含一分子結晶水，微溶於水，稍含甜味；並具有還原性，能使斐林試液等起還原作用。在稀酸中水解成一分子葡萄糖及一分子半乳糖（galactose）：

$$C_{12}H_{22}O_{11} + H_2O \xrightarrow{H^+} C_6H_{12}O_6 + C_6H_{12}O_6$$
乳　糖　　　　　　葡萄糖　半乳糖

乳糖在空氣中受乳酸菌的作用，則發酵而成乳酸：

$$C_{12}H_{22}O_{11} + H_2O \xrightarrow{乳酸菌} 4CH_3CH(OH)COOH$$
乳　糖　　　　　　　　　　乳　酸

這也是乳汁變酸的原因。乳糖在醫藥上常用作藥丸的醣衣。

5. 多醣

多醣是由許多單醣聚合而成的巨大化合物，其分子中含有數百個甚至數千個五碳醣或六碳醣分子，分子量約在 25000～15000000，由於多醣的分子量很大，因此多醣不是不溶於水，便是不完全溶於水而成膠體溶液。此外，多醣既無甜味，也沒有還原性。

自然界中存在的多醣，常爲生物儲存的養分（如澱粉、動物澱粉等）或是構成植物骨架的物質（如纖維素）。

(1)澱粉 (starch) 及糊精 (dextrin)

澱粉由葡萄糖聚合而成，結構式如下：

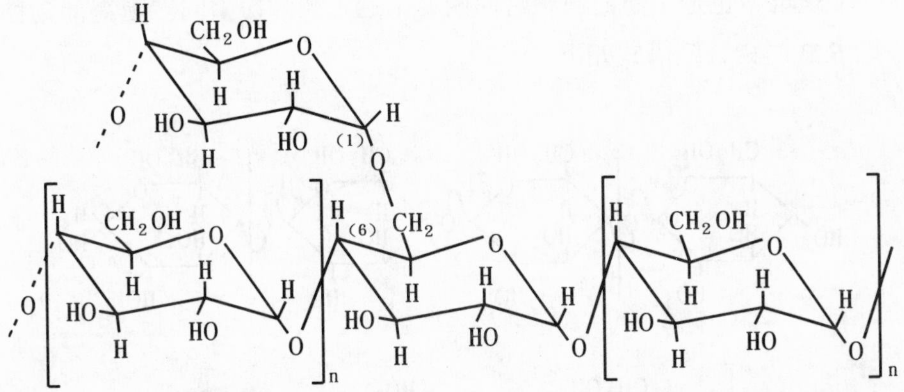

澱粉是植物從 CO_2 及水經光合作用合成的化合物，故廣布於植物界，米、麥、玉蜀黍等均含有多量的澱粉。它是白色粉末，其顆粒的形狀和大小，依來源而異。不溶於水，但與水共煮則澱粉的外膜破裂而成澱粉糊，這種形式才容易消化。

澱粉的分子量很大，約爲 400000，數目尙未確知，多用$(C_6H_{10}O_5)_n$ 表示其分子。它如受稀酸或酵素作用，即起水解作用而生成各種

醣：

$$澱粉 \xrightarrow[稀酸或酵素]{+H_2O} 糊精 \xrightarrow[稀酸或酵素]{+H_2O} 麥芽糖 \xrightarrow[稀酸或酵素]{+H_2O} 葡萄糖$$

澱粉爲製酒的重要原料。澱粉漿遇碘溶液，立即變爲藍色，反應極爲靈敏。

我們所吃的澱粉，在口腔胃腸中不斷消化，必須先變成麥芽糖，其次變成葡萄糖，然後能被身體組織吸收，再和氧化合便發生熱量，而成爲人體中熱和能的一種來源。

將澱粉熱到 200℃，或加稀酸而微熱之，則變爲糊精。爲白色粉末，易溶於冷水中，而成黏性漿液，遇碘溶液則呈紫紅色，與澱粉不同。郵票及信封的黏合劑多用之。

(2)**纖維素**（cellulose）

纖維素也是由葡萄糖聚合而成，不過它與澱粉不同之處爲葡萄糖以 β 式連結，結構式如下：

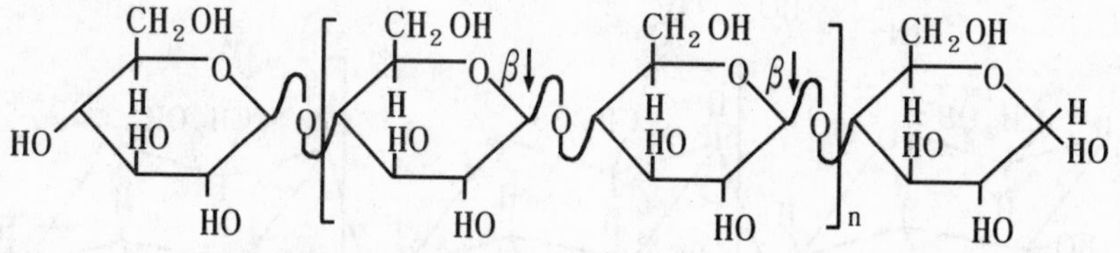

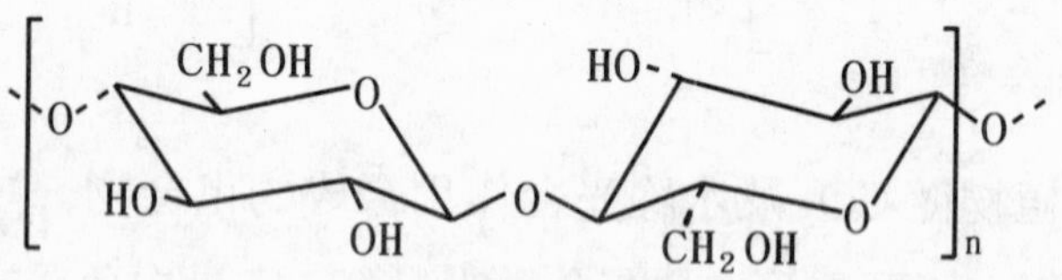

纖維素是構成植物細胞膜的主要成分，其分子量較澱粉更大，約爲 600000。棉花、麻、木材及竹中含纖維素最多。棉花中除了少量蠟質外，幾乎爲純纖維素；木材中除了纖維素以外，還含有很多的木質

(lignin) 及樹脂 (resins)。如用鹼液除去棉花的蠟質，再用稀 H_2SO_4 及乙醚處理之，即得純粹的纖維素。

$$(C_6H_{10}O_5)_y + yH_2O \xrightarrow{\text{酸}} yC_6H_{12}O_6(\text{葡萄糖})$$

如加入酵母，即可發酵成乙醇，近年能以木屑製酒精，即利用此反應。

將純纖維素與濃硝酸及濃硫酸的混合液作用，則成三硝酸纖維素 (cellulose nitrate)，俗稱硝化纖維素 (nitrocellulose)。纖維素的最簡式 $C_6H_{10}O_5$ 中，至多僅有三個羥基 (—OH) 可與硝酸起酯化作用，成為火藥棉 (gun cotton)：

$$[C_6H_7O_2(OH)_3]_y + 3yHNO_3(\text{濃}) \xrightarrow{\text{濃 } H_2SO_4} [(C_6H_7O_2(NO_3)_3]_y + yH_2O$$
$$\text{三硝酸纖維素(火藥棉)}$$

使火藥棉溶於丙酮調成膠狀，再壓成條狀或片狀，乾後即成無煙火藥，為槍彈和砲彈中所用的發射藥。

纖維素最簡式中僅二個或一個羥基與硝酸起了酯化，而生成二硝酸纖維素或一硝酸纖維素，總稱低氮硝化纖維素 (pyroxylin)，將硝棉溶於乙醚和乙醇的混合液而成黏稠液體，叫做硝棉 (collodion)，用於封塗瓶口。將硝棉溶於乙酸戊酯 ($CH_3COOC_5H_{11}$) 中則成噴漆 (spray lacquor)。硝棉與樟腦混合熱至 130℃，加壓，則成賽璐珞 (celluloid)。

三、蛋白質

1.蛋白質的存在

蛋白質 (protein) 是構成生活細胞的主要成分，所以是一切生物的基礎物質。其成分元素除 C、H、O 以外，約含有氮 16～18%；有

的蛋白質還含有硫或磷等。蛋白質的化學結構遠較脂肪、醣類為複雜。

蛋白質以固態及溶液狀態存在於動植物中。就動物蛋白質來講，一部分以溶液狀態存在於體液中，如血液；大部分則構成動物軀體的不溶性材料，如皮膚、毛髮、肌肉、組織和角質等，其主要成分都是蛋白質。它們作為動物的結構材料，如同纖維素是植物的結構材料一樣。在植物體內的存量較少，但種子中含量則相當豐富，例如大豆中的豆質，小麥中的麩質。

2.蛋白質的性質

當蛋白質加熱時即凝固，或生成沈澱。存在於蛋白中的白蛋白是蛋白質容易受熱而凝固的最普通例子。某些重金屬（如銀、汞、鉛）的鹽亦可使蛋白質沈澱。當重金屬中毒時大量攝取蛋白做為其解毒劑仍根據此性質的。另一種應用為硝酸銀的腐蝕作用（cauterizing action）使用任何試劑使蛋白質產生沈澱的反應是不可逆變化，如此沈澱的蛋白質稱為變性蛋白質（denatured protein）。

蛋白質與許多試劑反應可生成特殊顏色，化學上常常利用這反應檢驗蛋白質，其中之一為當蛋白質物質的鹼性溶液與硫酸銅稀薄溶液反應可生成粉紅或紫色。這反應仍特別對多重胜鍵的反應，對 α － 胺基酸則不會反應的。這是一種方便的檢驗法，常使用於蛋白質的加水分解物來試驗加水分解是否完成。

蛋白質與濃硝酸反應可生成黃顏色，這反應稱為黃酸蛋白檢驗法（xanthoproteic test）。常見的硝酸污染仍是蛋白質中某些胺基酸的芳香環（如乾酪胺酸，苯胺基丙酸及色胺酸）的硝化反應所起的。其他蛋白質的顏色試驗尚有所謂的米隆檢驗法（Millon test），所用的試劑為硝酸汞與硝酸亞汞的混合物，將這米隆試劑與蛋白質共煮時可生成紅色。任何苯氧化物均有此反應，因此米隆檢驗法仍與其他色反應一

般，依賴蛋白質分子中某些特定胺基酸之存在的。

3. 蛋白質的種類

蛋白質按照來源的不同，分爲動物性蛋白質及植物性蛋白質兩大類。

動物性蛋白質

(1)蛋白 (albumin)

多存於鳥類的卵中，其他如肉類、血液及乳汁亦含有，爲一種可溶性的蛋白質；加熱到 75℃ 則凝成不溶性硬塊，這種現象，稱爲凝固 (coagulation)。蛋白與強酸或鹼溶液共煮，則起水解作用，先成較簡單的蛋白質，終成各種胺基酸。與汞離子相遇，則生成不溶性的化合物；故誤服昇汞 ($HgCl_2$)，如立即吃生蛋白可以解毒。

(2)酪質 (casein)

爲一種含磷的蛋白質，多在於乳汁中。性質與蛋白稍異，即遇熱不凝固，遇酸則凝。當牛乳酸敗時，則生乳酸，其酪質即凝析而出。

(3)動物膠 (gelatin)

可用動物的軟骨、皮、蹄、角等與水共煮，冷卻後即可凝成。精製者可作藥丸的膠囊及製照相軟片用；不純者可作木材的膠合劑。

(4)毛質與絲質

將蠶絲與肥皂溶液共煮，則溶去其表面的絲膠而成熟絲，其本質稱爲絲質，爲 C、H、O、N 四元素所組成的一種蛋白質。不溶於水，能溶於濃酸及苛性鹼溶液中。

將羊毛與 NaOH 共煮，以除去其雜質，即得純毛，其本質稱爲毛質，爲 C、H、O、N、S 五元素所組成的一種蛋白質，故與絲質不同。惟絲質與毛質皆爲含氮化合物，故點火燃燒時，均生惡臭。

植物性蛋白質

(5)豆質 (legumin)

為豆類所含的主要蛋白質，大豆中約含 40%，豆質能溶於水，豆漿即為其水溶液。將豆漿煮沸，加入鹽滷或石膏，則凝成豆腐。

(6)**麩質** （gluten）

俗稱麵筋，亦為植物性蛋白質的一種，在小麥磨成的麵粉中，約含 10%。麩質與鹽酸共煮，則生成一種胺基酸，稱為麩酸 （glutamic acid）。再加入 NaOH 以中和之，便得麩酸鈉，其味極鮮美，為各種調味粉如味精等的主要成分：

$$
\begin{array}{c}
CH_2\!-\!CH_2COOH \\
|\\
CH\!-\!COOH \qquad +NaOH \longrightarrow \\
|\\
NH_2
\end{array}
\qquad
\begin{array}{c}
CH_2\!-\!CH_2COONa \\
|\\
CH\!-\!COOH \qquad +H_2O \\
|\\
NH_2
\end{array}
$$

4. 蛋白質的組成

蛋白質是由各種胺基酸連結在一起的長鏈而高分子量之聚合物。蛋白質的分子量非常高，大約 10000 到 10000000。其成分的胺基酸可從蛋白質被稀酸，稀鹼或消化蛋白酶等的加水分解得來。

幾乎所有從植物與動物蛋白質所得的胺基酸，均在其分子結構中對羧基來講 α－碳原子上具有胺基的存在，因此常稱為 α－胺基酸。α－胺基酸的通式如下：

$$
\begin{array}{c}
\quad\; H \quad O \\
\quad\; | \quad\; \| \\
R\!-\!C\!-\!C\!-\!OH \\
\quad\; | \\
\quad NH_2
\end{array}
$$

式中的 R 可為氫、直或岐鏈的脂肪基、芳香基或雜環基。大部分的胺基酸在分子結構中具有一個羧基及一個胺基，通常具這結構的又稱為天然胺基酸。

5. 胺基酸

胺基酸（amino acid）是指所有含有胺基（—NH$_2$）的有機酸，例如：

$$H_2N—CH_2—COOH$$
甘胺酸(glycine)

$$CH_3—CH—COOH$$
$$|$$
$$NH_2$$
油胺酸(alanine)

它們都是無色的結晶形固體，熔點一般都在 200℃ 以上。大部分的胺基酸易溶於水，但難溶於有機溶劑中，並且溶液的性質近似於鹽類溶液。

事實上，胺基酸是一種兩性離子（zwitterions）。所謂兩性離子，即是指分子內同時具有酸基和鹼基，並且由於 H$^+$ 離子的轉移，而可在分子內產生電荷分離的化合物，例如：

$$R—CH—COOH \longrightarrow R—CH—COO^-$$
$$|\qquad\qquad\qquad\qquad |$$
$$NH_2\qquad\qquad\qquad NH_3^+$$
（一般分子）　　　（兩性離子）

因此當胺基酸在酸性溶液中，則 H$^+$ 離子即加於胺基上，使得整個分子帶一正電荷：

$$R—CH—COO^- + H^+ \longrightarrow R—CH—COOH$$
$$|\qquad\qquad\qquad\qquad\qquad |$$
$$NH_3^+\qquad\qquad\qquad\quad NH_3^+$$

電解時，便向負極移動，發生還原。而當胺基酸在鹼性溶液中，則 H$^+$ 離子將由胺基上被移去，使得整個分子帶一負電荷：

$$R—CH—COO^- + OH^- \longrightarrow R—CH—COO^- + H_2O$$
$$|\qquad\qquad\qquad\qquad\qquad |$$
$$NH_3^+\qquad\qquad\qquad\quad NH_2$$

電解時，便向正極移動，發生氧化。

胺基酸是構成蛋白質的基本成分，而幾乎所有從植物與動物蛋白

質所得到的胺基酸，都是 α - 胺基酸。

表 4 - 1 列出一些由蛋白質得到的胺基酸。

表 4 - 1　蛋白質中的胺基酸

A. 天然胺基酸	
名稱　　　（符號）	結構式
1.甘胺酸（Gly） （胺基乙酸） glycine	$\begin{array}{c} H \\ \| \\ H-C-COOH \\ \| \\ NH_2 \end{array}$
2.丙胺酸（Ala） α - 胺基丙酸 alanine	$\begin{array}{c} H \\ \| \\ CH_3-C-COOH \\ \| \\ NH_2 \end{array}$
3.纈胺酸（Val） （α - 胺基異戊酸） valine	$\begin{array}{cc} CH_3 & H \\ \| & \| \\ CH_3-C-\ & C-COOH \\ \| & \| \\ H & NH_2 \end{array}$
4.白胺酸（Leu） （α - 胺基異己酸） leucine	$\begin{array}{ccc} CH_3 & H & H \\ \| & \| & \| \\ CH_3-C-\ & C-\ & C-COOH \\ \| & \| & \| \\ H & H & NH_2 \end{array}$
5.異白胺酸（Ileu） isoleucine	$\begin{array}{cc} CH_3 & H \\ \| & \| \\ CH_3-CH_2-O-\ & C-COOH \\ \| & \| \\ H & NH_2 \end{array}$
6.絲胺基酸（Ser） serine	$\begin{array}{cc} H & H \\ \| & \| \\ HOC-\ & C-COOH \\ \| & \| \\ H & NH_2 \end{array}$

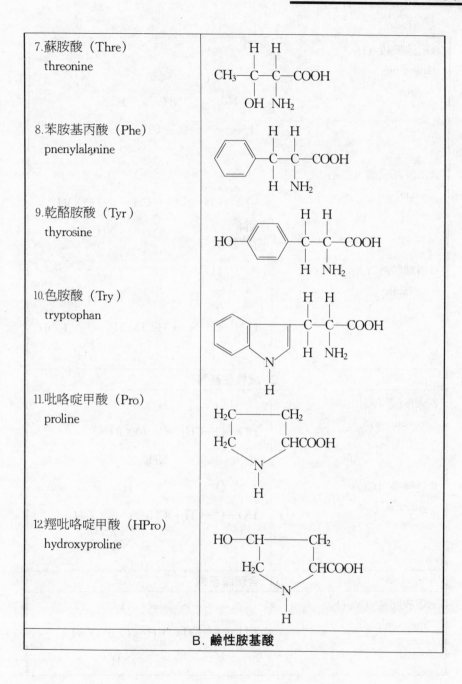

7. 蘇胺酸（Thre）
   threonine

8. 苯胺基丙酸（Phe）
   pnenylalanine

9. 乾酪胺酸（Tyr）
   thyrosine

10. 色胺酸（Try）
    tryptophan

11. 吡咯啶甲酸（Pro）
    proline

12. 羥吡咯啶甲酸（HPro）
    hydroxyproline

B. 鹼性胺基酸

13.組織胺酸（His） histidine	
14.二胺基己酸（Lys） lysine	$CH_2-CH_2-CH_2-CH_2-\overset{\overset{\displaystyle H}{\vert}}{\underset{\underset{\displaystyle NH_2}{\vert}}{C}}-COOH$ NH_2
15.魚精胺酸（Arg） arginine	$H_2N-\overset{\overset{\displaystyle H}{\overset{\displaystyle \vert}{N}}}{C}-\overset{\overset{\displaystyle H}{\vert}}{N}-CH_2CH_2CH_2-\overset{\overset{\displaystyle H}{\vert}}{\underset{\underset{\displaystyle NH_2}{\vert}}{C}}-COOH$
C . 酸性胺基酸	
16.天冬酸（Asp） aspartic acid	$HO-\overset{\overset{\displaystyle O}{\Vert}}{C}-CH_2-\overset{\overset{\displaystyle H}{\vert}}{\underset{\underset{\displaystyle NH_2}{\vert}}{C}}-COOH$
17.麩胺酸（Glu） glutamic acid	$HO-\overset{\overset{\displaystyle O}{\Vert}}{C}-CH_2-CH_2-\overset{\overset{\displaystyle H}{\vert}}{\underset{\underset{\displaystyle NH_2}{\vert}}{C}}-COOH$
D . 含硫胺基酸	
18.甲硫胺酸（Met） methionine	$CH_3-S-CH_2-CH_2-\overset{\overset{\displaystyle H}{\vert}}{\underset{\underset{\displaystyle NH_2}{\vert}}{C}}-COOH$

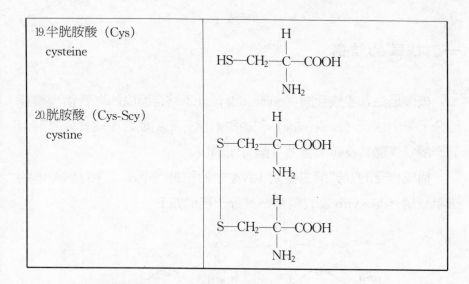

19. 半胱胺酸（Cys） cysteine	$\text{HS}-\text{CH}_2-\overset{\displaystyle H}{\underset{\displaystyle NH_2}{\text{C}}}-\text{COOH}$
20. 胱胺酸（Cys-Scy） cystine	$\text{S}-\text{CH}_2-\overset{\displaystyle H}{\underset{\displaystyle NH_2}{\text{C}}}-\text{COOH}$ $\text{S}-\text{CH}_2-\overset{\displaystyle H}{\underset{\displaystyle NH_2}{\text{C}}}-\text{COOH}$

4-2　核酸

　　任何具有生命的細胞都含有核蛋白（nucleoproteins），核蛋白是由蛋白質與另一天然聚合物——核酸（nucleic acid）結合而成的。核酸有去氧核糖核酸（deoxyribonucleic acid）與核糖核酸（ribonucleic acid）兩種。生物體的遺傳資料是由細胞核中的染色體所攜帶，染色體上有很多基因，而基因則是由去氧核糖核酸（DNA）分子所構成，因此去氧核糖核酸的工作乃是攜帶了製造蛋白質所需的資料，並在細胞分裂時保存和傳遞這些資料。另一種相同類型的分子核糖核酸（RNA），存在於細胞質中，直接參與蛋白質的合成工作。DNA 和RNA 不但可支配蛋白質的合成，且控制著遺傳因子，使生物體能世代相傳，在生物化學上非常重要。

一、核酸的結構

核酸是由許多核苷酸（nucleotide）分子縮合而成的聚合物；核苷酸分子是由核苷（nucleoside）和磷酸兩部分所組成；而核苷分子則由五碳醣（戊醣）及雜環鹽基（鹼）所構成。

構成核苷的五碳醣主要是 RNA 中的核糖（ribose）和 DNA 中的去氧核糖（deoxyribose）兩種，其分子結構如下：

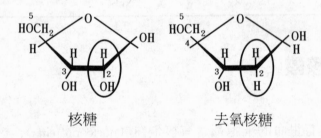

核糖　　　　　　　去氧核糖

二者之差異為核糖的第二個碳原子上有一羥基和一氫原子，而去氧核糖的第二個碳原子上則為兩個氫原子。

構成核苷的雜環鹽基多為有機鹼，主要分為嘌呤類（purines）和嘧啶類（pyrimidines），常見的兩種嘌呤和三種嘧啶之結構如下：

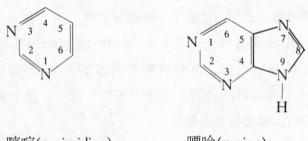

嘧啶(pyrimidine)　　　　　　嘌呤(purine)

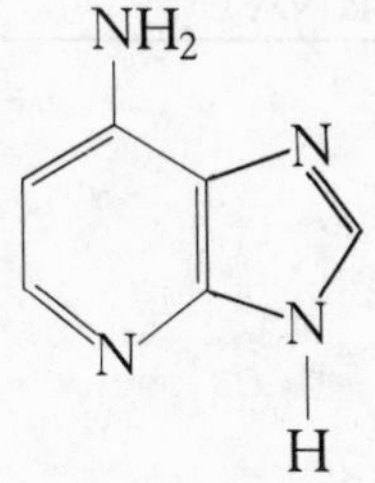

NH_2

腺嘌呤(abenine)

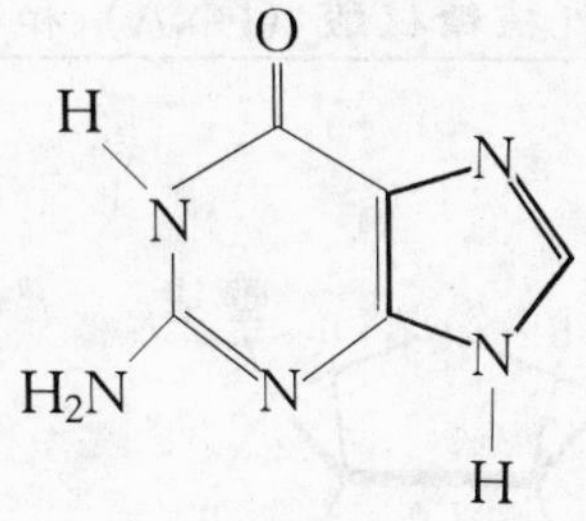

H_2N

鳥糞嘌呤(quanine)

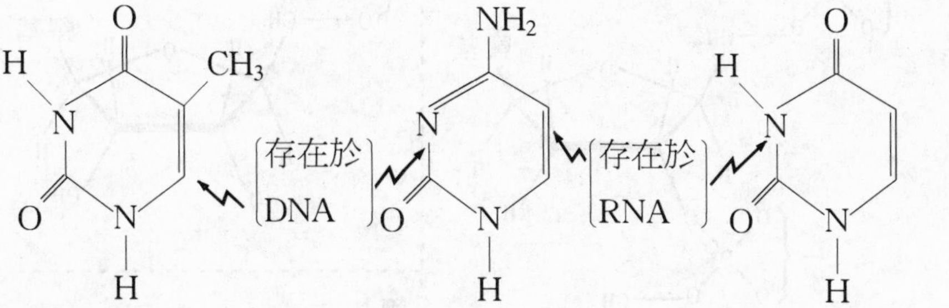

O　CH_3

［存在於 DNA］

胸腺嘧啶(thymine)

NH_2

［存在於 RNA］

胞嘧啶(cytosine)

O

尿嘧啶(uracil)

　　五碳醣和雜環鹽基脫水，形成核苷；核苷再與磷酸形成核苷酸；
核苷酸則聚合成核酸，而以磷酸橋鍵相連成巨大分子（如圖 4-1）。
由 X-射線分析及化學研究等證據，顯示 DNA 的結構爲二條聚核苷
酸鏈形成的雙螺旋線形（如圖 4-2）。

圖 4－1   去氧核糖核酸（DNA）和核糖核酸（RNA）

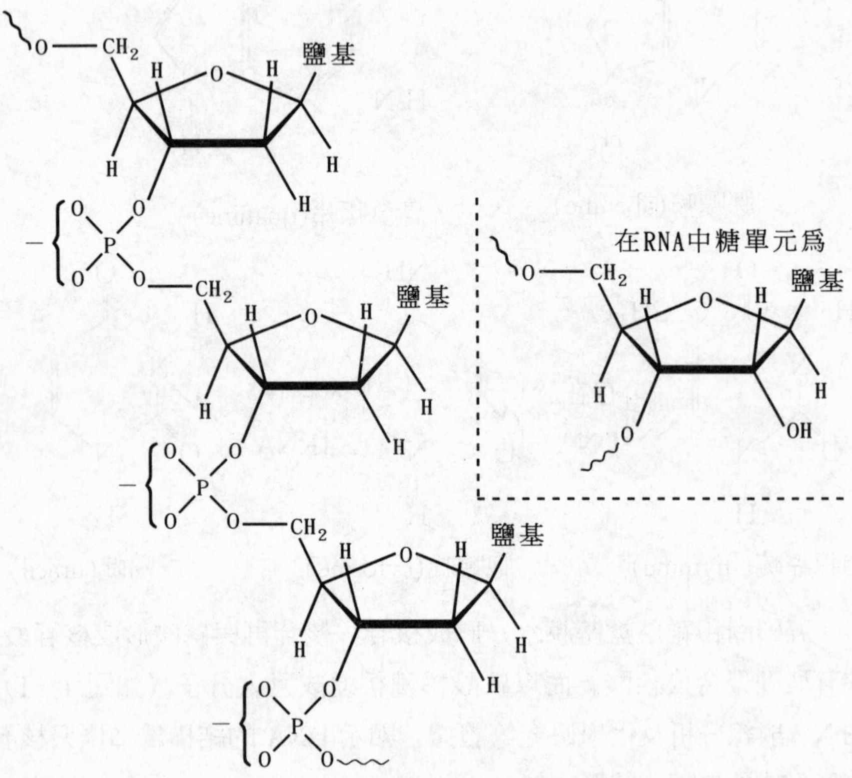

在RNA中糖單元為

圖4-2　DNA 雙螺旋結構之片斷

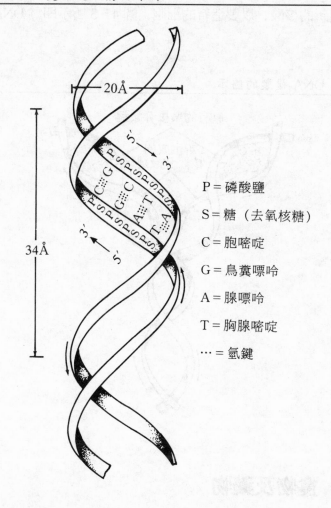

P＝磷酸鹽

S＝糖（去氧核糖）

C＝胞嘧啶

G＝鳥糞嘌呤

A＝腺嘌呤

T＝胸腺嘧啶

…＝氫鍵

二、核酸的生理作用

　　DNA 的分子結構，是由兩條平行的聚核苷酸鏈，互相扭成的雙螺旋體，藉著兩條鏈上雜環鹽基間產生氫鍵而穩定地結合。這種雙螺旋線對稱排列，和它在染色體中擔當遺傳暗碼的傳遞有重要的關係。RNA 分子的結構不像 DNA 那麼規則排列，常以單股之長條形存在。

在生物體內，DNA 與 RNA 負責組成具有一定遺傳暗碼的細胞，並不停地複製新的核酸，以製造新的細胞，圖4-3所示即為 DNA 的複製情形。

圖4-3 DNA 複製的圖示

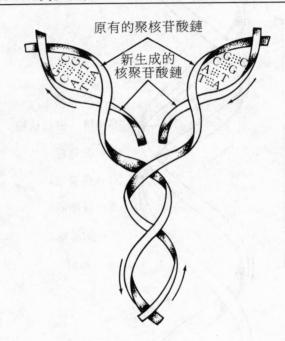

原有的聚核苷酸鏈

新生成的
核聚苷酸鏈

4-3 食物及藥物

一、食物

食物供應六大類營養素：醣類、脂質、蛋白質、礦物質、維生素、和水。有些提供能量，全部營養素皆用以建立和維持細胞和組

織，以及調節身體過程。

　　食物之主要功能係供應身體能量。當被氧化時會產生能量之營養素稱爲能量營養素——醣類、脂質（產能之脂質化合物），和蛋白質。因爲通常食進大量醣類，所以醣類成爲主要之能源，脂肪其次，接著方爲蛋白質。

　　蛋白質、礦物質、和水爲身體之主要結構物質。此外，含脂質之化合物（例如，磷脂和膽固醇）係存於身體細胞之膜。醣脂（glycolipid）（含醣類之脂質）係腦組織之一部分。維生素 A 係眼睛網膜之結構物質。除某些維生素外，所有營養素係結構物質。

　　蛋白質、醣類、脂質、礦物質、維生素、和水皆能協助調節身體過程，包括體液之移動、酸鹼平衡之控制、血液之凝固、酶之活化、正常體溫之維持、有效能量之釋出、和身體蛋白質之合成等。

　　蛋白質、醣類、脂質、礦物質、和維生素，每一類皆含有很多個別營養素。其中某些個別營養素必須由食物供給，因爲細胞不能由可利用之元素合成之，此等營養素稱爲必需的。有些營養素身體可由食物所供應之成分合成。

　　人類飲食中所必需之營養素有：

　　(1)**蛋白質**

　　①必需胺基酸(essential amino acid)——白胺酸(leucine)、異白胺酸(isoleucine)、離胺酸(lysine)、甲硫胺酸(methionine)、苯丙胺酸(phenylalanine)、羥丁胺酸(threonine)、色胺酸(tryptophan)、纈胺酸(valine)，和組胺酸(histidine)(對嬰兒而言)。

　　②提供氮，以合成非必需胺基酸(nonessential amino acid)和核酸(nucleic acid)。

　　(2)**醣類**——能量和纖維素。

　　(3)**脂質**——必需脂肪酸(essential fatty acid)，亞麻油酸(linoleic acid)。

(4)礦物質——鈣、磷、鐵、硫、氯、鎂、鋅、錳、銅、鈷、氟、和可能鉬、硒，和鉻。

(5)維生素

①脂溶性——維生素 A、D、E、K。

②水溶性——噻唉 (thiamin)、核黃素 (riboflavin)、菸酸素 (niacin)、維生素 B－6、葉酸素 (folacin)、維生素 B－12、泛酸 (pantothenic acid)、生物素 (biotin)，和維生素 C。

(6)水

優良的營養不能單由選食一些高價格之食物、一些營養值高之食物、或補品而獲得。各種食物所含的營養素種類和分量不相同，食物間有互相補缺之功能。且各營養素間亦互有相輔相成之功能，缺某種營養素常會致使另一種營養素不被吸收或利用。所以良好配合之飲食才是適當之飲食，食取適當之飲食才能獲致優良之營養。

1.食物的營養價值

營養素在人體內有三種主要的功用：供給熱能、維持生長和調節代謝作用。一種食物的營養價值決定了它的功用。一般說來，每一種食物都有一定的營養價值。如果要得到熱能，就需要吃含醣類的食物，如穀類、豆類、根莖類等。如果要維持生長，修補組織，就需要吃含蛋白質豐富的食物，如肉類、乳類、蛋類及豆類等。要保護器官機能，調節代謝作用，就需要吃含適當維生素的食物。

一種食物的營養價值，除了食物本身所含的營養素外，還與食用前處理的方法有關。例如蔬菜裡所含的維生素 C 易溶於水，所以應先洗好再切碎去煮。如果切碎再洗，那麼大部分的維生素 C 將溶於水而流失，另一方面，食物的烹煮方式不當，其所含的營養素也會被破壞。新鮮食物的營養價值比不新鮮者高。表 4－2 列出一些食物的營養成分。

表 4-2 一些食物的營養素成分

一些常用食物每公斤營養素供給量表

食物			蛋白質 (g)	脂肪 (g)	碳水化合物 (g)	維生素A 胡蘿蔔素 (mg)	維生素A A國際單位	B₁ (mg)	B₂ (mg)	C (mg)	鈣 (mg)	磷 (mg)	鐵 (mg)	熱量千卡 (Kcal)
動物性食物	肉類	鷄	39.6	2.0	–	–	–	0.05	0.15	–	19	323	26	176
		豬	80.3	138.7	5.2	–	–	2.52	0.57	–	52	808	1.9	1590
	臟腑類	豬腦	51.0	44.5	–	–	–	0.7	0.95	5	–	–	–	605
		豬肚	67.2	418	3.7	–	–	0.23	0.83	11.5	37	662	6.4	418
	乳類	人乳	7.5	18.5	32	–	1250	0.05	0.2	30	170	0.5	1250	325
		奶粉	128	134	178	–	7000	1.5	5.75	30	4500	–	4.0	2225
	蛋類	鷄蛋	62.9	49.3	–	–	6120	0.68	1.32	–	234	893	11.5	695
		鴨蛋	56.6	64.0	2.2	–	6000	0.65	1.61	–	309	9.4	13.9	811
植物性食物	穀類	糙米	45.0	10.0	375	–	–	1.75	0.45	–	420	1450	10.0	1770
		糯米	32.5	1.0	395	–	–	0.95	0.20	–	60	550	4.5	1719
	豆類	黃豆	196.0	87	125	2	–	3.95	1.25	–	1600	2850	29.5	2060
		豆芽	69.8	22.1	36	0.36	–	1.49	0.45	86	131	194	11.7	622
	根莖類	藕	4.3	0.4	26	0.09	–	0.47	0.17	106	81	217	2.1	125
		馬鈴薯	8.4	3.1	123	0.04	–	0.44	0.13	79	48	260	4.0	554
	果類	香蕉	3.5	1.7	58	0.73	–	0.06	0.15	17	29	102	2.3	261
		蘋果	0.8	0.4	61	0.32	–	0.04	0.04	20	45	37	1.2	251

2.保健食物

　　人們吃食物的主要目的是爲了攝取我們身體所需的營養素，所以除了要吃得飽以外，還要注意食物所含的營養素，食物的量和質都要兼顧。就量而言，吃得過少，會引起各種營養不良的疾病；吃得太多，使腸胃負擔太重，也可能引起其他不良的後果。至於質的方面，我們要講究吃什麼食物和怎樣吃法。由於營養素分散存在於不同食物裡，所以我們要吃多樣化的食物。食物的多樣化不但有利於攝取各種各樣的營養素，同時還可調劑口味，增進食慾。吃的方法也很重要，例如吃東西時細嚼慢要比狼吞虎嚥來得好。此外也要注意飲食衛生，以防「病從口入」。

　　總之，我們吃食物不單是爲了生存，更重要的是使身體健康地生長，爲達此目的，就要保持身體營養的「攝入」和消耗、生長等的「支出」取得平衡，亦即我們每天要吃均衡的食物，它包括那些可產生足夠能量以維持生命活動和用以製造身體組織的各類營養素。人類所需的營養標準，一般是根據人體每天所消耗的能量來決定的。一般而言，我們每天所需的均衡食物中，醣、脂肪和蛋白質的比例大約是 $6:1:3$。

3.食物的保藏

　　食物須在最適當溫度和濕度之條件下保藏，以防止發生物理和化學變化，始可保存食物中所含之營養素，確保其營養價值。

　　很多食物受到黴菌影響食物，不僅其營養價值會降低，而且在很多實驗中，黴菌影響之食物雖不會使接受試驗之動物致死，但其組織已發生病理變化，可能發生肝炎、腎炎、和其他病症。甚至有些黴菌，例如黃麴黴菌（aspergillus flavus），會分泌一些有毒物質，造成動物高度死亡率。但亦有些黴菌卻會產生相反之結果，改變蛋白質品

質，而增加其營養價值。

昆蟲和某些害蟲會傳播疾病，常造成公共衛生之公害，其代謝產物會引起胃腸疾病或過敏症。化學殺蟲劑使用不慎，也會造成潛在性公共衛生之公害。曾有很多報告指出，在保藏期間，害蟲破壞和吞食很多保藏之食物，而造成龐大損失。

昆蟲和害蟲在侵襲保藏之食物時，常選擇食物最精華之部分，例如，穀類之芽。齧齒動物亦是選擇穀類最有價值部分進行破壞。此等經破壞而剩餘之食物，其營養價值和品質已大爲降低。食物受昆蟲等破壞之情形，可由其排泄物，例如尿酸測知。

昆蟲亦加速脂肪之破壞，特別是昆蟲之屍體和被破壞之碎片，會傳播微生物，升高穀類之濕度或溫度。脂肪被破壞，增加游離脂肪酸和氧化酸敗（oxidative rancidity），使風味損失。其他影響爲使整個營養品質降低。

昆蟲和害蟲除上述直接影響外，其存在和黴菌之存在一樣，會使保藏之食物溫度升高，高溫會加速化學變化，尤其是加速腐敗和維生素之破壞。

預防和消除蟲害和齧齒類之損害，間接等於增產，而且可防止食物品質降低。

4.食品添加物

隨著食品加工技術之進步，爲延長保藏期、易於操作、美觀、和增加風味而添加之添加物種類亦隨之增多。添加物有自然存在的，亦有人工合成的。

由於分析技術之改進，對食品中含添加物之量已能測量至 ppm 甚至 ppb。而且添加物之對生物影響，尤其是誘癌性（carcinogenicity），亦因實驗技術進步而漸次瞭解，因此，有些添加劑已被明令禁止使用。

為維護食品衛生與安全，添加物必須具備下列各條件方可使用：

(1)依一般之使用方法，對人體能確保十分安全者。

(2)能應用於食品，不和食品作用，而產生有害健康之物質者。

(3)化學結構、名稱、和製造方法皆已詳細明白者。

(4)化學性狀、物理性狀、純度試驗法、在食品中之化學變化、定性試驗法，和定量試驗法等，皆具有權威試驗研究機構之完整資料者。

(5)關於急性毒性試驗、慢性毒性試驗、誘癌試驗、生化學試驗，和藥理學試驗等，具有兩個以上權威試驗研究機構之完整資料，且其結果大致相同者。

5. 營養素

食物是任何生物生存所不可缺少的東西，綠色植物利用光合作用將二氧化碳和水製造成葡萄糖，進而成為澱粉、纖維素等，以供本身生長所需，而動物則依賴植物或其他動物作為食物以生存。生物體之活動及生長均需消耗能量，其來源為食物中之醣類、蛋白質、脂肪，是為食物的三大營養素（nutrient）。此外為了要維持身體的健康，使生物體內之生化反應得以正常進行，還需要從食物中攝取水分、礦物質及維生素，這三種也是不可或缺的營養素。

醣類是生物體最主要的能量來源。醣在生物體內水解，最後成為葡萄糖，再氧化成二氧化碳和水並放出熱量，以供生物體生長活動或維持體溫所需的能量。國人以稻米為主食，其主要的成分即為澱粉。

蛋白質是構成生物體組織的主要物質，組織的生長及代謝過程之進行，均需要蛋白質。因此含蛋白質之食物，如豆類、肉類、酵母等，應多加攝取，以改善國人因以稻米為主食而產生之蛋白質不足現象。此外，蛋白質亦能提供部分生物體所需的熱量。

脂肪可經生化反應放出熱量，其發熱量最高，故為相當重要之食

物。含油脂之食物主要為動物之脂肪（如豬油）和各種植物油（如大豆油、花生油）。脂肪亦為人體組織的構成物質。

　　生物體內養分的輸送，廢物的排泄，均靠水分。生物體內各種生物化學反應之進行，亦均以水作溶劑。水也是動物體溫的調節劑，可使其維持適當體溫，以利體內各種酵素進行催化作用。除了從食物、蔬菜、水果中可得到水分外，生物體仍應另外補充水分，以維持正常生理機能之進行。

　　礦物質為構成動物體骨架的重要成分，也是生物體內各種錯化合物的構成元素。生物體對於礦物質的需求量並不多，但卻是不可缺少的。例如鈣、磷是動物骨骼、牙齒的構成元素；鐵為血紅素的成分；鎂為葉綠素的成分；碘為甲狀腺激素的成分等。

　　維生素的主要成分元素為碳、氫、氧、氮等，它們都是分子量不大的有機化合物。維生素的種類很多，存在於各種食物中，可作為酵素催化作用的輔助劑。人體對維生素的需要量不大，但如缺少某種維生素，則會使某種酵素的催化反應無法進行，而影響人體的生理機能並降低對疾病的抵抗力。表 4-3 所列為一些較重要的維生素之名稱、來源及功能。

表 4-3　重要維生素之名稱、來源及功能

名　　稱	來　　源	功　　能	缺乏時病症
維生素 A	魚肝油、肝、乳、蛋黃、紅蘿蔔等	促進生長，抵抗傳染病及眼疾	夜盲，視力減退，生長不良
維生素 B_1	酵母、米、麥之胚芽、豆類、乳、蛋黃、花生	促進生長、消化、食慾，抗神經疾病	食慾減退，倦怠，恐懼，神經過敏，易患腳氣病
維生素 B_2	肝、蛋、乳、酵母、魚	幫助生長，保持皮膚及眼睛健康	畏光、脫髮、口角炎、皮膚損害，黑舌病，生長遲滯

維生素 B_{12}	肝、蛋黃、肉	抗惡性貧血	惡性貧血
維生素 C	新鮮蔬菜及水果，如檸檬、橙、橘、綠色蔬菜、番茄等	促進健全組織及骨骼、牙齒之生成及健康，療傷	壞血病，牙齒鬆動，骨骼結構有弱點
維生素 D	魚肝、蛋黃、牛乳、酵母	控制體內鈣、磷的平衡	軟骨病，齲齒
維生素 E	麥胚、麻油、花生油、玉米油、蛋黃、牛乳	促進生殖細胞之代謝作用	不孕症，生殖組織退化
維生素 K	豬肝、蛋黃、魚肉	凝血	不易凝血

　　生物體對於各種營養素之攝取，應適當配合，攝取過量或不足，對身體都會發生不良影響，故不可偏食、廢食，才能維持健康。

二、藥物

　　人類很早就知道使用藥物來治療疾病，早期是使用草藥，近代則多使用化學藥物。以往對於藥物的使用，是基於經驗的累積，得知那些藥物可治療那些疾病。近代由於科學的進步，生物化學的發展，以及逐漸瞭解藥物的結構和其藥理作用，使得人類對藥物的使用與控制都有比較明確的概念。所謂藥物化學（medicinal chemistry），即是人們為了探究具有療效的化合物，而將生物和化學基本理論加以綜合運用的新知識。

1. 藥物的分類

　　藥物（pharmaceuticals）大致上可分成維持正常發育及生理機能所需的藥物和治療疾病所用的藥物兩大類。前者如各種維生素，後者

又可分成外用藥和內服藥（包括口服和注射藥）兩種。其他還有殺菌和醫療分析用的藥物等。

藥物依其化學結構和性質，可分成磺胺藥物（sulfa drugs）、抗生素（antibiotics）、鹼（alkaloids）等幾類。

2.藥物的作用

⑴磺胺藥物

磺胺藥物的種類很多，都是以化學方法合成而得，一般用於治療肺炎、腦膜炎、壞疽及血液中毒等，此類藥物以對－胺苯磺胺（p－aminobenzene sulfonamide）為代表。

對－胺苯磺胺的醫療作用是它能抑制葡萄球菌的生長，故用於治療由這些病菌所引起的疾病。葡萄球菌的生長繁殖，需要對－胺苯甲酸（p－aminobenzoic acid）和酵素的作用，在人體的血液中則含有對－胺苯甲酸，所以感染葡萄球菌後，病況容易蔓延。對－胺苯磺胺的分子大小、形狀、化性和對－胺苯甲酸十分相似，所以使用對－胺苯磺胺治療時，它會和酵素產生作用，而使得酵素喪失與對－胺苯甲酸作用的能力，因而使得葡萄球菌不能繁殖，而產生治療效果。

對—胺苯磺胺的藥性劇烈，且有副作用產生，因此化學家們乃合成許多它的衍生物，以期得到藥效較佳而副作用較少的磺胺藥物。

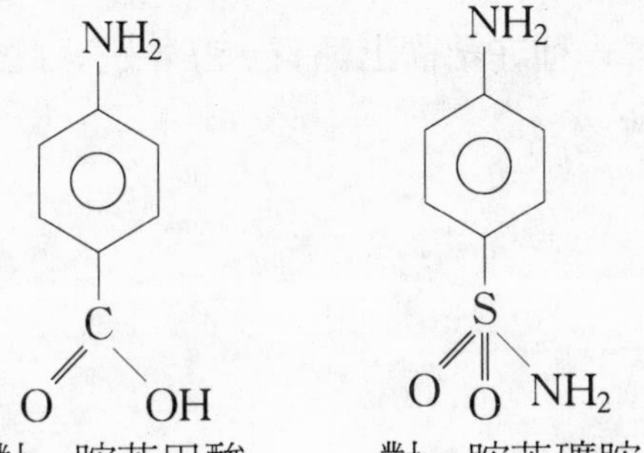

對－胺苯甲酸　　　　對－胺苯磺胺

(2)抗生素

抗生素是一種由生物體代謝作用所產生的化合物，在很稀薄的濃度下，具有抑制微生物體生長的能力。抗生素的種類很多，如青黴素（penicillin）、金黴素（aureomycin）、土黴素（terramycin）和鏈黴素（streptomycin）等，它們多半是由培養微生物再經分離而得到。最早製成和使用的抗生素是青黴素（俗稱盤尼西林），用於治療肺炎、腹膜炎、腦膜炎、白喉、淋病、梅毒等疾病。青黴素的結構如下，為一雜環及多官能基之化合物。

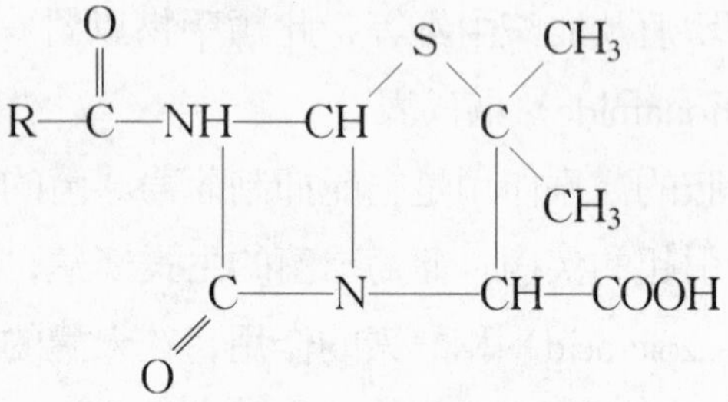

$$
\begin{array}{c}
\quad\ \text{O}\qquad\qquad\qquad \text{S}\quad \text{CH}_3\\
\quad\ \|\qquad\qquad\qquad / \ \backslash\ /\\
\text{R—C—NH—CH}\qquad\quad\text{C}\\
\qquad\qquad\quad |\qquad\qquad\quad \backslash \text{CH}_3\\
\qquad\qquad\text{C—N—CH—COOH}\\
\qquad\quad \|\\
\qquad\quad \text{O}
\end{array}
$$

青黴素

例如：青黴素 G　　R = ⬡—CH_2—

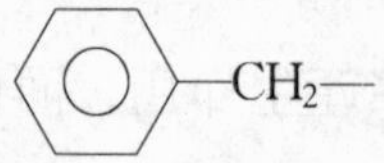

　　　青黴素 O　　R = CH_2=CH—CH_2—S—CH_2—

鏈黴素為治療肺病的特效藥，它是一種較新的抗生素。金黴素和土黴素均屬於四環藥劑（tetracyclines），此類藥劑分子內均有四個環結合在一起，而每一種在結構上都有一些差別，此類抗生素對幾種細菌及治療發炎有效。

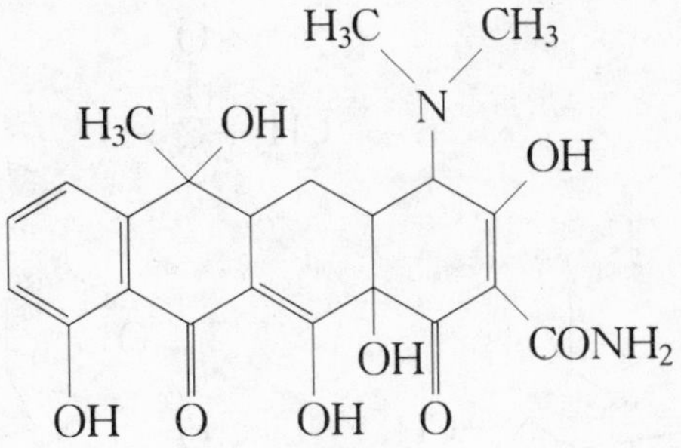

四環藥劑

(3)**鹼類**

　　鹼類是含氮的有機鹼性化合物，存在於植物體內，故又稱植物鹼。鹼的種類很多，如嗎啡（morphine）、奎寧（quinine）、海洛因（heroin）等均是。嗎啡是白色粉末，存在於鴉片中，也可由人工合成。嗎啡有麻醉作用，可用以止痛、鎮咳、催眠，惟需經醫生處方及同意方可微量使用。嗎啡久用會有習慣性及副作用，影響神經、消化、呼吸系統之正常功用，如私自濫用，則會嚴重破壞神經系統，斷喪意志和體力，危害人體非常大。海洛因是嗎啡的衍生物，也可作為鎮痛劑，並且也和嗎啡一樣，久用會有習慣性和不良副作用。

　　奎寧是金雞納鹼，為無色晶體，可由金雞納樹皮中得到，亦可由人工方法合成，其鹽酸鹽和硫酸鹽都是良好的治療瘧疾藥物及解熱劑，在人類控制瘧疾上有很大貢獻。

　　各種藥物各有其治療效果和用量，也各有副作用，所以應依照醫師指示使用，切不可私自服用，以免破壞人體內生化反應的正常進行，因而妨害身體健康和發育。

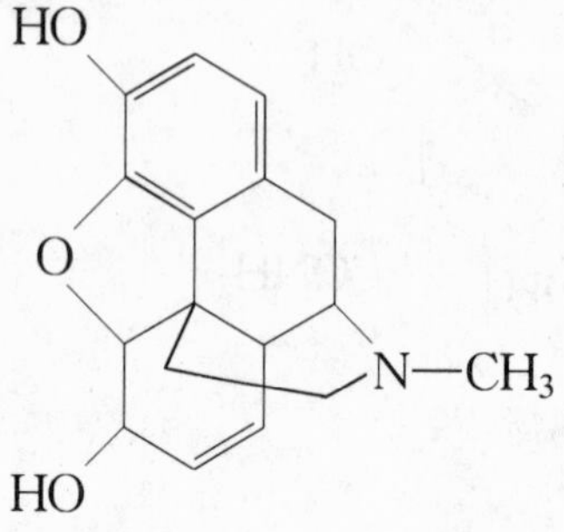

嗎 啡

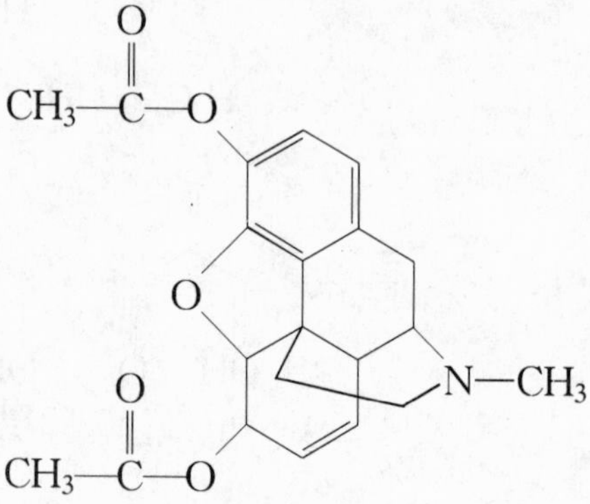

海洛因

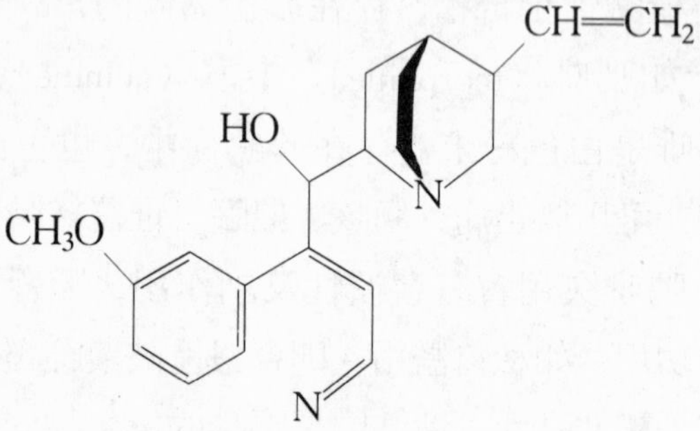

奎 寧

4-4 放射性元素

　　繼德國科學家侖琴（Raentgen）在 1895 年發現 X 射線後，隔年
貝克勒（Becquerel）發現鈾礦石能發射某種特殊射線，它很像 X 射
線，能透過黑紙而使包在黑紙內的照相底片感光，也能使驗電器放電
及硫化鋅產生螢光。貝克勒稱這種特性叫做放射性（radioactivity），
而這種能自動放出穿透力強、可使底片感光、使物質產生螢光，並能
使氣體游離的射線之元素，叫做放射性元素（radioactive element）。
後來居里教授（Prof. Pierre Curie）和其夫人瑪麗（Marie Sklodowsia

Curie) 繼續研究，又在 1898 年先後發現兩種放射性元素，其放射性都比鈾強。較先得到的一種，居里夫人稱之為釙 (Po)，用來紀念其祖國波蘭，隨後發現的一種即為鐳 (Ra)。

放射性元素一般具有下列特性：

(1)每一種元素都含有安定的同位素和具放射性的同位素，而同一元素的各放射性同位素間卻具有不同的性質。例如碳的同位素有^{11}C、^{12}C、^{13}C 和^{14}C，其中^{12}C 和^{13}C 是安定的同位素，^{11}C 和^{14}C 為放射性同位素。

(2)放射性同位素的放射性強度決定於放射性原子核的種類，並且與該原子核的量成正比，而與該元素存在的物理、化學狀態以及溫度均無關。

(3)放射性元素經過放射後，即變成他種元素。

(4)同一種放射性元素的放射速率有一定的規則，通常定義某一放射性元素之量放射到一半所需的時間，稱為該放射性元素的半生期。各種放射性元素的半生期各不相同，有短到數秒的，也有長達數十億年的。

放射性變化是起於原子核的變化，這一點和因電子排列之改變所引起的化學變化不同。

1.核　種

我們通常以同位素表示同一元素質量不同的原子。可是，同位素所包括的範圍較狹窄。因此，核化學及核物理學家喜歡用較廣而包含較多範圍的核種 (nuelide) 這一術語，核種不關原子序或質子數，均可用以代表所有元素的所有不同種類的原子。例如，所謂氫與氧的核種則包含所有的氫的同位素 (^{1}H, ^{2}H, ^{3}H) 及氧的同位素 (^{15}O, ^{16}O, ^{17}O, ^{18}O, ^{19}O 等)；或講「鋅的同位素」以「質量數從 60 至 80 間的核種」來補充。到目前為止，已知約有 1700 種核種，但其中安定的核種約有 280 種而已，其他的核種都是不安定的放射性核種，這

些放射性核種中原子序 83 的鉍（Bi）以上到 92 的鈾（U）可天然存在外，其餘的幾乎不存在於地殼裡，是人造的放射性核種。

2. 放射性衰變

不安定的原子核，可放出放射線而轉變為安定的核種。例如，放射性鎂（$^{211}_{84}Po$）可放出一種粒子而轉變為安定的鉛（$^{207}_{82}Pb$），如此原子核的轉變叫做放射性衰變（radioactive decay），這些不安定的原子核，根據其衰變速率的不同而分為較不安定或稍微不安定的核種。沒有放射性的核種叫做安定核種（stable nuclide）。

4−5　放射線與原子核的安定性

一、放射線

放射性元素所放出的射線，當通過帶正負電的兩極板時，又可分成三種射線（如圖 4−4），即阿伐射線（α−ray）、貝他射線（β−ray）和加馬射線（γ−ray），茲分別說明如下。

1. 阿伐射線

從放射性元素所放射出來的阿伐粒子（α partical）束，叫做阿伐射線（α−ray）。α 粒子是帶兩個正電荷的氦原子核（即 He^{2+}），為氦原子失去兩個電子而成，因此 α 射線通過電場時會向負極板偏折。α 粒子質子數為 2，質量數為 4，所以在一般放射方程式中以 ^4_2He 表示，例如：

$$^{238}_{92}U \longrightarrow ^{234}_{90}Th + ^4_2He$$

圖4-4　三種放射線通過電場時的偏折情形

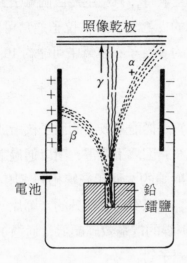

從天然放射性元素所放射出來的 α 粒子速度每秒約 2×10^9 公分，且因為 α 粒子帶兩單位正電，所以在一般物質中的電離效應很大，通常 α 粒子在 1 公分距離的空氣中能夠生成 50000 個到 100000 個離子對（即一個電子與一個帶正電的離子）。此外，α 粒子因質量較大，在物質中的穿透力較小，因此從天然放射性元素所放射出的 α 粒子，在空氣中只有幾公分的射程（約 3～5 公分），雖然可以穿透很薄的金屬箔，但通常只要普通的紙張即可擋住。又放射性元素所放射出 α 粒子的能量，隨元素種類之不同而異，所以我們也可以由測定 α 粒子的能量來辨認原子核的種類。

2. 貝他射線

貝他射線（β-ray）是從放射性元素所放射出來的貝他粒子束。β 粒子即是帶負電的電子，因此通過電場時會往正極板方向偏折。從放射性元素所放射出來的 β 粒子，其速度有小到近於零的也有快到近

於光速的 99%。與 α 粒子能量相同的 β 粒子，其電離效應較低，通常在經過 1 公分距離的空氣時，只產生幾百個離子對而已。但是 β 粒子的穿透力卻比同能量的 α 粒子大，β 粒子通常可穿透薄的金屬片、厚紙等，並且能量較大的 β 粒子在空氣中可達約 10 公尺的射程。

3.加馬射線

加馬射線（γ–ray）是從能量較高的原子核所放射出的一種波長較短而能量很高的電磁波，因為不帶電，所以通過電場或磁場時不會受影響而發生偏折。γ 射線的本性和光線相同，兩者都以光速運動，在物質中穿透力相當大，可以穿透大部分的金屬片，通常需用鉛塊才能將其遮蔽。此外，γ 射線的電離效應頗低，通過 1 公分距離的空氣時，大約只能產生幾個離子對。

二、原子核的安定性

我們知道幾乎所有的元素都含有安定的和放射性的同位素。為什麼有些原子核安定，而有些卻不安定呢？在此，我們將簡要地探討這個問題。

原子核是由質子和中子所構成，其中質子帶正電，而中子卻不帶電，並且原子核的體積是那麼的小（直徑約 10^{-13} 公分），因此根據一般的推斷，質子與質子間必然存在著相當大的庫侖排斥力，而使得原子核不穩定。但事實上，自然界中仍然存在不少安定的原子核（約 270 種），並且那些不安定的原子核通常也都可以存在一段時間，而不會因強大的庫侖排斥力而造成瞬間破裂。因此，科學家相信在原子核內必定還有一種力量存在，並且稱呼這種力量為核力（nuclear force）。

到目前為止，科學家對於核力的特性仍然不太清楚，根據種種探討的結果，只知道原子核中的核力只在極短距離內發生（約 10^{-15}

m），而且似乎與其質子數和中子數有關，也就是說原子核的安定性
與其核內質子數和中子數有關，下列幾個規則便是科學家由各種觀察
和實驗所得的結果：

(1)原子序小於 20 的元素，其原子核中質子數和中子數相同或是
中子數多 1 的較為安定。例如 $^{12}_{6}C$ 原子核中，質子數為 6，中子數也是
6，所以是安定的原子核；$^{13}_{6}C$ 原子核中，質子數 6，中子數 7，也是安
定的原子核；而 $^{14}_{6}C$ 原子核中，質子數為 6，中子數為 8，因此不安定
而具有放射性。

圖 4-5　原子核的穩定帶

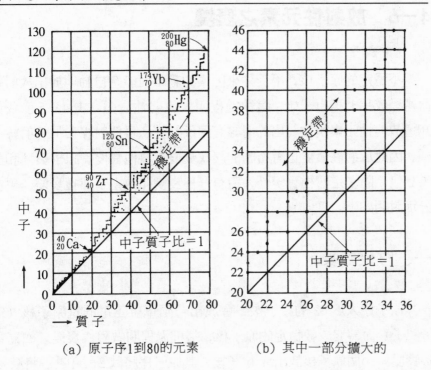

　　(a) 原子序1到80的元素　　　(b) 其中一部分擴大的

　　(2)原子序愈大，穩定原子核的中子數和質子數比，從 1 增加到
1.5 左右而形成如圖 4-5 所示的原子核穩定帶，如果原子核中的「中

子質子比」不在這穩定帶中，也就是說中子數太多或太少，則該原子核是不穩定的，而為放射性同位素。例如$_{50}^{114}$Sn原子核中，質子數 50，中子數 60，位於穩定帶中，因此是一種穩定的原子核；而$_{50}^{106}$Sn原子核中質子數 50，中子數 56，$_{50}^{136}$Sn原子核中質子數 50，中子數 86，都不在穩定帶內，因此兩者皆不安定而具有放射性。

　　(3)原子序超過 82 的原子核，由於原子核中庫侖排斥力太大，所以都不安定。其中從原子序為 83 的鉍（Bi）到原子序為 92 的鈾（U）為止之元素，都是存在於自然界中的，稱為天然放射性元素。

4-6　放射性元素之衰變

　　不穩定的原子核，不受外來因素的刺激而能夠自動地放出放射線而轉變成另一種原子核，這種過程叫做放射性衰變。由 4-5 節我們知道放射性元素所放射出的射線有阿伐射線、貝他射線和加馬射線三種，因此放射性衰變也有所謂的阿伐衰變、貝他衰變、正子衰變和加馬衰變，除了這四種衰變外，還有一種衰變叫做電子捕獲衰變，現在分別說明如下。

一、阿伐衰變

　　原子序大於 82 的原子核，會放出帶兩單位正電的氦原子核（即α 粒子）而轉變成較穩定的原子核，這種過程叫做阿伐衰變，簡寫為α 衰變。一個原子核放出 α 粒子後，其原子序將減 2，質量數將減 4，亦即：

$$_{Z}^{A}X \longrightarrow {_{Z-2}^{A-4}}Y + {_{2}^{4}}He$$

上式表示 X 元素之原子序為 Z，質量數為 A，當發生 α 衰變後，則轉

變成原子序爲 "Z-2"、質量數爲 "A-4" 的 Y 元素。例如：

$$^{238}_{92}U \longrightarrow ^{234}_{90}Th + ^{4}_{2}He$$

$$^{226}_{86}Ra \longrightarrow ^{222}_{84}Rn + ^{4}_{2}He$$

$$^{216}_{84}Po \longrightarrow ^{212}_{82}Pb + ^{4}_{2}He$$

二、貝他衰變

當一個原子核的「中子質子比」較穩定帶的「中子質子比」大時，這個原子核通常會因爲不穩定而放出一個帶負電的電子（即 β 粒子），同時轉變成較安定的原子核，這種過程稱爲貝他衰變，簡寫爲 β 衰變。β 衰變的結果，所生成的穩定原子核，原子序增加 1，但質量數不變，即：

$$^{A}_{Z}X \longrightarrow ^{A}_{Z+1}Y + ^{0}_{-1}e(\beta \text{ 粒子})$$

例如：

$$^{14}_{6}C \longrightarrow ^{14}_{7}N + ^{0}_{-1}e$$

$$^{24}_{11}Na \longrightarrow ^{24}_{12}Mg + ^{0}_{-1}e$$

$$^{210}_{82}Pb \longrightarrow ^{210}_{83}Bi + ^{0}_{-1}e$$

三、正子衰變

正子（positron）的質量與電子相同，不過它是帶一個單位的正電荷，在核反應式中以 $^{0}_{1}e$ 表示，簡寫爲 β^{+}。當不穩定的原子核放出一個正子時，相當於將一個質子轉變成中子，即原子序減少 1 而質量數不變：

$$^{1}_{1}H \longrightarrow ^{1}_{0}n + ^{0}_{1}e$$

例如：

$$^{95}_{43}Tc \longrightarrow ^{95}_{42}Mo + ^{0}_{1}e$$

四、加馬衰變

當一個原子核放射 α 粒子或 β 粒子後所轉變成的新原子核仍在激態時，常會立刻放出能量而變成基態的原子核。此時所放出的能量為加馬射線，而這種放出加馬射線的過程即稱為加馬衰變或 γ 衰變。γ 衰變由於所放射出的 γ 射線不帶電也不具質量，因此原子核發生 γ 衰變後原子序和質量數都沒有任何改變。

五、電子捕獲衰變

當一個原子核的「中子質子比」較穩定帶的「中子質子比」小，並且原子序又不是很小時，此一原子外能夠吸引一個核外軌域上的電子，而轉變成較穩定的原子核，這種過程叫做電子捕獲衰變。在一個原子核外各軌域上的電子，以 K 殼電子最接近原子核，因此最容易被原子核所吸收。當 K 殼的電子被原子核捕獲之後，會導致 K 軌域的電子空位，因此較高能階的電子便立刻遞補其位置，同時將兩電子能階差的能量以 X 射線方式放出。一個原子核經電子捕獲衰變後，原子序減 1，質量數不變，即：

$$^A_Z X + {}^{0}_{-1}e(K-殼)\longrightarrow {}^{A}_{Z+1}Y + X\ 射線$$

例如：

$$^{55}_{26}Fe + {}^{0}_{-1}e(K-殼)\longrightarrow {}^{55}_{25}Mn + X\ 射線$$

$$^{40}_{19}K + {}^{0}_{-1}e(K-殼)\longrightarrow {}^{40}_{18}Ar + X\ 射線$$

六、半生期

某一放射性元素的原子核種數衰變到原來的一半所需要的時間叫

做這放射性核種的半生期 (half-life)，因為放射性強度與放射性核種
數目成正比，因此半生期也就是放射性強度減少一半所需要的時間。
半生期是放射性核種固有的常數，雖然是同一元素，但其原子核不同
時，半生期也不同，例如，鈉的兩種同位素中$^{22}_{11}$Na的半生期為 2.58
年，可是$^{24}_{11}$Na的半生期只有 15 小時。已知放射性核種的半生期相差
很多，短的只有幾分之一秒；長的則有 10^9 年以上。

圖 4−6 表示一種放射性物質的衰變曲線，則以經過的時間（半
生期單位）與放射性強度（也就是放射性原子核數目）的相關曲線。

從圖 4−6 可知放射性強度的減少是以指數原則來減少的。經過 1
半生期時為原來的 1/2，則剩下 50％，兩個半生期時為原來的 $1/2^2 =$
1/4，則只剩下 25％……表 4−4 表示放射性強度之減少與時間關係。

從圖 4−6 及表 4−4 可知，理論上放射性物質的放射性強度不會
降低到零的，可是，通常經過約 10 個半生期後，其放射性強度已相
當的弱，因此很難檢測到。

圖 4−6 放射性物質放射性強度的減少與所經過時間的相關曲線

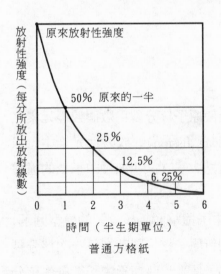

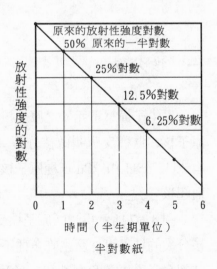

表 4-4　放射性強度與時間關係

經過時間 (半生期單位)	放射性強度		例如 $^{24}_{11}$Na半生期15時	
	分率	百分率	時間(時)	重量(克)
0	1	100%	0	1.0000
1	$1/2^1 = 1/2$	50%	15	0.5000
2	$1/2^2 = 1/4$	25%	30	0.2500
3	$1/2^3 = 1/8$	12.5%	45	0.1250
4	$1/2^4 = 1/16$	6.25%	60	0.0625
5	$1/2^5 = 1/32$	3.125%	75	0.0312
6	$1/2^6 = 1/64$	1.56%	90	0.0156
7	$1/2^7 = 1/128$	0.78%	105	0.0078
8	$1/2^8 = 1/256$	0.39%	120	0.0039
9	$1/2^9 = 1/512$	0.19%	135	0.0019
10	$1/2^{10} = 1/1024$	0.09%	150	0.0009

4-7　核分裂、原子爐與核能發電

一、核分裂

　　以中子撞擊重元素之原子核，能使原子核分裂為數個較輕元素之原子核，這種反應叫做核分裂（nuclear fission）。放射性元素中，只有 ^{233}U、^{235}U 和 ^{239}Pu 三種原子核可因熱中子（又叫做慢中子）的撞擊而起核分裂。

　　圖 4-7 所示為 ^{235}U 原子核受熱中子撞擊而起核分裂的模型圖解，核分裂的結果可能產生許多種不同的新原子核，同時在每一次核分裂時都會產生更多的中子。下面兩個例子便是 ^{235}U 捕獲中子後發生核分

裂之反應式：

$$\,_0^1n + \,_{92}^{235}U \longrightarrow \,_{42}^{103}Mo + \,_{50}^{131}Sn + 2\,_0^1n$$

$$\,_0^1n + \,_{92}^{235}U \longrightarrow \,_{56}^{139}Ba + \,_{36}^{94}Kr + 3\,_0^1n$$

式中 $\,_0^1n$ 代表中子，而核分裂後所產生的 $\,_{42}^{103}Mo$、$\,_{50}^{131}Sn$、$\,_{56}^{139}Ba$ 和 $\,_{36}^{94}Kr$ 等新原子核都是相當不穩定的，因此它們會藉著放出一連串的 β 射線和 γ 射線而成為穩定的原子核。

圖 4-7　$\,^{235}U$ 受中子撞擊引起核分裂的模型圖解

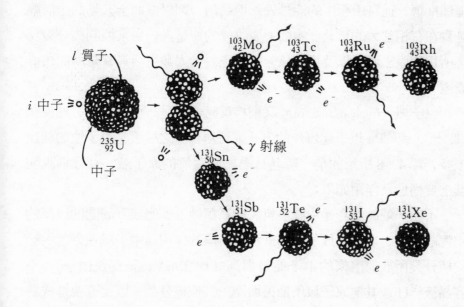

當科學家發現 $\,^{235}U$ 原子核起核分裂時，能夠再產生兩個或兩個以上的中子後，便瞭解到在某些情況下，可使中子急速增加至幾十億個，如此將可進行大規模核分裂並放出巨大的能量。像這種利用核分裂所產生的中子去撞擊其他原子核，以生成更多的中子，再引發更多的核分裂之反應，叫做鏈反應。第二次世界大戰美國投在日本廣島和長崎的兩顆原子彈，便是利用中子分別撞擊 $\,^{235}U$ 和 $\,^{239}Pu$ 所引起的鏈

反應，來產生巨大的能量而爆炸，其威力相當於同量黃色炸藥（TNT）的數萬倍。如此巨大的能量，被用做殺傷人類的破壞性武器，實在是太可怕了。因此，第二次世界大戰結束後，人們便開始研究如何控制核分裂所產生的能量，以發揮其造福人類的用途。

二、原子爐

我們知道核分裂反應會產生巨大的能量，如果人們能適當地控制這種反應，並將所產生的能量妥善地利用，則對增進全人類的生活福祉實在有相當大的意義。本節所要討論的便是人們用來控制核分裂反應所用的原子爐，以及目前核分裂反應對於人類生活最有幫助的核能發電。

原子爐（nuclear reactor）又稱核反應器，是一種用人工方法使^{233}U、^{235}U 或^{239}Pu 以不起爆炸的方式進行鏈反應之裝置。原子爐的種類很多，圖 4 − 8 所示的是一種以石墨為減速劑的原子爐，茲分別說明其主要構造及作用如下：

1.原子爐的爐身是由許多巨大的石墨磚堆砌而成，周圍則以厚的水泥牆包圍，以防止放射線的外洩。石墨的作用為中子減速劑。由於從核分裂所放射出來的中子能量很高（約 2MeV，稱為快中子），不容易被^{235}U 或其他原子核所捕獲而產生其他核分裂，因此若要造成鏈反應，必須設法將快中子的能量降到很低（約 0.025eV，稱為慢中子或熱中子），而石墨是一種與中子不易起核反應的物質，並且每次碰撞都可使中子的能量降低很多，因此石墨常被用作減速劑。

2.石墨塊中的管道，是用來放置核燃料的，常用的核燃料為天然鈾棒或是濃縮鈾與鋁的合金棒。

3.原子爐中需有中子源，以放出第一個中子來引發鈾的核分裂反應。一般常用的中子源是 Ra − Be 中子源，其放出中子的反應方程式

為:

$$^{256}_{88}\text{Ra} \longrightarrow {}^{222}_{86}\text{Rn} + {}^{4}_{2}\text{He}$$

$$^{4}_{2}\text{He} + {}^{9}_{4}\text{Be} \longrightarrow {}^{12}_{6}\text{C} + {}^{1}_{0}\text{n}$$

圖4-8　以石墨為減速劑的原子爐構造

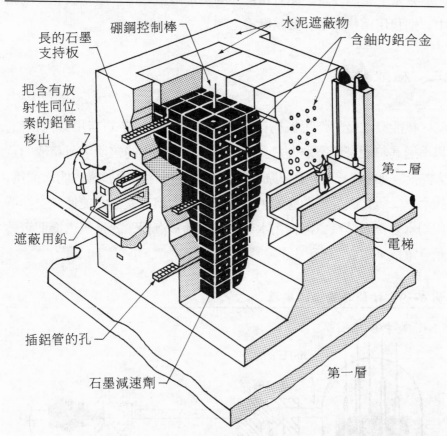

4.在原子爐中央有一種控制棒或控制板，由原子爐的上端或旁邊插入爐心中，可用來控制核分裂的速率。這種控制棒或控制板一般是用鎘（Cd）或硼（B）與鋼的合金所製成，這是因為鎘與硼都很容易吸收中子，當核分裂速率太快時，這些控制棒便會自動地進入爐心吸收過多的中子，達到減慢核分裂速率的效果。

5.當原子爐開動時，^{235}U 將捕獲中子進行核分裂，所放出的快中子經石墨減速後，會進入其他燃料棒中引發其他核反應；另外，也有一部分的中子會被^{238}U 捕獲而進行合成鈽 – 239（^{239}Pu）的反應。

6.核分裂所產生的熱量通常以水或空氣等做為冷卻劑，當冷卻劑循環於原子爐內外時，便可將爐心的熱量傳至爐外。至於核能發電廠中，則利用這些熱量，做為發電之用。

三、核能發電

核能發電廠的作用機構，大致上和火力發電廠的作用機構相似。只不過其熱能來源不是火力，而是利用原子爐中的核反應所釋放的巨大熱能。如圖 4 – 9 所示，原子爐中的熱能可經循環於爐內的冷卻劑，如水、二氧化碳、熔融態的鈉等帶至爐外的熱交換器，並使熱交換器內的水變為水蒸汽，再利用水蒸汽來開動蒸汽機，於是蒸汽機便可轉動發電機來電。

圖 4–9　核能發電機的機構

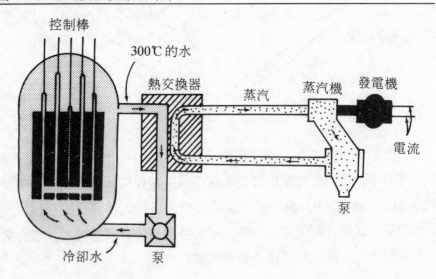

4-8　核熔合及核能的和平用途

一、核熔合

　　當兩個或兩個以上的輕原子核（質量數小於 20）結合成新的原子核時，其質量會略為減少，而所減少的質量則以能量方式放出，這種過程叫做核熔合（nuclear fusion）。例如：

$$\frac{7}{3}Li + \frac{1}{1}H \longrightarrow 2\frac{4}{2}He + 能量$$

核熔合所產生的能量相當巨大，例如，假設兩個輕原子核經過核熔合反應後，其質量減少為 0.01amu，也就是說生成一莫耳新原子核時，其質量減少為 0.01g，根據愛因斯坦質能互變式 $E = mc^2$，可計算所放出的能量為：

$$
\begin{aligned}
E = mc^2 &= 0.01g \times (3 \times 10^{10} cm/sec)^2 \\
&= 9 \times 10^{18} ergs \\
&= 9 \times 10^{18} ergs \times \frac{1kcal}{4.184 \times 10^{10} ergs} \\
&= 2.15 \times 10^8 Kcal
\end{aligned}
$$

　　目前，人類對於核熔合反應的應用有氫彈等。如果人們能夠更成功地發展這項技術，則未來世界的能源危機必可獲得解決。

二、核能的和平用途

　　核能的應用，除了用來製造原子彈、氫彈等破壞性的軍事武器外，如今由於人類適當的控制，已經成為人類最有希望的重要能源，

例如前述的核能發電。此外，由於許多放射性同位素所放出的放射線能量大，穿透力強，而且隨著檢測器材的日益發展，即使只有極微量的放射性同位素也能夠檢測出來，因此，放射性同位素無論在工業、農業、醫學或科學研究上，其用途都在日漸擴展，並已發揮了相當顯著的功效。

1.工業上的應用

放射線在工業上的應用，常見的有放射聚合反應，放射線檢查鋼板內部氣孔及鋼板厚度，放射滅菌等，茲分別說明如下：

(1)放射聚合反應

不飽和化合物經過放射線照射後，往往可引發分子間的聚合反應而得到高分子化合物。例如以放射性鈷－六十（^{60}Co）所放射的 γ 射線照射乙烯（ $CH_2{=}CH_2$ ）時，可得聚乙烯。

(2)放射線檢查鋼板內部氣孔及鋼板厚度

由於 γ 射線易於穿透鋼板，利用這個性質，可以檢測鋼板熔接後內部有無空隙或氣泡存在；此外，檢測放射線照射鋼板後的衰減程度，也可以計算出鋼板的厚度。

(3)放射滅菌

放射線照射在微生物時，往往會破壞其活性或將其殺死。因此，工業上常利用 γ 射線來做罐頭內的食品殺菌，或防止洋蔥、馬鈴薯的發芽等，以保存食物。

2.農業上的應用

放射線在農業上的應用，常見的為追踪實驗及改良品種等，茲分別說明如下：

(1)追踪實驗

放射性同位素可作示踪劑。例如以放射性^{82}P 所標示的磷肥施於

土壤中，然後以此土壤栽培植物，即可偵測追踪磷肥被農作物攝取的速度，以及其在植物體內的分布情形。

(2)改良品種

在廣大農場中種植各種植物，並以^{60}Co所放出的 γ 射線來照射。如此可藉著研究植物受放射線的影響情形，來改良農作物品種，這樣的農場特稱之為 γ 農場。此外，如以放射線照射果蠅或害蟲，也可使這些昆蟲變種或絕種。

3.醫學上的應用

γ 射線可用來消毒醫療器材，又放射性同位素可用做示踪劑來診斷病症，例如放射性^{82}Br可用於診斷小孩子的腦膜炎；放射性^{131}I可用於治療甲狀腺腫症；放射性^{24}N可用於治療心臟病；以及利用^{60}Co所放射的 γ 射線可用於治瘤等。

4.地球科學上的應用

分析礦石中所含鈾與鉛的含量，可求得礦石的年齡；分析物質中所含放射性^{14}C的含量，可求得該物質的年代。此外，放射性同位素，尤其是氚（^{3}H），也常被用做追踪劑以追踪河水的流速、流量，地下水的流向、流速，海砂漂流的方向、速度，以及用來探測水庫的洩漏等。

5.化學研究上的應用

利用放射性同位素所放出的放射線做超微量分析，是一切分析方法中，敏感度最好的，通常可分析 ppm（百萬分之一）甚至 ppb（十億分之一）的超微量成分。例如臺灣南部烏腳病的病因，便是以放射線的超微量分析，檢驗出飲水中含有微量的砷而揭開的。此外，在許多化學研究裡，也常利用放射性同位素所標識的物質做示踪劑，來追

蹤某些化學反應的反應機構或反應速率。例如，醇類與酸類的酯化反應裡所生成的水分子之來源有兩種可能：

$$R{-}\overline{OH + H}{-}O{-}\overset{\displaystyle O}{\overset{\|}{C}}{-}R' \longrightarrow R{-}O{-}\overset{\displaystyle O}{\overset{\|}{C}}{-}R' + HOH$$

在這機構裡，由醇分子中的氧生成水。第二可能的機構為：

$$RO{-}\overline{H + HO}{-}\overset{\displaystyle O}{\overset{\|}{C}}{-}R' \longrightarrow R{-}O{-}\overset{\displaystyle O}{\overset{\|}{C}}{-}R' + HOH$$

在這機構裡，醇類的氧出現在酯分子中。

如果以放射性 ^{18}O 合成甲醇作 $CH_3{}^{18}OH$ 標識化合物，並使其與苯甲酸化合時，可發現 ^{18}O 存在於酯中而不在於水中。這結果表示，酯化反應是以第二機構進行的。

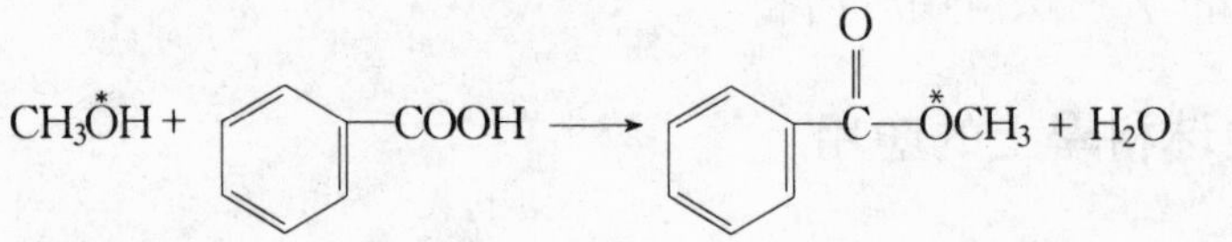

$$CH_3\overset{*}{O}H + \bigcirc{-}COOH \longrightarrow \bigcirc{-}\overset{\displaystyle O}{\overset{\|}{C}}{-}\overset{*}{O}CH_3 + H_2O$$

甲　醇　　苯甲酸　　　　　　苯甲酸甲酯　　水

(＊代表放射性)

習　題

油脂、醣與蛋白質

1. 試述油脂的功用。

2. 爲何果糖不是醛醣，但卻可與斐林試液反應?

3. 寫出下列各種醣的結構式:

　　(1)果糖　(2)蔗糖　(3)葡萄糖　(4)麥芽糖

4. 蔗糖沒有還原性，但麥芽糖有還原性，何故?

5. 試述蛋白質的種類。

6. 試完成下列各反應式:

(a)
$$CH_3-\underset{\underset{NH_2}{|}}{\overset{\overset{H}{|}}{C}}-COOH + NaNO_2 + HCl \longrightarrow$$

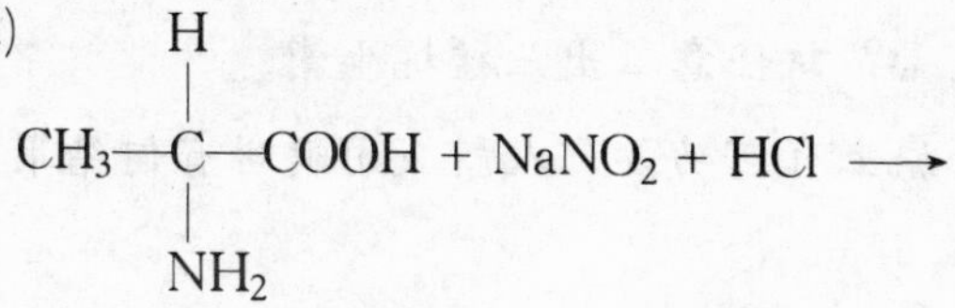

(b)
$$C_6H_5-\underset{\underset{Cl}{|}}{\overset{\overset{O}{\|}}{C}} + H_2NCH_2COOH \longrightarrow$$

(c)
$$CH_3-\underset{\underset{NH_2}{|}}{\overset{\overset{H}{|}}{C}}-COOH + HCl \longrightarrow$$

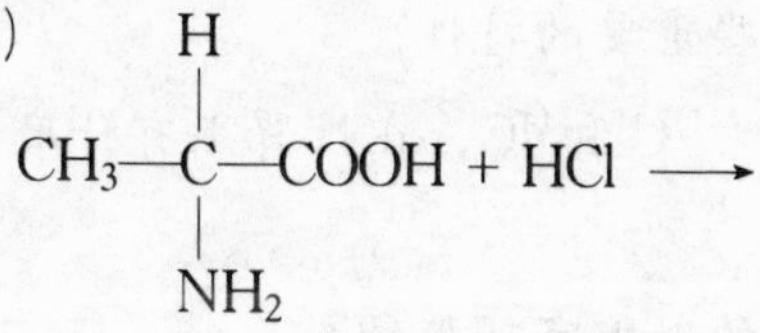

(d)
$$CH_3-\underset{\underset{NH_2}{|}}{\overset{\overset{H}{|}}{C}}-COOH + NaOH \longrightarrow$$

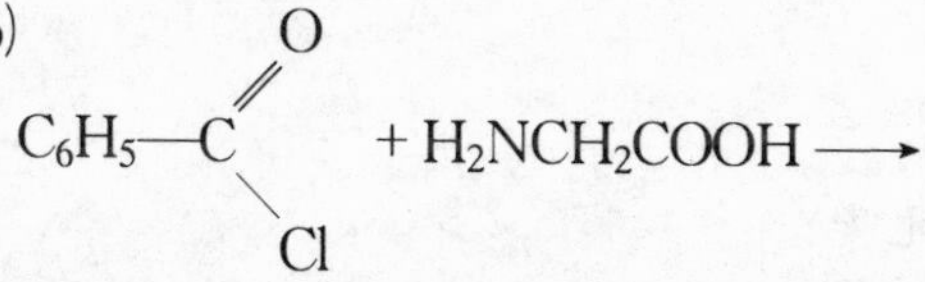

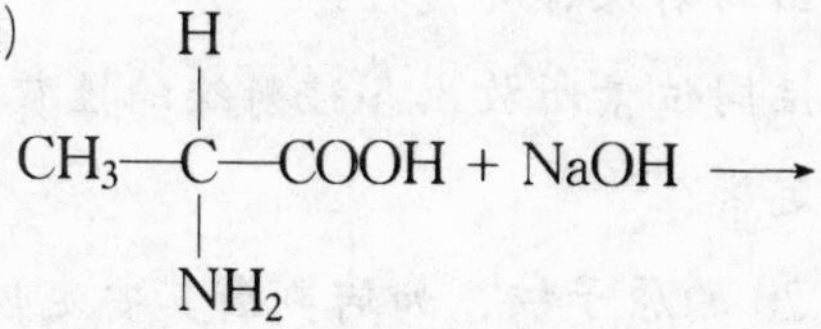

(e)

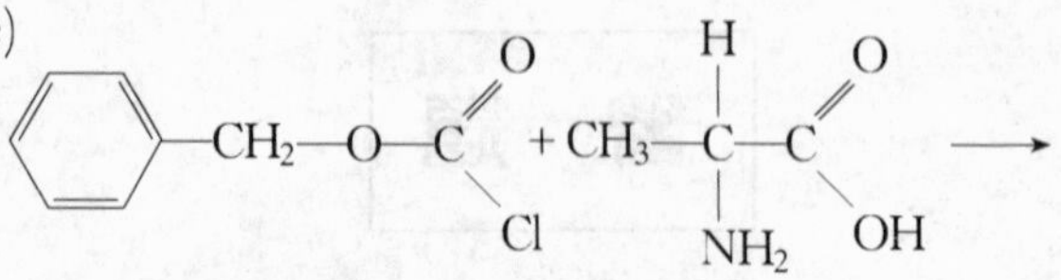

(f)(e)的生成物 + $SOCl_2 \longrightarrow$

(g)(f)的生成物 + 丙胺酸 $\longrightarrow$

核酸

7. DNA 的中文名稱是什麼？它在生物體中的主要工作是什麼？

8. 試簡述核酸的結構。

食物及藥物

9. 營養素有那幾種？各有何功用？

10. 為什麼對－胺苯磺胺對於葡萄球菌所導致的疾病，具有治療效果？

11. 何謂抗生素？試任意舉出三種抗生素。

12. 嗎啡在醫療上有何功效？人體久用嗎啡有何結果？

核化學

13. 何謂核化學？

14. 何謂放射性元素？

15. 放射性同位素有那些重要的特性？

16. 試比較放射性同位素 ^{11}C 和 ^{14}C，在性質上有什麼明顯的不同點。

17. 放射性元素所放出的射線有那幾種？

18. 試列表比較放射性同位素所放出各種射線的性質差異。

19. 何謂原子核的穩定帶？

20. 對於原子序小於 20 的原子核，如何判斷其安定性？

21.何謂阿伐衰變？試舉例說明之。

22.何謂放射性衰變？常見的有那幾種？

附　　　錄

二、元素及原子量表（1973）

本表係依據 1973 年國際純正及應用化學聯合會（IUPAC）之公布（以 $C^{12} = 12,000.00$ 為標準）。

元　　　素	符　　號	原子序	原　子　量
Actinium 錒	Ac	89	(227)
Aluminum 鋁	Al	13	26.98154
Americium 鋂	Am	95	(243)
Antimony 銻	Sb	51	121.75
Argon 氬	Ar	18	39.948
Arsenic 砷	As	33	74.9216
Astatine 砈	At	85	(210)
Barium 鋇	Ba	56	137.34
Berkelium 鉳	Bk	97	(247)
Beryllium 鈹	Be	4	9.01218
Bismuth 鉍	Bi	83	208.9804
Boron 硼	B	5	10.81
Bromine 溴	Br	35	79.904
Cadmium 鎘	Cd	48	112.40
Calcium 鈣	Ca	20	40.08
Californium 鉲	Cf	98	(251)
Carbon 碳	C	6	12.011
Cerium 鈰	Ce	58	140.12

Cesium	銫	Cs	55	132.9054
Chlorine	氯	Cl	17	35.453
Chromium	鉻	Cr	24	51.996
Cobalt	鈷	Co	27	58.9332
Copper	銅	Cu	29	63.546
Curium	鋦	Cm	96	(247)
Dysprosium	鏑	Dy	66	162.50
Einsteinium	鑀	Es	99	(254)
Erbium	鉺	Er	68	167.26
Europium	銪	Eu	63	151.96
Fermium	鐨	Fm	100	(257)
Fluorine	氟	F	9	18.99840
Francium	鍅	Fr	87	(223)
Gadolinium	釓	Gd	64	157.25
Gallium	鎵	Ga	31	69.72
Germanium	鍺	Ge	32	72.59
Gold	金	Au	79	196.9665
Hafnium	鉿	Hf	72	178.49
Helium	氦	He	2	4.00260
Holmium	鈥	Ho	67	164.9304
Hydrogen	氫	H	1	1.0079
Indium	銦	In	49	114.82
Iodine	碘	I	53	126.9045
Iridium	銥	Ir	77	192.22

Iron	鐵	Fe	26	55.847
Krypton	氪	Kr	36	83.80
Lanthanum	鑭	La	57	138.9055
Lawrencium	鐒	Lr	103	(257)
Lead	鉛	Pb	82	207.2
Lithium	鋰	Li	3	6.941
Lutetium	鎦	Lu	71	174.97
Magnesium	鎂	Mg	12	24.305
Manganese	錳	Mn	25	54.9380
Mendelevium	鍆	Md	101	(258)
Mercury	汞	Hg	80	200.59
Molybdenum	鉬	Mo	42	95.94
Neodymium	釹	Nd	60	144.24
Neon	氖	Ne	10	20.179
Neptunium	錼	Np	93	237.0482
Nickel	鎳	Ni	28	58.70
Niobium	鈮	Nb	41	92.9064
Nitrogen	氮	N	7	14.0067
Nobelium	鍩	No	102	(255)
Osmium	鋨	Os	76	190.2
Oxygen	氧	O	8	15.9994
Palladium	鈀	Pd	46	106.4
Phosphorus	磷	P	15	30.97376
Platinum	鉑	Pt	78	195.09

Plutomium	鈽	Pu	94	(244)
Polonium	釙	Po	84	(209)
Potassium	鉀	K	19	39.098
Praseodymium	錯	Pr	59	140.9077
Promethium	鉕	Pm	61	(145)
Protactinium	鏷	Pa	91	231.0359
Radium	鐳	Ra	88	226.0254
Radon	氡	Rn	86	(222)
Rhenium	錸	Re	75	186.207
Rhodium	銠	Rh	45	102.9055
Rubidium	銣	Rb	37	85.4678
Ruthenium	釕	Ru	44	101.07
Samarium	釤	Sm	62	150.4
Scandium	鈧	Sc	21	44.9559
Selenium	硒	Se	34	78.96
Silicon	矽	Si	14	28.086
Silver	銀	Ag	47	107.868
Sodium	鈉	Na	11	22.9877
Strontium	鍶	Sr	38	87.62
Sulfur	硫	S	16	32.06
Tantalun	鉭	Ta	73	180.9479
Technetium	鎝	Tc	43	(97)
Tellurium	碲	Te	52	127.60
Terbium	鋱	Tb	65	158.9254

Thallium	鉈	Tl	81	204.37
Thorium	釷	Th	90	232.0381
Thulium	銩	Tm	69	168.9342
Tin	錫	Sn	50	118.69
Titanium	鈦	Ti	22	47.90
Tungsten	鎢	W	74	183.85
Uranium	鈾	U	92	238.029
Vanadium	釩	V	23	50.9414
Xenon	氙	Xe	54	131.30
Ytterbium	鐿	Yb	70	173.04
Yttrium	釔	Y	39	88.9059
Zinc	鋅	Zn	30	65.38
Zirconium	鋯	Zr	40	91.22

註： 括弧內數字乃最穩定或最普通的同位素之質量數。

　　最新發現的元素有 Kurchatovium，Ku 鑪 104(262)，Hahnium，Ha 𨭆 105 (265)。鑪、𨭆係暫用名稱。

三、酸的強度

在室溫，水溶液中

$$HB \Longrightarrow H^+_{(aq)} + B^-_{(aq)} \qquad K_a = \frac{[H^+][B^-]}{[HB]}$$

酸	強度	反　應　式	K_a
過氯酸	很強	$HClO_4 \longrightarrow H^+ + ClO_4^-$	很大
氫碘酸	↓	$HI \longrightarrow H^+ + I^-$	很大
氫溴酸	↓	$HBr \longrightarrow H^+ + Br^-$	很大
氫氯酸	↓	$HCl \longrightarrow H^+ + Cl^-$	很大
硝酸	↓	$HNO_3 \longrightarrow H^+ + NO_3^-$	很大
硫酸	很強	$H_2SO_4 \longrightarrow H^+ + HSO_4^-$	大
水合氫離子	↓	$H_3O^+ \longrightarrow H^+ + H_2O$	1.0
草酸	↓	$HOOCCOOH \longrightarrow$ $H^+ + HOOCCOO^-$	5.4×10^{-2}
亞硫酸 $(SO_2 + H_2O)$	↓	$H_2SO_3 \longrightarrow H^+ + HSO_3^-$	1.7×10^{-2}
硫酸氫根離子	強	$HSO_4^- \longrightarrow H^+ + SO_4^{2-}$	1.3×10^{-2}
磷酸	↓	$H_3PO_4 \longrightarrow H^+ + H_2PO_4^-$	7.1×10^{-3}

鐵離子	↓	$Fe(H_2O)_6^{3+} \longrightarrow$ $H^+ + Fe(H_2O)_5(OH)^{2+}$	6×10^{-3}
碲化氫	↓	$H_2Te \longrightarrow H^+ + HTe^-$	2.3×10^{-3}
氫氟酸	弱	$HF \longrightarrow H^+ + F^-$	6.7×10^{-4}
亞硝酸	↓	$HNO_2 \longrightarrow H^+ + NO_2^-$	5.1×10^{-4}
硒化氫	↓	$H_2Se \longrightarrow H^+ + HSe^-$	1.7×10^{-4}
鉻離子	↓	$Cr(H_2O)_6^{3+} \longrightarrow$ $H^+ + Cr(H_2O)_5(OH)^{2+}$	10^{-4}
苯甲酸	↓	$C_6H_5COOH \longrightarrow H^+ + C_6H_5COO^-$	6.6×10^{-5}
草酸氫根離子	↓	$HOOCOC^- \longrightarrow H^+ + OOCCOO^{-2}$	5.4×10^{-5}
醋酸	弱	$CH_3COOH \longrightarrow H^+ + CH_3COO^-$	1.8×10^{-5}
鋁離子	↓	$Al(H_2O)_6^{3+} \longrightarrow$ $H^+ + Al(H_2O)_5(OH)^{2+}$	10^{-5}
碳酸 $(CO_2 + H_2O)$	↓	$H_2CO_3 \longrightarrow H^+ + HCO_3^-$	4.4×10^{-7}
硫化氫	↓	$H_2S \longrightarrow H^+ + HS^-$	1.0×10^{-7}
磷酸二氫根離子	↓	$H_2PO_4^- \longrightarrow H^+ + HPO_4^{2-}$	6.3×10^{-8}
亞硫酸氫根離子	弱	$HSO_3^- \longrightarrow H^+ + SO_3^{2-}$	6.2×10^{-8}
銨離子	↓	$NH_4^+ \longrightarrow H^+ + NH_3$	5.7×10^{-10}
碳酸氫根離子	↓	$HCO_3^- \longrightarrow H^+ + CO_3^{2-}$	4.7×10^{-11}

碲氫離子	↓	$HTe^- \longrightarrow H^+ + Te^{2-}$	10^{-11}
過氧化氫	很弱	$H_2O_2 \longrightarrow H^+ + HO_2^-$	2.4×10^{-12}
磷酸氫根離子	↓	$HPO_4^{2-} \longrightarrow H^+ + PO_4^{3-}$	4.4×10^{-13}
硫氫離子	↓	$HS^- \longrightarrow H^+ + S^{2-}$	1.3×10^{-13}
水	↓	$H_2O \longrightarrow H^+ + OH^-$	1.8×10^{-16} *
氫氧根離子	↓	$OH^- \longrightarrow H^+ + O^{2-}$	$< 10^{-86}$
氨	很弱	$NH_3 \longrightarrow H^+ + NH_2^-$	很小

$$* \, K_w = 1 \times 10^{-14}$$

四、酸性溶液中的標準還原電位

氧化還原對 (氧化/還原)	陰極反應(還原)	$E°$, 伏特
F_2/HF	$F_2 + 2H^+ + 2e^- \longrightarrow 2HF$	+3.06
H_4XeO_6/XeO_3	$H_4XeO_6 + 2H^+ + 2e^- \longrightarrow XeO_3 + 3H_2O$	+3.0
F_2/F^-	$F_2 + 2e^- \longrightarrow 2F^-$	+2.87
$S_2O_8{}^{2-}/SO_4{}^{2-}$	$S_2O_8{}^{2-} + 2e^- \longrightarrow 2SO_4{}^{2-}$	+2.01
Ag^{2+}/Ag^+	$Ag^{2+} + e^- \longrightarrow Ag^+$	+1.98
$HN_3/NH_4{}^+, N_2$	$HN_3 + 3H^+ + 2e^- \longrightarrow NH_4{}^+ + N_2$	+1.96
Co^{3+}/Co^{2+}	$Co^{3+} + e^- \longrightarrow Co^{2+}$	+1.81
XeO_3/Xe	$XeO_3 + 6H^+ + 6e^- \longrightarrow Xe + 3H_2O$	+1.8
H_2O_2/H_2O	$H_2O_2 + 2H^+ + 2e^- \longrightarrow 2H_2O$	+1.78
$MnO_4{}^-/MnO_2$	$MnO_4{}^- + 4H^+ + 3e^- \longrightarrow MnO_2 + 2H_2O$	+1.70
Au^+/Au	$Au^+ + e^- \longrightarrow Au$	+1.69
$PbO_2/PbSO_4$	$PbO_2 + SO_4{}^{2-} + 4H^+ + 2e^- \longrightarrow$ $\qquad\qquad\qquad PbSO_4 + 2H_2O$	+1.68
NiO_2/Ni^{2+}	$NiO_2 + 4H^+ + 2e^- \longrightarrow Ni^{2+} + 2H_2O$	+1.68
$HClO_2/HClO$	$HClO_2 + 2H^+ + 2e^- \longrightarrow HClO + H_2O$	+1.64
Ce^{4+}/Ce^{3+}	$Ce^{4+} + e^- \longrightarrow Ce^{3+}$	+1.61
Bi_2O_4/BiO^+	$Bi_2O_4 + 4H^+ + 2e^- \longrightarrow 2BiO^+ + 2H_2O$	+1.59
$BrO_3{}^-/Br_2$	$2BrO_3{}^- + 12H^+ + 10e^- \longrightarrow Br_2 + 6H_2O$	+1.52

MnO_4^-/Mn^{2+}	$MnO_4^- + 8H^+ + 5e^- \longrightarrow Mn^{2+} + 4H_2O$	$+1.51$
Mn^{3+}/Mn^{2+}	$Mn^{3+} + e^- \longrightarrow Mn^{2+}$	$+1.51$
Au^{3+}/Au	$Au^{3+} + 3e^- \longrightarrow Au$	$+1.50$
PbO_2/Pb^{2+}	$PbO_2 + 4H^+ + 2e^- \longrightarrow Pb^{2+} + 2H_2O$	$+1.46$
$Au(OH)_3/Au$	$Au(OH)_3 + 3H^+ + 3e^- \longrightarrow Au + 3H_2O$	$+1.45$
Cl_2/Cl^-	$Cl_2 + 2e^- \longrightarrow 2Cl^-$	$+1.36$
NH_3OH^+/NH_4^+	$NH_3OH^+ + 2H^+ + 2e^- \longrightarrow NH_4^+ + H_2O$	$+1.35$
$Cr_2O_7^{2-}/Cr^{3+}$	$Cr_2O_7^{2-} + 14H^+ + 6e^- \longrightarrow 2Cr^{3+} + 7H_2O$	$+1.33$
HNO_2/N_2O	$2HNO_2 + 4H^+ + 4e^- \longrightarrow N_2O + 3H_2O$	$+1.29$
$ClO_2/HClO_2$	$ClO_2 + H^+ + e^- \longrightarrow HClO_2$	$+1.28$
$N_2H_5^+/NH_4^+$	$N_2H_5^+ + 3H^+ + 2e^- \longrightarrow 2NH_4^+$	$+1.28$
Tl^{3+}/Tl^+	$Tl^{3+} + 2e^- \longrightarrow Tl^+$	$+1.25$
MnO_2/Mn^{2+}	$MnO_2 + 4H^+ + 2e^- \longrightarrow Mn^{2+} + 2H_2O$	$+1.23$
O_2/H_2O	$O_2 + 4H^+ + 4e^- \longrightarrow 2H_2O$	$+1.23$
$ClO_3^-/HClO_2$	$ClO_3^- + 3H + 2e^- \longrightarrow HClO_2 + H_2O$	$+1.21$
ClO_4^-/ClO_3^-	$ClO_4^- + 2H^+ + 2e^- \longrightarrow ClO_3^- + H_2O$	$+1.19$
Br_2/Br^-	$Br_2 + 2e^- \longrightarrow 2Br^-$	$+1.07$
N_2O_4/NO	$N_2O_4 + 4H^+ + 4e^- \longrightarrow 2NO + 2H_2O$	$+1.03$
$V(OH)_4^+/VO^{2+}$	$V(OH)_4^+ + 2H^+ + e^- \longrightarrow VO^{2+} + 3H_2O$	$+1.00$
$AuCl_4^-/Au$	$AuCl_4^- + 3e^- \longrightarrow Au + 4Cl^-$	$+1.00$
HNO_2/NO	$HNO_2 + H^+ + e^- \longrightarrow NO + H_2O$	$+1.00$

NO_3^-/NO	$NO_3^- + 4H^+ + 3e^- \longrightarrow NO + 2H_2O$	$+0.96$
Hg^{2+}/Hg_2^{2+}	$2Hg^{2+} + 2e^- \longrightarrow Hg_2^{2+}$	$+0.92$
$AuBr_4^-/Au$	$AuBr_4^- + 3e^- \longrightarrow Au + 4Br^-$	$+0.87$
NO_3^-/N_2O_4	$2NO_3^- + 4H^+ + 2e^- \longrightarrow N_2O_4 + 2H_2O$	$+0.80$
Ag^+/Ag	$Ag^+ + e^- \longrightarrow Ag$	$+0.80$
Hg_2^{2+}/Hg	$Hg_2^{2+} + 2e^- \longrightarrow 2Hg$	$+0.79$
Fe^{3+}/Fe^{2+}	$Fe^{3+} + e^- \longrightarrow Fe^{2+}$	$+0.77$
$PtCl_4^{2-}/Pt$	$PtCl_4^{2-} + 2e^- \longrightarrow Pt + 4Cl^-$	$+0.73$
HN_3/NH_4^+	$HN_3 + 11H^+ + 8e^- \longrightarrow 3NH_4^+$	$+0.70$
O_2/H_2O_2	$O_2 + 2H^+ + 2e^- \longrightarrow H_2O_2$	$+0.68$
$PtCl_6^{2-}/PtCl_4^{2-}$	$PtCl_6^{2-} + 2e^- \longrightarrow PtCl_4^{2-} + 2Cl^-$	$+0.68$
$Au(CNS)_4^-/Au$	$Au(CNS)_4^- + 3e^- \longrightarrow Au + 4CNS^-$	$+0.66$
Ag_2SO_4/Ag	$Ag_2SO_4 + 2e^- \longrightarrow 2Ag + SO_4^{2-}$	$+0.65$
$AgC_2H_3O_2/Ag$	$AgC_2H_3O_2 + e^- \longrightarrow Ag + C_2H_3O_2^-$	$+0.64$
MnO_4^-/MnO_4^{2-}	$MnO_4^- + e^- \longrightarrow MnO_4^{2-}$	$+0.56$
I_2/I^-	$I_2 + 2e^- \longrightarrow 2I^-$	$+0.54$
Cu^+/Cu	$Cu^+ + e^- \longrightarrow Cu$	$+0.52$
Ag_2CrO_4/Ag	$Ag_2CrO_4 + 2e^- \longrightarrow 2Ag + CrO_4^{2-}$	$+0.46$
$Fe(CN)_6^{3-}/$ $Fe(CN)_6^{4-}$	$Fe(CN)_6^{3-} + e^- \longrightarrow Fe(CN)_6^{4-}$	$+0.36$
VO^{2+}/V^{3+}	$VO^{2+} + 2H^+ + e^- \longrightarrow V^{3+} + H_2O$	$+0.36$
SO_4^{2-}/S	$SO_4^{2-} + 8H^+ + 6e^- \longrightarrow S + 4H_2O$	$+0.36$
Cu^{2+}/Cu	$Cu^{2+} + 2e^- \longrightarrow Cu$	$+0.34$
BiO^+/Bi	$BiO^+ + 2H^+ + 3e^- \longrightarrow Bi + H_2O$	$+0.32$
Hg_2Cl_2/Hg	$Hg_2Cl_2 + 2e^- \longrightarrow 2Hg + 2Cl^-$	$+0.27$

AgCl/Ag	$AgCl + e^- \longrightarrow Ag + Cl^-$	$+0.22$
BiOCl/Bi	$BiOCl + 2H^+ + 3e^- \longrightarrow Bi + H_2O + Cl^-$	$+0.16$
Cu^{2+}/Cu^+	$Cu^{2+} + e^- \longrightarrow Cu^+$	$+0.15$
Sn^{4+}/Sn^{2+}	$Sn^{4+} + 2e^- \longrightarrow Sn^{2+}$	$+0.15$
TiO^{2+}/Ti^{3+}	$TiO^{2+} + 2H^+ + e^- \longrightarrow Ti^{3+} + H_2O$	$+0.10$
AgBr/Ag	$AgBr + e^- \longrightarrow Ag + Br^-$	$+0.07$
H^+/H_2	$2H^+ + 2e^- \longrightarrow H_2$	± 0.00
D^+/D_2	$2D^+ + 2e^- \longrightarrow D_2$	-0.003
Pb^{2+}/Pb	$Pb^{2+} + 2e^- \longrightarrow Pb$	-0.13
Sn^{2+}/Sn	$Sn^{2+} + 2e^- \longrightarrow Sn$	-0.14
AgI/Ag	$AgI + e^- \longrightarrow Ag + I^-$	-0.15
$N_2/N_2H_5^+$	$N_2 + 5H^+ + 4e^- \longrightarrow N_2H_5^+$	-0.23
Ni^{2+}/Ni	$Ni^{2+} + 2e^- \longrightarrow Ni$	-0.25
$V(OH)_4^+/V$	$V(OH)_4^+ + 4H^+ + 5e^- \longrightarrow V + 4H_2O$	-0.25
V^{3+}/V^{2+}	$V^{3+} + e^- \longrightarrow V^{2+}$	-0.26
Co^{2+}/Co	$Co^{2+} + 2e^- \longrightarrow Co$	-0.28
Tl^+/Tl	$Tl^+ + e^- \longrightarrow Tl$	-0.34
In^{3+}/In	$In^{3+} + 3e^- \longrightarrow In$	-0.34
$PbSO_4/Pb$	$PbSO_4 + 2e^- \longrightarrow Pb + SO_4^{2-}$	-0.36
Ti^{3+}/Ti^{2+}	$Ti^{3+} + e^- \longrightarrow Ti^{2+}$	-0.37
Cr^{3+}/Cr^{2+}	$Cr^{3+} + e^- \longrightarrow Cr^{2+}$	-0.41
Eu^{3+}/Eu^{2+}	$Eu^{3+} + e^- \longrightarrow Eu^{2+}$	-0.43
Fe^{2+}/Fe	$Fe^{2+} + 2e^- \longrightarrow Fe$	-0.44
Ga^{3+}/Ga	$Ga^{3+} + 3e^- \longrightarrow Ga$	-0.53

Cr^{3+}/Cr	$Cr^{3+} + 3e^- \longrightarrow Cr$	-0.74
Zn^{2+}/Zn	$Zn^{2+} + 2e^- \longrightarrow Zn$	-0.76
SiO_2/Si	$SiO_2 + 4H^+ + 4e^- \longrightarrow Si + 2H_2O$	-0.86
TiO^{2+}/Ti	$TiO^{2+} + 2H^+ + 4e^- \longrightarrow Ti + H_2O$	-0.88
Mn^{2+}/Mn	$Mn^{2+} + 2e^- \longrightarrow Mn$	-1.18
V^{2+}/V	$V^{2+} + 2e^- \longrightarrow V$	-1.19
Ti^{2+}/Ti	$Ti^{2+} + 2e^- \longrightarrow Ti$	-1.63
Al^{3+}/Al	$Al^{3+} + 3e^- \longrightarrow Al$	-1.66
U^{3+}/U	$U^{3+} + 3e^- \longrightarrow U$	-1.79
Be^{2+}/Be	$Be^{2+} + 2e^- \longrightarrow Be$	-1.85
Sc^{3+}/Sc	$Sc^{3+} + 3e^- \longrightarrow Sc$	-2.08
H^+/H	$H^+ + e^- \longrightarrow H$	-2.11
H_2/H^-	$H_2 + 2e^- \longrightarrow 2H^-$	-2.25
Lu^{3+}/Lu	$Lu^{3+} + 3e^- \longrightarrow Lu$	-2.26
Mg^{2+}/Mg	$Mg^{2+} + 2e^- \longrightarrow Mg$	-2.36
Y^{3+}/Y	$Y^{3+} + 3e^- \longrightarrow Y$	-2.37
Gd^{3+}/Gd	$Gd^{3+} + 3e^- \longrightarrow Gd$	-2.40
Eu^{3+}/Eu	$Eu^{3+} + 3e^- \longrightarrow Eu$	-2.41
Sm^{3+}/Sm	$Sm^{3+} + 3e^- \longrightarrow Sm$	-2.41
Nd^{3+}/Nd	$Nd^{3+} + 3e^- \longrightarrow Nd$	-2.43
Ce^{3+}/Ce	$Ce^{3+} + 3e^- \longrightarrow Ce$	-2.48
La^{3+}/La	$La^{3+} + 3e^- \longrightarrow La$	-2.52
Ac^{3+}/Ac	$Ac^{3+} + 3e^- \longrightarrow Ac$	-2.6
Na^+/Na	$Na^+ + e^- \longrightarrow Na$	-2.71

Ca^{2+}/Ca	$Ca^{2+} + 2e^- \longrightarrow Ca$	-2.87
Sr^{2+}/Sr	$Sr^{2+} + 2e^- \longrightarrow Sr$	-2.89
Ba^{2+}/Ba	$Ba^{2+} + 2e^- \longrightarrow Ba$	-2.91
Ra^{2+}/Ra	$Ra^{2+} + 2e^- \longrightarrow Ra$	-2.92
Cs^+/Cs	$Cs^+ + e^- \longrightarrow Cs$	-2.92
Rb^+/Rb	$Rb^+ + e^- \longrightarrow Rb$	-2.92
K^+/K	$K^+ + e^- \longrightarrow K$	-2.92
Li^+/Li	$Li^+ + e^- \longrightarrow Li$	-3.04
N_2/HN_3	$3N_2 + 2H^+ + 2e^- \longrightarrow 2HN_3$	-3.09

五、鹼性溶液中的標準還原電位

氧化還原對 (氧化/還原)	陰極反應(還原)	$E°$，伏特
O_3/O_2	$O_3 + H_2 + 2e^- \longrightarrow O_2 + 2OH^-$	$+1.24$
ClO_2/ClO_2^-	$ClO_2 + e^- \longrightarrow ClO_2^-$	$+1.16$
$HXeO_6^{3-}/HXeO_4^-$	$HXeO_6^{3-} + 2H_2O + 2e^- \longrightarrow$ $HXeO_4^- + 4OH^-$	$+0.9$
$HXeO_4^-/Xe$	$HXeO_4^- + 3H_2O + 6e^- \longrightarrow Xe + 7OH^-$	$+0.9$
ClO^-/Cl^-	$ClO^- + H_2O + 2e^- \longrightarrow Cl + 2OH^-$	$+0.89$
NH_2OH/N_2H_4	$2NH_2OH + 2e^- \longrightarrow N_2H_4 + 2OH^-$	$+0.73$
ClO_2^-/ClO^-	$ClO_2^- + H_2O + 2e^- \longrightarrow ClO^- + 2OH^-$	$+0.66$
MnO_4^{2-}/MnO_2	$MnO_4^{2-} + 2H_2O + 2e^- \longrightarrow MnO_2 + 4OH^-$	$+0.60$
MnO_4^-/MnO_2	$MnO_4^- + 2H_2O + 3e^- \longrightarrow MnO_2 + 4OH^-$	$+0.59$
$NiO_2/Ni(OH)_2$	$NiO_2 + 2H_2O + 2e^- \longrightarrow Ni(OH)_2 + 2OH^-$	$+0.49$
O_2/OH^-	$O_2 + 2H_2O + 4e^- \longrightarrow 4OH^-$	$+0.40$
$Ag(NH_3)_2^+/Ag$	$Ag(NH_3)_2^+ + e^- \longrightarrow Ag + 2NH_3$	$+0.37$
ClO_4^-/ClO_3^-	$ClO_4^- + H_2O + 2e^- \longrightarrow ClO_3^- + 2OH^-$	$+0.36$
Ag_2O/Ag	$Ag_2O + H_2O + 2e^- \longrightarrow 2Ag + 2OH^-$	$+0.34$
ClO_3^-/ClO_2^-	$ClO_3^- + H_2O + 2e^- \longrightarrow ClO_2^- + 2OH^-$	$+0.33$
$Mn(OH)_3/Mn(OH)_2$	$Mn(OH)_3 + e^- \longrightarrow Mn(OH)_2 + OH^-$	$+0.15$
N_2H_4/NH_4OH	$N_2H_4 + 4H_2O + 2e^- \longrightarrow 2NH_4OH + 2OH^-$	$+0.11$
$Co(NH_3)_6^{3+}/$ $Co(NH_3)_6^{2+}$	$Co(NH_3)_6^{3+} + e^- \longrightarrow Co(NH_3)_6^{2+}$	$+0.11$

氧化還原對 (氧化/還原)	陰極反應(還原)	$E°$，伏特
$S_4O_6^{2-}/S_2O_3^{2-}$	$S_4O_6^{2-} + 2e^- \longrightarrow 2S_2O_3^{2-}$	$+0.08$
NO_3^-/NO_2^-	$NO_3^- + H_2O + 2e^- \longrightarrow NO_2^- + 2OH^-$	$+0.01$
$AgCN/Ag$	$AgCN + e^- \longrightarrow Ag + CN^-$	-0.02
$MnO_2/Mn(OH)_2$	$MnO_2 + 2H_2O + 2e^- \longrightarrow Mn(OH)_2 + 2OH^-$	-0.05
$Cu(OH)_2/Cu_2O$	$2Cu(OH)_2 + 2e^- \longrightarrow Cu_2O + 2OH^- + H_2O$	-0.08
$Cu(NH_3)_2^+/Cu$	$Cu(NH_3)_2^+ + e^- \longrightarrow Cu + 2NH_3$	-0.12
$Ag(CN)_2^-/Ag$	$Ag(CN)_2^- + e^- \longrightarrow Ag + 2CN^-$	-0.31
S/S^{2-}	$S + 2e^- \longrightarrow S^{2-}$	-0.45
$Ni(NH_3)_6^{2+}/Ni$	$Ni(NH_3)_6^{2+} + 2e^- \longrightarrow Ni + 6NH_3$	-0.48
$Fe(OH)_3/Fe(OH)_2$	$Fe(OH)_3 + e^- \longrightarrow Fe(OH)_2 + OH^-$	-0.56
$SO_3^{2-}/S_2O_3^{2-}$	$2SO_3^{2-} + 3H_2O + 4e^- \longrightarrow S_2O_3^{2-} + 6OH^-$	-0.57
Ag_2S/Ag	$Ag_2S + 2e^- \longrightarrow 2Ag + S^{2-}$	-0.66
$Ni(OH)_2/Ni$	$Ni(OH)_2 + 2e^- \longrightarrow Ni + 2OH^-$	-0.72
$Cd(OH)_2/Cd$	$Cd(OH)_2 + 2e^- \longrightarrow Cd + 2OH^-$	-0.81
H_2O/H_2	$2H_2O + 2e^- \longrightarrow H_2 + 2OH^-$	-0.83
$Fe(OH)_2/Fe$	$Fe(OH)_2 + 2e^- \longrightarrow Fe + 2OH^-$	-0.88
Se/Se^{2-}	$Se + 2e^- \longrightarrow Se^{2-}$	-0.92
SO_4^{2-}/SO_3^{2-}	$SO_4^{2-} + H_2O + 2e^- \longrightarrow SO_3^{2-} + 2OH^-$	-0.93
$SO_3^{2-}/S_2O_4^{2-}$	$2SO_3^{2-} + 2H_2O + 2e^- \longrightarrow S_2O_4^{2-} + 4OH^-$	-1.12
$Zn(OH)_2/Zn$	$Zn(OH)_2 + 2e^- \longrightarrow Zn + 2OH^-$	-1.24
$Mn(OH)_2/Mn$	$Mn(OH)_2 + 2e^- \longrightarrow Mn + 2OH^-$	-1.55
$H_2BO_3^-/B$	$H_2BO_3^- + H_2O + 3e^- \longrightarrow B + 4OH^-$	-1.79

氧化還原對 (氧化/還原)	陰極反應(還原)	$E°$, 伏特
$Al(OH)_3/Al$	$Al(OH)_3 + 3e^- \longrightarrow Al + 3OH^-$	-2.30
$Sc(OH)_3/Sc$	$Sc(OH)_3 + 3e^- \longrightarrow Sc + 3OH^-$	-2.61
BeO/Be	$BeO + H_2O + 2e^- \longrightarrow Be + 2OH^-$	-2.61
$Mg(OH)_2/Mg$	$Mg(OH)_2 + 2e^- \longrightarrow Mg + 2OH^-$	-2.69
$Ba(OH)_2/Ba$	$Ba(OH)_2 + 2e^- \longrightarrow Ba + 2OH^-$	-2.81
$Sr(OH)_2/Sr$	$Sr(OH)_2 + 2e^- \longrightarrow Sr + 2OH^-$	-2.88
$Ca(OH)_2/Ca$	$Ca(OH)_2 + 2e^- \longrightarrow Ca + 2OH^-$	-3.02

六、溶度積常數

化　合　物	溶度積常數 K_{sp}
硫化砷，As_2S_3	4×10^{-29}
硫酸鋇，$BaSO_4$	1×10^{-10}
硫化鉍，Bi_2S_3	6.8×10^{-97}
硫化鎘，CdS	7.8×10^{-27}
碳酸鈣，$CaCO_3$	1×10^{-8}
草酸鈣，CaC_2O_4	1.78×10^{-8}
硫酸鈣，$CaSO_4$	2×10^{-4}
硫化鈷，CoS	3×10^{-26}
硫化銅，CuS	8.7×10^{-36}
氫氧化鐵，$Fe(OH)_3$	1×10^{-36}
氯化鉛，$PbCl_2$	1×10^{-4}
硫酸鉛，$PbSO_4$	1×10^{-8}
硫化鉛，PbS	8.4×10^{-28}
氫氧化鎂，$Mg(OH)_2$	1.2×10^{-11}
硫化錳，MnS	1.4×10^{-11}
硫化汞，HgS	3.5×10^{-52}
硫化鎳，NiS	1.8×10^{-21}
氯化銀，$AgCl$	1.0×10^{-10}
硫酸鍶，$SrSO_4$	4×10^{-7}
硫化鋅，ZnS	1.1×10^{-21}

七、一般金屬化合物在水中的溶解度

化　合　物	溶　解　度
硝酸鹽	均可溶
亞硝酸鹽	除了 Ag^+ 外均可溶
醋酸鹽	除了 Ag^+，Hg^+，Bi^{3+} 外均可溶
氯化物	除了 Ag^+，Hg^+，Pb^{2+}，Cu^+ 外均可溶
溴化物	除了 Ag^+，Hg^+，Pb^{2+} 外均可溶
碘化物	除了 Ag^+，Hg^+，Pb^{2+}，Bi^{3+} 外均可溶
硫酸鹽	除了 Pb^{2+}，Ba^{2+}，Sr^{2+} 外均可溶
亞硫酸鹽	除了 Na^+，K^+，NH_4^+ 外均可溶
硫化物	除了 Na^+，K^+，NH_4^+，Ba^{2+}，Sr^{2+}，Ca^{2+} 外均可溶
磷酸鹽	除了 Na^+，K^+，NH_4^+ 外均可溶
碳酸鹽	除了 Na^+，K^+，NH_4^+ 外均可溶
草酸鹽	除了 Na^+，K^+，NH_4^+ 外均可溶
氧化物	除了 Na^+，K^+，Ba^{2+}，Sr^{2+}，Ca^{2+} 外均可溶
氫氧化物	除了 Na^+，K^+，NH_4^+，Ba^{2+}，Sr^{2+}，Ca^{2+} 外均可溶

索　　引

一畫

乙硼烷（diborane）　197

二畫

二元酸（bifuncltional acids）　321

二羧酸（dicarboxylic acids）　321

二甲基乙二醛二肟（dimethylglycoxime）　32

三畫

不可決定誤差（indeterminate error）　98

不均化反應（disproportionation）　287

不具光學活性（optical inactive）　242

不飽和化合物（unsaturated compound）　173

不飽和酸（unsaturated acid）　334

不穩定常數（instability constant）　26

四畫

內鹽（inner salt）　352

分子式（molecular formula）　167

分光光度計（spectrophotometer）　154

分析天平（analytical balance）　101

分配係數（distribution coefficient）　16

分配率（distribution ratio）　16

化學反應機構（mechanism of chemical reaction）　4

化學平衡（chemical equilibrium）　6

化學式（chemical formula）　165

五畫

十畫

十二畫

十三畫

十四畫

十五畫

十六畫

十七畫

三民科學技術叢書（一）

書　　　　　　　　名	著作人	任　　　　　　　職
統　　　計　　　學	王　士　華	成　功　大　學
微　　　積　　　分	何　典　恭	淡　水　學　院
圖　　　　　　　學	梁　炳　光	成　功　大　學
物　　　　　　　理	陳　龍　英	交　通　大　學
普　　通　　化　　學	王洪 澄志 霞明	師　範　大　學
普　　通　　化　　學	王魏 澄明 霞通	師　範　大　學
普　通　化　學　實　驗	魏　明　通	師　範　大　學
有　　　機　　　化　　　學	王洪 澄志 霞明	師　範　大　學
有　　　機　　　化　　　學	王魏 澄明 霞通	師　範　大　學
有　機　化　學　實　驗	王魏 澄明 霞通	師　範　大　學
分　　　析　　　化　　　學	林　洪　志	成　功　大　學
分　　　析　　　化　　　學	鄭　華　生	清　華　大　學
實　驗　設　計　與　分　析	周　澤　川	成　功　大　學
聚　合　體　學　（高　分　子　化　學）	杜　逸　虹	臺　灣　大　學
物　　　　理　　　　化　　　　學	卓施黃蘇何 靜良守世瑞 哲垣仁剛文	成　功　大　學
物　　　理　　　化　　　學	杜　逸　虹	臺　灣　大　學
物　　　理　　　化　　　學	李　敏　達	臺　灣　大　學
物　理　化　學　實　驗	李　敏　達	臺　灣　大　學
化　學　工　業　概　論	王　振　華	成　功　大　學
化　　工　　熱　　力　　學	鄧　禮　堂	大　同　工　學　院
化　　工　　熱　　力　　學	黃　定　加	成　功　大　學
化　　工　　材　　料	陳　陵　援	成　功　大　學
化　　工　　材　　料	朱　宗　正	成　功　大　學
化　　工　　計　　算	陳　志　勇	成　功　大　學
塑　　膠　　配　　料	李　繼　強	臺　北　技　術　學　院
塑　　膠　　概　　論	李　繼　強	臺　北　技　術　學　院
機　械　概　論　（化　工　機　械）	謝　爾　昌	成　功　大　學
工　　業　　分　　析	吳　振　成	成　功　大　學
儀　　器　　分　　析	陳　陵　援	成　功　大　學
工　　業　　儀　　器	周徐 澤展 川麒川	成　功　大　學
工　　業　　儀　　錶	周　澤　川	成　功　大　學
反　　應　　工　　程	徐　念　文	臺　灣　大　學
定　　量　　分　　析	陳　壽　南	成　功　大　學
定　　性　　分　　析	陳　壽　南	成　功　大　學

大學專校教材，各種考試用書。

三民科學技術叢書（二）

書名	著作人	任職
食品加工	蘇茀第	前臺灣大學教授
質能結算	呂銘坤	成功大學
單元程序	李敏達	臺灣大學
單元操作	陳振揚	臺北技術學院
單元操作題解	陳振揚	臺北技術學院
單元操作	葉和明	淡江大學
單元操作演習	葉和明	淡江大學
程序控制	周澤川	成功大學
自動程序控制	周澤川	成功大學
半導體元件物理	李澎雄 管嗣傑 孫台平	臺灣大學
電子學	黃世杰	高雄工學院
電子學	李浩	
電子學	余家聲	逢甲大學
電子學	鄧知清 李晞庭	成功大學 中原大學
電子學	傅勝光 陳利福	高雄工學院 成功大學
電子學	王永和	成功大學
電子實習	陳龍英	交通大學
電子電路	高正治	中山大學
電子電路（一）	陳龍英	交通大學
電子材料	吳朗	成功大學
電子製圖	蔡健藏	臺北技術學院
組合邏輯	姚靜波	成功大學
序向邏輯	姚靜波	成功大學
數位邏輯	鄭國順	成功大學
邏輯設計實習	朱惠勇 康峻源	成功大學 省立新化高工
音響器材	黃貴周	聲寶公司
音響工程	黃貴周	聲寶公司
通訊系統	楊明興	成功大學
印刷電路製作	張奇昌	中山科學研究院
電子計算機概論	歐文雄	臺北技術學院
電子計算機	黃本源	成功大學
計算機概論	朱惠勇 黃嘉煌	成功大學 臺北市立南港高工
微算機應用	王明習	成功大學
電子計算機程式	陳澤生 吳建臺	成功大學

大學專校教材，各種考試用書。

三民科學技術叢書 (三)

書　　　　　名	著作人	任　　　職
計　算　機　程　式	王泰裕	成　功　大　學
計　算　機　程　式	余政光	中　央　大　學
計　算　機　程　式	陳　敬	成　功　大　學
電　　工　　學	劉濱達	成　功　大　學
電　　工　　學	毛齊武	成　功　大　學
電　　機　　學	詹益樹	清　華　大　學
電　機　機　械	黃慶連	成　功　大　學
電　機　機　械	林料總	成　功　大　學
電　機　機　械　實　習	高文進	華　夏　工　專
電　機　機　械　實　習	林偉成	成　功　大　學
電　　磁　　學	周達如	成　功　大　學
電　　磁　　學	黃廣志	中　山　大　學
電　　磁　　波	沈在崧	成　功　大　學
電　波　工　程	黃廣志	中　山　大　學
電　工　原　理	毛齊武	成　功　大　學
電　工　製　圖	蔡健藏	臺北技術學院
電　工　數　學	高正治	中　山　大　學
電　工　數　學	王永和	成　功　大　學
電　工　材　料	周達如	成　功　大　學
電　工　儀　錶	陳　聖	華　夏　工　專
電　工　儀　表	毛齊武	成　功　大　學
儀　表　學	周達如	成　功　大　學
輸　配　電　學	王　載	成　功　大　學
基　本　電　學	黃世杰	成　功　大　學
基　本　電　學	毛齊武	成　功　大　學
電　路　學	王　醴	成　功　大　學
電　路　學	鄭國順	成　功　大　學
電　路　學	夏少非	成　功　大　學
電　路　學	蔡有龍	成　功　大　學
電　廠　設　備	夏少非	成　功　大　學
電　器　保　護　與　安　全	蔡健藏	臺北技術學院
網　路　分　析	李祖添　杭學鳴	交　通　大　學
自　動　控　制	孫育義	成　功　大　學
自　動　控　制	李祖添	交　通　大　學

大學專校教材，各種考試用書。

三民科學技術叢書（四）

書　　　　　　　　　名	著作人	任　　　　　職
自　　動　　控　　制	楊維楨	臺　灣　大　學
自　　動　　控　　制	李嘉猷	成　功　大　學
工　　業　　電　　子	陳文良	清　華　大　學
工　業　電　子　實　習	高正治	中　山　大　學
工　　程　　材　　料	林　立	中正理工學院
材料科學（工程材料）	王櫻茂	成　功　大　學
工　　程　　機　　械	蔡攀鰲	成　功　大　學
工　　程　　地　　質	蔡攀鰲	成　功　大　學
工　　程　　數　　學	羅錦興	成　功　大　學
工　　程　　數　　學	孫育義　高正治	成功大學　中山大學
工　　程　　數　　學	吳　朗	成　功　大　學
工　　程　　數　　學	蘇炎坤	成　功　大　學
熱　　　力　　　學	林大惠　侯順雄	成　功　大　學
熱　力　學　概　論	蔡旭容	臺北技術學院
熱　　工　　學	馬承九	成　功　大　學
熱　　　處　　　理	張天津	師　範　大　學
熱　　　機　　　學	蔡旭容	臺北技術學院
氣　壓　控　制　與　實　習	陳憲治	成　功　大　學
汽　　車　　原　　理	邱澄彬	成　功　大　學
機　械　工　作　法	馬承九	成　功　大　學
機　械　加　工　法	張天津	師　範　大　學
機　械　工　程　實　驗	蔡旭容	臺北技術學院
機　　　動　　　學	朱越生	前成功大學教授
機　　械　　材　　料	陳明豐	工業技術學院
機　　械　　設　　計	林文晃	明　志　工　專
鑽　模　與　夾　具	于敦德	臺北技術學院
鑽　模　與　夾　具	張天津	師　範　大　學
工　　具　　機	馬承九	成　功　大　學
內　　　燃　　　機	王仰舒	樹　德　工　專
精密量具及機件檢驗	王仰舒	樹　德　工　專
鑄　　　造　　　學	唱際寬	成　功　大　學
鑄　造　用　模　型　製　作　法	于敦德	臺北技術學院
塑　性　加　工　學	林文樹	工業技術研究院
塑　性　加　工　學	李榮顯	成　功　大　學
鋼　　鐵　　材　　料	董基良	成　功　大　學

大學專校教材，各種考試用書。

三民科學技術叢書（五）

書　　　　　名	著作人	任　　　職
焊　　接　　學	董基良	成　功　大　學
電　銲　工　作　法	徐慶昌	中區職訓中心
氧乙炔銲接與切割工作法及實習	徐慶昌	中區職訓中心
原　動　力　廠	李超北	臺北技術學院
流　體　機　械	王石安	海　洋　學　院
流體機械（含流體力學）	蔡旭容	臺北技術學院
流　體　機　械	蔡旭容	臺北技術學院
靜　　力　　學	陳健	成　功　大　學
流　體　力　學	王叔厚	前成功大學教授
流　體　力　學　概　論	蔡旭容	臺北技術學院
應　用　力　學	陳元方	成　功　大　學
應　用　力　學	徐迺良	成　功　大　學
應　用　力　學	朱有功	臺北技術學院
應　用　力　學　習　題　解　答	朱有功	臺北技術學院
材　料　力　學	王叔厚　陳健	成　功　大　學
材　料　力　學	陳健	成　功　大　學
材　料　力　學	蔡旭容	臺北技術學院
基　礎　工　程	黃景川	成　功　大　學
基　礎　工　程　學	金永斌	成　功　大　學
土　木　工　程　概　論	常正之	成　功　大　學
土　木　製　圖	顏榮記	成　功　大　學
土　木　施　工　法	顏榮記	成　功　大　學
土　木　材　料	黃忠信	成　功　大　學
土　木　材　料	黃榮吾	成　功　大　學
土　木　材　料　試　驗	蔡攀鰲	成　功　大　學
土　壤　力　學	黃景川	成　功　大　學
土　壤　力　學　實　驗	蔡攀鰲	成　功　大　學
土　壤　試　驗	莊長賢	成　功　大　學
混　　凝　　土	王櫻茂	成　功　大　學
混　凝　土　施　工	常正之	成　功　大　學
瀝　青　混　凝　土	蔡攀鰲	成　功　大　學
鋼　筋　混　凝　土	蘇懇憲	成　功　大　學
混　凝　土　橋　設　計	彭耀南　徐永豐	交通大學　高雄工專
房　屋　結　構　設　計	彭耀南　徐永豐	交通大學　高雄工專

大學專校教材，各種考試用書。

三民科學技術叢書（六）

書名	著作人	任職
建 築 物 理	江 哲 銘	成 功 大 學
鋼 結 構 設 計	彭 耀 南	交 通 大 學
結 構 學	左 利 時	逢 甲 大 學
結 構 學	徐 德 修	成 功 大 學
結 構 設 計	劉 新 民	前成功大學教授
水 利 工 程	姜 承 吾	前成功大學教授
給 水 工 程	高 肇 藩	成 功 大 學
水 文 學 精 要	鄒 日 誠	榮 民 工 程 處
水 質 分 析	江 漢 全	宜 蘭 農 專
空 氣 污 染 學	吳 義 林	成 功 大 學
固 體 廢 棄 物 處 理	張 乃 斌	成 功 大 學
施 工 管 理	顏 榮 記	成 功 大 學
契 約 與 規 範	張 永 康	審 計 部
計 畫 管 制 實 習	張 益 三	成 功 大 學
工 廠 管 理	劉 漢 容	成 功 大 學
工 廠 管 理	魏 天 柱 朱 有 功	臺 北 技 術 學 院
工 業 管 理	廖 桂 華	成 功 大 學
危 害 分 析 與 風 險 評 估	黃 清 賢	嘉 南 藥 專
工 業 安 全 （ 工 程 ）	黃 清 賢	嘉 南 藥 專
工 業 安 全 與 管 理	黃 清 賢	嘉 南 藥 專
工 廠 佈 置 與 物 料 運 輸	陳 美 仁	成 功 大 學
工 廠 佈 置 與 物 料 搬 運	林 政 榮	東 海 大 學
生 產 計 劃 與 管 制	郭 照 坤	成 功 大 學
生 產 實 務	劉 漢 容	成 功 大 學
甘 蔗 營 養	夏 雨 人	新 埔 工 專

大學專校教材，各種考試用書。